实用冲压工艺及模具设计

第 2 版

洪慎章　编著

机 械 工 业 出 版 社

本书全面系统地介绍了冲压工艺及模具设计技术。主要内容包括：冲压变形的基本原理及常用材料、冲裁工艺及模具设计、弯曲工艺及模具设计、拉深工艺及模具设计、其他冲压成形工艺、板料特种成形技术、冲压设备、冲压模具材料、冲模标准模架和零件、冲压模具的装配与调试。本书以冲压工艺分析和模具结构设计为重点，结构体系合理，技术内容全面，图表丰富实用，概念清晰易懂，便于自学。

本书主要可供从事冲压生产的工程技术人员、工人使用，也可作为相关专业在校师生及研究人员的参考书和模具培训的教材。

图书在版编目（CIP）数据

实用冲压工艺及模具设计/洪慎章编著. —2版. —北京：机械工业出版社，2015.1（2021.1重印）
ISBN 978-7-111-48945-0

Ⅰ.①实… Ⅱ.①洪… Ⅲ.①冲压-工艺②冲模-设计 Ⅳ.①TG38

中国版本图书馆CIP数据核字（2014）第296510号

机械工业出版社（北京市百万庄大街22号 邮政编码100037）
策划编辑：陈保华 责任编辑：陈保华
版式设计：赵颖喆 责任校对：程俊巧 张莉娟
责任印制：常天培
北京虎彩文化传播有限公司印刷
2021年1月第2版·第4次印刷
169mm×239mm·25.75印张·494千字
6 001—7 000册
标准书号：ISBN 978-7-111-48945-0
定价：59.00元

凡购本书，如有缺页、倒页、脱页，由本社发行部调换

电话服务
服务咨询热线：010-88361066
读者购书热线：010-68326294
010-88379203
策 划 编 辑：010-88379734

网络服务
机 工 官 网：www.cmpbook.com
机 工 官 博：weibo.com/cmp1952
金 书 网：www.golden-book.com
教育服务网：www.cmpedu.com

第2版前言

《实用冲压工艺及模具设计》出版7年了。在这7年中，冲压加工技术有了较大的发展，很多技术标准进行了修订，所以第1版的内容已经不能满足冲压工作者的需求。为了与时俱进，适应冲压行业发展和读者需求，决定对《实用冲压工艺及模具设计》进行修订，出版第2版。第2版仍继续坚持第1版的特点：在选材上，力求既延续传统的冲压工艺内容体系，又反映当今冲压与模具技术的最新成果和先进经验。在编写上，注重理论与实践相结合，采用文字阐述与图形相结合，突出模具设计重点和典型结构实例，以方便读者使用。本书从冲压生产全局考虑，在系统、全面的前提下，突出重点而实用的技术；同时，尽量多地编入常用的技术数据与图表，以满足不同读者的需要。

修订时，全面贯彻了冲压技术的相关最新标准，更新了相关内容；修正了第1版中的错误；从冲压工艺及模具设计步骤考虑，调整了章节结构，更加方便读者阅读使用；增加了第8章冲压模具材料、第9章冲模标准模架和零件、第10章冲压模具的装配与调试三章内容，删去了一些陈旧和不实用的内容。

本书主要内容包括：冲压变形的基本原理及常用材料、冲裁工艺及模具设计、弯曲工艺及模具设计、拉深工艺及模具设计、其他冲压成形工艺、板料特种成形技术、冲压设备、冲压模具材料、冲模标准模架和零件、冲压模具的装配与调试。本书以冲压工艺分析和模具结构设计为重点，结构体系合理，技术内容全面；书中配有丰富的技术数据、图表及标准模架和零件，实用性强，能开拓思路，概念清晰易懂，便于自学。

在本书编写过程中，得到了洪永刚、刘薇和丁惠珍等工程师的大力支持，在此谨向有关人员表示衷心的感谢。

由于作者水平有限，书中错误和纰漏之处在所难免，敬请广大读者批评指正。

洪慎章

于上海交通大学

第1版前言

在当今世界上，高度发达的制造业和先进的制造技术已经成为衡量一个国家综合经济实力和科技水平的最重要标志之一，成为一个国家在竞争激烈的国际市场上获胜的关键因素。

冲压是一种先进的少、无切屑加工方法，它具有生产率高、加工成本低、材料利用率高、制品尺寸精度稳定，易于达到产品结构轻量化、操作简单、容易实现机械化与自动化等一系列优点，在汽车、航空航天、仪器仪表、家电、电子、通信、军工、玩具、日用品等产品的生产中得到了广泛应用。据统计，薄板成形后，制造了相当于原材料12倍的附加值。在国民经济生产总值中，与其有关的产品占1/4。在现代汽车制造业中，有60%～70%的零件是采用冲压工艺制成的，冲压生产所占的劳动量为整个汽车工业劳动量的25%～30%，冲压件的产值占总产值的59%左右。在机电及仪器、仪表生产中，有60%～70%的零件是采用冲压工艺来完成的。在电子产品中，冲压件的数量约占零件总数的85%以上。在许多先进的工业国家里，冲压生产和模具工业得到高度的重视，例如美国和日本，模具工业的年产值已超过机床工业年产值的6%～12%。因此，模具工业已成为重要的产业，而冲压生产则成为生产优质先进机电产品的重要手段之一。

作者多年从事锻压专业的教学和科研工作。为了适应新形势下现代工业发展及教学需要，通过总结自己的科研实践经验和参考国内外先进技术成果，编写了本书。

本书从塑性成形简单原理开始，对冲压成形的冲裁、弯曲、拉深、成形等冲压基本工艺的特点与工艺参数进行了较系统的论述。在此基础上，分别对单工序模、复合模、连续模、特种工艺冲压模具的结构特点、设计原则与方法，进行了较为全面系统的介绍。本书在选材上，力求既延续传统的冲压工艺内容体系，又反映当今冲压与模具技术的最新成果和先进经验。在编写上，注重理论与实践相结合，采用文字阐述与图形相结合，突出模具设计重点和典型结构实例，以方便读者使用。本书从冲压生产全局考虑，系统阐述冲压基本工序及特点、冲压工艺分析与冲压工艺规程编制、冲压模具设计程序与要点，以及冲压用材料及设备方面的内容，在系统、全面的前提下，突出重点而实用的技术。同时，尽量多地编入常用的数据与图表，以满足不同读者的需要。

在本书编写工作中，刘薇、洪永刚和张心云等工程师参加了书稿的打印、整理工作，特此表示衷心感谢。

由于作者水平有限，书中不妥和错误之处在所难免，恳请广大读者不吝赐教，以便今后修订再版时得以修正，以臻完善。

洪慎章
于上海交通大学

目　录

第1章 概 论

冲压加工是利用安装在压力机上的模具，对在模具里的板料施加变形力，使板料在模具里产生变形，从而获得一定形状、尺寸和性能的产品零件的生产技术。板料、模具和设备是冲压加工的三个要素。由于冲压加工经常在材料的冷状态下进行，因此也称为冷冲压。冲压是金属压力加工方法之一，它是建立在金属塑性变形理论基础上的材料成形工程技术。冲压加工的原材料一般为板料或带料，故也称为板料冲压。

1.1 冲压加工的特点及应用

1. 冲压加工的特点

冲压生产靠模具和压力机完成加工过程，与其他加工方法相比，在技术和经济方面有如下特点：

1）冲压加工一般不需要加热毛坯，也不像金属切削加工那样大量切削金属，所以它不但节能，而且节约金属材料，是一种少、无切屑加工方法之一，所得的冲压件一般无须再加工。

2）冲压件的尺寸精度由模具来保证，所以质量稳定，互换性好。一般冲裁件的精度可达IT10～IT11，精冲件可达IT6～IT9，一般弯曲、拉深件可达IT13～IT14；普通冲裁件的表面粗糙度 Ra 可达3.2～12.5μm，精冲件 Ra 可达0.3～2.5μm。

3）冲压加工范围广，可加工各种类型的冲压件，尺寸小到钟表的秒针，大到汽车的纵梁。由于利用模具加工，所以冲压加工可获得其他加工方法所不能或难以制造的壁薄、重量轻、刚性好、表面质量高、形状复杂的零件。

4）对于普通压力机每分钟可生产几十件，对于高速压力机每分钟可生产几百件甚至上千件，所以它是一种高效率的加工方法。

冲压加工也存在一些缺点，主要表现在冲压加工时的噪声、振动两个问题。这两个问题并不完全是冲压工艺及模具本身带来的，主要是由于传统的冲压设备落后所造成的。随着科学技术的进步，这两个问题一定会得到解决。

2. 冲压加工的应用

由于冲压加工具有上述突出的特点，因此在国民经济各个领域的生产中得到了广泛的应用。例如，在宇航、航空、军工、机械、农机、电机、电子、铁道、邮电、交通、化工、医疗器具、日用电器及轻工等领域，都有冲压加工。据有关调查统计，在汽车、摩托车、农机产品中，冲压件约占75% ~80%；自行车、缝纫机、手表产品中，冲压件约占80%；电视机、收录机、摄像机产品中，冲压件约占90%；在航空、航天工业中，冲压件也占有较大的比例；还有食品金属罐盒、钢精锅壶、搪瓷盆碗及不锈钢餐具，几乎都是冲压加工产品；就连计算机的硬件中也缺少不了冲压零件。

据统计，全世界各种钢材品种的比例见表1-1，而带材、板材大部分用于冲压加工。

表1-1 各种钢材品种的比例

品 种	带材	板材	棒材	型材	线材	管材
所占比例(%)	50	17	15	9	7	2

1.2 冲压工艺的分类

在生产中所采用的冲压工艺方法是多种多样的，概括起来可以分为分离工序与成形工序两大类。分离工序又可分为落料、冲孔和剪切等，目的是在冲压过程中，使冲压件与板料沿一定的轮廓线相互分离。分离工序如表1-2所示。成形工序可分为弯曲、拉深、翻孔、翻边、胀形、缩口、旋压等，目的是使冲压毛坯在不破裂的条件下，产生塑性变形而获得一定形状和尺寸的冲压件。成形工序如表1-3所示。

表1-2 分离工序

工序名称	简 图	特点及应用范围
落 料	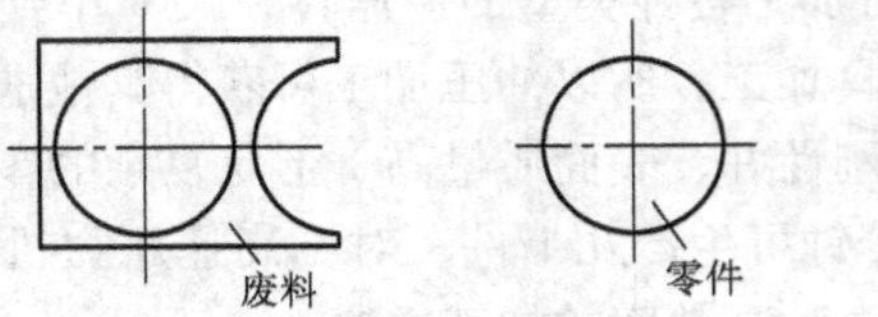 废料 零件	用冲模沿封闭轮廓曲线冲切，冲下部分是零件，用于制造各种形状的平板零件
冲 孔	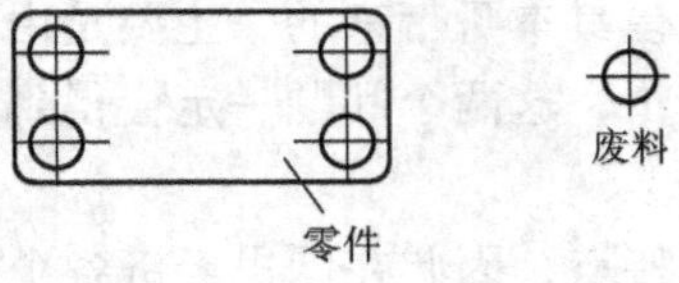 零件 废料	用冲模按封闭轮廓曲线冲切，冲下部分是废料

（续）

工序名称	简 图	特点及应用范围
剪 切	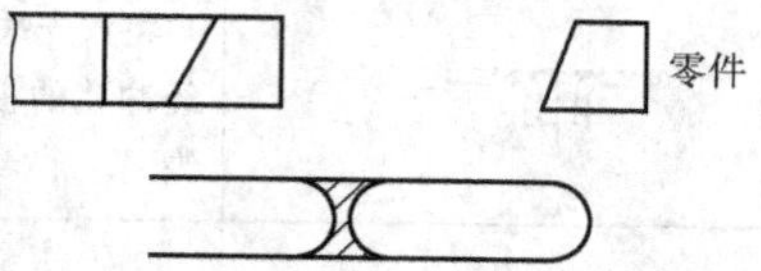 零件	用剪刀或冲模沿不封闭曲线切断，多用于加工形状简单的平板零件
切 边	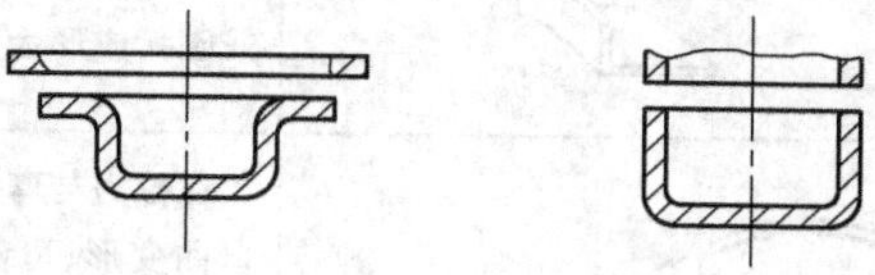	将成形零件的边缘修切整齐或切成一定形状
剖 切	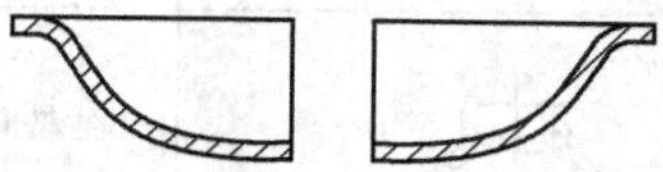	把冲压加工成的半成品切开成为两个或数个零件，多用于对称零件的成双或成组冲压成形之后

表 1-3 成 形 工 序

工序名称	简 图	特点及应用范围
弯 曲	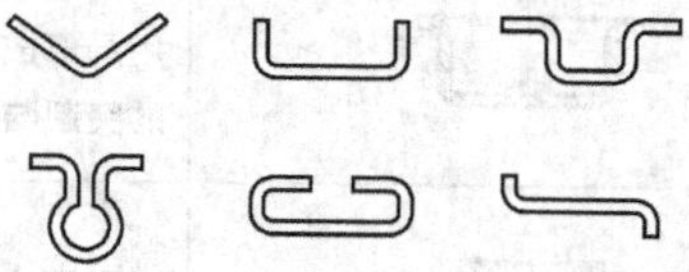	把板料沿直线弯成各种形状，可以加工形状极为复杂的零件
卷 圆	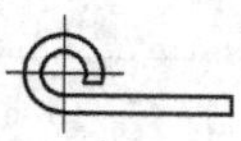	把板料端部卷成接近封闭的圆头，用以加工类似铰链的零件
扭 曲	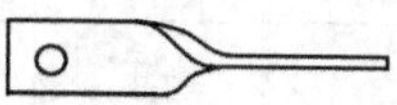	把冲裁后的半成品扭转成一定角度
拉 深	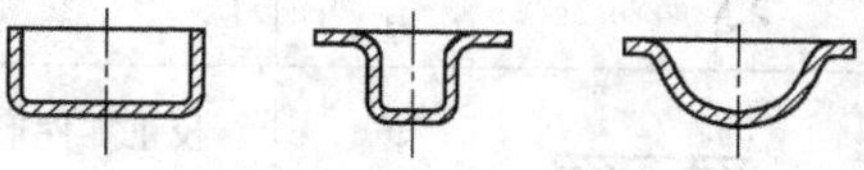	把板料毛坯成形为各种空心的零件
变薄拉深	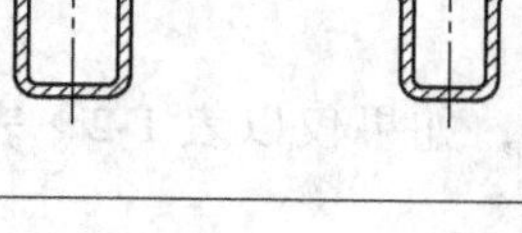	把拉深加工后的空心半成品，进一步加工成为底部厚度大于侧壁厚度的零件

（续）

工序名称	简　图	特点及应用范围
翻　孔		将预先冲孔的板料半成品或未经冲孔的板料，冲制成竖立的边缘
翻　边		把板料半成品的边缘，按曲线或圆弧成形为竖立的边缘
拉　弯	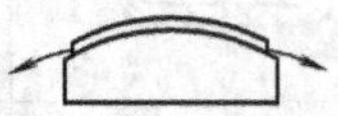	在拉力与弯矩共同作用下实现弯曲变形，可制得精度较好的零件
胀　形	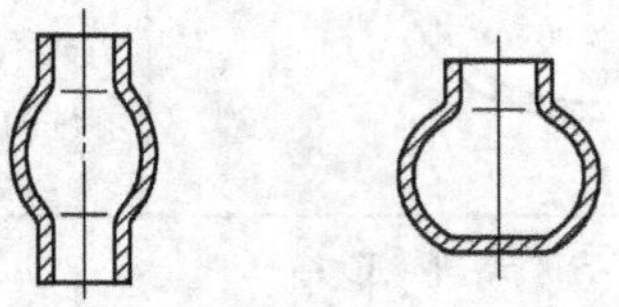	在双向拉应力作用下实现变形，成形各种空间曲面形状的零件
起　伏	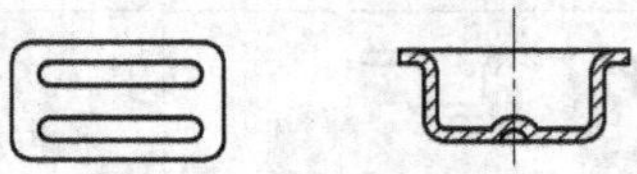	在板料毛坯或零件的表面上，用局部成形的方法制成各种形状的突起与凹陷
扩　口		在空心毛坯或管状毛坯的某个部位上，使其径向尺寸扩大
缩　口		在空心毛坯或管状毛坯的某个部位上，使其径向尺寸减小
旋　压	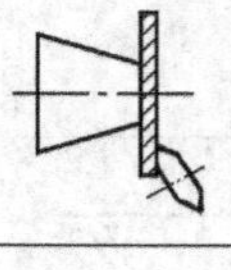	在旋转状态下，用辊轮使毛坯逐步成形
校　形	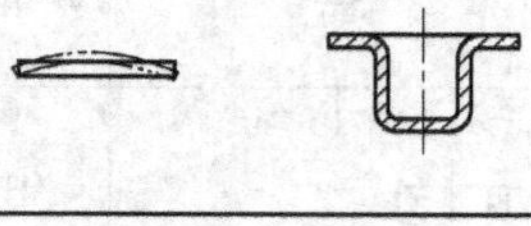	校正零件形状，以提高已成形零件的尺寸精度或获得小的圆角半径

在实际生产中，当生产批量大时，如果仅以表 1-2、表 1-3 中所列的基本工

序组成冲压工艺过程，生产率低，不能满足生产需要。因此，一般采用组合工序，即把两个以上的基本工序组合成一道工序，构成所谓复合、级进、复合—级进的组合工序。

1.3 冲压工艺的设计

1.3.1 冲压工艺规程

冲压工艺规程是指导冲压件生产的工艺技术文件，它既是生产准备的基础，又是设计部门进行设计和生产管理部门用于指挥生产的重要依据。

1. 冲压工艺规程的作用及内容

冲压工艺规程是对冲压产品的生产方式、方法、数量、质量乃至包装等所作出的全部决定。它对于工厂的设计、生产准备及正常生产都是至关重要的。

（1）工厂设计的依据 设计一个新工厂，或兴建、扩建一个冲压车间，其规模、投资与效益必须以工艺规程为依据。

（2）生产准备的基础 由于生产准备的时间较长、内容较多、涉及面广，因此，要慎重编制出工艺规程，使之能为正常生产做好充分的准备工作。

（3）现场生产的指导 除了指导正常生产之外，在生产中出现的质量、安全等方面的问题，当然也要用工艺规程来做检查和分析。

冲压工艺规程所形成的工艺资料包括各种技术工艺文件、模具图样、设备图样和设计说明书等。各种技术工艺文件的形式有工艺规程卡、工序卡、工艺过程（流程）卡、工艺路线明细表，以及材料工艺定额表、工艺成本明细表等。

2. 冲压工艺规程的制订

冲压工艺规程的制订是一项复杂的综合性技术工作，通常是根据具体冲压件的特点、生产批量、现有设备和生产条件等，拟订出技术上可行、经济上合理的最佳工艺方案，包括冲压工序的安排、模具的结构形式、设备、检验要求等。制订冲压工艺规程时，不仅要保证产品的质量，还要综合考虑成本、生产率，以及减轻劳动强度和保证安全生产等各方面因素。

3. 冲压工艺规程的制订步骤

冲压工艺规程制订步骤如下：

1）进行设计准备工作。

2）分析零件的工艺性。

3）确定冲压件生产的工艺方案。

4）确定模具类型及结构形式。

5）选择冲压设备。

6）编写冲压工艺卡及设计计算说明书。

上述步骤中的内容互相联系、互相制约，实际设计中往往需要前后兼顾、互相穿插进行。工艺规程制订所牵涉的许多内容将在以后的相关章节中进行阐述，以下主要就一些需要强调的或进一步说明的问题进行介绍。

1.3.2 冲压工艺过程

冲压工艺过程是冲压件各加工工序的总和。它不仅包括冲压产品所用到的冲压加工基本工序，而且包括基本工序前的准备工序、基本工序之间的辅助工序、基本工序完后的后续工序，以及这些工序的先后次序排定与协调组合。由于冲压工艺过程的优劣，决定了冲压件制造技术的合理性、冲压件的质量和产品成本，故必须认真进行冲压工艺过程的设计。

冲压工艺过程设计的目的是编制出冲压工艺规程。

1. 冲压工艺过程设计的要求

冲压工艺过程设计实际上是一种产品生产技术的设计，而生产技术是生产优质廉价产品的制造技术，因此冲压工艺过程设计的主要要求如下：

（1）工艺性合理　根据产品图样要求及有关标准要求，分析冲压件的结构、性能及加工难易程度，确定科学的、合理的工艺过程。为了优质，应该考虑优质材料和尽可能采用较先进的技术工艺。如果发现该冲压件的工艺性较差，在不影响其使用性能的条件下，对该零件的形状或尺寸在某些地方作必要的修改也是合理的。

（2）经济性合算　用最好的材料，采用最先进的加工技术，可以得到最高性能的产品。但是，这样的产品不会是廉价的，其经济效益肯定不会最好。因此，冲压工艺过程设计不能选择这样的方法，而应该采用适宜的材料，尽量节约用料，通过选择先进且合理（对具体条件）的加工技术，努力减少加工费用及模具设备费用的方法，获得完全合乎要求与规定的产品。这样的优质产品经济上才是合算的。

总而言之，冲压工艺过程的设计是一种对产品生产过程的综合分析和设计。如果在计算机上进行这种设计（CAD），则最佳的冲压工艺过程设计应是工艺上先进合理、经济上合算这两个目标函数的综合寻优，以达到工艺过程设计的最佳化。

2. 冲压工艺过程设计的内容

冲压工艺过程设计的主要内容包括：

1）冲压件的分析。

2）原材料的选定与备料。

3）变形工序的确定。

4）辅助工序的确定。

5）模具类型的选定、设计。

6）冲压设备的选择。

7）机械化与自动化方案的选定。

8）确定质量检验方法。

9）做出经济分析（工艺成本计算）。

1.3.3　冲压件的工艺性

1. 工艺性的内容

冲压件工艺性是指冲压零件在冲压加工中的难易程度。虽然冲压加工工艺过程包括备料→冲压加工工序→必要的辅助工序→质量检验→组合、包装的全过程，但分析工艺性的重点要在冲压加工工序这一过程里。而冲压加工工序很多，各种工序中的工艺性又不尽相同。即使同一个零件，由于生产单位的生产条件、工艺装备情况及生产的传统习惯等不同，其工艺性的含义也不完全一样。

冲压件工艺性的具体指标主要有：

1）材料消耗少，生产准备周期短。

2）工序数量少，劳动量与劳动强度低。

3）尽量减少后续的机加工量及有关辅助工序。

4）冲压工艺装备少，生产面积需要小。

5）操作简便，能尽量采用非高级技工。

6）提高模具在完成生产批量前提下的寿命。

7）生产率高，加工成本低。

2. 工艺性的基本要求

冲压件的尺寸精度等级可达 IT6（或 IT7），精度等级越低其冲压加工越困难。表 1-4 列出了冲压加工中冲裁、精冲及拉深工序等与其他加工方法所能达到尺寸精度的大致比较。

表 1-4　冲压加工方法与其他方法精度比较

50mm 长度上公差/mm	0.011	0.016	0.025	0.039	0.062	0.100	0.160	0.25	0.39	0.62	1	1.6
精度等级（IT）	5	6	7	8	9	10	11	12	13	14	15	16
热　锻												
温　锻												
冷　锻												

（续）

50mm 长度上公差/mm	0.011	0.016	0.025	0.039	0.062	0.100	0.160	0.25	0.39	0.62	1	1.6
精度等级（IT）	5	6	7	8	9	10	11	12	13	14	15	16
轧　制												
光洁轧制												
精　整												
拉　深												
变薄拉深												
管、线材拉拔												
冲　裁												
精　冲												
旋转锻造												
车　削												
研　削												

注：粗实线表示一般条件，细实线表示中等要求，虚线表示较高条件。

除了尺寸精度要求合理外，还要求冲压件的结构工艺性好。冲压件的结构工艺性一般指其结构的几何形状。显然，其几何形状越简单，越容易冲压出来，则其结构工艺性越好。因此，冲压件工艺性的基本要求如下：

1）原材料的选定不仅要能满足冲压件的强度与刚度要求，还应该要有良好的冲压性能。这是由于每一种板材都有自己的化学成分、力学性能，以及与冲压性能密切相关的特征性能。在生产实际中经常出现这种情况，一个冲压件的加工能否顺利地、高质量地完成，直接取决于板材的冲压性能。因此，有必要根据冲压变形的特点与要求，正确地选用原材料。

2）冲压加工是一种冷变形加工方法，它与热变形加工方法最本质的区别是有冷变形加工硬化效应。因此，应该充分利用这一特征，尽量选择软而塑性好的金属材料，并避免材料过厚。

3）对产品零件要求重量轻而强度、刚度高时，可采用加强肋形式及翻边、卷圆等工序来达到要求。

4）尽量用廉价材料代替贵重材料。

5）合理排样，尽量做到无废料或少废料。有时还应考虑一种工件的废料能为另一种工件所利用，这种情况在排样下料时称为“套裁”。

6）必须统一并减少所用材料的牌号、规格和厚度，且提倡用国产板材。

7）尽量满足冲压加工中各种工序的相应结构要求。

3. 冲压件的结构工艺性

冲压加工的基本工序，主要分为两类：分离工序与成形工序。显然，这两类工序加工出来的冲压件，一类是分离加工件(以平面形状为主)，一类是成形件(以立体形状为主)，其结构工艺性要求不一样。另外，成形件又分为拉深件、翻边件、胀形件、弯曲件等，各自又有不同的结构工艺性能要求。但是，所有的冲压件有一个共同性的结构工艺性要求：尽量避免有应力集中的结构。对于冲裁件，一般不应有平面尖角存在(冲裁件的外轮廓可以用单边剪切的方法得到者例外)。对于成形件，不应有急剧的突变形状。如图1-1所示的某种汽车覆盖件，按左边结构冲压成形，常在过渡部分产生皱褶和裂缝；按右边结构加大过渡圆角和增加台阶冲压成形，因急剧变化变缓，工艺结构性变好了，使工件质量大为提高，能大大减少冲压件的废次品率。

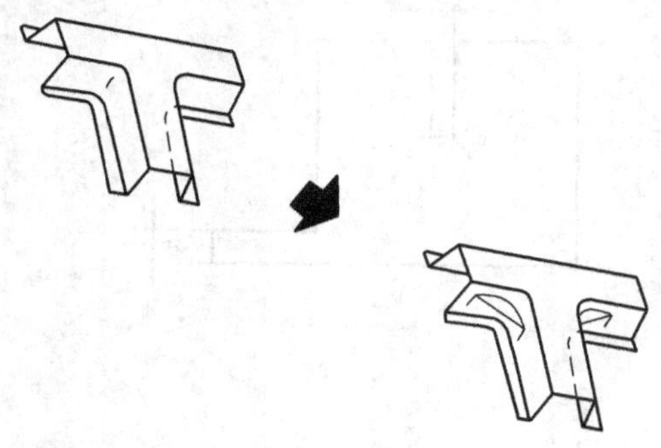

图1-1 断面急剧变化改缓的成形件

下面分别就冲裁件、拉深、翻边、胀形件及弯曲件的结构工艺性作简要说明。

(1) 冲裁件的结构工艺性

1) 冲裁件的形状应尽量简单，最好是由规则的几何形状或由圆弧与直线所组成。

2) 对于外形为正方形或矩形的落料件，可考虑用剪床剪切下料代替落料模落料。如图1-2所示的一种汽车零件，原设计有一个图中虚线所示的$R5$mm尺寸；经会审后认为取消$R5$mm，改成直角，不影响该零件的功能。于是就用65mm宽的条料生产，用剪床切成24mm一件，再冲两个孔，工艺性得到了提高。

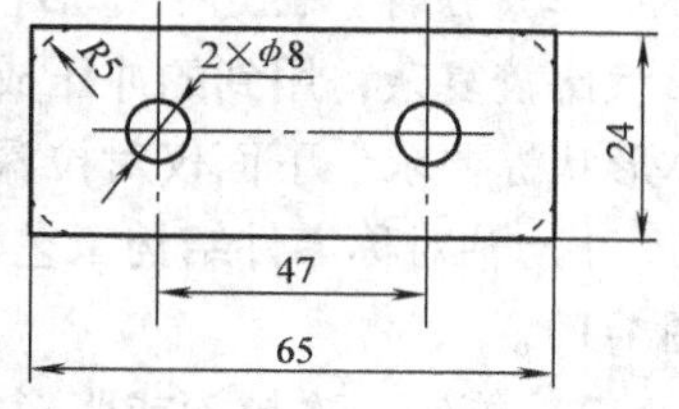

图1-2 省去冲模落料的冲裁件

3) 冲裁件应当避免有过长的悬臂与狭槽，槽的宽度b应大于料厚t的2倍，如图1-3所示。

4) 虽然可以冲裁出带尖角的零件，但一般情况下，都应用$R>0.5t$的圆角代替尖角。图1-4所示为农用挂车上用的支撑板的零件，原设计有5处尖角，后经协商分别改为圆角，完全不影响其使用性能。这样使冲压件的结构工艺性变好了，模具加工更加容易，寿命也得到了提高，同时大大节省了原材料。

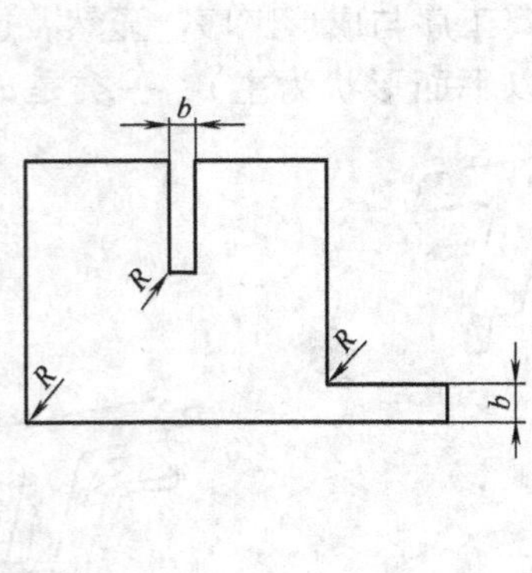

图 1-3　冲裁件的悬臂与狭槽

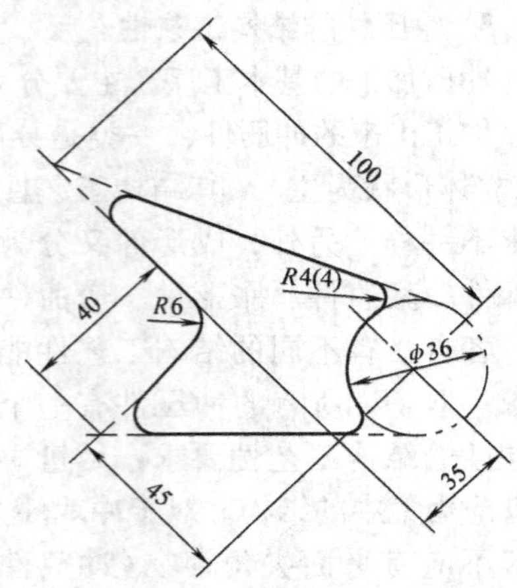

图 1-4　避免尖角的冲裁件

5）因受冲头强度的限制，冲孔尺寸不宜过不，一般冲孔的最小尺寸（直径或方孔边长）$s \geqslant t$。

6）冲裁排样时，一般有搭边值，从节省原材料来讲，搭边值越少越好；但从模具寿命和冲裁件质量来考虑，搭边值 a 至少应大于 t，极薄板冲裁时还应大些。例如，当 $t \approx 0.2$mm 时，应取 $a \geqslant (2 \sim 3)t$。

7）应当避免在成形零件的圆弧部位上冲孔，但球形零件底部中心孔除外。在筒形件壁部冲孔，应设计斜楔式冲模。

（2）拉深、翻边、胀形件的结构工艺性　由于成形零件的种类较多，有的形状比较复杂，用到的冲压成形工序也是多种多样的，所以其结构工艺性应视具体形状提要求。下面仅对拉深、翻边、胀形基本件提出一般性要求。

1）轴对称零件结构工艺性最好，非轴对称零件应避免急剧的轮廓变化（见图 1-1）。

2）能够一次拉深或胀形成功的零件比需多次拉深或胀形的零件的工艺性要好。因此，对于高度较大的成形件，能用一道工序完成的一般不宜采用两道工序，应当尽量采取各种技术措施提高冲压成形极限。

3）尽量避免空心零件的尖底形状，尤其是高度大时，其工艺性更差。图 1-5 所示的消声器后盖，原设计的工艺性较差，在保证其使用性能不变的前提下，改进其设计，结果由原 8 道冲压工序减为 2 道，材料消耗也减少了 50%。

4）成形零件的圆角半径不宜过小。一般情况下，无论是拉深件、翻边件或胀形件等，其相对应于冲头处的圆角半径应不小于料厚，相对应于凹模处的圆角半径应不小于料厚的两倍；否则，必须采取成形后再增加一次整形工序来达到要求。但对于翻边件与胀形件，相应凹模圆角处的圆角半径有时可放宽到小于料厚，但决不能出现尖角。

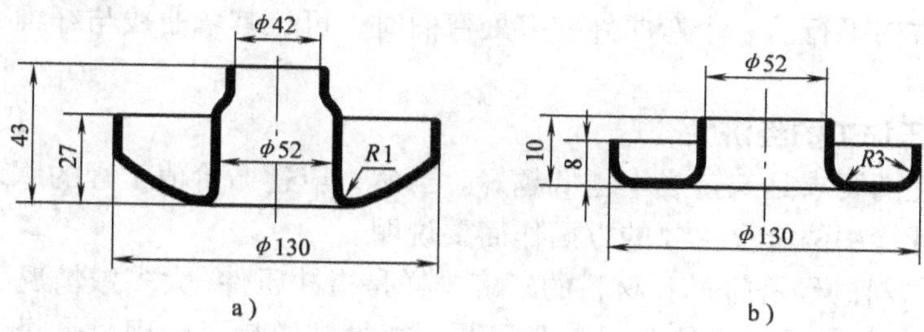

图1-5 消声器后盖的设计更改

a）原设计 b）改进后设计

5）拉深厚板（$t>4$mm）零件时，其冲头圆角也可取为 $r_p<t$，尤其是当凹模采用锥形或渐开线形形状时。

（3）弯曲件的结构工艺性

1）弯曲件的圆角半径应大于最小弯曲半径，但不宜过大，以免由于弹性回复而影响精度。

2）弯曲件的边长不宜过小，一般 $h>R+2t$（图1-6）。当 h 过小时，直边（不变形区）在模具上支持的长度过小，不易形成足够的弯矩，很难得到精确形状的零件。

3）局部弯曲的零件，应该在弯曲与不弯曲部分之间先切槽，以消除不弯曲根部的伸长变形和拉裂，如图1-7a所示。

4）应该尽量避免在突变尺寸处的弯曲，遇有这种设计时，把弯曲线从该突变处移动一段距离，如图1-7b所示。否则，由于突变处尖角部位的应力集中可能产生撕裂。

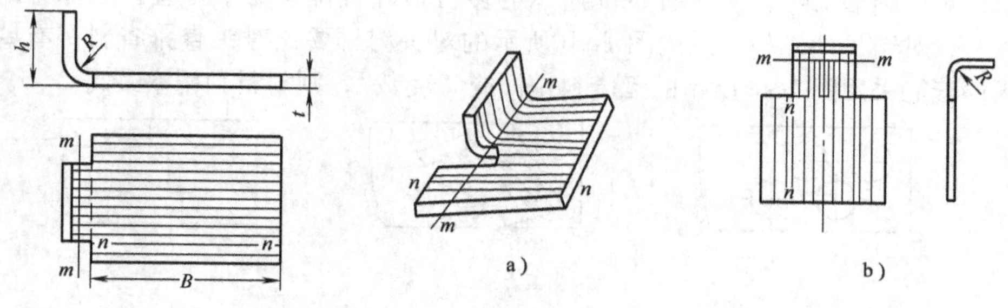

图1-6 弯曲件的圆角与边长

图1-7 避免突变处弯曲示意图

a）弯曲与不弯曲部分之间切槽

b）避免在突变尺寸处弯曲

5）弯曲线（图1-6、1-7中$m—m$）与板材纤维方向（图1-6、1-7中$n—n$）垂直时，弯曲件的结构工艺性好于两者平行时。因此，应尽量避免弯曲件的弯曲线与板材纤维方向平行。一个弯曲件有多处弯曲时，可让其弯曲线与纤维方向互成一定的角度。

4. 冲压加工的经济性

经济性的要求是工艺成本越低越好。当然，应遵循价值工程的原理。下面就工艺成本计算中两个最主要的方面作简要说明。

（1）材料的经济排样　材料的经济排样是指冲压件（大多数情况下是在冲裁工序中）在条料及板料上的合理布置问题。衡量排样是否合理、是否经济，可用材料的利用率这一指标。材料利用率是用工件的实际面积A_0与所用材料的面积A之比值来表示的，即

$$\eta=(A_0/A)\times100\% \tag{1-1}$$

从冲制垫圈的排样图1-8可以看出：图中结构废料1由工件尺寸决定，搭边2和余料3组成工艺废料。若能减少工艺废料，则能提高材料利用率。

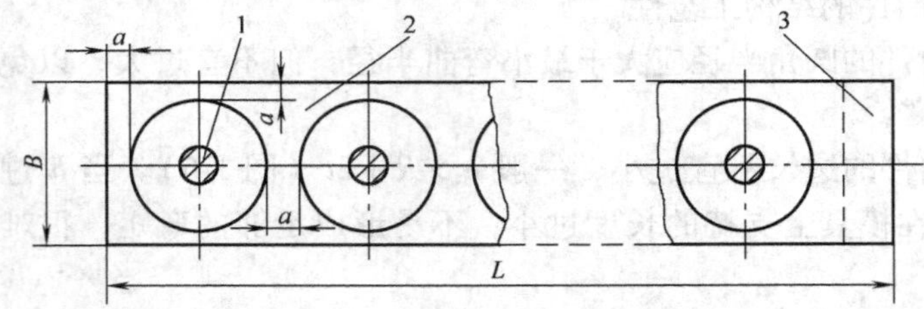

图1-8　冲裁材料利用情况

1—结构废料　2—搭边　3—余料

要减少工艺废料，应该根据零件的形状设计出搭边和余量尽量少的排样。例如，对于圆形工件，采用图1-9a所示的多行错开直排要比单行直排或双行对排省料；对于T形工件，采用图1-9b所示的对头斜排要比对头直排省料；有些冲压件若能采用图1-9c所示的无废料排样或“套裁”，则材料利用率最高。

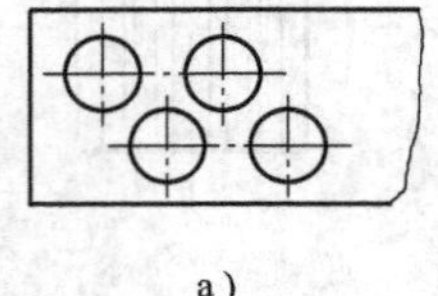

a）

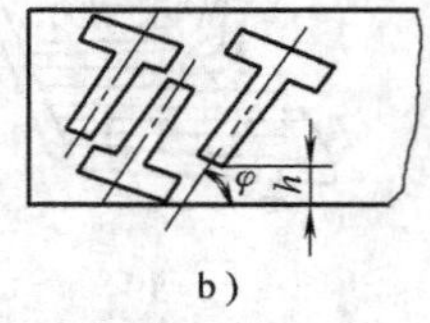

b）

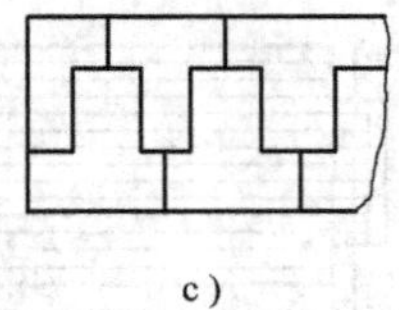

c）

图1-9　减少工艺废料的排样

a）多行错开直排　b）对头斜排　c）无废料排样

当然，大多数情况下的排样均有搭边值，见图 1-8 中的 a 值。一般情况下，搭边值 a 取为厚 t 的 1.0～2.0 倍。具体数值也可查阅有关资料。

利用计算机进行优化排样，已经是一种比较成熟的 CAD 方法。例如，像确定图 1-9b 中角度 φ 与距离 h 的最优值，已有标准的程序软件了。

（2）降低模具费用　工模具的成本在冲压产品成本中占有重要的比例。生产批量不同，降低模具成本的途径也不同。在大批量生产中，主要是通过提高模具寿命来降低模具费用的；而在小批量生产中，则应采用通用模、简易模、经济模及简化模具结构等方法来实现。

图 1-10 所示为某一机械产品中的 4 种垫圈零件。若按常规需用 4 副模具；后设计制造了一副通用模，只需更换其冲头、凹模，便可完成 4 种垫圈的冲裁。模具成本费用因而降低了近 3/4。

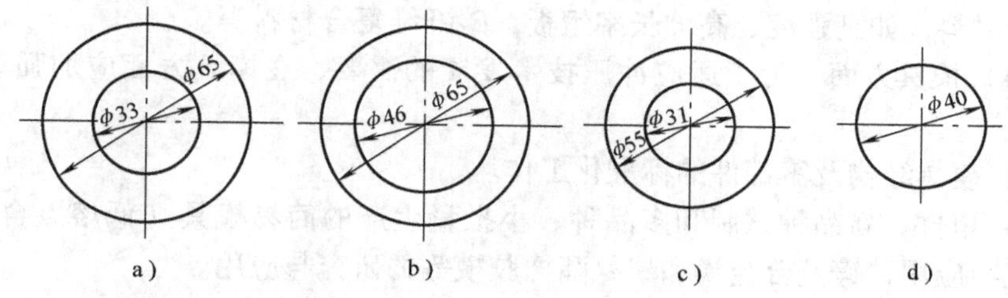

图 1-10　通用模具上冲裁的垫圈

a）$t=6$mm，1 件　b）$t=6$mm，1 件　c）$t=5$mm，1 件　d）$t=6$mm，4 件

各种简易模，如锌基或铋锡合金模、聚氨酯模等，都能降低模具费用。简易模能降低模具费用，主要是因为节省了模具钢及降低了模具零件的加工难度与装配难度所致。

例如，低熔点合金模，一般是冲头用钢材料，而凹模用低熔点合金。由于低熔点合金的凹模磨损后，可重新熔炼加工成凹模而反复使用，所以节省了模具钢，缩短了制模周期，自然降低了模具成本。低熔点合金模特别适用于小批量试制的冲压生产中。

1.4　冲压技术的发展方向

随着科学技术的不断进步和工业生产的迅猛发展，产品性能和质量的不断提高，使现代工业产品生产日趋复杂化与多样化，各工业部门对冲压技术的发展都提出了更高的要求。今后冲压技术的发展方向主要有以下几方面：

（1）冲压加工基本理论方面　应加强冲压变形基础理论的研究、变形过程的数值解析、计算机模拟及优化设计（包括专家系统、人工智能及工程中的计算机集成），以提供更加准确、实用、方便的计算方法，正确地确定主要工艺参数和模具工作部分的几何形状与尺寸，解决冲压变形中出现的各种实际问题，进一步提高冲压件的质量。

（2）冲压工艺方面　研究和推广应用旨在提高生产率和产品质量、降低成本，以及扩大冲压工艺应用范围的各种冲压新工艺，这是冲压技术发展的重要趋势。目前，国内外涌现并迅速用于生产的冲压先进工艺有精密冲压、无毛刺冲裁、特种拉深、柔性模（软模）成形、超塑性成形、无模多点成形、复合材料成形、爆炸和电磁等高能成形，以及虚拟成形技术等，进一步提高了冲压技术水平。

（3）冲压件新材料方面　为了适应各工业产品的技术需要，应加强研制与开发新材料，如高强度、高伸长率钢板，碳纤维复合材料等。

（4）模具方面　为了适应冲压技术发展的需要，在模具方面应加强以下工作：

1）模具结构及零部件的标准化工作。

2）单件、新品种试制和多品种、小批量生产的简易模具（低熔点合金模）的研究与应用，锌基合金模和聚氨酯橡胶模等的研究与应用。

3）加强适用于复杂形状零件的多工位级进模、通用组合模的研究。

4）加强模具材料、热处理和表面处理技术的研究，以提高模具的使用寿命。

5）模具计算机辅助设计、制造与分析（CAD/CAM/CAE）的研究和应用，将极大地提高模具制造效率，提高模具的质量，使模具设计与制造技术实现CAD/CAE/CAM一体化，大大缩短工装设计、制造周期，加快机电产品的更新换代。

6）多功能复合模具进一步发展。一副多功能复合模具除了冲压成形零件外，还担负着叠压、攻螺纹、铆接和锁紧等组装任务。这种多功能复合模具生产出来的不再是单个零件，而是成批的组件。

7）冲压模具日趋大型化，这一方面是由于冲压成形的零件日渐大型化，另一方面是由于高生产率要求多工位的冲压模具。

（5）冲压生产自动化方面　为了满足大量生产的需要，冲压生产已向自动化、无人化、精密化方向发展。现在已经研制出了高速压力机和多工位精密级进模，实现了单机自动，冲压的速度可达每分钟几百次乃至上千次，大型零件的生产已实现了多机联合生产线，从板料的送进到冲压加工，最后检验，可完全由计算机控制，极大地减轻了工人的劳动强度，提高了生产率。目前已逐渐向无人化生产形成的柔性冲压加工中心发展。

冲压生产中，批量要求的两种趋势为大批量生产及多品种小批量生产。冲压生产批量大小的分类如表1-5所示。表中所列的年生产量，是以一般薄板冲压件、工艺复杂程度和精度要求属中等水平为基础的。

表1-5 冲压生产批量大小的分类 （单位：万件/a）

冲压件类型	试 制	小 批	中 批	大 批	大量(流水生产)
大型(250～1000mm)	<0.1	<1	1～5	5～50	>50
中型(50～250mm)	<0.5	<5	5～50	50～200	>200
小型(<50mm)	1	<10	10～100	100～1000	>1000

（6）冲压设备方面

1）加强通用压力机对工艺要求适应性的研究，改进压力机的结构，提高刚度，降低振动和噪声，以及采用安全防护措施等。

2）要研制大型化、通用化、高速化的多工位压力机，以及加工能力很强的三维多工位压力机，使加工复杂零件的能力进一步提高，例如：研制高速自动压力机、数控四边折弯机、数控剪板机、数控冲压加工中心等。

第 2 章　冲压变形的基本原理及常用材料

2.1　金属塑性变形的基本概念

冲压成形是以金属板料为加工对象，在外力作用下使其发生塑性变形或分离而成形为制件的一种金属加工方法。要掌握冲压成形加工技术，首先必须了解金属的塑性变形和塑性。

1. 塑性变形的物理概念

在金属材料中，原子之间作用着相当大的力，足以抵抗重力的作用，所以在没有其他外力作用的条件下，物体将保持自有的形状和尺寸。当金属受到外力作用之后，物体的形状和尺寸将发生变化即变形，变形的实质就是原子间的距离产生变化。

假如作用于物体的外力去除后，由外力引起的变形随之消失，物体能完全恢复自己的原始形状和尺寸，这样的变形称为弹性变形。若作用于物体的外力去除后，物体并不能完全恢复自己的原始形状和尺寸，这样的变形称为塑性变形。

塑性变形和弹性变形一样，它们都是在变形体不破坏的条件下进行的，或在变形体中局部区域不破坏的条件下进行的（即连续性不破坏）。在塑性变形条件下，总变形既包括塑性变形，也包括除去外力后消失的弹性变形。

2. 塑性变形的基本形式

金属塑性变形过程非常复杂，原子离开平衡位置而产生的变形主要有滑移和孪动两种形式。

（1）滑移　当作用在晶体上的切应力 τ 达到一定数值 τ_c 后，晶体一部分沿一定的晶面和晶向相对另一部分产生滑移。这一晶面和晶向称为滑移面和滑移方向。图 2-1 所示为晶格的滑移过程示意图。

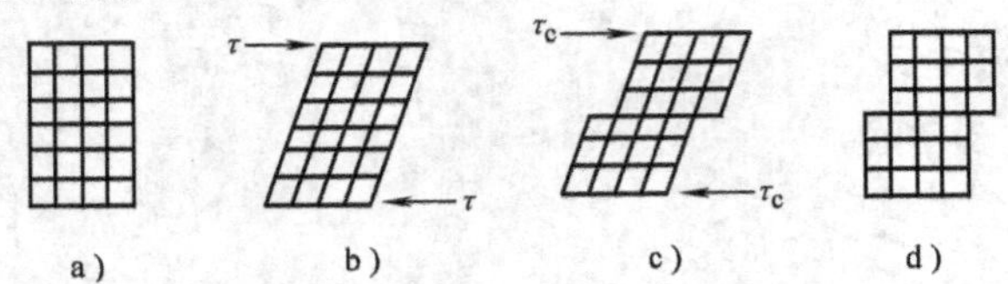

图 2-1　晶格的滑移过程

a）滑移前　b）弹性变形　c）弹性 + 塑性变形　d）塑性变形

金属的滑移面一般都是晶格中原子分布最密的面，滑移方向则是原子分布最密的结晶方向。这是因为沿着原子分布最密的面和方向滑移的阻力最小。金属晶格中，原子分布最密的晶面和结晶方向越多，产生滑移的可能性越大，金属的可塑性就越好。各种晶格，其滑移面与滑移方向的数量如图 2-2、表 2-1 所示。

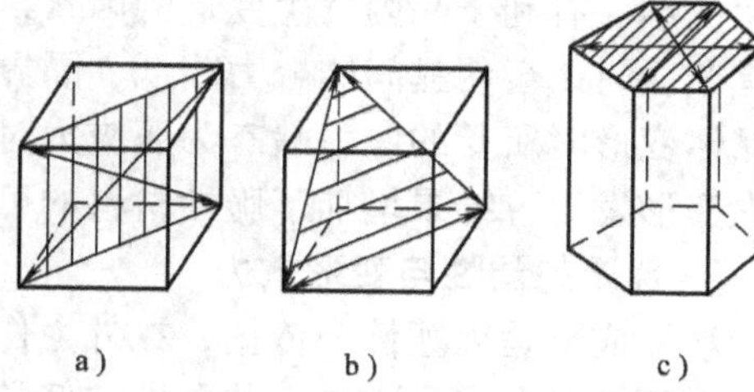

图 2-2　各种晶格的滑移面与滑移方向
a）体心立方晶格　b）面心立方晶格
c）密排六方晶格

（2）孪动　孪动也是在一定的切应力作用下，晶体的一部分相对另一部分，沿着一定的晶面和方向发生转动的结果，已变形部分的晶体位向发生改变，与未变形部分以孪动面对称，如图 2-3 所示。

表 2-1　常见金属晶格结构及其滑移系

晶格种类	滑移面的数量	滑移方向的数量	滑移系总数
体心立方晶格	6	2	6×2=12
面心立方晶格	4	3	4×3=12
密排六方晶格	1	3	1×3=3

孪动与滑移的主要差别是：①滑移过程是渐进的，而孪动过程是突然发生的；②孪动时原子位置不会产生较大的错动，因此晶体取得较大塑性变形的方式，主要是滑移的作用；③孪动后，晶体内部出现空隙，易于导致金属的破坏；④孪动所要求的临界切应力比滑移要求的临界切应力大得多，只有滑移过程很困难时，晶体才发生孪动。

滑移和孪动都是发生在单个晶粒内部的变形，称为晶内变形。工业生产中实际使用的金属则是由多个晶粒组成的集合体，即多晶体。多晶体的变形基本形式仍是滑移和孪动，但在变形过程中，多晶体变形受到晶粒位向的影响和晶界的阻碍，会造成变形不均匀。

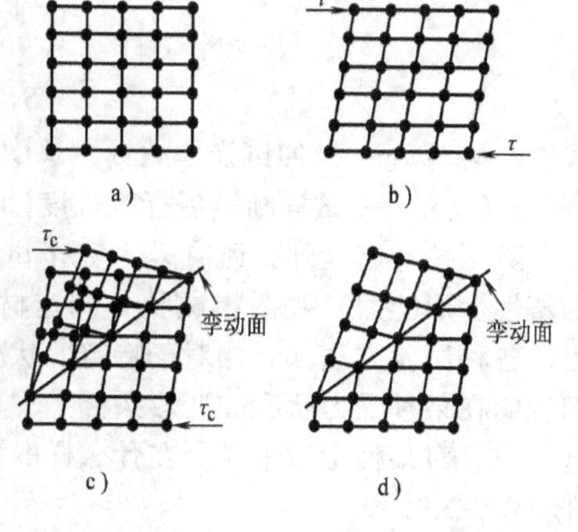

图 2-3　单晶体的孪动过程
a）孪动前　b）弹性变形
c）孪动发生　d）永久变形

多晶体的变形方式除晶粒本身的滑移和孪动外，还有在外力作用下晶粒间发生的相对移动和转动而产生的变形，即晶间变形。凡是加强晶间结合力、减少晶间变形、有利于晶内发生变形的因素，均有利于晶体进行塑性变形。当晶体间存有杂质时，会使晶间结合力降低，晶界变脆，不利于多晶体进行塑性变形。当多晶体变形时所受的应力状态为压应力时，增加了晶间变位困难，使脆性材料的晶内变形发生，结果增加了脆性材料的可塑性。

3. 金属的塑性与变形抗力

塑性成形是以塑性为依据，在外力作用下进行的。从成形工艺的角度，人们总是希望变形金属具有较高的塑性和低的变形抗力。下面对塑性和变形抗力的概念作一简要介绍。

（1）塑性　所谓塑性，是指固体材料在外力作用下发生永久变形而不破坏其完整性的能力。塑性不仅与材料本身的性质有关，还与变形方式和变形条件有关。因此，材料的塑性不是固定不变的，不同的材料在同一变形条件下会有不同的塑性，而同一种材料，在不同的变形条件下，也会表现不同的塑性。例如，在通常情况下，铅具有极好的塑性，但在三向等拉应力的作用下，却像脆性材料一样地破坏，而不产生任何塑性变形。反之，极脆的大理石，在三向压应力作用下，有可能产生较大的塑性变形。

塑性指标是衡量金属在一定条件下塑性高低的数量指标。它是以材料开始破坏时的塑性变形量来表示，它可借助于各种试验方法测定。

常用的塑性指标，是拉伸试验所得的断后伸长率 A 和断面收缩率 Z。它们的定义分别为

$$A = \frac{L_k - L_0}{L_0} \times 100\% \tag{2-1}$$

$$Z = \frac{S_0 - S_k}{S_0} \times 100\% \tag{2-2}$$

式中　L_0、S_0——拉伸试样原始标距长度(mm)和原始横截面积(mm^2)；

L_k、S_k——试样断裂后标距长度(mm)和断裂处最小横截面积(mm^2)。

除了拉伸试验外，还有爱力克辛试验、弯曲试验（测定板料胀形和弯曲时的塑性变形能力）和镦粗试验（测定材料锻造时的塑性变形能力）等。需要指出，各种试验方法都是相对于特定的状况和变形条件下承受的塑性变形能力。它们说明在某种受力状况和变形条件下，这种金属的塑性比那种金属的塑性高还是低，或者对某种金属来说，在什么样的变形条件下塑性好，而在什么样的变形条件下塑性差。

（2）变形抗力　塑性成形时，使金属发生变形的外力称为变形力，而金属抵抗变形的反作用力，称为变形抗力。变形力和变形抗力大小相等方向相反。变形抗力一般用单位接触面积上的反作用力来表示。在某种程度上，变形抗力反映

了材料变形的难易程度。它的大小，不仅取决于材料的流动应力，而且还取决于塑性成形时的应力状态、摩擦条件，以及变形体的几何尺寸等因素。只有在单向均匀拉伸（或压缩）时，它才等于所考虑材料在一定变形温度、变形速度和变形程度下的流动应力。

塑性和变形抗力是两个不同的概念，前者反映塑性变形的能力，后者反映塑性变形的难易程度，它们是两个独立的指标。人们常认为塑性好的材料变形抗力低，塑性差的材料变形抗力高，但实际情况并非如此。例如，奥氏体型不锈钢在室温下可经受很大的变形而不破坏，说明这种钢的塑性好，但变形抗力却很高。

4. 影响金属塑性和变形抗力的主要因素

影响金属塑性和变形抗力的主要因素有两个方面：一是变形金属本身的晶格类型、化学成分和组织等内部性质；其二是变形时的外部条件，如变形温度、变形速度和变形形式等。

（1）化学成分和组织对塑性和变形抗力的影响　化学成分和组织对塑性和变形抗力的影响非常明显也很复杂。下面以钢为例来说明。

1）化学成分的影响。在碳钢中，铁和碳是基本元素。在合金钢中，除了铁和碳外，还含有硅、锰、铬、镍、钨等。在各类钢中还含有些杂质，如磷、硫、氢、氧等。

碳对钢的性能影响最大。碳能固溶到铁里形成铁素体和奥氏体，它们都具有良好的塑性和低的变形抗力。当碳含量超过铁的溶碳能力，多余的碳便与铁形成具有很高的硬度而塑性几乎为零的渗碳体。渗碳体对基体的塑性变形起阻碍作用，降低塑性，抗力提高。由此可见，碳含量越高，碳钢的塑性成形性能就越差。

合金元素加入钢中，不仅改变了钢的使用性能，而且改变了钢的塑性成形性能，其主要的表现为：塑性降低，变形抗力提高。这是由于合金元素溶入固溶体（α-Fe和γ-Fe），使铁原子的晶体点阵发生不同程度的畸变；合金元素与钢中的碳形成硬而脆的碳化物（碳化铬、碳化钨等）；合金元素改变钢中相的组成，造成组织的多相性等，这些都造成钢的抗力提高，塑性降低。

杂质元素对钢的塑性变形一般都有不利的影响。磷溶入铁素体后，使钢的强度、硬度显著增加，塑性、韧性明显降低。在低温时，造成钢的冷脆性。硫在钢中几乎不溶解，与铁形成塑性低的易溶共晶体FeS，热加工时出现热脆开裂的现象。钢中溶氢，会引起氢脆现象，使钢的塑性大大降低。

2）组织的影响。钢在规定的化学成分内，由于组织的不同，塑性和变形抗力也会有很大的差别。单相组织比多相组织塑性好，变形抗力低。多相组织由于各相性能不同，使得变形不均匀，同时基本相往往被另一相机械地分割，故塑性降低，变形抗力提高。

晶粒的细化有利提高金属的塑性，但同时也提高了变形抗力。这是因为在一定的体积内细晶粒的数目比粗晶粒的数目要多，塑性变形时有利于滑移的晶粒就较多，变形均匀地分散在更多的晶粒内；另外，晶粒越细，晶界就越曲折，对微裂纹的传播越不利。这些都有利于提高金属的塑性变形能力。另一方面晶粒多，晶界也越多，滑移变形时位错移动到晶界附近将会受到阻碍并堆积，若要位错穿过晶界则需要很大的外力，从而提高了塑性变形抗力。

另外，钢的制造工艺，如冶炼、浇铸、锻轧、热处理等，都影响着金属的塑性和变形抗力。

（2）变形温度对塑性和变形抗力的影响　变形温度对金属和合金的塑性有很大的影响。就多数金属和合金而言，随着温度的升高，塑性增加，变形抗力降低。这种情况可以从以下几个方面进行解释：

1）温度升高，发生回复和再结晶。回复使金属的加工硬化得到一定程度的消除，再结晶能完全消除加工硬化，从而使金属的塑性提高，变形抗力降低。

2）温度升高，原子热运动加剧，动能增大，原子间结合力减弱，使临界切应力降低。温度升高，不同滑移系的临界切应力降低速度不一样。因此，在高温下可能出现新的滑移系。滑移系的增加，提高了变形金属的塑性。

3）温度升高，原子的热振动加剧，晶格中原子处于不稳定状态。此时，如晶体受到外力作用，原子就会沿应力场梯度方向，由一个平衡位置转移到另一个平衡位置，使金属产生塑性变形。这种塑性变形的方式称为热塑性，也称扩散塑性。在高温下，热塑性作用大为增加，使金属的塑性提高，变形抗力降低。但是回复温度以下，热塑性对金属变形的作用不明显。

4）温度升高，晶界强度下降，使得晶界的滑移容易进行。同时，由于高温下扩散作用加强，使晶界滑移产生的缺陷得到愈合。

由于金属和合金的种类繁多，上述一般的结论并不能概括各种材料的塑性和变形抗力随温度的变化情况。可能在温升过程中的某些温度间，往往由于过剩相的析出或相变等原因，而使金属的塑性降低和变形抗力增加（也可能降低）。碳钢的断后伸长率、断面收缩率和抗拉强度随温度的变化如图 2-4 所示。

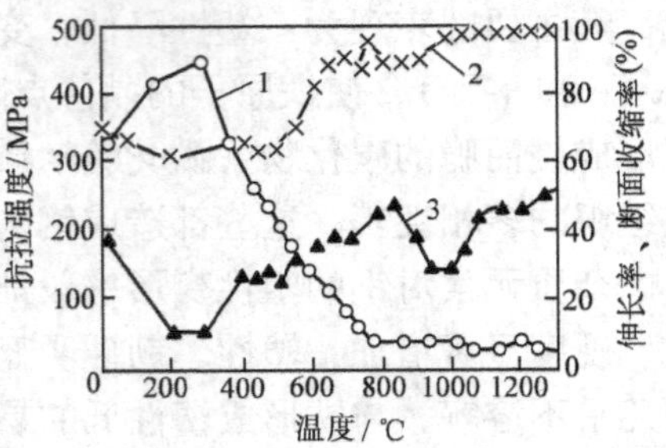

图 2-4　碳钢[w(C) = 0.07%]拉伸特性随温度的变化

1—抗拉强度　2—断面收缩率　3—断后伸长率

（3）变形速度对塑性和变形抗力的

影响　所谓变形速度是指单位时间内变形物体应变的变化量。塑性成形设备的加载速度在一定程度上反映了金属的变形速度。变形速度对塑性变形的影响是多方面的。

一方面，变形速度大时，要同时驱使更多的位错更快地运动，金属晶体的临界切应力将提高，使变形抗力增大；当变形速度大时，塑性变形来不及在整个变形体内均匀地扩展，此时，金属的变形主要表现为弹性变形。根据胡克定律，弹性变形量越大，则应力越大，变形抗力也就越大。另外，变形速度增加后，变形体没有足够的时间进行回复和再结晶，而使金属的变形抗力增加，塑性降低。

另一方面，在高变形速度下，变形体吸收的变形能迅速地转化为热能（热效应），使变形体温度升高（温度效应）。这种温度效应一般来说对塑性的增加是有利的。

目前，常规的冲压设备工作速度都比较低，对金属塑性变形的性能影响不大。考虑变形速度因素，主要基于零件的尺寸和形状。对大型复杂的零件成形，变形量大且极不均匀，易局部拉裂和起皱，为了便于塑性变形的扩展，有利于金属的流动，宜采用低速的压力机或液压机。小型零件的冲压，一般不考虑变形的速度对塑性和变形抗力的影响，速度主要从生产率来考虑。

2.2　冲压应力应变状态

1. 应力状态

冲压变形是由冲压设备提供变形载荷，然后通过模具对毛坯施加外力，进而转化为毛坯的内力，使之产生塑性变形。因此，研究和分析金属的塑性变形过程，应首先了解毛坯内力作用和塑性变形之间的关系。

在一般情况下，变形毛坯内各质点的变形和受力状态是不相同的。通常将质点的受力状态称为点的应力状态。一点的应力状态可用一个平行六面体（单元体）来表示，见图 2-5a，将各应力分量均表示在前 3 个可视面（即 x 面、y 面、z 面）上，而后 3 个不可视面（即 $-x$ 面、$-y$ 面、$-z$ 面）上的应力分量应与前 3 个面上对应的应力分量大小相等、方向相反，一般不予表示。每个面上有一个正应力、两个切应力，共 9 个应力分量，再考虑切应力的互等性（$\tau_{xy}=\tau_{yx}, \tau_{yz}=\tau_{zy}, \tau_{zx}=\tau_{xz}$），则仅有 6 个独立的应力分量；正应力分量方向的含义是，箭头指向平行六面体之外，符号为正，为拉应力；反之，符号为负，为压应力。对同一点应力状态，6 个应力分量的大小与所选坐标有关，不同坐标系所表现的 6 个应力分量的数值是不同的。存在这样一个（仅有一个）坐标系，按该坐标系做平行六面体，则应力分量只有 3 个正应力分量，而无切应力分量，那么称这 3 个正应力为主应力，称该坐标系为主坐标系，3 个坐标轴为主应力轴，见图 2-5b。

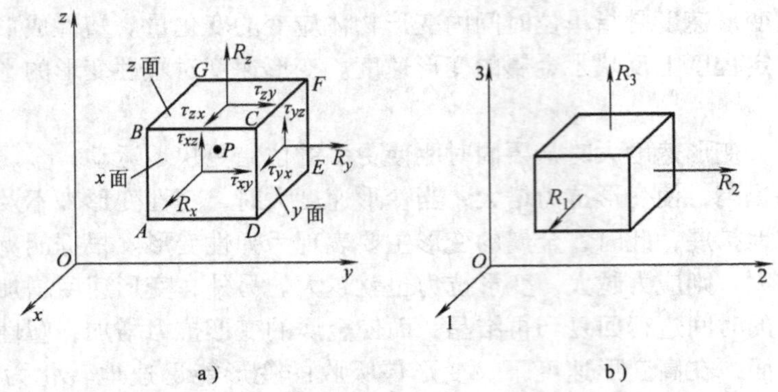

图 2-5　质点的应力状态

a）任意坐标系　b）主坐标系

如果用主坐标系表示质点的应力状态，即单元体上仅有正应力，而无切应力；换言之，仅承受拉应力或压应力，则可将主应力状态分为如图 2-6 所示的 9 种类型。图 2-6 中，第一行为单向应力状态：单向拉和单向压；第二行为两向应力状态，或称为平面应力状态：两向拉、两向压或一拉一压；第三行为三向应力状态，或称为复杂应力状态：三向拉、三向压、一压两拉或一拉两压。对于板料冲压工艺，第二行应力状态居多。

2. 应变状态

在一般情况下，变形毛坯内各质点的变形状态是不相同的。通常将质点的变形状态称为点的应变状态。一点的应变状态可用一个平行六面体来表示，每个面上有一个正应变、两个切应变，共 9 个应变分量，经叠加刚性转动可使切应变互等($\gamma_{xy}=\gamma_{yx},\gamma_{yz}=\gamma_{zy},\gamma_{zx}=\gamma_{xz}$)，则仅有 6 个独立的应变分量。正应变分量方向的含义是，箭头指向平行六面体之外，符号为正，则表示伸长，反之，符号为负，则为压缩（收缩）；而切应变分量的作用是使平行六面体产生角变形。对同一点的应变状态，6 个应变分量的大小与所选坐标有关，不同的坐标系所表现的 6 个应变分量数值不同。存在这样一个（仅有一个）坐标系，按该坐标系做平行六面体，则应变分量只有 3 个正应变分量，而

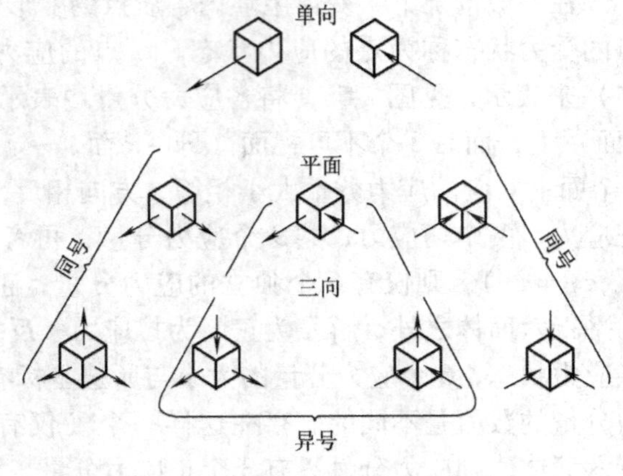

图 2-6　主应力状态图

无切应变分量，那么称这 3 个正应变为主应变，称该坐标系为主坐标系，3 个坐标轴为主应变轴。

如果我们用主坐标系表示质点的应变状态，即单元体上仅有正应变，而无切应变；换言之，仅承受拉伸或压缩，而无角变形。由于塑性变形中要满足体积不变条件，即 3 个正应变（当然，主应变也是正应变）之和为零，因此，绝对值最大的主应变值应等于另两个主应变绝对值之和，但符号相反；也就是说，绝对值最大的主应变，永远与另外两个主应变符号相反。故可将应变状态大致分为三类：一向伸长一向收缩、一向伸长两向收缩、一向收缩两向伸长，如图 2-7 所示。图 2-7 中，最上面的应变状态是：一个主应变为零，另两个绝对值相等，符号相反，称为平面应变状态。第二行左边的应变状态是一向伸长两向收缩，即拉伸类；第二行右边的应变状态是一向收缩两向伸长，即收缩类。第三行仅为第二行的特例，左边的应变状态是一向伸长和两向相等的收缩，称为简单拉伸；右边的应变状态是一向收缩和两向相等的伸长，称为简单压缩。

3. 应力与应变关系

由上述可知，应力状态与应变状态具有相似性。对于小变形而言（不超过 10^{-3} ~ $10^{-2}\mu m$），两者的主坐标系是一致的。

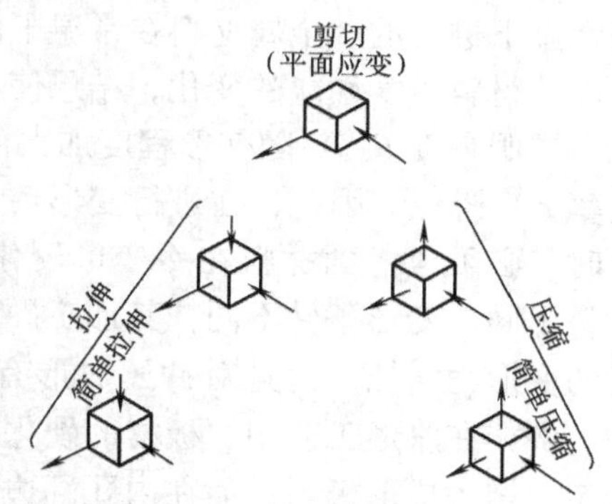

图 2-7　主应变状态图

对于应力与应变关系，我们不妨从方向和大小两方面进行叙述。首先讨论应力方向与应变方向之间的关系。

对切应力和切应变，可用图 2-8 来表示。图 2-8a 的切应力方向对应于图 2-8b 的切应变方向，这很容易理解。而对于正应力和正应变的方向，就不是这样简单了。正应力为正值（受拉）时，正应变未必是正值（未必伸长）；正应力为负值（受压）时，正应变未必是负值（未必收缩）；正应力为零时，正应变未必为零（可能有伸长或收缩）。

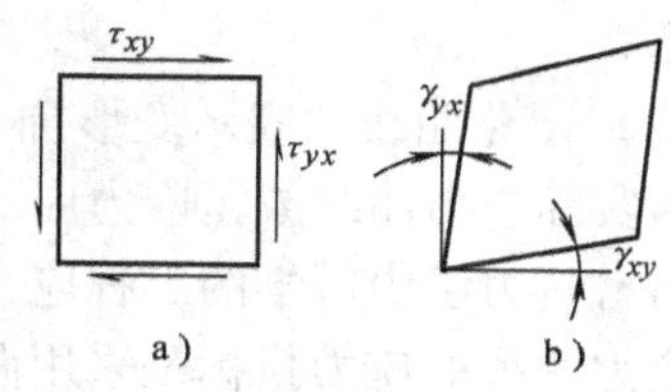

图 2-8　切应力和切应变的方向
a）切应力方向　b）切应变方向

为说明正应力和正应变方向的对应关系，也为说明应力分量与应变分量数值大小之间的关系，需要了解小变形时的应力应变关系。它可叙述为：小变形时的应变分量正比于应力偏量，即

$$\frac{\varepsilon_1}{R_1'}=\frac{\varepsilon_2}{R_2'}=\frac{\varepsilon_3}{R_3'}=\lambda \tag{2-3}$$

式中　　λ——常数；

ε_1、ε_2、ε_3——3 个主应变值；

R_1'、R_2'、R_3'——3 个主应力偏量值。

主应力偏量定义为：设 R_1、R_2、R_3 为 3 个主应力值，则平均应力 $R_m=(R_1+R_2+R_3)/3$，那么，3 个主应力偏量分别为 $R_1'=R_1-R_m$，$R_2'=R_2-R_m$，$R_3'=R_1-R_m$。

由式（2-3），依照比例定律，又可导出以下公式：

$$\varepsilon_1:\varepsilon_2:\varepsilon_3=R_1':R_2':R_3' \tag{2-4}$$

$$\frac{\varepsilon_1-\varepsilon_2}{R_1-R_2}=\frac{\varepsilon_2-\varepsilon_3}{R_2-R_3}=\frac{\varepsilon_3-\varepsilon_1}{R_3-R_1}=\lambda \tag{2-5}$$

式（2-3）、式（2-4）、式（2-5）也适用于全量应变理论的应力应变关系。

4. 硬化与硬化曲线

（1）硬化　在冲压生产中，毛坯形状的变化和零件形状的形成过程通常是在常温下进行的。金属材料在常温下的塑性变形过程中，由于冷变形的硬化效应引起的材料力学性能的变化，结果使其强度指标（抗拉强度 R_m、下屈服强度 R_{eL} 或上屈服强度 R_{eH}）随变形程度加大而增加，同时塑性指标（伸长率 A、断面收缩率 Z）降低。因此，在进行变形毛坯内各部分的应力分析和各种工艺参数的确定时，必须考虑到材料在冷变形硬化中的屈服强度（或称变形抗力）的变化。材料不同，变形条件不同，其加工硬化的程度也就不同。材料加工硬化不仅使所需的变形力增加，而且对冲压成形有较大的影响，有时是有利的，有时是不利的。例如在胀形工艺中，板材的硬化能够减少过大的局部集中变形，使变形趋向均匀，增大成形极限；而在内孔翻边工序中，翻边前冲孔边缘部分材料的硬化，容易导致翻边时产生开裂，则降低了极限变形程度。因此，在对变形材料进行力学分析，确定各种工艺参数和处理生产实际问题时，必须了解材料的硬化现象及其规律。

（2）硬化曲线　表示变形抗力随变形程度增加而变化的曲线称为硬化曲线，也称为实际应力曲线或正应力曲线，它可以通过拉伸等试验方法求得。实际应力曲线与材料力学中所学的工程应力曲线（也称为假象应力曲线）是有所区别的，假象应力曲线的应力指标是采用假象应力来表示的，即应力是按各加载瞬间的载荷 F 除以变形前试样的原始截面积 S_0 计算的，没有考虑变形过程中试样截面积的变化，显然是不准确的；而实际应力曲线的应力指标是采用正应力来表示的，即应力是按各加载瞬间的载荷 F 除以该瞬间试样的截面积 S 计算的。金属的应力-应变曲线如图 2-9 所示。从图 2-9 中可以看出，实际应力曲线能真实反映变形材料的加工硬化现象。

图 2-10 所示是用试验方法求得的几种金属在室温下的硬化曲线。从曲线的

变化规律来看，几乎所有的硬化曲线都具有一个共同的特点，即在塑性变形的开始阶段，随变形程度的增大，实际应力剧烈增加，当变形程度达到某些值以后，变形的增加不再引起实际应力值的显著增加。也就是说，随变形程度的增大，材料的硬化强度 $dR/d\varepsilon$（或称硬化模数）逐渐降低。

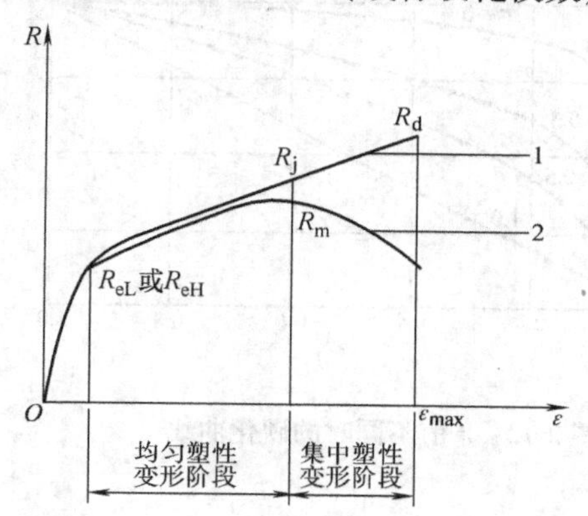

图 2-9 金属的应力-应变曲线

1—实际应力曲线 2—假象应力曲线

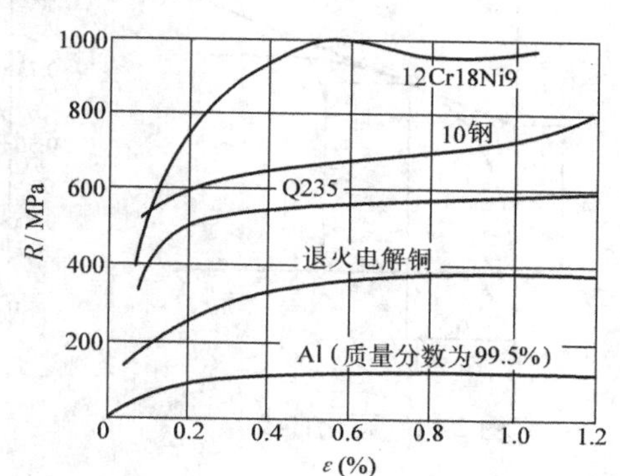

图 2-10 不同材料的硬化曲线

求硬化曲线的试验工作既复杂又要求精细。由图 2-10 可知，不同的材料硬化曲线差别很大，而且实际应力与变形程度之间的关系又很复杂，所以不可能用同一个数学式精确地把它们表示出来，这就给求解塑性力学问题带来了困难。为了实用上的需要，必须将实际材料的硬化曲线进行适当的简化，变成既能写成简单的数学表达式，又只需要少量试验数据就能确定下来的近似硬化曲线。在冲压成形中，常用直线表示的硬化曲线和指数曲线表示硬化曲线。

由图 2-11 所示可见，用直线代替硬化曲线是非常近似的，而且仅在切点它们的数值是一致的，在其他各点上都有区别，特别是变形程度很小或很大时，差别尤为显著。

用直线代替硬化曲线的直线方程式为

$$R = R_0 + D\varepsilon \tag{2-6}$$

式中，R_0 为近似的屈服强度，也是硬化直线在纵坐标轴上的截距；D 是硬化直线的斜率，称为硬化模数，它表示材料硬化强度的大小。

由于实际硬化曲线与硬化直线之间的差异很大，所以冲压生产中经常采用指数曲线表示硬化曲线，即

$$R = C\varepsilon^n \tag{2-7}$$

式中 C——与材料有关的系数；

n——硬化指数。

不同 n 值的硬化曲线如图 2-12 所示。C 和 n 值取决于材料的种类和性能，其值如表 2-2 所示，可通过拉伸试验求得。

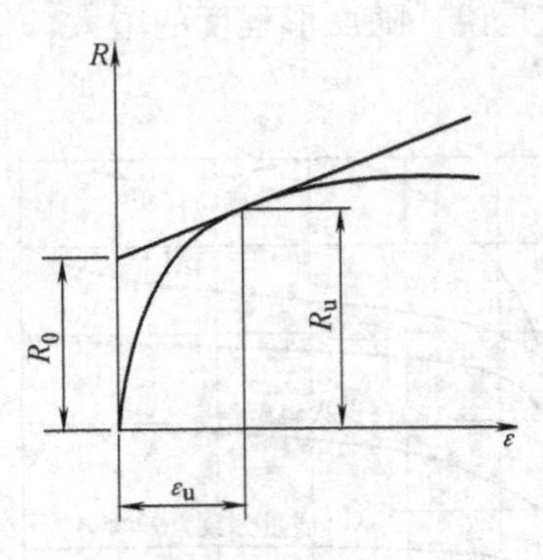

图 2-11 硬化直线

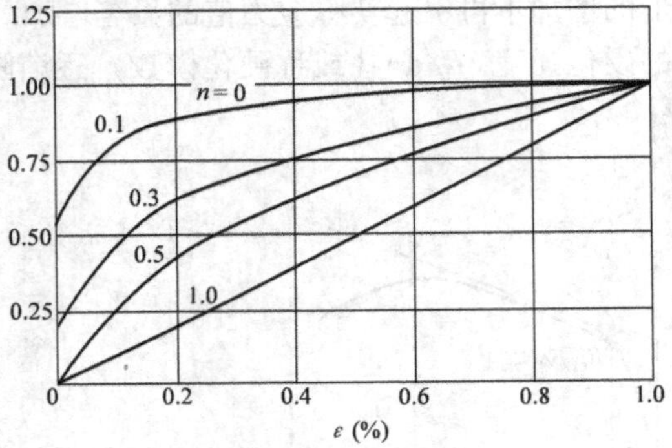

图 2-12 n 值不同时的硬化曲线

表 2-2 各种材料的 C 和 n 值

材 料	C/MPa	n	材 料	C/MPa	n
软钢	710 ~ 750	0. 19 ~ 0. 22	银	470	0. 31
59 黄铜	990	0. 46	铜	420 ~ 460	0. 27 ~ 0. 34
65 黄铜	760 ~ 820	0. 39 ~ 0. 44	硬铝	320 ~ 380	0. 12 ~ 0. 13
磷青铜	1100	0. 22	铝	160 ~ 210	0. 25 ~ 0. 27
磷青铜（低温退火）	890	0. 52			

注：表中数据均指退火材料在室温和低变形速度下试验求得的。

硬化指数 n 是表明材料冷变形硬化的重要参数，对板料的冲压性能以及冲压件的质量都有较大的影响。硬化指数 n 大时，表示冷变形时硬化显著，对后续变形工序不利，有时还必须增加中间退火工序以消除硬化，使后续变形工序得以进行。但是，n 值大时也有有利的一面，如对于以伸长变形为特点的成形工艺（胀形、翻边等），由于硬化引起的变形抗力的显著增加，可以抵消毛坯变形处局部变薄而引起的承载能力的减弱。因而，可以制止变薄处变形的进一步发展，而使之转移到别的尚未变形的部位。这就提高了变形的均匀性，使变形的制件壁厚均匀，刚性好，精度也高。

2.3 板料冲压成形性能及其试验方法

冲压生产中使用的材料相当广泛，为了满足不同产品的使用要求，必须选用合适的材料；而从冲压工艺本身出发，又对冲压材料提出冲压性能方面的要求。因此，从产品使用性能和冲压工艺两方面的要求，选用合适的冲压材料是生产合格冲压件的重要条件之一。

1. 板料的冲压成形性能

板料的冲压成形性能是指板料对各种冲压加工方法的适应能力，如便于加工，容易得到高质量和高精度的冲压件，生产率高（一次冲压工序的极限变形程度和总的极限变形程度大），模具消耗低，不易产生废品等。板料的冲压成形性能是一个综合性的概念，冲压件能否成形和成形后的质量取决于成形极限（抗破裂性）、贴模性和形状冻结性。

成形极限是指板料成形过程中能达到的最大变形程度，在此变形程度下材料不发生破裂。可以认为，成形极限就是冲压成形时，材料的抗破裂性。板料的冲压成形性能越好，板料的抗破裂性也越好，其成形极限也就越高。

板料的贴模性指板料在冲压成形过程中取得模具形状的能力。形状冻结性指零件脱模后保持其在模内获得的形状的能力。影响贴模性的因素很多，成形过程发生的内皱、翘曲、塌陷和鼓起等几何缺陷都会使贴模性降低。形状冻结性影响的最主要因素是回弹。零件脱模后，常因回弹过大而产生较大的形状误差。

板料冲压成形性能中的贴模性和形状冻结性是决定零件几何精度的重要因素，而成形极限是板料将开始出现破裂的极限变形程度。破裂后的制件是无法修复使用。因此，生产中以成形极限作为板料冲压成形性能的判定尺度，并用这种尺度的各种物理量作为评定板料冲压成形性能的指标。

2. 板材冲压成形的试验方法

现在有很多种板料冲压成形性能的试验方法，概括起来，可以分为间接试验和直接试验两类。

（1）间接试验　间接试验方法有拉伸试验、硬度试验、金相试验等，尤其是拉伸试验简单易行。虽然试验时试样的受力情况和变形特点与实际冲压变形有一定的差别，但研究表明，这种试验能从不同角度反映板材的冲压成形性能。因此，板材的拉伸试验是一种很重要的试验方法。

板料的拉伸试验，用图2-13所示形状的标准试样（从待试验的板材上截取），在万能材料试验机上进行。根据试验结果，可以得到图2-14所示的应力与伸长率之间的关系曲线，即拉伸曲线。

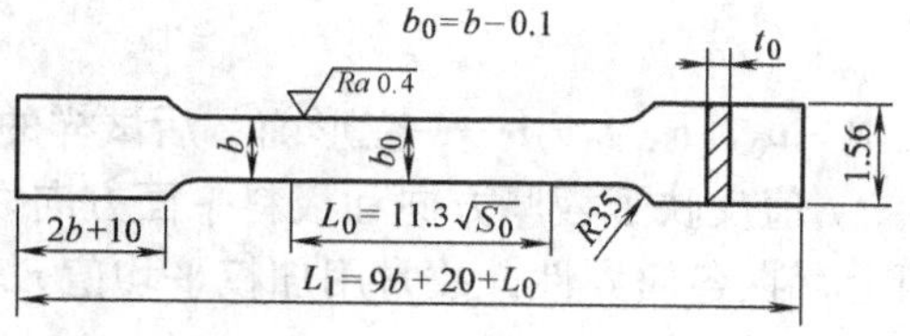

图2-13　拉伸试验用的试样

拉伸试验所得到的表示板材力学性能的指标与冲压成形性能有密切的关系，现就其中几项指标说明如下：

1）伸长率。单向拉伸试验时，试样出现缩颈之前的伸长率叫作均匀伸长率 A_b；试样拉断之前的伸长率叫作总伸长率 A（包括 A_b），一般来讲，A 和 A_b 大，板料允许的塑性变形程度也大，抗破裂性也较好。

2）屈服强度。试验表明，屈服强度 R_{eL} 或 R_{eH} 数值小，材料易屈服，成形后回弹小，贴模性和定形性较好。另外，屈服强度对零件表面质量也有影响，如果拉伸曲线出现屈服平台，它的长度——屈服伸长 A_u 较大，板料在屈服伸长之后，表面会出现明显的滑移线痕迹，导致零件表面粗糙。

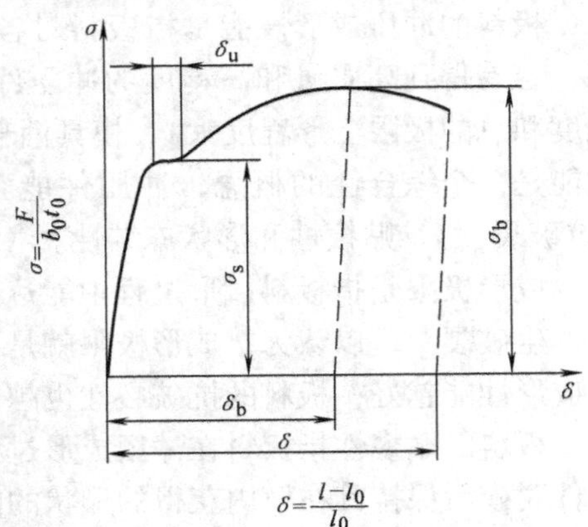

图 2-14　拉伸曲线

3）屈强比。R_{eL}（或 R_{eH}）$/R_m$ 是材料的屈服强度和抗拉强度的比值，称为屈强比。屈强比对板料的冲压成形性能影响较大，其数值小，板料由屈服到破裂前的塑性变形阶段长，有利于冲压成形。一般来讲，较小的屈强比对材料在各种成形工艺中的抗破裂性都有利。此外，试验证明，屈强比与成形零件的回弹有关，其数值小，回弹也小，故定形性较好。总之，屈强比是反映板料冲压成形性能的很重要的指标，我国冶金标准规定，用于拉深最复杂零件的深拉深用ZF 级钢板，其屈强比不大于 0.66。

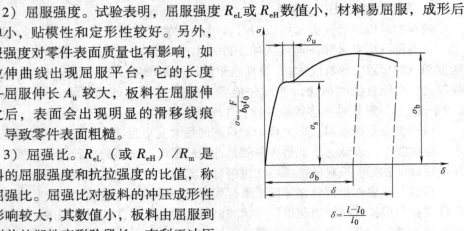

4）硬化指数。硬化指数 n 表示板料在冷塑性变形中的硬化强度。n 值大，硬化效应就大，抗缩颈能力就强，抗破裂性通常也就越强，尤其对胀形来说，有明显的减少毛坯局部变薄、增大成形极限的作用。

5）板厚方向性系数。板厚方向性系数是板料试样在试验中，试样的宽向和厚向应变之比，即

$$r = \frac{\varepsilon_b}{\varepsilon_t} = \frac{\ln\frac{b}{b_0}}{\ln\frac{t}{t_0}} \tag{2-8}$$

式中　b_0、b、t_0、t——变形前、后试样的宽度和厚度。

r 值反映了板厚方向和板料平面方向之间变形难易程度的差异，由于板料平面上存在各向异性，故常用加权平均值 $\bar{r}$ 表达板厚方向性系数，即

$$\bar{r} = \frac{1}{4}(r_0 + 2r_{45} + r_{90}) \tag{2-9}$$

式中，r_0、r_{90} 和 r_{45} 的角标分别为拉伸试样相对于轧制方向的角度值。

6）板平面各向异性系数 Δr。板料经轧制后，在板平面内也出现各向异性，因此沿各不同方向，其力学性能和物理性能均不同，冲压成形后使其拉深件口部不齐，出现“凸耳”，Δr 越大，“凸耳”越高，如图 2-15 所示。尤其在沿轧制

45°方向与轧制方向形成的差异更为突出。

板平面各向异性系数 Δr，可用厚向异性系数 r 在沿轧制纹向 0°方向的 r_0、45°方向的 r_{45} 和 90°方向的 r_{90}（分别取其试样试验）之平均差值来表示，即

$$\Delta r = \frac{r_0 + r_{90} - 2r_{45}}{2} \tag{2-10}$$

由于 Δr 会增加冲压成形工序（切边工序）和材料的消耗，影响冲件质量，因此生产中应尽量设法降低 Δr 值。

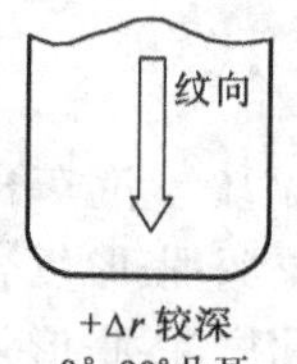

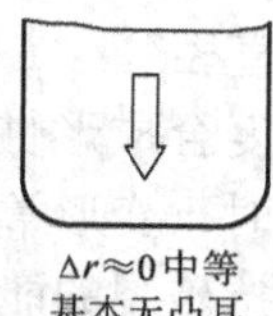

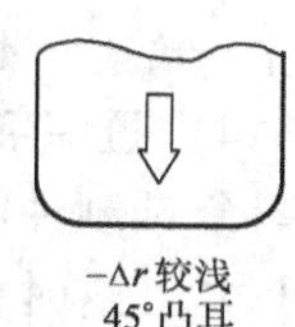

图 2-15　Δr 对拉深件质量的影响

（2）直接试验　直接试验中试件的应力状态和变形特点与相应的冲压工艺基本一致，试验结果能反映出板材对该种工艺的成形性能。下面介绍几种模拟试验。

1）胀形成形性能试验。在生产中广泛采用杯突试验（Erichsen 试验）。图 2-16 所示为金属杯突试验方法（GB/T 4156—2007）的示意图。试验时，用 20mm 球形凸模压入夹紧在凹模与压边圈之间的试样上，试样边缘不能向内流动，使试样的凹模内胀成凸包，至凸包破裂时停止试验，并将此时的凸包高度记作杯突试验值 IE，作为胀形成形性能指标。IE 值越大，胀形成形性能越好。

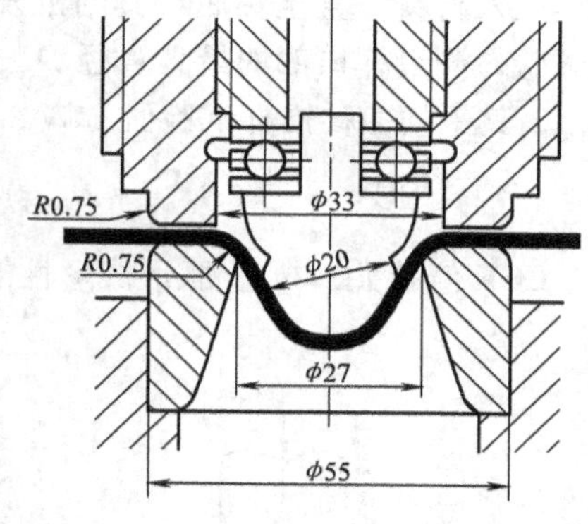

图 2-16　杯突试验

2）扩孔成形性能试验。采用圆柱形平底凸模扩孔试验（KWI）。图 2-17 所示为薄钢板扩孔试验方法（GB/T 15825.4—2008）的示意图。试验时，试样夹紧在凹模与压边圈之间，凸模将带孔试样压入凹模，把试样中心孔 d_0 扩大，当孔边缘发生破裂时停止试验，测量此时的孔径，用扩孔率 λ（或 KWI）值作为扩孔成形性能指标。λ 值越大，扩孔成形性能越好

$$\lambda = \frac{d_f - d_0}{d_0} \times 100\% \tag{2-11}$$

式中　d_0——试样中心孔的初始直径；

d_f——孔边缘破裂时的孔径平均值。

3）拉深成形性能试验。采用圆柱形平底凸模冲杯试验。图 2-18 所示为薄板冲杯载荷试验方法（GB/T 15825.3—2008）的示意图。试验时，试样夹在凹模和压边圈之间，然后用直径为 d_p 的凸模压入试样，使材料被拉入凹模之中。逐次改变试样直径 D_0，由小逐渐增大，直至试样底部出现破裂为止。测出杯体底

壁附近不被拉破时的最大试样直径 D_{max}，并计算极限拉深比 LDR 作为拉深成形的性能指标。LDR 越大，拉深成形性能越好

$$LDR = \frac{D_{max}}{d_p} \tag{2-12}$$

式中 d_p——凸模直径。

4）拉深-胀形复合成形性能试验。汽车覆盖件等复杂制件成形时，变形常为拉深-胀形复合成形形式。这时板料抗破裂的能力称拉深-胀形复合成形性能。薄钢板可用锥杯试验（福井试验）测定。

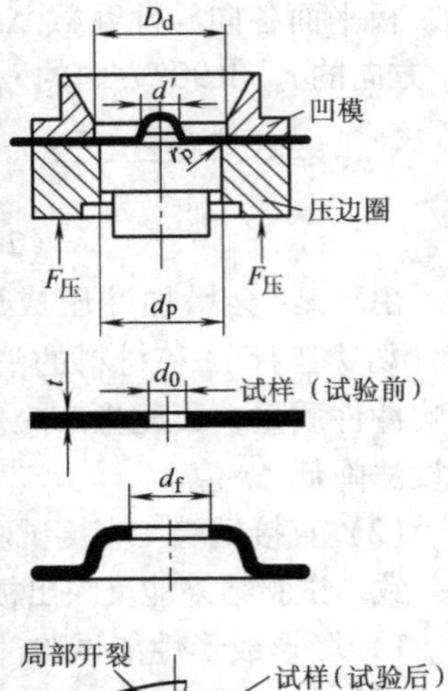

图 2-17 扩孔试验

图 2-19 所示为薄钢板锥杯试验方法（GB/T 15825.6—2008）的示意图。试验时，试样放在锥形凹模孔内，钢球压入试样成形为锥形。钢球继续压入材料，直至杯底或其附近发生破裂时停止试验，测量杯口部的最大直径 D_{cmax} 和最小直径 D_{cmin}，其平均值称锥杯试验值 CCV，则有：

$$CCV = \frac{1}{2}(D_{cmax} + D_{cmin}) \tag{2-13}$$

CCV 值越大，拉深-胀形成形性能越好。

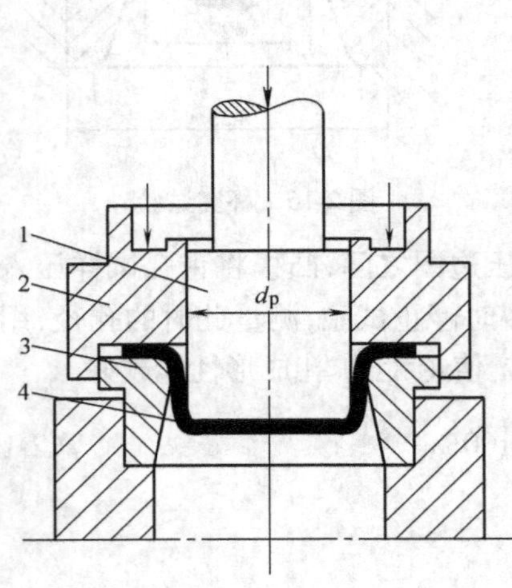

图 2-18 冲杯试验

1—凸模 2—压边圈 3—凹模 4—试样

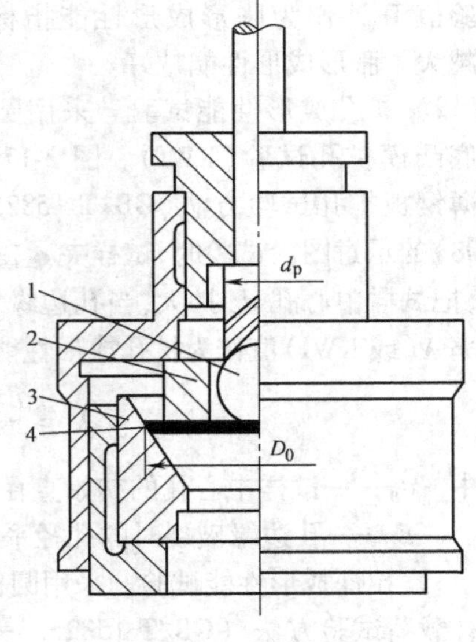

图 2-19 锥杯试验

1—球形凸模 2—压边圈 3—凹模 4—试样

2.4　冲压常用材料

板料是冲压加工的三大要素之一。实际上，高水平的冲压及模具技术必然建立在对板料冲压性能研究的基础上。因此，在冲压工艺与模具设计中，合理选用板料，并进一步考虑板料的冲压性能，是具有很大实际意义的。

2.4.1　冲压材料的基本要求

冲压所用的材料，不仅要满足使用要求，还应满足冲压工艺要求和后续加工要求。

1. 对冲压成形性能的要求

对于成形工序，为了有利于冲压变形和制件质量的提高，材料应具有良好的冲压成形性能，即应有良好的抗破裂性、良好的贴模性和定形性（形状冻结性）。

对于分离工序，则要求材料具有一定的塑性。

2. 对表面质量的要求

材料的表面应光洁、平整，无缺陷损伤。表面质量好的材料，冲压时不易破裂，不易擦伤模具，制件的表面质量也好。

3. 对材料厚度公差的要求

材料的厚度公差应符合相关标准要求。因为一定的模具间隙适用于一定厚度的材料，材料厚度公差太大，不仅直接影响制件的质量，还可以导致废品的出现。在校正弯曲、整形等工序中，有可能因厚度方向的正偏差过大而引起模具或压力机的损坏。

2.4.2　冲压材料的种类及其规格

1. 冲压材料的种类

冲压生产最常用的材料是金属材料，有时也用非金属材料。

常用的金属材料分钢铁材料和非铁金属材料两种。钢铁材料有普通碳素结构钢、优质碳素结构钢、合金结构钢、碳素工具钢、不锈钢、电工硅钢等。非铁金属材料有纯铜、黄铜、青铜、铝等。常用的钢铁材料主要有普通碳素钢板和优质碳素结构钢板。优质碳素结构钢薄钢板主要用于成形复杂的弯曲件和拉深件。常用的非铁金属材料主要有黄铜板（带）和铝板（带）。

非金属材料有纸板、胶木板、橡胶板、塑料板、纤维板和云母等。

2. 冲压材料的规格

冲压用材料大部分都是各种规格的板料、带料、条料和块料。

板料的尺寸较大，用于大型零件的冲压。主要规格有：500mm × 1500mm、900mm × 1800mm、1000mm × 2000mm 等。

条料是根据冲压件的需要，由板料剪裁而成，用于中、小型零件的冲压。

带料（又称卷料）有各种不同的宽度和长度，成卷状供应的主要是薄料，适用于大批量生产的自动送料。

块料一般用于单件小批生产和价值昂贵的非铁金属材料的冲压，并广泛用于冷挤压。

冲压常用材料的性能和规格可查附录 A。

2.4.3 冲压用新材料及其性能

汽车、电子、家用电器及日用五金等工业的发展，极大地推动着现代金属薄板的发展。当代材料科学的发展，已经做到根据使用上与制造上的要求，设计并制造出崭新的材料，因此，很多冲压用的新型板材便应运而生。

新型冲压板材的发展趋势见表 2-3。

表 2-3 新型冲压板材的发展趋势

内容	发展趋势	效果与目的
厚度	厚→薄	产品轻型化、节能和降低成本
强度	低→高	
组织	单相↗双相 单相↘加磷，加钛	提高强度、伸长率和冲压性能
板层	单层↗涂层，叠合 单层↘复合层，夹层	耐腐蚀，外表外观好，冲压性能提高 抗振动，减噪声
功能	单一→多个 一般→特殊	实现新功能

下面对新型冲压用板材（高强度钢板、耐腐蚀钢板、双相钢板、涂层板及复合板材）进行介绍。

1. 高强度钢板

高强度钢板是指对普通钢板加以强化处理而得到的钢板。通常采用的金属强化原理有：固溶强化、析出强化、细晶强化、组织强化（相态强化及复合组织强化）、时效强化、加工强化等。其中前 5 种是通过添加合金成分和热处理工艺来控制板材性质的。

高强度钢板的高强度有下面两方面的含义：

1）屈服强度高，R_{eL} 在 270 ~ 310MPa 范围之内，比一般铝镇静钢的屈服强度要高 50% ~100%。

2）抗拉强度高，R_m > 400MPa。日本研制的用于汽车零件的高强度钢板的抗拉强度可达到 600 ~ 800MPa，而对应的普通冷轧软钢板的抗拉强度只有 300MPa。

高强度钢板的应用，能减薄料厚，减轻冲压件的重量，节省能源和降低冲压产品成本。例如，美国与日本于 1980—1985 年广泛使用低合金高强度钢板，使汽车车身零件板厚由原来的 1.0 ~ 1.2mm 减薄到 0.7 ~ 0.8mm，车身重量减轻 20% ~ 40%，节约汽油 20% 以上。到 1992 年，日本各汽车厂汽车车身采用高强度钢板的平均比例占到 23.3%，其中日产汽车公司占到 30% 以上。

由于高强度钢板的强化机制常常在一定程度上要影响其他的成形性能，如伸长率降低，弹性回复大，成形力增高，厚度减薄后抗凹陷能力降低等。因此，制造技术进展的方式是分别开发适应不同冲压成形（不同冲压件）要求的高强度钢板品种，例如：加磷钢板中的 P1 钢板，与各种级别的 08AL 板相比，在屈服强度、抗拉强度上提高很多，而各向异性系数则居于它们中间。

低温硬化钢板又叫烘烤钢板，它是对屈服强低的普通钢板进行拉伸预变形，或者在冲压变形之后，于冲压件的涂漆或烘烤包括高温时效处理过程中，板材得到新的强化，使冲压件在使用状态下具有较高的强度和抗凹陷能力。这种性能称为低温硬化性能（或叫 BH 性）。在同样抗凹陷能力条件下，汽车零件厚度可减薄 15%。另外，低温硬化性能在板的不同方向上存在差异，它可能使板的各向异性增强，利用这一点，对生产有很大实际意义。

2. 耐腐蚀钢板

开发新的耐腐蚀钢板的主要目的是增强普通钢板冲压件的耐蚀性，它有以下两类：

一类是加入有新元素的耐腐蚀钢板，如耐大气腐蚀钢板等。我国研制的耐大气腐蚀钢板中，有 10CuPCrNi（冷轧）和 9CuPCrNi（热轧），其耐蚀性与普通碳素钢板相比可提高 3 ~ 5 倍。10CuPCrNi 钢与 Q235A 钢板的材料特性值比较列于表 2-4 中。

表 2-4 10CuPCrNi 钢与 Q235A 钢板材料特性值

材　料	R_{eL} /MPa	R_m /MPa	R_{eL}/R_m	A（%）	n	r	Δr	CCV/mm	杯突值 /mm
10CuPCrNi	378	507	0.74	20.7	0.211	0.548	0.376	128.57	5.6
Q235A	240	363	0.66	21.4	0.237	0.727	−0.343	127.44	7.0

注：测试的钢板厚度均为 t = 2.5mm。

另一类耐腐蚀钢板是镀覆各种镀层的钢板，如镀铝钢板、镀锌铝钢板及镀锡钢板等。

3. 双相钢板

双相钢板也称复合组织钢板，它也属于高强度钢板中的一种。一般而言，双相钢的抗拉强度与伸长率基本上成负相关关系，而与屈服强度基本上成正相关关系。

表2-5列出了两种日本的双相热轧钢板：铁素体+马氏体系双相钢与铁素体+微小珠光体系双相钢板的力学性能指标。

表2-5　两种日本双相热轧钢板

钢　种	化学成分（质量分数,%）				板厚/mm	力学性能		
	C	Si	Mn	Nb		R_{eL}/MPa	R_m/MPa	A（%）
铁素体+马氏体系	0.05	0.68	1.37	—	2.3	390	620	31
铁素体+微小珠光体系	0.13	0.10	1.20	—	3.0	410	550	32

国产冷轧07SiMn双相钢板［化学成分（质量分数,%）为：C0.08，Si0.39，Mn1.19，P<0.03%］，厚度为1mm，实际测出其材料性能与08Al（ZF）钢之对比列于表2-6中。这样钢板已开始试用于汽车零件的生产。

表2-6　07SiMn双相钢与08Al（2F）钢性能比较

钢种	R_{eL}/MPa	R_m/MPa	R_{eL}/R_m	A（%）	杯突值/mm	n	r
07SiMn	335	540	0.626	33.5	10.35	0.23	0.96
08Al	180	330	0.454	43	11.8	0.234	1.7~1.8

4. 涂层板

在耐腐蚀钢板中提及的镀覆金属层的钢板属于一种涂层板。因为传统的镀锡板、镀锌板等已不能适应汽车工业、电器工业、农用机械及建筑工业的需要，故一些新品种的镀层钢板不断被开发出来。

电镀锌板与热镀锌板相比，耐蚀性大为提高，其镀层与基体钢的结合性能以及加工性能均属优良。

锌铬镀层板由于具有良好的焊接性在汽车零件上已有应用实例。

与镀锡钢板相对应的一种无锡钢板的出现，不但可以节省稀少昂贵的锡，还可延长食品的储存期，改善罐头的使用性能，大有同铝制食品罐相互竞争之势。

在涂层板中，各种涂覆有机膜层的板材有更好的防腐蚀、防表面损伤的性能。因此，正被大量用做各类结构零件。美国在20世纪60年代初就生产出了这类涂层钢板。日本在20世纪70年代就开发了生产涂覆氯乙烯树脂的钢板：在0.2~1.2mm厚的基体钢板上涂覆0.1~0.45mm厚的树脂，其结构如图2-20所示。

涂覆塑料薄膜钢板还有一优点，即可以提高冲压成形性能。例如，用双面涂覆0.04mm聚氯乙烯薄膜的08F钢板拉深，其极限拉深系数m_c比08F钢板的降低12%，拉深件的相对高度提高29%。为了更有效地提高塑料涂层板的冲压成形性能，塑料涂层在基体钢上应有单双面之分，以适应不同成形工艺与变形特征的要求。

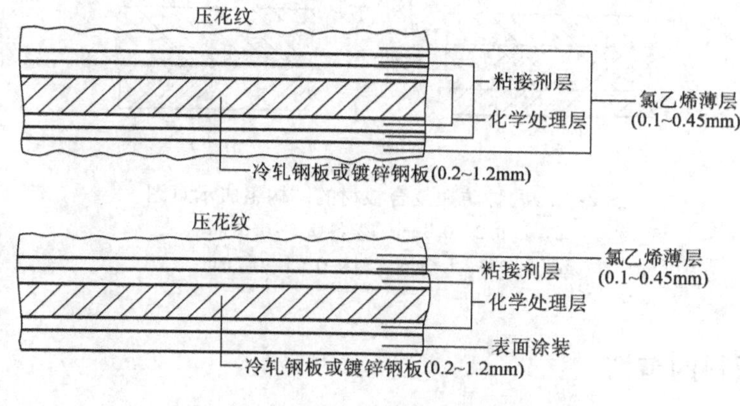

图 2-20 氯化乙烯涂层薄钢板示意图

5. 复合板材

涂覆塑料的钢板是一种复合板。不同金属板叠合在一起（如冷轧叠合等）的板材也是一种复合板，或叫叠合复合板。这类复合板材破裂时的变形比单体材料破裂时的变形要大，它的某些材料特性值（比如 n 值）变大。

以钢为基体、多孔性青铜为中间层、塑料为表层的三层复合板材特别适用于汽车、飞机及核反应堆氦循环器中的轴承零件等。因为这类复合板材的冲压性能取决于基体钢，摩擦磨损性能取决于塑料，钢与塑料间通过多孔性青铜层为媒介，获得可靠的结合力。因此其性能大大优于一般涂层板材。塑料-铜-钢三层复合板材的结构如图 2-21 所示。

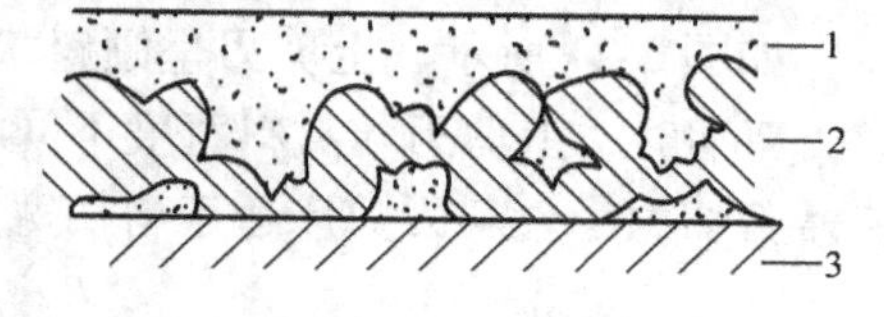

图 2-21 三层复合板材结构
1—塑料 2—铜 3—钢

目前，重点开发的复合板材是在两层薄钢板之间用黏弹性材料（树脂）夹层，形成所谓“三明治”型复合板材。这种复合板材是为适应汽车的质量与性能上的“轻量化”及“抗振动”的要求而开发的，它们的优点和性能是复合前单体材料所不具有的。

目的要求不同，则应选择不同性质的夹层材料。以减轻重量为目的的“三明治”型复合板材的中间夹层厚度较小，而且是可以吸收振动的软质黏弹材料。

图 2-22 所示为两种防振复合板材的结构组成示意图。防振型复合钢板的 n 值、r 值及均匀延伸率等均与塑料夹层的性质关系不大，大体上和表层钢板的 n 值、r值及均匀延伸率相同；极限拉深比随夹层厚度的增加而减小，耐起皱能力随厚度的增加而下降；胀形高度和扩孔率 λ 基本上不受塑料夹层性能影响，而主要取决于表层钢板的冲压性能。

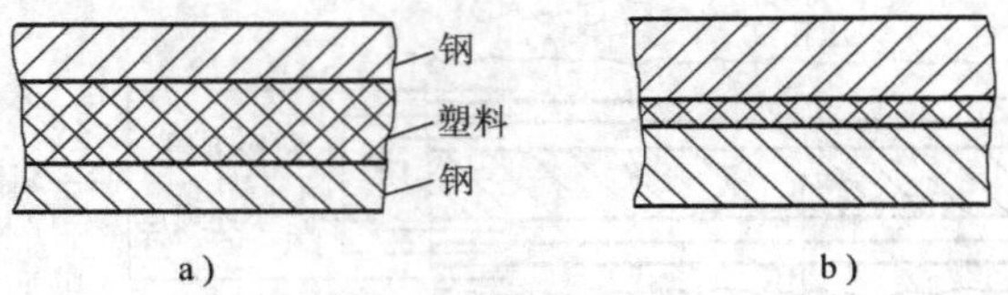

图 2-22　两种防振复合板材的结构组成示意图

a）钢 0.2 ~ 0.3mm，塑料 0.3 ~ 0.6mm

b）钢 0.3 ~ 1.6mm，塑料 0.05 ~ 0.2mm

2.4.4　板料的剪切

剪切就是将整张板料剪成条料、块料或一定形状的毛料，为以后各种冲压工序提供毛坯，所以剪切是冲压生产的毛坯准备工序。

根据所用剪床种类不同，剪切方法主要有如下几种：

1. 平刃剪床剪切

如图 2-23 所示，上、下剪刃互相平行，剪切时，剪刃与被剪板料在整个宽度方向同时接触，板料的整个宽度同时被剪断。因此，所需剪切力较大。平刃剪床适于剪切宽度小而厚度较大的板料，且仅能沿直线剪切。

2. 斜刃剪床剪切

如图 2-24 所示，上剪刃呈倾斜状态，与下剪切成一定夹角 φ，一般 $\varphi = 1° \sim 6°$。剪切时，上剪刃与材料宽度不同时接触，随剪刃下降，板料逐步分离，所以所需剪切力小。斜刃剪床适于剪切宽度大而厚度较小的板料。

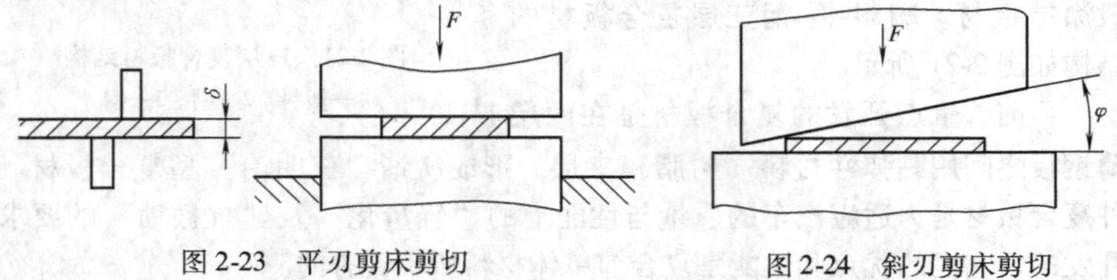

图 2-23　平刃剪床剪切　　图 2-24　斜刃剪床剪切

3. 其他剪床剪切

（1）滚剪　如图 2-25 所示，滚剪是由上、下两个带刃口的圆盘组成，可把板料剪成条料或有曲线轮廓（或内孔）的坯料。

（2）振动剪床剪切　如图 2-26 所示，用一般的机械传动（偏心轮机构）使剪刃产生 1000 ~ 2000 次/min 行程很小的往复运动，剪切过程是不连续的。振动剪床适于剪切曲率半径很小的形状复杂的外形和内孔，但剪切的工件边缘不够光滑。

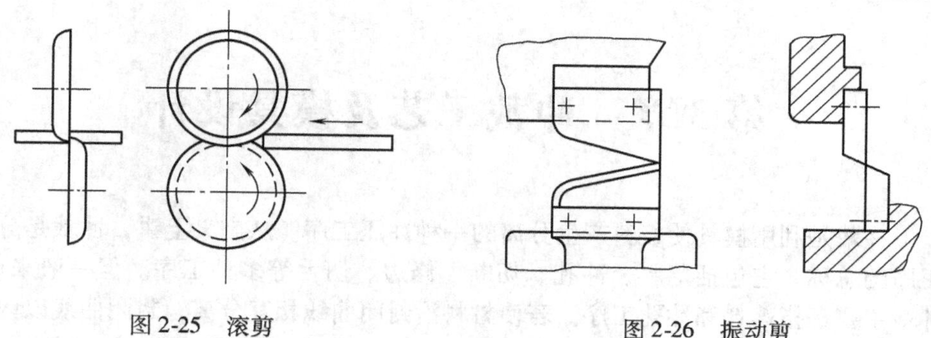

图 2-25　滚剪　　　　图 2-26　振动剪

4. 剪切力

平刃剪床剪切力的计算公式为

$$F_{平} = KBt\tau \tag{2-14}$$

式中　$F_{平}$——剪切力（N）；

B——板料宽度（mm）；

t——板料厚度（mm）；

τ——材料的抗剪强度（MPa）；

K——系数，考虑到刃口变钝，剪刃间隙大小的变化，材料厚度和性能的波动等因素使剪切力增加。一般取 $K=1.3$。

斜刃剪床剪切力的计算公式为

$$F_{斜} = K \times \frac{0.5t^2\tau}{\tan\varphi} \tag{2-15}$$

式中　φ——剪刃倾斜的角度（°）。

一般情况下，剪切不需要计算剪切力，只要按剪床标出的主要规格 $t \times B$ 来选用即可。t 表示容许剪切板料的最大厚度，B 表示容许剪切的最大宽度。但剪床设计时最大剪切板料厚度一般是根据 25 钢或 30 钢的强度极限设计的，所以若剪切超过设计强度的材料时，就不能按剪床标出的最大板料厚度来使用，此时就应根据剪切力计算的公式，求出不同材料的最大剪板厚度。

例　已知容许剪切板料的最大厚度为 13mm 的斜刃剪床，是按 $\tau \approx 500$MPa 设计的，如用来剪切 $\tau \approx 700$MPa 的 12Cr18Ni9 不锈钢板，问其最大剪切厚度是多少？

解　据剪切力相等可得

$$K \times \frac{0.5 \times 13^2}{\tan\varphi} \times 500 = K \times \frac{0.5 \times t^2}{\tan\varphi} \times 700$$

$$13^2 \times 500 = t^2 \times 700$$

从而求得

$$t = 10.9\text{mm}$$

所以用这剪床剪切不锈钢板时，其最大剪切厚度为 10.9mm。

第 3 章　冲裁工艺及模具设计

冲裁是利用模具使板料产生分离的一种冲压工序。从广义上讲，冲裁是分离工序的总称，它包括落料、冲孔、切断、修边、切舌等多种工序。但一般来说，冲裁主要是指落料和冲孔工序。若使材料沿封闭曲线相互分离，封闭曲线以内的部分作为冲裁件时，称为落料；封闭曲线以外的部分作为冲裁件时，则称为冲孔。

冲裁模就是落料、冲孔等分离工序使用的模具。冲裁模的工作部分零件与成形模不同，一般都具有锋利的刃口来对材料进行剪切加工，并且凸模进入凹模的深度较小，以减少刃口磨损。

冲裁的应用非常广泛，它既可以直接冲出所需形状的成品工件，又可以为其他成形工序（如拉深、弯曲、成形等）制备毛坯。

根据变形机理的不同，冲裁可以分为普通冲裁和精密冲裁两类。

3.1　冲裁过程的分析

1. 冲裁变形过程及剪切区的应力状态

（1）冲裁变形过程　冲裁时板料的变形具有明显的阶段性，由弹性变形过渡到塑性变形，最后产生断裂分离。

1）弹性变形阶段（图 3-1a）。凸模接触板料后开始加压，板料在凸、凹模作用下产生弹性压缩、拉伸、弯曲、挤压等变形。此阶段以材料内的应力达到弹性极限为止。在该阶段，凸模下的材料略呈弯曲状，凹模上的板料向上翘起，凸、凹模之间的间隙越大，则弯曲与翘起的程度也越大。

2）塑性变形阶段（图 3-1b）。随着凸模继续压入板料，压力增加，当材料内的应力状态满足塑性条件时，开始产生塑性变形，进入塑性变形阶段。随凸模挤入板料深度的增大，塑性变形程度增大，变形区材料硬化加剧，冲裁变形抗力不断增大，直到刃口附近侧面的材料由于拉应力的作用出现微裂纹时，塑性变形阶段结束，此时冲裁变形抗力达到最大值。

3）断裂分离阶段（图 3-1c、d、e）。凸模继续下压，使刃口附近的变形区的应力达到材料的破坏应力，在凹、凸模刃口侧面的变形区先后产生裂纹。已形成的上、下裂纹逐渐扩大，并沿最大切应力方向向材料内层延伸，直至两裂纹相遇，板料被剪断分离，冲裁过程结束。

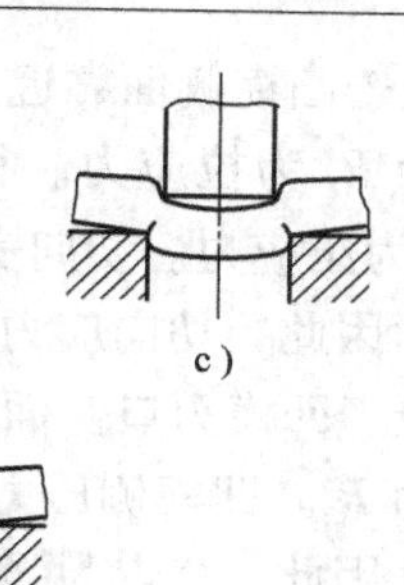

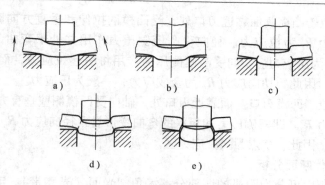

图 3-1　冲裁变形过程

a）弹性变形阶段　b）塑性变形阶段　c）、d）、e）断裂分离阶段

（2）剪切区的应力状态　根据试验的结果，冲裁时，板料最大的塑性变形集中在以凸模与凹模刃口连线为中线的纺锤形区域内，如图 3-2 所示。

图 3-2a 表示初始冲裁时的变形区由刃口向板料中心逐渐扩大，截面呈纺锤形。材料的塑性越好、硬化指数越大，则纺锤形变形区的宽度将越大。

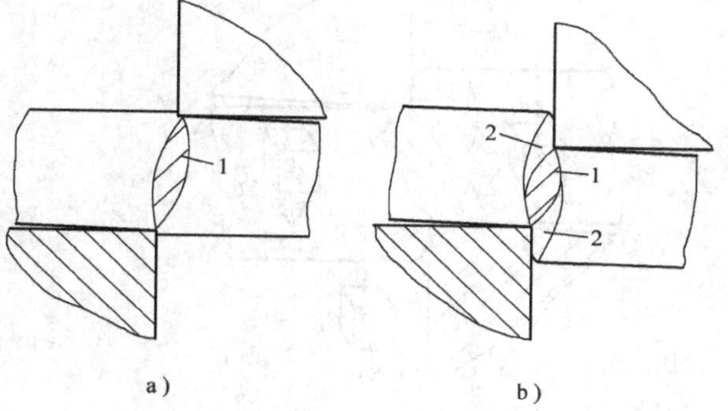

图 3-2　冲裁板料的变形区

a）初始冲裁　b）切入板料

1—变形区　2—已变形区

图 3-2b 表示变形区随着凸模切入板料深度的增加而逐渐缩小，但仍保持纺锤形，其周围已变形的材料已被严重加工硬化了。纺锤形内以剪切变形为主，特别是当凸模与凹模的间隙较小时，纺锤形的宽度将减小。但由于冲裁时板料的变形受到材料的性质、凸模与凹模的间隙、模具刃口变钝的程度等因素的影响，不可能只产生剪切变形，还有弯曲变形，而弯曲又将使板料产生受拉与受压两种不同的变形，因此冲裁变形区的应力状态是十分复杂的。图 3-3 所示为冲裁时板料的应力状态。

A 点：位于凸模端面靠近刃口处，受凸模正压力作用，并处于弯曲的内侧，因此受三向压应力作用，为强压应力区。

B 点：位于凹模端面靠近刃口处，受凹模正压力作用，并处于弯曲的外侧，因此轴向应力 R_z 为压应力，径向应力 R_ρ 和切向应力 R_θ 均为拉应力，但主要是受压应力作用。

C 点：位于凸模侧面靠近刃口处，受凸模的拉伸和垂直方向摩擦力的作用，因此轴向应力 R_z 为拉应力。径向受凸模侧压力作用并处于弯曲的内侧，因此，径向应力 R_ρ 为压应力。切向受凸模侧压力作用将引起拉应力，而板料的弯曲又引起压应力。因此，切向应力 R_θ 为合成应力，一般为压应力。

D 点：位于凹模刃口侧面靠近刃口处，轴向受凹模侧壁垂直方向摩擦力作用将产生拉应力 R_z。凹模侧压力和板料的弯曲变形导致径向应力 R_ρ 和切向应力 R_θ 均为拉应力。因此，D 点为强拉应力区。

2. 冲裁件断面分析

冲裁件断面可分为明显的四部分：塌角、光面（光亮带）、毛面（断裂带）和毛刺，如图 3-4 所示。

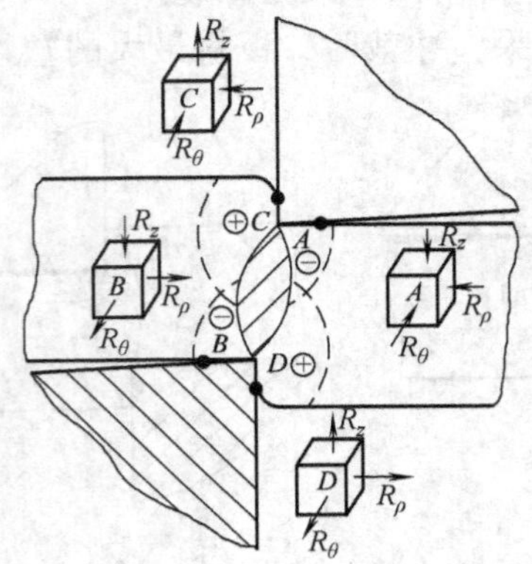

图 3-3　冲裁时板料的应力状态

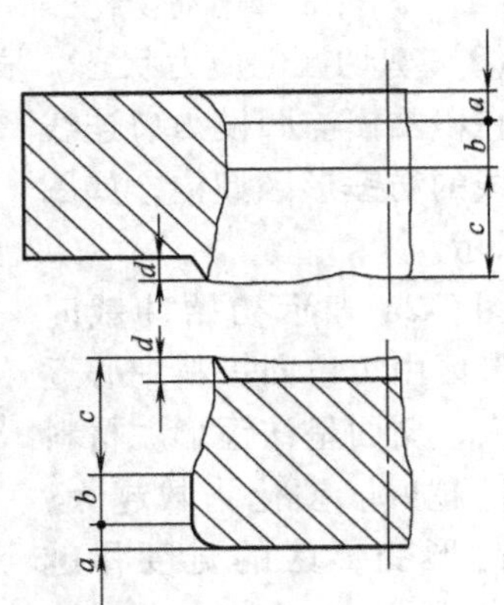

图 3-4　冲裁件断面的形状
a—塌角　b—光面
c—毛面　d—毛刺

（1）塌角　塌角也称为圆角带，是由于冲裁过程中刃口附近的材料被牵连拉入变形（弯曲和拉伸）的结果。材料的塑性越好，凸模与凹模的间隙越大，塌角越大。

（2）光面　光面也称为剪切面，是刃口切入板料后产生塑剪变形时，凸、凹模侧面与材料挤压形成的光亮垂直的断面。光面是最理想的冲裁断面，冲裁件的尺寸精度就是以光面处的尺寸来衡量的。普通冲裁时，光面的宽度约占板料厚度的 1/3 ~ 1/2。材料的塑性越好，光面就越宽。

（3）毛面　毛面是由主裂纹贯通而形成的表面十分粗糙且有一定斜度的撕裂面。塑性差的材料撕裂倾向严重，毛面所占比例也大。

（4）毛刺　冲裁毛刺是在刃口附近的侧面上，材料出现微裂纹时形成的。当凸模继续下行时，便使已形成的毛刺拉长并残留在冲裁件上。冲裁间隙越小，毛刺的高度越小。

3.2　冲裁间隙

冲裁凸模和凹模之间的间隙，不仅对冲裁件的质量有极重要的影响，而且还影响模具寿命、冲裁力、卸料力和推件力等。因此，间隙是冲裁模设计的一个非常重要的参数。

1. 间隙对冲裁件质量的影响

冲裁件的质量主要通过切断面质量、尺寸精度和表面平直度来判断。在影响冲裁件质量的诸多因素中，间隙是主要的因素之一。

（1）间隙对断面质量的影响　冲裁件的断面质量主要指塌角的大小、光面约占板厚的比例、毛面的斜角大小及毛刺等。

间隙合适时，冲裁时上、下刃口处所产生的剪切裂纹基本重合。这时光面约占板厚的 1/3 ~ 1/2，切断面的塌角、毛刺和斜度均很小，完全可以满足一般冲裁的要求。

间隙过小时，凸模刃口处的裂纹比合理间隙时向外错开一段距离。上、下裂纹之间的材料，随冲裁的进行将被第二次剪切，然后被凸模挤入凹模洞口。这样，在冲裁件的切断面上形成第二个光面，在两个光面之间形成毛面，在端面出现挤长的毛刺。这种挤长毛刺虽比合理间隙时的毛刺高一些，但易去除，而且毛面的斜度和塌角小，冲裁件的翘曲小，所以只要中间撕裂不是很深，仍可使用。

间隙过大时，凸模刃口处的裂纹比合理间隙时向内错开一段距离。材料的弯曲与拉伸增大，拉应力增大，塑性变形阶段较早结束，致使断面光面减小，塌角与斜度增大，形成厚而大的拉长毛刺，且难以去除；同时，冲裁件的翘曲现象严重，影响生产的正常进行。

若间隙分布不均匀，则在小间隙的一边形成双光面，大间隙的一边形成很大的塌角及斜度。普通冲裁毛刺的允许高度见表 3-1。

表 3-1　普通冲裁毛刺的允许高度　　（单位：mm）

料　厚	≈0.3	>0.3 ~ 0.5	>0.5 ~ 1.0	>1.0 ~ 1.5	>1.5 ~ 2
生产时	≤0.05	≤0.08	≤0.10	≤0.13	≤0.15
试模时	≤0.015	≤0.02	≤0.03	≤0.04	≤0.05

（2）间隙对尺寸精度的影响　冲裁件的尺寸精度是指冲裁件的实际尺寸与基本尺寸的差值，差值越小，则精度越高。从整个冲裁过程来看，影响冲裁件的尺寸精度有两大方面的因素：一是冲模本身的制造偏差；二是冲裁结束后冲裁件相对于凸模或凹模尺寸的偏差。

冲裁件产生偏离凸、凹模尺寸的原因，是由于冲裁时材料所受的挤压变形、纤维伸长和翘曲变形都要在冲裁结束后产生弹性回复，当冲裁件从凹模内推出（落料）或从凸模卸下（冲孔）时，相对于凸、凹模尺寸就会产生偏差。当间隙较大时，材料所受拉伸作用增大，冲裁后材料的弹性回复，使落料件尺寸小于凹模尺寸，冲孔件尺寸大于凸模尺寸；间隙较小时，则由于材料受凸、凹模侧向挤压力增大，冲裁后材料的弹性回复，使落料件尺寸大于凹模尺寸，冲孔件尺寸小于凸模尺寸。

材料性质直接决定了该材料在冲裁过程中的弹性变形量。对于比较软的材料，弹性变形量较小，冲裁后的弹性回复值亦较小，因而冲裁件的精度较高，硬的材料则正好相反。

材料的相对厚度越大，弹性变形量越小，因而冲裁件的精度也越高。

冲裁件尺寸越小，形状越简单则精度越高。这是由于模具精度易保证，间隙均匀，冲裁件的翘曲小，以及冲裁件的弹性变形绝对量小的缘故。

2. 间隙对冲裁力的影响

试验证明，随间隙的增大，冲裁力有一定程度的降低，但当单面间隙介于材料厚度的5%～20%范围内时，冲载力的降低不超过5%～10%。因此，在正常情况下，间隙对冲裁力的影响不很大。

间隙对卸料力、推件力的影响比较显著。随间隙增大，卸料力和推件力都将减小。一般当单面间隙增大到材料厚度的15%～25%时，卸料力几乎降到零。

3. 间隙对模具寿命的影响

冲裁模常以刃口磨钝与崩刃的形式而失效。凸、凹模磨钝后，其刃口处形成圆角，冲裁件上就会出现不正常的毛刺。凸模刃口磨钝时，在落料件边缘产生毛刺；凹模刃口磨钝时，所冲孔口边缘产生毛刺；凸、凹刃口均磨钝时，则工件边缘与孔口边缘均产生毛刺。

由于材料的弯曲变形，材料对模具的反作用力主要集中于凸、凹模刃口部分。当间隙过小时，垂直力和侧压力将增大，摩擦力增大，加剧模具刃口的磨损；随后二次剪切产生的金属碎屑又加剧刃口侧面的磨损；冲裁后卸料和推件时，材料与凸、凹模之间的滑动摩擦还将再次造成刃口侧面的磨损，使得刃口侧面的磨损比端面的磨损大。

4. 冲裁模间隙值的确定

凸模与凹模间每侧的间隙称为单面间隙，两侧间隙之和称为双面间隙。如无特殊说明，冲裁间隙就是指双面间隙。

（1）间隙值确定原则　从上述的冲裁分析中可看出，找不到一个固定的间隙值能同时满足冲裁件断面质量最佳，尺寸精度最高，翘曲变形最小，冲模寿命最长，冲载力、卸料力、推件力最小等各方面的要求。因此，在冲压实际生产中，主要根据冲裁件断面质量、尺寸精度和模具寿命这几个因素给间隙规定一个范围值。只要间隙在这个范围内，就能得到合格的冲裁件和较长的模具寿命。这个间隙范围就称为合理间隙，合理间隙的最小值称为最小合理间隙，最大值称为最大合理间隙。设计和制造时，应考虑到凸、凹模在使用中会因磨损而使间隙增大，故应按最小合理间隙值确定模具间隙。

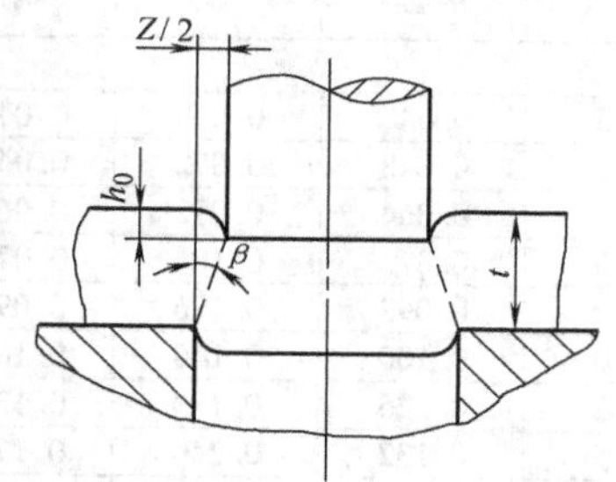

图 3-5 冲裁产生裂纹的瞬时状态

（2）间隙值确定方法 确定凸、凹模合理间隙的方法有理论法和查表法两种。

用理论法确定合理间隙值，是根据上下裂纹重合的原则进行计算的。图 3-5 所示为冲裁过程中开始产生裂纹的瞬时状态，根据图中几何关系可求得合理间隙 Z 为

$$Z = 2(t - h_0)\tan\beta = 2t\left(1 - \frac{h_0}{t}\right)\tan\beta \tag{3-1}$$

式中 t——材料厚度（mm）；

h_0——产生裂纹时凸模挤入材料深度（mm）；

h_0/t——产生裂纹时凸模挤入材料的相对深度，见表 3-2；

β——剪切裂纹与垂线间的夹角（°），见表 3-2。

表 3-2 h_0/t 与 β 值

材　料	h_0/t		$\beta/(°)$	
	退　火	硬　化	退　火	硬　化
软钢、纯铜、软黄铜	0.5	0.35	6	5
中硬钢、硬黄铜	0.3	0.2	5	4
硬钢、硬青铜	0.2	0.1	4	4

由式（3-1）可知，合理间隙 Z 主要决定于材料厚度 t 和凸模相对挤入深度 h_0/t，然而 h_0/t 不仅与材料塑性有关，而且还受料厚的综合影响。因此，材料厚度越大，塑性越低的硬脆材料，则所需间隙值 Z 就越大；料厚越薄，塑性越好的材料，则所需间隙值 Z 就越小。

由于理论计算法在生产中使用不方便，常用查表法来确定间隙值。有关间隙值的数值，可在一般冲压手册中查到。对于尺寸精度、断面垂直度要求高的工件应选用较小间隙值（表 3-3）。对于断面垂直度与尺寸精度要求不高的工件，以提高模具寿命为主，可采用大间隙值（表 3-4）。

表 3-3　冲裁模初始双面间隙（汽车、拖拉机行业）　（单位：mm）

材料厚度	08,10,35,Q235		Q345		40,50		65Mn	
	Z_{min}	Z_{max}	Z_{min}	Z_{max}	Z_{min}	Z_{max}	Z_{min}	Z_{max}
<0.5	极小间隙							
0.5	0.040	0.060	0.040	0.060	0.040	0.060	0.040	0.060
0.6	0.048	0.072	0.048	0.072	0.048	0.072	0.048	0.072
0.7	0.064	0.092	0.064	0.092	0.064	0.092	0.064	0.092
0.8	0.072	0.104	0.072	0.104	0.072	0.104	0.064	0.092
0.9	0.092	0.126	0.090	0.126	0.090	0.126	0.090	0.126
1.0	0.100	0.140	0.100	0.140	0.100	0.140	0.090	0.126
1.2	0.126	0.180	0.132	0.180	0.132	0.180	—	—
1.5	0.132	0.240	0.170	0.240	0.170	0.240	—	—
1.75	0.220	0.320	0.220	0.320	0.220	0.320	—	—
2.0	0.246	0.360	0.260	0.380	0.260	0.380	—	—
2.1	0.260	0.380	0.280	0.400	0.280	0.400	—	—
2.5	0.260	0.500	0.380	0.540	0.380	0.540	—	—
2.75	0.400	0.560	0.420	0.600	0.420	0.600	—	—
3.0	0.460	0.640	0.480	0.660	0.480	0.660	—	—
3.5	0.540	0.740	0.580	0.780	0.580	0.780	—	—
4.0	0.610	0.880	0.680	0.920	0.680	0.920	—	—
4.5	0.720	1.000	0.680	0.960	0.780	1.040	—	—
5.5	0.940	1.280	0.780	1.100	0.980	1.320	—	—
6.0	1.080	1.440	0.840	1.200	1.140	1.500	—	—
6.5	—	—	0.940	1.300	—	—	—	—
8.0	—	—	1.200	1.680	—	—	—	—

表 3-4　冲裁模初始双面间隙（电器、仪表行业）　（单位：mm）

材料名称	45 T7,T8(退火) 65Mn(退火) 磷青铜(硬) 铍青铜(硬)		10、15、20、30 钢板、冷轧钢带、 H62,H65(硬) 2A12(硬铝) 硅钢片		08、10、15、Q215、 Q235 钢板 H62,H68(半硬) 纯铜(硬) 磷青铜(软) 铍青铜(软)		H62,H68(软) 纯铜(软) 3A12、5A02 纯铝 1060～1200 2A12(退火)	
力学性能	≥190HBW		140～190HBW		70～140HBW		≤70HBW	
	$R_m \geqslant 600$MPa		$R_m = 400 \sim 600$MPa		$R_m = 300 \sim 400$MPa		$R_m \leqslant 300$MPa	
厚度 t	初始间隙 Z							
	Z_{min}	Z_{max}	Z_{min}	Z_{max}	Z_{min}	Z_{max}	Z_{min}	Z_{max}
0.1	0.015	0.035	0.01	0.03	*	—	*	—
0.2	0.025	0.045	0.015	0.035	0.01	0.03	*	—
0.3	0.04	0.06	0.03	0.05	0.02	0.04	0.01	0.03
0.5	0.08	0.10	0.06	0.08	0.04	0.06	0.025	0.045
0.8	0.13	0.16	0.10	0.13	0.07	0.10	0.045	0.075
1.0	0.17	0.20	0.13	0.16	0.10	0.13	0.065	0.095
1.2	0.21	0.24	0.16	0.19	0.13	0.16	0.075	0.105
1.5	0.27	0.31	0.21	0.25	0.15	0.19	0.10	0.14

（续）

材料名称	45 T7,T8(退火) 65Mn(退火) 磷青铜(硬) 铍青铜(硬)		10、15、20、30 钢板、冷轧钢带、 H62,H65(硬) 2A12(硬铝) 硅钢片		08、10、15、Q215、 Q235 钢板 H62,H68(半硬) 纯铜(硬) 磷青铜(软) 铍青铜(软)		H62,H68(软) 纯铜(软) 3A12、5A02 纯铝 1060～1200 2A12(退火)	
力学性能	≥190HBW		140～190HBW		70～140HBW		≤70HBW	
	R_m≥600MPa		R_m=400～600MPa		R_m=300～400MPa		R_m≤300MPa	
厚度 t	初始间隙 Z							
	Z_{min}	Z_{max}	Z_{min}	Z_{max}	Z_{min}	Z_{max}	Z_{min}	Z_{max}
1.8	0.34	0.38	0.27	0.31	0.20	0.24	0.13	0.17
2.0	0.38	0.42	0.30	0.34	0.22	0.26	0.14	0.18
2.5	0.49	0.55	0.39	0.45	0.29	0.35	0.18	0.24
3.0	0.62	0.68	0.49	0.55	0.36	0.42	0.23	0.29
3.5	0.73	0.81	0.58	0.66	0.43	0.51	0.27	0.35
4.0	0.86	0.94	0.68	0.76	0.50	0.58	0.32	0.40
4.5	1.00	1.08	0.78	0.86	0.58	0.66	0.37	0.45
5.0	1.13	1.23	0.90	1.00	0.65	0.75	0.42	0.52
6.0	1.40	1.50	1.10	1.20	0.82	0.92	0.53	0.63
8.0	2.00	2.12	1.60	1.72	1.17	1.29	0.76	0.88
10	2.60	2.72	2.10	2.22	1.56	1.68	1.02	1.14
12	3.30	3.42	2.60	2.72	1.97	2.09	1.30	1.42

注：有＊处均系无间隙。

GB/T 16743—2010《冲裁间隙》根据冲件剪切面质量、尺寸精度、模具寿命和力能消耗等因素，将冲裁间隙分成Ⅰ、Ⅱ、Ⅲ三种类型：Ⅰ类为小间隙，适用于尺寸精度和断面质量都要求较高的冲裁件，但模具寿命较低；Ⅱ类为中等间隙，适用于尺寸精度和断面质量要求一般的冲裁件，采用该间隙冲裁的工序件的残余应力较小，用于后续成形加工可减少破裂现象；Ⅲ类为大间隙，适用于尺寸精度和断面质量都要求不高的冲裁件，但模具寿命较高，应优先选用。

3.3 凸模与凹模刃口尺寸计算

凸模和凹模的刃口尺寸和公差，直接影响冲裁件的尺寸精度。合理的间隙值也是靠凸模和凹模刃口的尺寸和公差来保证的。它的确定需考虑到冲裁变形的规律、冲裁件精度要求、模具磨损和制造特点等情况。

1. 凸、凹模刃口尺寸计算原则

实践证明，落料件的尺寸接近于凹模刃口的尺寸，而冲孔件的尺寸则接近于凸模刃口的尺寸。在测量与使用中，落料件是以大端尺寸为基准的，冲孔件是以小端尺寸为基准的，即落料和冲孔都是以光亮带尺寸为基准的。冲裁时，凸模会越磨越小，凹模会越磨越大。考虑以上情况，在决定模具刃口尺寸及其制造公差时应遵循以下原则：

1）落料时，制件尺寸决定于凹模尺寸；冲孔时，孔的尺寸决定于凸模尺寸。故设计落料模时，应以凹模为基准，间隙取在凸模上；设计冲孔模时，应以凸模为基准，间隙取在凹模上。因使用中，随着模具的磨损，凸、凹模间隙将越来越大，所以初始设计时，凸、凹模间隙应取最小合理间隙。

2）由于冲裁中凸模、凹模的磨损，故在设计落料模时，凹模公称尺寸应取工件尺寸公差范围内的较小尺寸；设计冲孔模时，凸模公称尺寸应取工件尺寸公差范围内的较大尺寸。这样，在凸模、凹模受到一定磨损的情况下仍能冲出合格零件。

3）凹、凸模的制造公差主要与冲裁件的精度和形状有关。一般比冲裁件的精度高 2 ~3 级。若零件没有标注公差，则对于非圆形件，按国家标准“非配合尺寸的公差数值”的 IT14 精度处理，对圆形件可按 IT10 精度处理。模具精度与冲裁件精度对应关系见表 D-1。

4）冲裁模刃口尺寸均按“入体”原则标注，即凹模刃口尺寸偏差标注正值，凸模刃口尺寸偏差标注负值；而对于孔心距，以及不随刃口磨损而变的尺寸，取为双向偏差。

冲裁模刃口尺寸与公差位置关系见图 3-6。

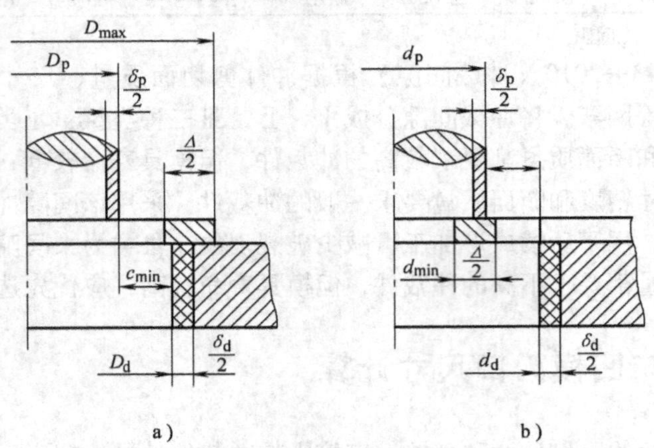

图 3-6 冲裁模刃口尺寸与公差位置

a）落料 b）冲孔

2. 凸、凹模刃口尺寸计算

由于模具的加工和测量方法不同，凸模与凹模刃口部分尺寸的计算方法可分为两类。

（1）凸模与凹模分开加工 这种方法适用于圆形或简单规则形状的冲裁件。为了保证合理的间隙值，其制造公差（凸模制造公差 δ_p，凹模制造公差 δ_d）必须满足下列关系：

$$|\delta_p|+|\delta_d|\leqslant Z_{max}-Z_{min}$$

其取值有以下几种方法：

①按表 3-5 查取。

②规则形件一般可按凸模 IT6、凹模 IT7 精度查标准公差表选取。

③按下式取值：

$$\delta_p=0.4(Z_{max}-Z_{min}),\delta_d=0.6(Z_{max}-Z_{min}) \tag{3-2}$$

表 3-5 规则形状(圆形、方形)冲裁时凸、凹模制造公差 (单位:mm)

基本尺寸	凸模公差	凹模公差	基本尺寸	凸模公差	凹模公差
≤18	0.020	0.020	>180~260	0.030	0.045
>18~30	0.020	0.025	>260~360	0.035	0.050
>30~80	0.020	0.030	>360~500	0.040	0.060
>80~120	0.025	0.035	>500	0.050	0.070
>120~180	0.030	0.040			

1）冲孔：

$$d_p=(d_{min}+x\Delta)_{-\delta_p}^{0} \tag{3-3}$$

$$d_d=(d_p+Z_{min})_{0}^{+\delta_d}=(d_{min}+x\Delta+Z_{min})_{0}^{+\delta_d} \tag{3-4}$$

2）落料：

$$D_d=(D_{max}-x\Delta)_{0}^{+\delta_d} \tag{3-5}$$

$$D_p=(D_d-Z_{min})_{-\delta_p}^{0}=(D_{max}-x\Delta-Z_{min})_{-\delta_p}^{0} \tag{3-6}$$

3）孔心距：

$$L_d=(L_{min}+0.5\Delta)\pm0.125\Delta \tag{3-7}$$

式中 D_d、D_p——落料凹模与凸模刃口尺寸（mm）；

d_d、d_p——冲孔凹模与凸模刃口尺寸（mm）；

L_{min}——制件孔距最小极限尺寸（mm）；

D_{max}——落料件最大极限尺寸（mm）；

d_{min}——冲孔件最小极限尺寸（mm）；

δ_p，δ_d——凹模上偏差与凸模下偏差（mm）；

Δ——冲裁件公差（mm）；

Z_{min}——凸、凹模最小初始双面间隙（mm）；

x——磨损系数，与制造精度有关，可按表3-6选取，或按下列关系选取：冲裁件精度为IT10以上时，$x=1$；冲裁件精度为IT11～IT13时，$x=0.75$；冲裁件精度为IT14以下时，$x=0.5$。

表3-6　系　数　x

材料厚度 t/mm	非圆形			圆形	
	1	0.75	0.5	0.75	0.5
	工件公差 Δ/mm				
≤1	≤0.16	0.17～0.35	≥0.36	<0.16	≥0.16
1～2	≤0.20	0.21～0.41	≥0.42	<0.20	≥0.20
2～4	≤0.24	0.25～0.49	≥0.50	<0.24	≥0.24
>4	≤0.30	0.31～0.59	≥0.60	<0.30	≥0.30

（2）凸模与凹模配合加工　对于形状复杂或薄材料的工件，为了保证凸、凹模间一定的间隙值，必须采用配合加工。此方法是先加工其中一件（凸模或凹模）作为基准件，再以它为标准来加工另一件，使它们之间保持一定的间隙。因此，只在基准件上标注尺寸和公差，另一件配模只标注公称尺寸及配做所留的间隙值。这样 δ_p、δ_d 就不再受间隙的限制。通常可取 $\delta=\Delta/4$。这种方法不仅容易保证很小的间隙，而且还可放大基准件的制造公差，使制模容易，成本降低。

1）落料模。落料时应以凹模为基准模，配制凸模。设图3-7a为某落料凹模刃口形状及尺寸，按工作时，凹模磨损后尺寸分变大、变小和不变三种情况：

①凹模磨损后变大的尺寸（如图3-7a中 A_1、A_2），可按落料凹模尺寸公式计算。

$$A_d = (A - x\Delta)^{+\delta_d}_{0} \tag{3-8}$$

②凹模磨损后变小的尺寸（如图3-7a中 B_1、B_2），相当于冲孔凸模尺寸。

$$B_d = (B + x\Delta)^{0}_{-\delta_d} \tag{3-9}$$

③凹模磨损后不变的尺寸（如图3-7a中 C_1、C_2），相当于孔心距。

$$C_d = (C + 0.5\Delta) \pm \delta_d/2 \tag{3-10}$$

落料凸模刃口尺寸按凹模尺寸配制，并在图样技术要求中注明“凸模尺寸按凹模实际尺寸配制，保证双面间隙为 Z_{min}～Z_{max}”。

2）冲孔模。冲孔时应以凸模为基准模，配制凹模。设图3-7b为某冲孔凸模刃口形状及尺寸，按工作时，凸模磨损后尺寸变大、变小和不变三种情况：

①凸模磨损后变小的尺寸（如图3-7b中 A_1、A_2），可按冲孔凸模尺寸公式计算。

$$A_p = (A + x\Delta)^{0}_{-\delta_p} \tag{3-11}$$

②凸模磨损后变大的尺寸（如图3-7b中 B_1、B_2），可按落料凹模尺寸公式计算。

$$B_p = (B - x\Delta)^{+\delta_p}_{0} \tag{3-12}$$

③凸模磨损后不变的尺寸（如图 3-7b 中 C_1、C_2），相当于孔心距。

$$C_p = (C + 0.5\Delta) \pm \delta_p/2 \tag{3-13}$$

此时，冲孔凹模刃口尺寸按凸模尺寸配制，并在图样技术要求中注明"凹模尺寸按凸模实际尺寸配制，保证双面间隙为 $Z_{min} \sim Z_{max}$"。

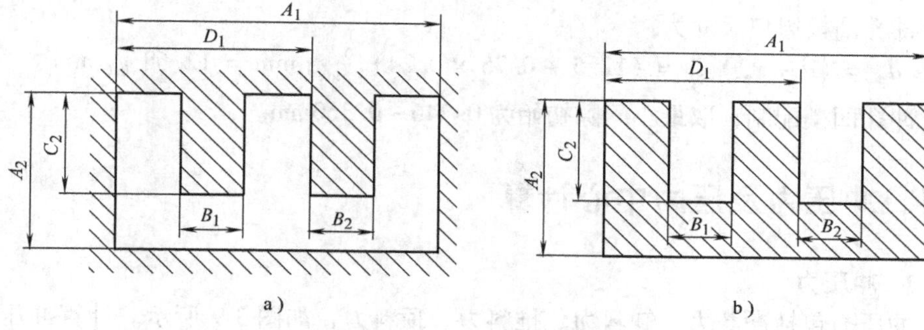

图 3-7　冲裁模刃口尺寸类型

a）落料凹模刃口　b）冲孔凸模刃口

例　冲制图 3-8 所示某拖拉机用垫圈，材料为 Q235，料厚 $t = 2$mm，试计算凸、凹模刃口尺寸。

解　方法一：凸模与凹模分开加工

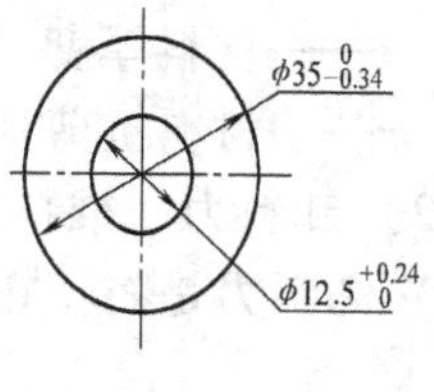

查表 3-3 得：$Z_{max} = 0.360$mm，$Z_{min} = 0.246$mm，$Z_{max} - Z_{min} = 0.114$mm

落料部分，δ_d 按 IT7、δ_p 按 IT6 查标准公差表得

$$\delta_d = +0.025\text{mm},\ \delta_p = -0.016\text{mm}$$

$$|\delta_d| + |\delta_p| = 0.041 < Z_{max} - Z_{min}$$

$\phi 35^{\ 0}_{-0.34}$　$\phi 12.5^{+0.24}_{\ 0}$

图 3-8　垫圈

查表 3-6 得落料部分 $x = 0.5$，落料模刃口尺寸为

$$D_d = (D - x\Delta)^{+\delta_d}_{0} = (35 - 0.5 \times 0.34)^{+0.025}_{0}\text{mm} = 34.83^{+0.025}_{0}\text{mm}$$

$$D_p = (D_d - Z_{min})^{0}_{-\delta_p} = (34.83 - 0.246)^{0}_{-0.016}\text{mm} = 34.58^{0}_{-0.016}\text{mm}$$

冲孔部分，δ_d 按 IT7、δ_p 按 IT6 查标准公差表得

$$\delta_p = -0.011\text{mm}, \delta_d = +0.018\text{mm}$$

$$|\delta_d| + |\delta_p| = 0.029\text{mm} < Z_{max} - Z_{min}$$

查表 3-6 得冲孔部分 $x = 0.75$，冲孔模刃口尺寸为

$$d_p = (d + x\Delta)^{0}_{-\delta_p} = (12.5 + 0.75 \times 0.24)^{0}_{-0.011}\text{mm} = 12.68^{0}_{-0.011}\text{mm}$$

$$d_d = (d_p + Z_{min})^{+\delta_d}_{0} = (12.68 + 0.246)^{+0.018}_{0}\text{mm} = 12.93^{+0.018}_{0}\text{mm}$$

方法二：凸模与凹模配合加工

落料部分以凹模为基准，且凹模磨损后该处尺寸增大。查表 3-6 得 $x=0.5$，所以落料凹模刃口尺寸为

$$D_d = (D - x\Delta)^{+\delta_d}_{0} = (35 - 0.5 \times 0.34)^{+\frac{1}{4}\times 0.34}_{0}\text{mm} = 34.83^{+0.085}_{0}\text{mm}$$

落料凸模配制，查表 3-3 取最小间隙初始为 0.246 ~ 0.360mm。

冲孔部分以凸模为基准，且凸模磨损后该处尺寸减小。查表 3-6 得 $x=0.75$，所以冲孔凸模刃口尺寸为

$$d_p = (d + x\Delta)^{0}_{-\delta_p} = (12.5 + 0.75 \times 0.24)^{0}_{-\frac{1}{4}\times 0.24}\text{mm} = 12.68^{0}_{-0.06}\text{mm}$$

冲孔凹模配制，取最小间隙初始为 0.246 ~ 0.360mm。

3.4 冲压力及压力中心计算

1. 冲压力

冲压力包括冲裁力、卸料力、推料力、顶料力，如图 3-9 所示。计算冲压力是选择压力机的基础。

（1）冲裁力　冲裁力计算公式为

$$F = Lt\tau \tag{3-14}$$

式中　F——冲裁力（N）；

L——冲裁件周边长度（mm）；

t——材料厚度（mm）；

τ——材料抗剪强度（MPa）。

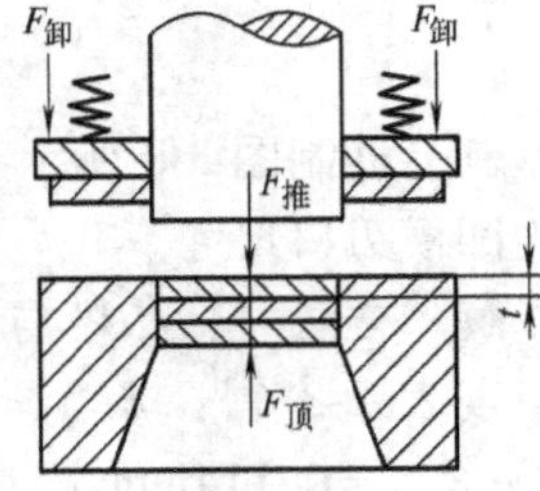

图 3-9　卸料力、推料力、顶料力

（2）卸料力、推料力、顶料力

1）卸料力是将箍在凸模上的材料卸下所需的力，即

$$F_{卸} = k_{卸} F \tag{3-15}$$

2）推料力是将落料件顺着冲裁方向从凹模孔推出所需的力，即

$$F_{推} = nk_{推} F \tag{3-16}$$

3）顶料力是将落料件逆着冲裁方向顶出凹模孔所需的力，即

$$F_{顶} = k_{顶} F \tag{3-17}$$

式中　$k_{卸}$——卸料力系数；

$k_{推}$——推料力系数；

$k_{顶}$——顶料力系数；

n——凹模孔内存件的个数，$n=h/t$（h 为凹模刃口直壁高度，t 为工件厚度）；

F——冲裁力。

卸料力、推料力和顶料力系数可查表 3-7。

表 3-7　卸料力、推料力、顶料力系数

料　厚/mm		$k_{卸}$	$k_{推}$	$k_{顶}$
钢	≤0.1	0.065～0.075	0.1	0.14
	>0.1～0.5	0.045～0.055	0.063	0.08
	>0.5～2.5	0.04～0.05	0.055	0.06
	>2.5～6.5	0.03～0.04	0.045	0.05
	>6.5	0.02～0.03	0.025	0.03
铝、铝合金		0.025～0.08	0.03～0.07	
纯铜、黄铜		0.02～0.06	0.03～0.09	

（3）冲压设备的选择　如冲压过程中同时存在卸料力、推料力和顶料力时，总冲压力 $F_{总} = F + F_{卸} + F_{推} + F_{顶}$，这时所选压力机的吨位须大于 $F_{总}$ 约 30%。

当 $F_{卸}$、$F_{推}$、$F_{顶}$ 并不是与 F 同时出现时，则计算 $F_{总}$ 只加与 F 同一瞬间出现的力即可。

2. 减小冲裁力的措施

减小冲裁力的目的是为了使较小吨位的压力机能冲载较大、较厚的工件，常采用阶梯冲裁、斜刃冲裁和加热冲裁等方法。

（1）阶梯冲裁　在多凸模的冲模中，将凸模做成不同高度，按阶梯分布，可使各凸模冲裁力的最大值不同时出现，从而降低冲裁力。

阶梯式凸模不仅能降低冲裁力，而且能减少压力机的振动。在直径相差较大、距离又很近的多孔冲裁中，一般将小直径凸模做短些，可以避免小直径凸模因受被冲材料流动产生的水平力的作用，而产生折断或倾斜的现象。在连续冲模中，可将不带导正销的凸模做短些。图 3-10 中 H 为阶梯凸模高度差，对于薄料，可取长、短凸模高度差 H 等于料厚；对于 $t>3$mm 的厚料，H 取料厚的一半即可。

（2）斜刃冲裁　用平刃口模具冲裁时，整个工件周边同时参加冲裁工作，冲裁力较大。采用斜刃冲裁时，模具整个刃口不与工件周边同时接触，而是逐步将材料切离，因此，冲裁力显著降低。

采用斜刃口冲裁时，为了获得平整工件，落料时凸模应为平刃，将斜刃口开在凹模上。冲孔时相反，凹模应为平刃，凸模为斜刃，如图 3-11 所示。斜刃应当是两面的，并对称于模具的压力中心。

斜刃冲裁模刃口制造和修磨都比较复杂，且刃口易磨损，得到的工件不够平整，使用中应引起注意。

（3）加热冲裁　利用材料加热后其抗剪强度显著降低的特点，使冲裁力减小。一般碳素结构钢加热到900℃时，其抗剪强度能降低90%，所以在冲裁厚板时，常将板料加热来解决压力机吨位不足的问题。

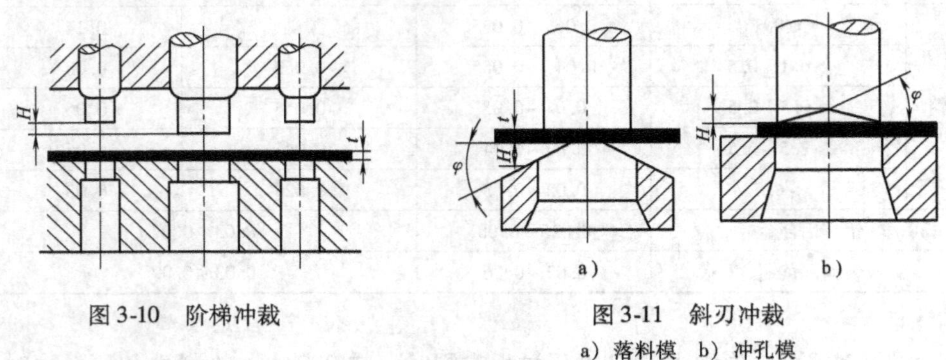

图 3-10　阶梯冲裁

图 3-11　斜刃冲裁
a）落料模　b）冲孔模

3. 压力中心计算

冲压力合力的作用点称为压力中心。在设计冲裁模时，应尽量使压力中心与压力机滑块中心相重合，否则会产生偏心载荷，使模具导向部分和压力机导轨非正常磨损，使模具间隙不匀，严重时会啃刃口。对有模柄的冲模，使压力中心与模柄的轴线重合，在安装模具时，便能实现压力中心与滑块中心重合。

（1）形状简单的凸模压力中心的确定　由冲裁力公式 $F = Lt\tau$ 可知，冲裁同一种工件时，F 的大小决定于 L，所以对简单形状的冲件，压力中心位于冲件轮廓图的几何中心。冲裁直线段时，其压力中心位于直线段的中点。冲裁圆弧段时，如图 3-12 所示，其压力中心可按下式计算：

$$x_0 = R \times \frac{180°\sin\alpha}{\pi\alpha} \tag{3-18}$$

（2）形状复杂凸模压力中心的确定　形状复杂凸模压力中心的确定方法有解析法、合成法、图解法等，常用的是解析法。解析法原理是基于理论力学，采用求平行力系合力作用点的方法。一般的冲裁件沿冲裁轮廓线的断面厚度不变，轮廓各部分的冲裁力与轮廓长度成正比，所以，求合力作用点可转化为求轮廓线的重心。具体方法如下（参考图 3-13）：

1）按比例画出冲裁轮廓线，选定直角坐标系 Oxy。

2）把图形的轮廓线分成几部分，计算各部分长度 l_1、l_2、…、l_n，并求出各部分重心位置的坐标值（x_1，y_1）、（x_2，y_2）、…、（x_n，y_n），冲裁件轮廓大多是由线段和圆弧构成，线段的重心就是线段的中心。圆弧的重心可按式（3-18）求出。

3）按下列公式求冲模压力中心的坐标值（x_0，y_0）。

$$x_0 = \frac{l_1x_1 + l_2x_2 + \cdots + l_nx_n}{l_1 + l_2 + \cdots + l_n} \qquad y_0 = \frac{l_1y_1 + l_2y_2 + \cdots + l_ny_n}{l_1 + l_2 + \cdots + l_n} \tag{3-19}$$

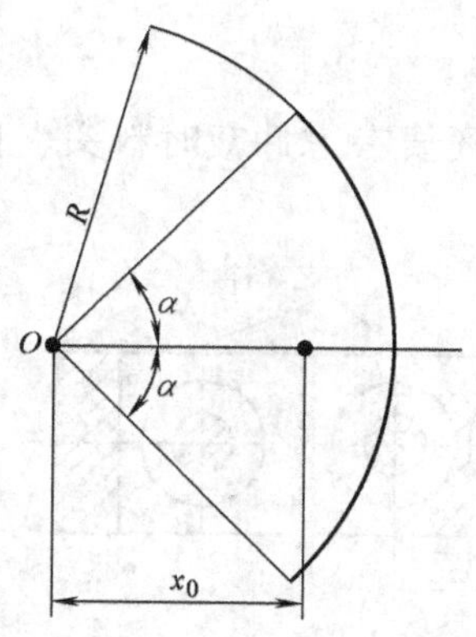

图 3-12　圆弧段中心

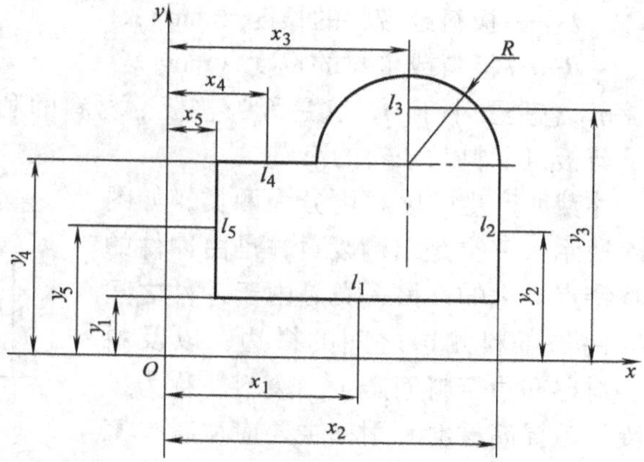

图 3-13　冲裁模压力中心

对于多凸模的模具，可以先分别确定各凸模的压力中心，然后按上述原理求出模具的压力中心。但此时式（3-19）中 l_1、l_2、…、l_n 应为各凸模刃口轮廓线长度，(x_1, y_1)、(x_2, y_2)、…、(x_n, y_n) 应为各凸模压力中心。

3.5　冲裁件的排样

冲裁件在板料、带料或条料上的布置方法称为排样。排样是冲裁模设计中的一项很重要的工作。在冲压零件的成本中，材料费用约占 60% 以上，排样方案对材料的经济利用具有很重要的意义，不仅如此，排样方案对冲件质量、生产率、模具结构及寿命等都有重要影响。

1. 材料利用率

排样的经济程度用材料利用率来表示。一个步距内的材料利用率 η 用下式表示：

$$\eta = \frac{nA}{Bh} \times 100\% \tag{3-20}$$

式中　A——冲裁件的面积（mm^2）；

B——条料宽度（mm）；

n——一个步距内冲裁件的数目；

h——步距（mm）。

整张板料或带料上材料总的利用率 $\eta_{总}$ 为

$$\eta_{总} = \frac{NA}{BL} \times 100\% \tag{3-21}$$

式中 N——板料或带料上冲裁件总的数目；

A——冲裁件的面积（mm^2）；

L——板料或带料的长度（mm）；

B——板料或带料的宽度（mm）。

$\eta_{总}$ 总是要小于 η，这是因为整板上材料的利用率还要考虑冲裁时料头、料尾及剪板机下料时余料的浪费。

冲裁所产生的废料可分为两类，如图 3-14 所示。一类是结构废料，是由冲件的形状特点产生的；另一类是由于冲件之间和冲件与条料侧边之间的搭边，以及料头、料尾和边余料而产生的废料，称为工艺废料。提高材料利用率主要应从减少工艺废料着手，设计合理的排样方案，选择合适的板料规格和合理的裁板法（即把板料裁剪成供冲裁用条料）。

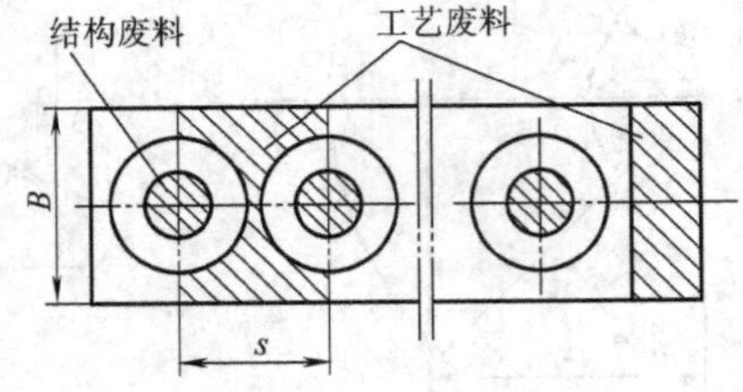

图 3-14　废料分类

2. 排样方法

冲裁排样有两种分类方法。一是从废料角度来分，可分为有废料排样、少废料排样和无废料排样三种。有废料排样时，工件与工件之间、工件与条料边缘之间都有搭边存在，冲裁件尺寸完全由冲模保证，精度高，并具有保护模具的作用，但材料利用率低。少或无废料排样时，工件与工件之间、工件与条料边缘之间存在较少搭边，或没有搭边存在，材料的利用率高，模具结构简单，但冲裁时由于凸模刃口受不均匀侧向力的作用，使模具易于遭到破坏，冲裁件质量也较差。

另一种是按工件在材料上的排列形式来分，可分为直排法、斜排样、对排法、混合排、多行排、裁搭边法等形式。排样形式分类示例见表 3-8。

表 3-8　排样形式分类示例

排样形式	有废料排样	少、无废料排样	适用范围
直排			方形、矩形等简单零件
斜排			L 形、T 形、S 形、椭圆形等形状的冲件
直对排			T 形、∩ 形、山形、梯形、三角形零件

（续）

排样形式	有废料排样	少、无废料排样	适用范围
斜对排	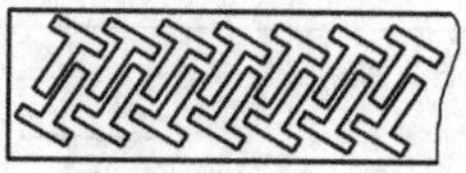	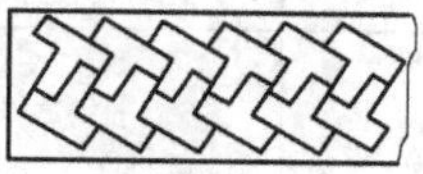	T形、S形、梯形等形状的冲件
混合排	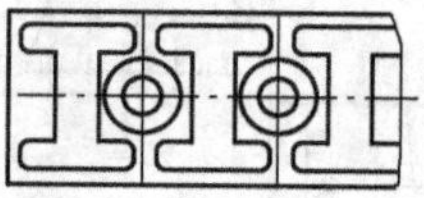	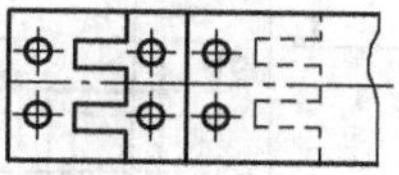	材料和厚度都相同的两种以上冲件
多行排	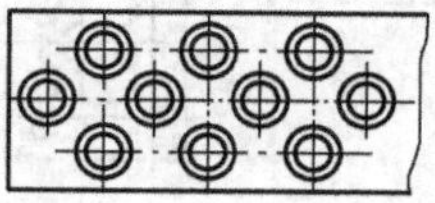	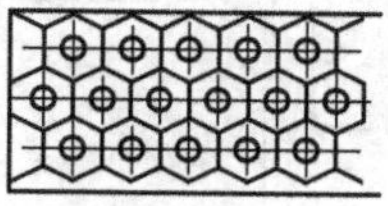	大批量生产的圆形、方形、六角形、矩形等规则形冲件
裁搭边	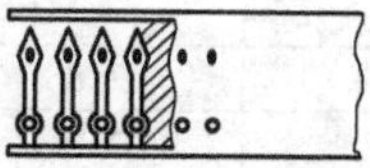		用于细长形零件或以宽度均匀的条料、带料冲制长形工件

3. 搭边与条料宽度

（1）搭边值的确定　排样时，冲裁件之间以及冲裁件与条料侧边之间留下的工艺废料称为搭边。搭边有两个作用：一是补偿了定位误差和剪板下料误差，确保冲出合格工件；二是可以增加条料刚度，便于条料送进，提高劳动生产率。

搭边值需合理确定。搭边过大，材料利用率低；搭边过小时，搭边的强度和刚度不够，在冲裁中将被拉断，工件产生毛刺，有时甚至单边拉入模具间隙，损坏模具刃口。搭边值目前由经验确定，其大小与以下几种因素有关：

1）一般来说，硬材料的搭边值可小些，软材料、脆材料的搭边值要大一些。

2）冲裁件尺寸大或是有尖突的复杂形状时，搭边值取大些。

3）厚材料的搭边值取大一些。

4）用手工送料、有侧压装置的搭边值可以小些。

低碳钢材料搭边值的经验值可以查表 3-9，对于其他材料的搭边值，应将表中数值乘以下列系数：

中碳钢	0.9	高碳钢	0.8
硬黄铜	1~1.1	硬　铝	1~1.2
软黄铜、纯铜	1.2	铝	1.3~1.4
非金属（皮革、纸、纤维板）	1.5~2		

表 3-9　低碳钢材料的最小搭边值　　　（单位：mm）

材料厚度 t	圆形件及 $r>2t$		矩形件边长 $L<50$		矩形件边长 $L<50$ 或圆角 $r<2t$	
	a_1	a	a_1	a	a_1	a
<0.25	1.8	2.0	2.2	2.5	2.8	3.0
0.25~0.5	1.2	1.5	1.8	2.0	2.2	2.5
0.5~0.8	1.0	1.2	1.5	1.8	1.8	2.0
0.8~1.2	0.8	1.0	1.2	1.5	1.5	1.8
1.2~1.6	1.0	1.2	1.5	1.8	1.8	2.0
1.6~2.0	1.2	1.5	1.8	2.0	2.0	2.2
2.0~2.5	1.5	1.8	2.0	2.2	2.2	2.5
2.5~3.0	1.8	2.2	2.2	2.5	2.5	2.8
3.0~3.5	2.2	2.5	2.5	2.8	2.8	3.2
3.5~4.0	2.5	2.8	2.5	3.2	3.2	3.5
4.0~5.0	3.0	3.5	3.5	4.0	4.0	4.5
5.0~12	0.6t	0.7t	0.7t	0.8t	0.8t	0.9t

（2）条料宽度的确定　在排样方案和搭边值确定之后，就可以确定条料的宽度和进距。进距是冲裁时每次将条料送进模具的距离，具体值与搭边值及排样方案相关。为保证送料顺利，剪板时宽度公差规定上偏差为零，下偏差为负值（$-\Delta$），条料宽度确定可分为以下三种情况：

1）有侧压装置（图 3-15）。有侧压装置的模具能使条料始终紧靠同一侧导料板送进，只需在条料与另一侧导料板间留有间隙 Z。

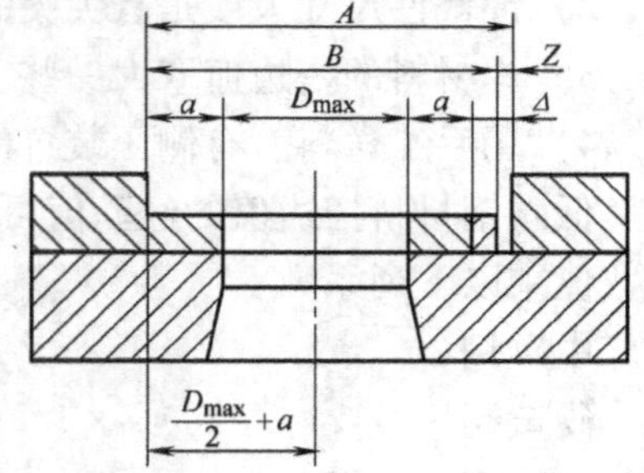

图 3-15　有侧压装置时条料宽度

条料宽度为

$$B=(D_{\max}+2a+\Delta)_{-\Delta}^{\ 0} \qquad (3\text{-}22)$$

导料板之间距离为

$$A = B + Z \tag{3-23}$$

式中　B——条料宽度的基本尺寸（mm）；

D_{max}——条料宽度方向零件轮廓的最大尺寸（mm）；

a——侧面搭边（mm），可查表 3-9；

Δ——条料宽度方向的单向（负向）偏差（mm），可查表 3-10；

A——导料板间距离的基本尺寸（mm）；

Z——条料与导料板之间的间隙（mm），可查表 3-11。

表 3-10　剪切条料宽度公差 Δ　（单位：mm）

条料宽度 B	材料厚度 t			
	0～1	1～2	2～3	3～5
≤50	0.4	0.5	0.7	0.9
50～100	0.5	0.6	0.8	1.0
100～150	0.6	0.7	0.9	1.1
150～220	0.7	0.8	1.0	1.2
220～300	0.8	0.9	1.1	1.3

表 3-11　条料与导板之间的间隙 Z　（单位：mm）

条料厚度 t	无侧压装置			有侧压装置	
	条料宽度				
	≤100	>100～200	>200～300	≤100	>100
≤1	0.5	0.5	1	0.5	0.8
>1～5	0.5	1	1	0.5	0.8

2）无侧压装置（图 3-16）。无侧压装置的模具，应考虑在送料过程中因条料的摆动而使侧面搭边减少。为了补偿侧面搭边的减少，条料宽度应增加一个条料可能的摆动量，此摆动量即为条料与导料板之间的间隙 Z。

条料宽度为

$$B = [D_{max} + 2(a + \Delta) + Z]_{-\Delta}^{\ 0} \tag{3-24}$$

导料板之间距离为

$$A = B + Z \tag{3-25}$$

式中符号同前。用上式计算的条料宽度，不论条料靠向哪边，即使条料裁成最小极限尺寸时（$B-\Delta$），仍能保证冲裁时的搭边值 a，裁成最大尺寸时，仍能保证与导板的间隙 Z。

3）模具有侧刃（图 3-17）。模具有侧刃定位时，条料宽度应增加侧刃切去的部分。

条料宽度为

$$B = (D_{max} + 2a + nb)_{-\Delta}^{\ 0} \tag{3-26}$$

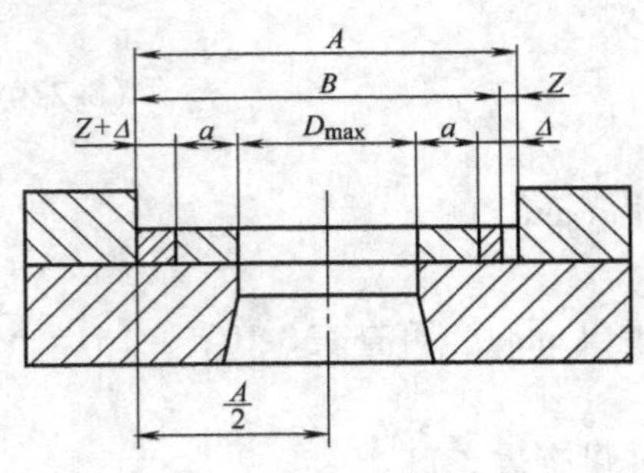

图 3-16　无侧压装置时条料宽度

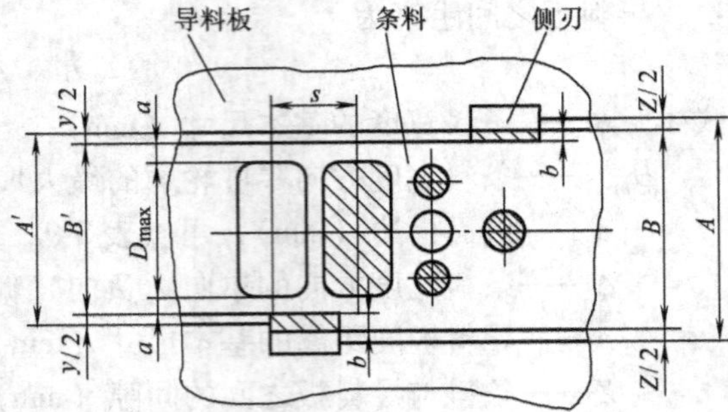

图 3-17　有侧刃冲裁时条料宽度

导料板之间距离为

$$A = B + Z \tag{3-27}$$

$$A' = (D_{max} + 2a) + y \tag{3-28}$$

式中　n——侧刃数；

b——侧刃冲切料边的宽度，一般取 $b = 1.5 \sim 2.5$mm，薄料取小值，厚料取大值；

y——侧刃冲切后条料与导料板间隙（mm），一般取 $y = 0.1 \sim 0.2$mm；

A'——侧刃冲切后导料板间距离的基本尺寸（mm）。

条料宽度确定后就可以裁板。裁板的方法有纵裁、横裁、联合裁三种（图 3-18）。采用哪种方法不仅要考虑板料利用率，还要考虑零件对坯料纤维方向的要求、工人操作方便等。

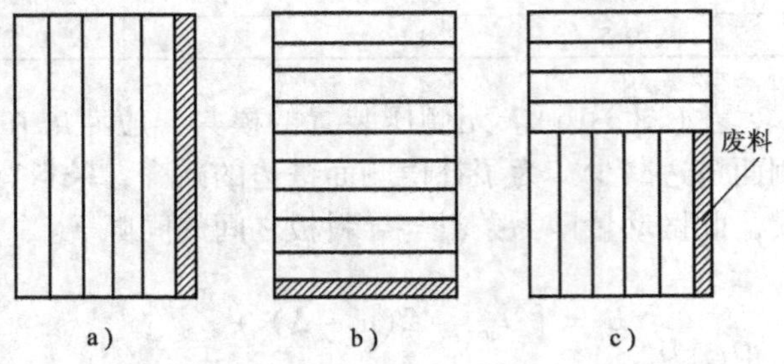

图 3-18　裁板方法
a）纵裁　b）横裁　c）联合裁

3.6　冲裁模结构

3.6.1　冲裁模的分类

冲裁模的形式很多，一般可按下列不同特征分类：

（1）按工序性质分类　可分为落料模、冲孔模、切断模、切边模、切舌模、剖切模、整修模、精冲模等。

（2）按工序组合程度分类　可分为单工序模（俗称简单模）、复合模和级进模（俗称连续模）。

（3）按模具导向方式分类　可分为无导向的开式模和有导向的导板模、导柱模等。

（4）按卸料与出件方式分类　可分为固定卸料式与弹压卸料式模具、顺出件与逆出件式模具。

（5）按挡料或定距方式分类　分为挡料销式、导正销式、侧刃式等模具。

（6）按凸、凹模所用材料不同分类　可分为钢模、硬质合金模、钢带冲模、锌基合金模、橡胶冲模等。

（7）按自动化程度分类　可分为手动模、半自动模和自动模。

3.6.2　典型冲裁模的结构分析

尽管有的冲裁模很复杂，但总是分为上模和下模，上模一般固定在压力机的滑块上，并随滑块一起运动，下模固定在压力机的工作台上。下面分别介绍各类冲裁模的结构、工作原理、特点及应用场合。

1. 单工序模

（1）无导向单工序冲裁模　图 3-19 所示为无导向固定卸料式落料模。上模由凸模 2 和模柄 1 组成，凸模 2 直接用一个螺钉吊装在模柄 1 上，并用两个销钉定位。下模由凹模 4、下模座 5、固定卸料板 3 组成，并用 4 个螺钉联接，两个销钉定位。导料板与固定卸料板制成一体。送料方向的定位由回带式挡料装置 6 来完成。

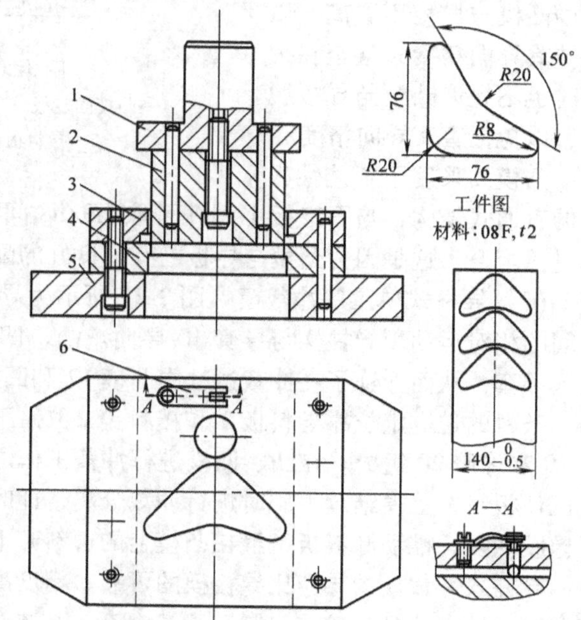

图 3-19　无导向固定卸料式落料模

1—模柄　2—凸模　3—固定卸料板
4—凹模　5—下模座　6—回带式挡料销

无导向冲裁模的特点是结构简单，制造周期短，成本较低；但模具本身无导向，需依靠压力机滑块进行导向，安装模具时，调整凸、凹模间隙较麻烦且不易均匀。因此，冲裁件质量差，模具寿命低，操作不够安全。该冲裁模一般适用于冲裁精度要求不高、形状简单、批量小的冲裁件。

（2）导板式单工序冲裁模　图 3-20 所示为固定导板导向式落料模。该模具主要特点是上模与下模的导向是靠凸模 2 与导板 4 的小间隙配合（H7/h6）。模具的安装调整比无导向式模具方便，工件质量比较稳定，模具寿命较高，操作安全。这种模具的缺点是必须采用行程可调压力机，保证使用过程中凸模与导板不脱离，以保持其导向精度，甚至在刃磨时也不允许凸模与导板脱离，以免损害其导向精度。

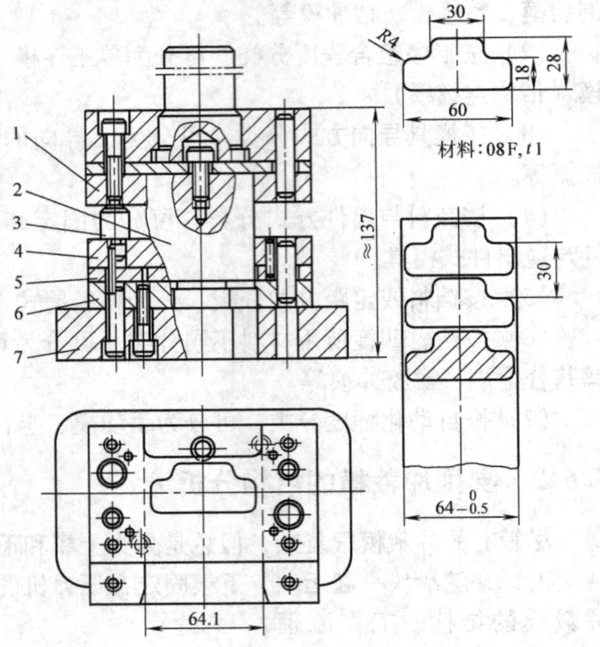

图 3-20　导板式冲裁模

1—凸模固定板　2—凸模　3—限位柱　4—导板　5—导料板　6—凹模　7—下模座

凸模 2 采用了工艺性很好的直通式结构，与固定板 1 型孔可取 H9/h8 间隙配合，而不需一般模具采用的过渡配合。这是因为凸模与导板已有了良好的配合且始终不脱离。

（3）导柱式单工序冲裁模　图 3-21 所示为导柱式落料模，模具的上、下模之间的相对运动用导柱 9 与导套 10 导向。凸、凹模在进行冲裁之前，导柱已经进入导套，从而保证了在冲裁过程中凸模 17 和凹模 5 之间间隙的均匀性。

条料的送进定位靠导料板 3 和挡料销 2，弹压卸料装置由卸料板 8、卸料螺钉 19 和橡胶 20 组成。在凸、凹模进行冲裁工作之前，由于橡胶的作用，卸料板先压住板料，上模继续下压时进行冲裁分离，此时橡胶被压缩。上模回程时，由于橡胶恢复，推动卸料板把箍在凸模上的边料卸下来。

导柱式冲裁模的导向比导板模的可靠，精度高，寿命长，使用安装方便，但轮廓尺寸较大，模具较重，制造工艺复杂，成本较高。它广泛用于生产批量大、精度要求高的冲裁件。

2. 级进模

级进模是在压力机一次行程中，在模具的不同位置上同时完成数道冲压工序。级进模所完成的同一零件的不同冲压工序是按一定顺序、相隔一定步距排列在模具的送料方向上的，压力机一次行程得到一个或数个冲压件。因此，生产率很高，减少了模具和设备的数量，便于实现冲压生产自动化。但级进模结构复杂，制造困难，成本高，多用于生产批量大、精度要求较高、需要多工序冲裁的小零件加工。

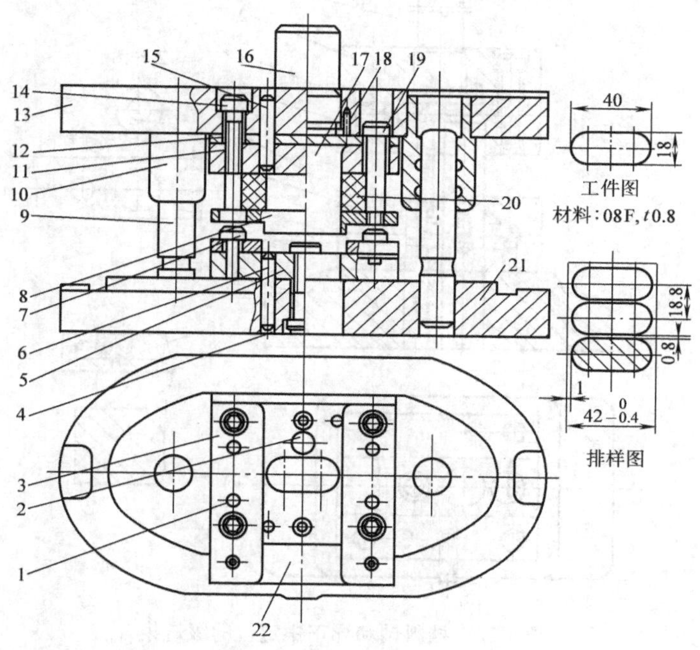

图 3-21　导柱式落料模

1、6、15—圆柱销钉　2—挡料销　3—导料板　4、7、14—内六角螺钉　5—凹模　8—卸料板　9—导柱　10—导套　11—凸模固定板　12—垫板　13—上模座　16—模柄　17—凸模　18—防转销　19—卸料螺钉　20—橡胶　21—下模座　22—承料板

由于级进模工位数较多，因而用级进模冲制零件，必须解决条料或带料的准确定位问题，才可能保证冲压件的质量。根据级进模定位零件的特征，级进模有以下两种典型结构：

（1）固定挡料销和导正销定位的级进模　图 3-22 所示为冲制垫圈的冲孔、落料级进模。工作零件包括冲孔凸模 3、落料凸模 4、凹模 7，定位零件包括导料板 5（与导板为一整体）、始用挡料销 10、固定挡料销 8、导正销 6。上下模靠导板 5 导向。工作时，用手按入始用挡料销限定条料的初始位置，进行冲孔。始用挡料销在弹簧作用下复位后，条料再送进一个步距，以固定挡料销粗定位，落料时以装在落料凸模端面上的导正销进行精定位，保证零件上的孔与外圆的相对位置精度。模具的导板兼作卸料板和导料板。采用这种级进模，当冲压件的形状不适合用装在凸模上导正销定位时，可在条料上的废料部分冲出工艺孔，利用装在凸模固定板上的导正销进行导正。

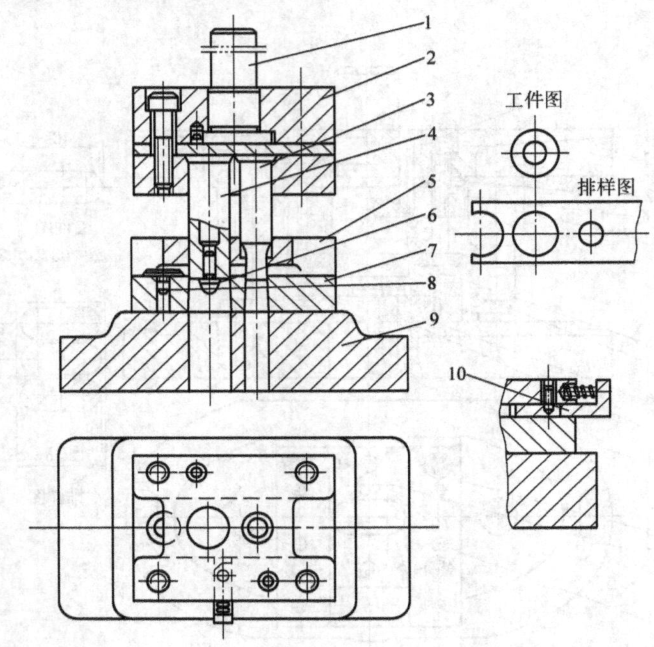

图 3-22　挡料销和导正销定位的级进模

1—模柄　2—上模座　3—冲孔凸模　4—落料凸模　5—导板兼卸料板
6—导正销　7—凹模　8—固定挡料销　9—下模座　10—始用挡料销

（2）侧刃定距的级进模　图 3-23 所示为双侧刃定距的冲孔落料级进模。侧刃是特殊功用的凸模，其作用是在压力机每次冲压行程中，沿条料边缘切下一块长度等于步距的料边。由于沿送料方向上，在侧刃前后，两导料板间距不同，前宽后窄形成一个凸肩，所以条料上只有切去料边的部分才能通过，通过的距离即等于步距。为了减少料尾损耗，尤其工位较多的级进模，可采用两个侧刃前后对角排列，该模具就是这样排列的。此外，由于该模具冲裁的板料较薄(0.3mm)，又是侧刃定距，所以需要采用弹压卸料代替刚性卸料。

侧刃定距的级进模定位精度较高，生产率高，送料操作方便，但材料的消耗增加，冲裁力增大。

（3）级进模的排样设计　应用级进模冲压时，排样设计十分重要，它不但要考虑材料的利用率，还应考虑零件的精度要求、冲压成形规律、模具结构及模具强度等问题。具体应注意以下几点：

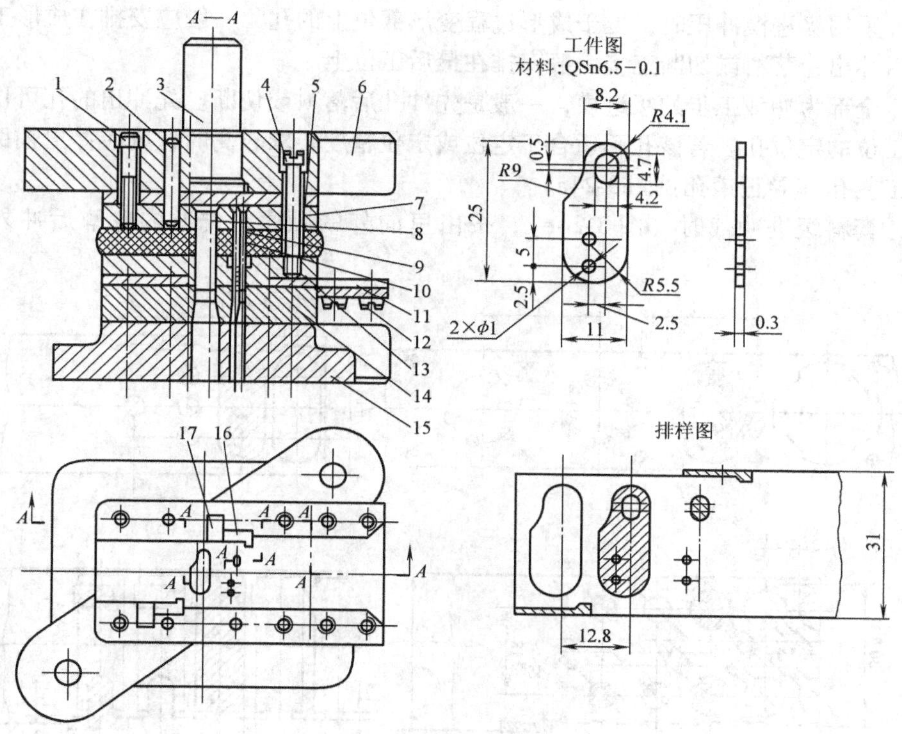

图 3-23　双侧刃定距的冲孔落料级进模

1—内六角螺钉　2—销钉　3—模柄　4—卸料螺钉　5—垫板　6—上模座　7—凸模固定板　8、9、10—凸模　11—导料板　12—承料板　13—卸料板　14—凹模　15—下模座　16—侧刃　17—侧刃挡块

1）零件的精度对排样的要求：零件精度要求高的，除了注意采用精确的定位方法外，还应尽量减少工位数，以减少工位积累误差；孔距公差较小的应尽量在同一工步中冲出。

2）模具结构对排样的要求：零件较大或零件虽小但工位较多，应尽量减少工位数，可采用连续—复合排样法（图 3-24a），以减少模具轮廓尺寸。

3）模具强度对排样的要求：孔壁距小的工件，其孔要分步冲出（图 3-24b）；工位之间凹模壁厚小的，应增设空步（图 3-24c）；外形复杂的工件应分步冲出，以简化凸、凹模形状，增强其强度，便于加工和装配（图 3-24d），侧刃的位置应尽量避免导致凸、凹模局部工作而损坏刃口（图 3-24b），侧刃与落料凹模刃口距离增大 0.2～0.4mm，就是为了避免落料凸、凹模切下条料端部的极小宽度。

4）零件成形规律对排样的要求：需要弯曲、拉深、翻边等成形工序的零件，采用级进模冲压时，位于成形过程变形部位上的孔，一般应安排在成形工步之后冲出，落料或切断工步一般安排在最后工位上。

全部为冲裁工步的级进模，一般是先冲孔后落料或切断。先冲出的孔可作后续工位的定位孔。若该孔不适合于定位或定位精度要求较高时，则应冲出辅助定位工艺孔（导正销孔见图 3-24a）。

套料级进冲裁时（图 3-24e），按由里向外的顺序，先冲内轮廓后冲外轮廓。

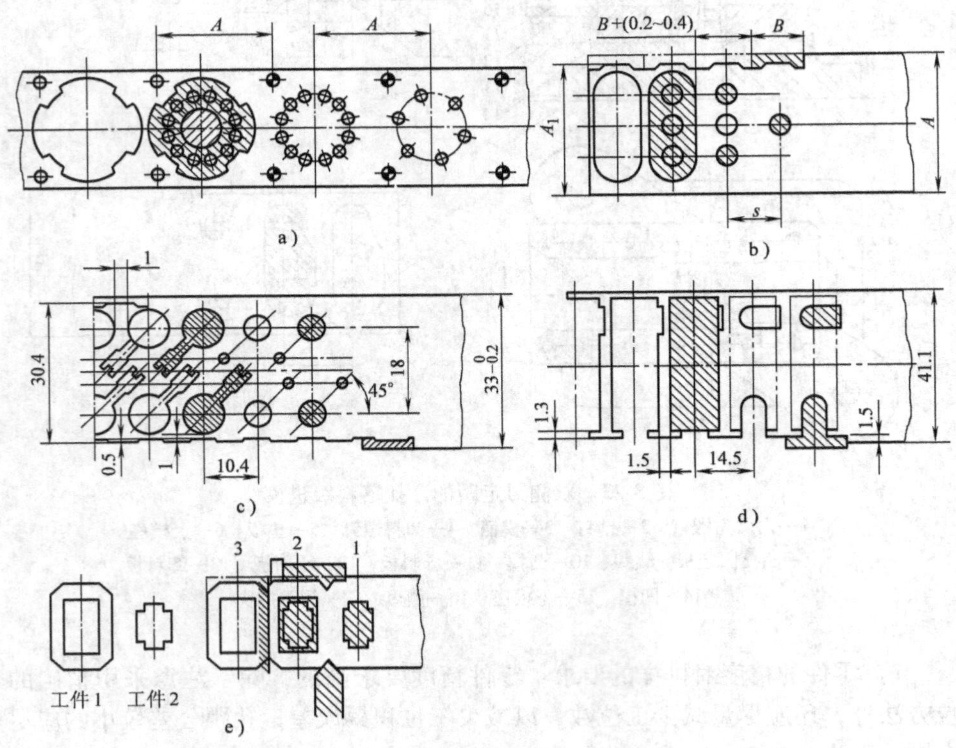

图 3-24　级进模的排样设计

3. 复合模

复合模是在压力机的一次行程中，在一副模具的同一位置上完成数道冲压工序。压力机一次行程一般得到一个工件。复合模也是一种多工序的冲模。它在结构上的主要特征是有一个既是落料凸模又是冲孔凹模的凸凹模。按照复合模工作零件的安装位置不同，分为正装式复合模和倒装式复合模两种类型。

（1）正装式复合模（又称顺装式复合模） 图 3-25 所示为正装式落料冲孔复合模，凸凹模 6 在上模，落料凹模 8 和冲孔凸模 11 在下模。工作时，板料以导料销 13 和挡料销 12 定位。上模下压，凸凹模外形和凹模 8 进行落料，落下的工件卡在凹模中，同时冲孔凸模与凸凹模内孔进行冲孔，冲孔废料卡在凸凹模孔内。卡在凹模中的工件由顶件装置从凹模中顶出。该模具采用装在下模座底下的弹顶器推动顶杆和顶件块，弹性元件高度不受模具有关空间的限制，顶件力大小容易调节，可获得较大的顶件力。卡在凸凹模内的冲孔废料由推件装置推出。每冲裁一次，冲孔废料被推下一次，凸凹模孔内不积存废料，胀力小，不易破裂。由于采用固定挡料销和导料销，在卸料板上需钻出让位孔，或采用活动导料销和挡料销。

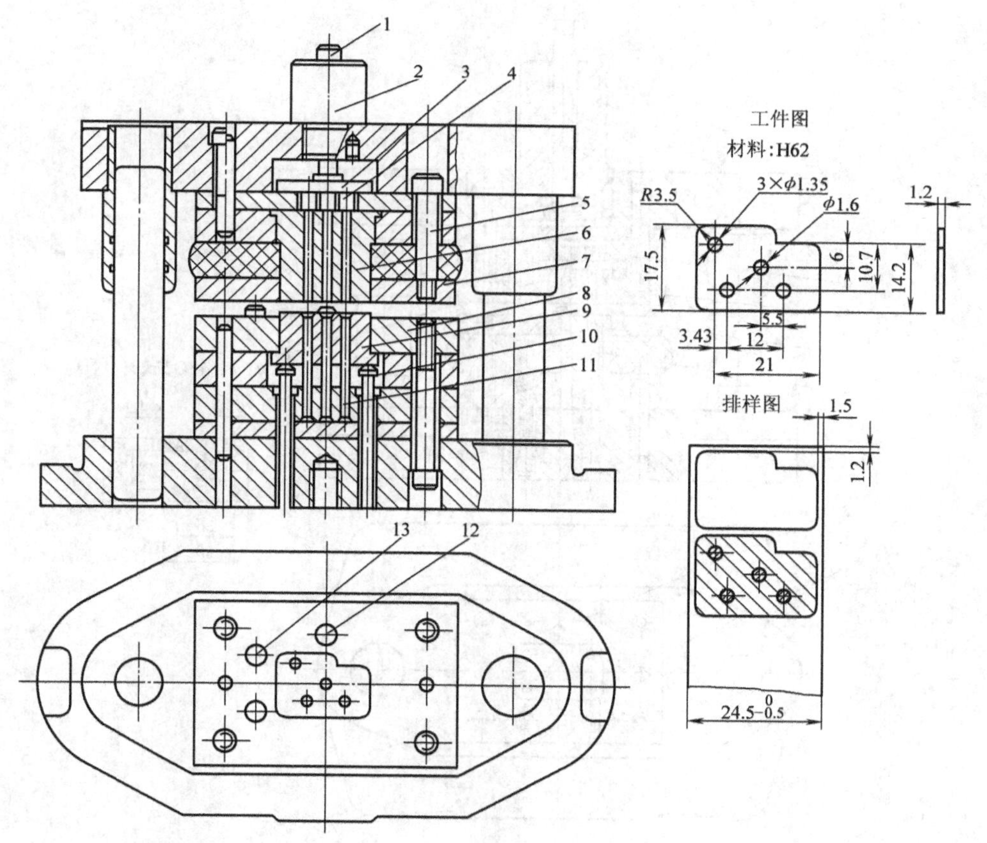

图 3-25 正装式复合模

1—打杆 2—旋入式模柄 3—推板 4—推杆 5—卸料螺钉 6—凸凹模 7—卸料板 8—落料凹模 9—顶件块 10—带肩顶杆 11—冲孔凸模 12—挡料销 13—导料销

可以看出，正装式复合模工作时，板料是在压紧的状态下分离，因此冲出的工件平直度较高。但冲孔废料落在下模工作面上不易清除，有可能影响操作和安全，从而影响了生产率。

（2）倒装式复合模　图 3-26 所示为倒装式复合模。凸凹模 3 装在下模，落料凹模 5 和冲孔凸模 6 装在上模。模具工作时，条料沿两个导料销 1 送至活动挡料销 2 处定位。冲裁时，上模向下运动，因弹压卸料板与安装在凹模型孔内的推件板 10 分别高出凸凹模和落料凹模的工作面约 0.5mm，故首先将条料压紧。上模继续向下，同时完成冲孔和落料。冲孔废料直接由冲孔凸模从凸凹模内孔推下，无顶件装置，结构简单，操作方便。卡在凹模中的工件由打杆 7、推板 8、推杆 9 和推件板 10 组成的刚性推件装置推出。

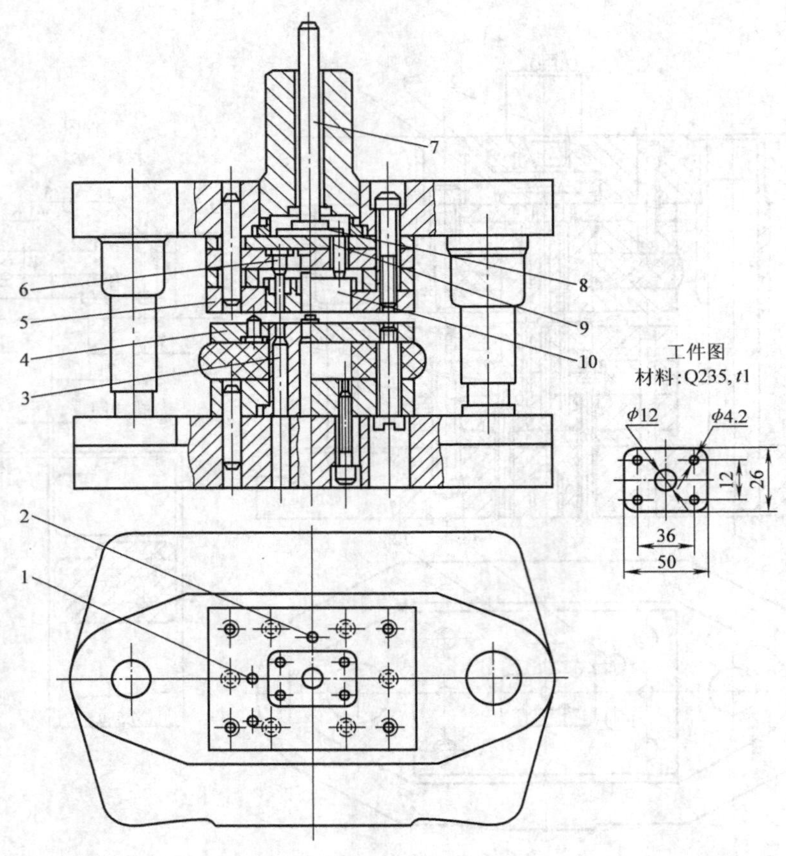

图 3-26　倒装式复合模

1—导料销　2—挡料销　3—凸凹模　4—弹压卸料板　5—凹模
6—凸模　7—打杆　8—推板　9—推杆　10—推件板

倒装式复合模的冲孔废料直接由冲孔凸模从凸凹模内孔推下，结构简单，操作方便；但凸凹模内积存废料，胀力较大。因此，倒装式复合模因受凸凹模最小壁厚限制，不易冲制孔壁过小的工件。同时，采用刚性推件的倒装式复合模，板料不是处在被压紧的状态下冲裁，因而平直度不高。这种结构适用于冲裁较硬的或厚度大于 0.3mm 的板料。

从正装式和倒装式复合模结构分析中可以看出，两者各有优缺点。正装式较适用于冲制材料较软的或板料较薄的平直度要求较高的冲裁件，还可以冲制孔边距离较小的冲裁件。而倒装式不宜冲制孔边距离较小的冲裁件，但倒装式复合模结构简单，又可以直接利用压力机的打杆装置进行推件，卸件可靠，便于操作，并为机械化出件提供了有利条件，故应用十分广泛。

总之，复合模生产率较高，冲裁件的内孔与外缘的相对位置精度高，板料的定位精度要求比级进模低，冲模的轮廓尺寸较小。但复合模结构复杂，制造精度要求高，成本高。复合模主要用于生产批量大、精度要求高的冲裁件。

4. 三类模具的特点与选用

表 3-12 是三类模具的特点比较。设计时，必须根据冲裁件的生产批量、尺寸大小、精度要求、形状复杂程度和生产条件等多方面因素考虑。

表 3-12　单工序模、级进模和复合模的特点比较

项　目	单工序模	级进模	复合模
冲压精度	较低	较高（IT10 ~ IT13）	高（IT8 ~ IT11）
工件平整程度	一般	不平整，高质量件需校平	因压料较好，工件平整
冲模制造的难易程度及价格	容易、价格低	简单形状工件的级进模比复合模制造难度低，价格也较低	复杂形状工件的复合模比级进模制造难度低，相对价格低
生产率	较低	最高	高
使用高速自动压力机的可能性	有自动送料装置可以连冲，但速度不能太高	适用于高速自动压力机	不宜用高速自动压力机
材料要求	条料要求不严格，可用边角料	条料或卷料，要求严格	除用条料外，小件可用边角料，但生产率低
生产安全性	不安全	比较安全	不安全，要有安全装置

（1）根据工件的生产批量来决定模具类型　一般来说，小批量生产时，应力求模具结构简单，生产周期短，成本低，宜采用单工序模；大批量生产时，模具费用在冲裁件成本中所占比例相对较小，可选用复合模或级进模。

（2）根据工件的尺寸精度要求来决定模具类型　复合模的冲压精度高于级

进模，而级进模又高于单工序模。

（3）根据工件的形状大小和复杂程度来决定模具类型　一般情况下，大型工件，为便于制造模具并简化模具结构，采用单工序模；小型且形状复杂的工件，常用复合模或级进模。

3.7　冲裁模零件设计

3.7.1　冲裁模零件的分类

尽管各类冲裁模的结构形式和复杂程度不同，但组成模具的零件种类是基本相同的，根据它们在模具中的功用和特点，可以分成以下两类：

（1）工艺零件　这类零件直接参与完成工艺过程，并和毛坯直接发生作用，包括：工作零件、定位零件、卸料和压料零件。

（2）结构零件　这类零件不直接参与完成工艺过程，也不和毛坯直接发生作用，包括：导向零件、支撑零件、紧固零件和其他零件。

冲裁模零件的详细分类见表 3-13。

表 3-13　冲裁模零件分类

工艺零件			结构零件			
工作零件	定位零件	卸料和压料零件	导向零件	支撑零件	紧固零件	其他零件
凸模 凹模 凸凹模	挡料销 始用挡料销 导正销 定位销、定位板 导料销、导料板 侧刃、侧刃挡块 承料板	卸料装置 压料装置 顶件装置 推件装置 废料切刀	导柱 导套 导板 导筒	上、下模座 模柄 凸、凹模固定板 垫板 限位支撑装置	螺钉 销钉 键	弹性件 传动零件

3.7.2　工作零件

1. 凸模

（1）凸模的结构类型与固定方法　凸模的结构通常分为两大类：一类是镶拼式凸模结构，如图 3-27 所示四种形式；另一类为整体式凸模结构，整体式凸模有圆形凸模和非圆形凸模，最为常用的是圆形凸模，主要结构形式如图 3-28 所示。图 3-28a 所示为带保护套结构凸模，可防止细长凸模折断，适于冲制孔径与料厚相近的小孔。图 3-28b 所示凸模适于冲制 $\phi1.1 \sim \phi30.2$mm 的孔，为了保证刚度与强度，避免应力集中，将凸模做成台阶结构并用圆角过渡。图 3-28c 所示凸模适用于冲制直径范围为 $\phi3.0\sim\phi30.2$mm 的孔。图 3-28d 所示凸模适用于冲制较大的孔。

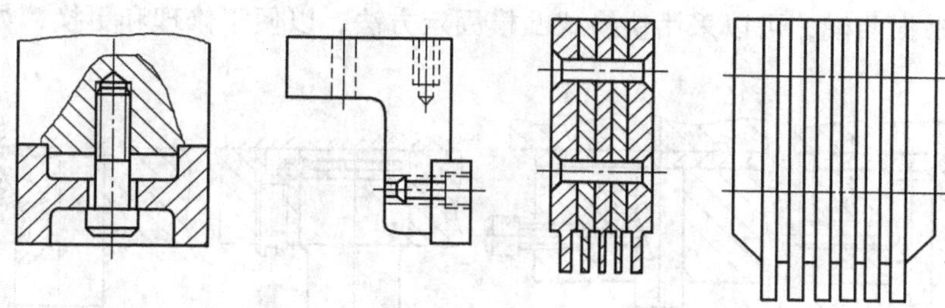

图 3-27 镶拼式凸模结构形式

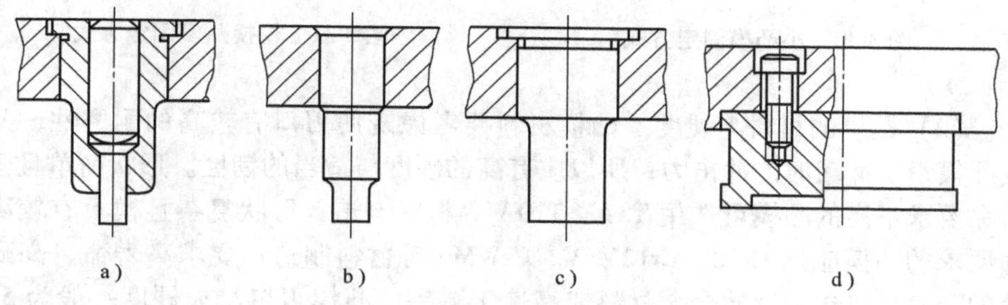

图 3-28 圆形凸模结构形式

对于非圆形凸模，与凸模固定板配合的固定部分可做成圆形或矩形，如图 3-29a、b 所示，也可以使固定部分与工作部分尺寸一致（又称直通式凸模），如图 3-29c 所示。这类凸模一般采用线切割方法进行加工。

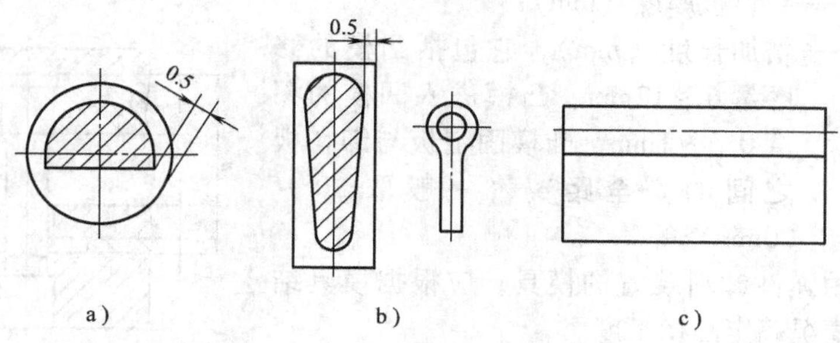

图 3-29 非圆形凸模结构形式

中、小型凸模多采用台阶固定，将凸模压入固定板内，采用 H7/m6 配合，如图 3-28b、c 所示；平面尺寸比较大的凸模可以直接用销钉和螺栓固定，如图 3-28d 所示。对于有的小凸模可以采用图 3-30 所示固定方法。对于大型冲模中冲小孔的易损凸模，可以采用快换式凸模固定方法，以便于修理和更换，如图 3-31 所示。

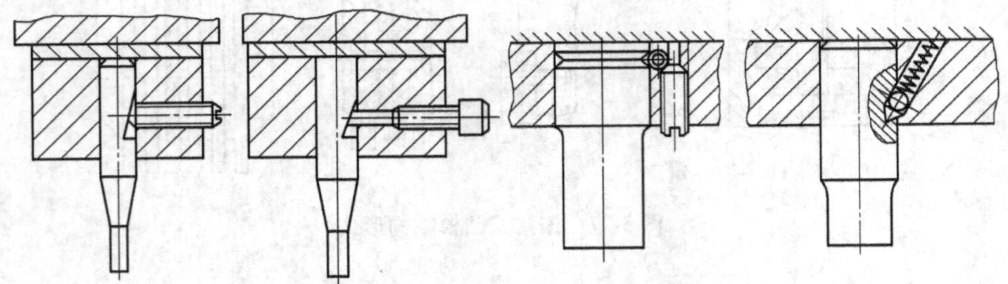

图 3-30　小凸模固定方式　　　　图 3-31　快换凸模固定方式

（2）凸模的材料与硬度　凸模材料要考虑既使刃口有较高的耐磨性，又能使凸模承受冲裁时的冲击力，所以应有高的硬度与适当的韧性。形状简单且模具寿命要求不高的凸模可选用 T8A、T10A 等材料制造；形状复杂且模具有较高寿命要求的凸模应选 Cr12、Cr12MoV、CrWMn 等材料制造；要求高寿命、高耐磨性的凸模，可选用硬质合金材料或高速工具钢。凸模刃口淬火硬度一般为 58 ~ 62HRC，尾部回火至硬度为 40 ~ 50HRC。

（3）凸模的长度确定　当采用固定卸料板和导料板冲模（图 3-32）时，其凸模长可以按下式计算：

$$L = h_1 + h_2 + h_3 + h \tag{3-29}$$

式中　h_1——凸模固定板厚度（mm）；

h_2——固定卸料板厚度（mm）；

h_3——导料板厚度（mm）；

h——增加长度（mm），它包括凸模的修磨量 6 ~ 12mm、凸模进入凹模的深度 0.5 ~ 1mm、凸模固定板与卸料板之间的安全距离（一般取 10 ~ 20mm）等。

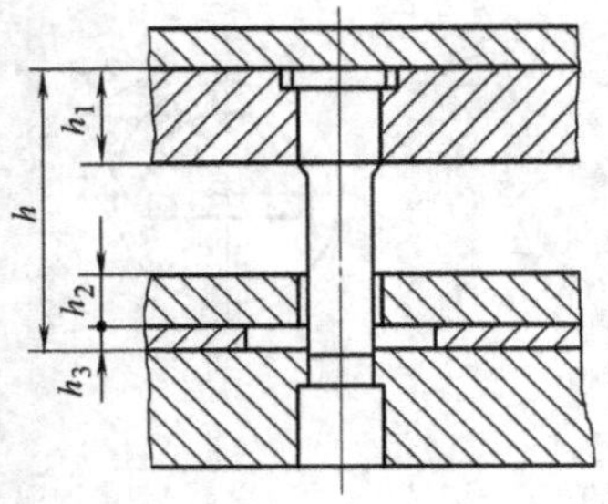

图 3-32　凸模长度

对采用弹性卸料装置的模具，应根据模具结构的具体情况确定凸模长度。

（4）凸模的强度与刚度校核　一般情况下，凸模的强度和刚度是足够的，不需要进行校核，但是当凸模的截面尺寸很小而冲裁的板料厚度较大，或结构需要凸模特别细长时，则应进行承压能力和抗纵向弯曲能力的校核。

1）压应力的校核。凸模承压能力按下式校核：

$$A_{min} \geqslant \frac{F}{[\sigma_{压}]} \tag{3-30}$$

式中 A_{min}——凸模最小截面的截面积（mm^2）；

F——冲裁力（N）；

$[\sigma_{压}]$——凸模材料的许用压应力（MPa），$[\sigma_{压}]$ 的值取决于材料、热处理和冲模的结构等，如 T8A、T10A、Cr12MoV、GCr15 等工具钢淬火硬度为 58～62HRC 时，取 1000～1600MPa，当有特殊导向时，可取 2000～3000MPa。

2）弯曲应力的校核。凸模的抗弯能力，根据模具结构特点，可分为无导向装置和有导向装置凸模两种情况，如图 3-33 所示。

无导向装置的圆形凸模长度应满足：

$$L_{max} \leqslant 95 \times \frac{d^2}{\sqrt{F}} \tag{3-31}$$

非圆形凸模长度应满足：

$$L_{max} \leqslant 425 \times \sqrt{\frac{I}{F}} \tag{3-32}$$

带导向装置的圆形凸模长度满足：

$$L_{max} \leqslant 270 \times \frac{d^2}{\sqrt{F}} \tag{3-33}$$

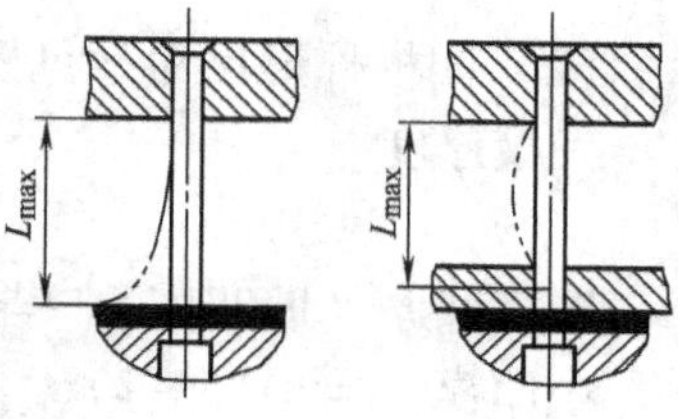

图 3-33 细长凸模的弯曲

a）无导向凸模 b）有导向凸模

带导向装置的非圆形凸模长度满足：

$$L_{max} \leqslant 1200 \times \sqrt{\frac{I}{F}} \tag{3-34}$$

式中 L_{max}——凸模最大长度（mm）；

d——凸模最小直径（mm）；

F——冲裁力（N）；

I——凸模最小横截面的惯性矩（mm^4）。

2. 凹模

（1）凹模的刃口形式 图 3-34 所示为几种常见的凹模刃口形式。图 3-34a 所示为锥形刃口凹模，冲裁件或废料容易通过而不留在凹模内，凹模磨损小。其缺点是刃口强度较低，刃口尺寸在修磨后增大。该凹模适用于形状简单、精度要求不高、材料厚度较薄工件的冲裁。当 $t<2.5$mm 时，$\alpha=15'$；$t=2.5$～6mm 时，

$\alpha=30'$；采用电火花加工凹模时，$\alpha=4'\sim20'$。

图3-34b、c所示为柱形刃口筒形或锥形凹模。刃口强度较高，修磨后刃口尺寸不变，但孔口容易积存工件或废料，推件阻力大且刃口磨损大。该凹模适用于形状复杂或精度要求较高工件的冲裁。一般取 $\alpha=3°\sim5°$。当 $t<0.5$mm 时，$h=3\sim5$mm；$t=0.5\sim5$mm 时，$h=5\sim10$mm；$t=5\sim10$mm 时，$h=10\sim15$mm。

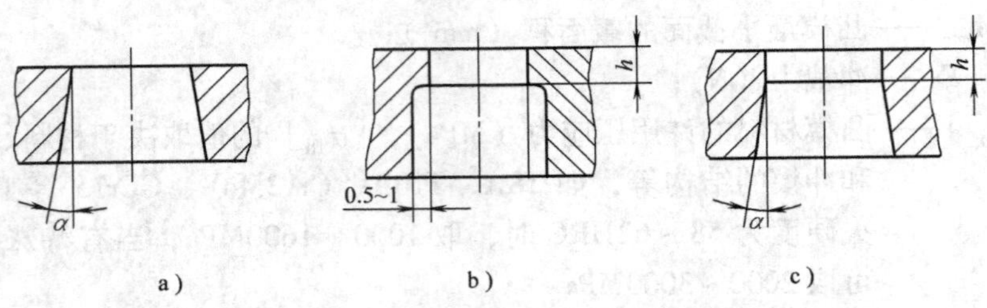

图3-34 凹模刃口形式

a）锥形刃口 b）、c）柱形刃口

（2）凹模外形尺寸（见图3-35） 凹模外形尺寸的经验公式为

凹模厚度

$$H=Kb \quad (H\geqslant15\text{mm}) \tag{3-35}$$

凹模壁厚（即凹模刃口与外边缘的距离）

$$\left.\begin{aligned}&\text{小凹模}\quad c=(1.5\sim2)H\\&\text{大凹模}\quad c=(2\sim3)H\end{aligned}\right\}(c\geqslant30\text{mm}) \tag{3-36}$$

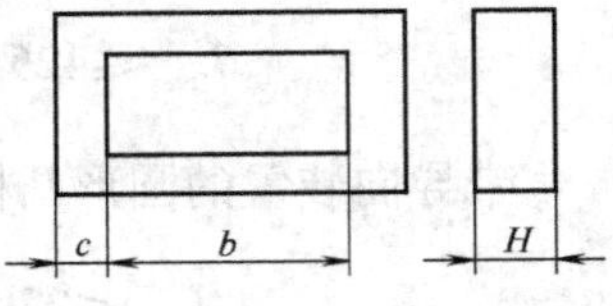

式中 b——凹模孔的最大宽度（mm）；

K——系数，见表3-14；

H——凹模厚度（mm）；

c——凹模壁厚（mm）。

图3-35 凹模外形尺寸

表3-14 系数 K 值

孔宽 b /mm	料厚 t/mm				
	0.5	1	2	3	>3
≤50	0.3	0.35	0.42	0.50	0.60
>50~100	0.2	0.22	0.28	0.35	0.42
>100~200	0.15	0.18	0.20	0.24	0.30
>200	0.10	0.12	0.15	0.18	0.22

按式（3-35）、式（3-36）计算的凹模外形尺寸，可以保证凹模有足够的强度和刚度，一般可不再进行强度校核。

（3）复合模中凸凹模的最小壁厚 凸凹模的内、外缘均为刃口，内、外缘之间的壁厚取决于冲裁件的尺寸。为保证凸凹模的强度，凸凹模应有一定的壁厚。

对内孔不积聚废料或工件的凸凹模（如正装复合模，凸凹模在上模），最小壁厚 c 为

$$\left.\begin{array}{lll}\text{冲裁硬材料:} & c=1.5t & \text{且 } c\geqslant 0.7\text{mm}\\ \text{冲裁软材料:} & c=t & \text{且 } c\geqslant 0.5\text{mm}\end{array}\right\} \tag{3-37}$$

对积聚废料或工件的凸凹模（如倒装复合模），由于受到废料或工件胀力大，c 值要适当再加大些，一般 $c\geqslant(1.5\sim2)t$，且 $c\geqslant3$mm。

（4）凹模的固定及主要技术要求　图 3-36 所示为凹模的几种固定方式。图 3-36a、b 为两种圆凹模固定方法，这两种圆形凹模尺寸都不大，直接装在凹模固定板中，主要用于冲孔。

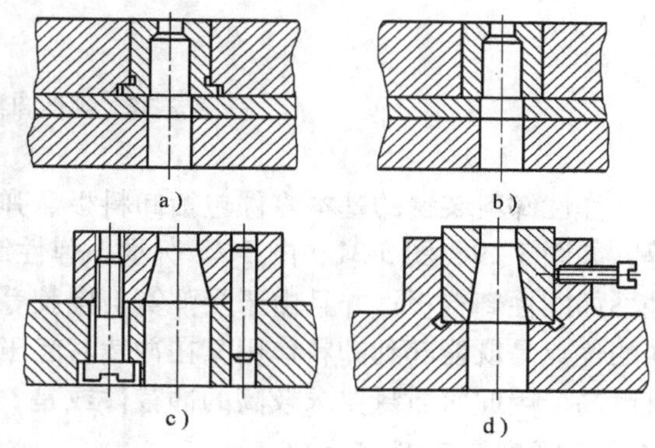

图 3-36　凹模固定形式

图 3-36c 中凹模用螺钉和销钉直接固定在模板上，实际生产中应用较多，适合各种非圆形或尺寸较大的凹模固定。但要注意一点：螺孔（或沉孔）间、螺孔与销孔间及螺孔、销孔与凹模刃壁间的距离不能太近，否则会影响模具寿命。孔距的最小值可参考相关设计手册。图 3-36d 所示为快换式冲孔凹模的固定方法。

3.7.3　卸料、顶件及推件零件

卸料是指当一次冲压完成，上模回程时把工件或废料从凸模上卸下来，以便下次冲压继续进行。推件和顶件一般指把工件或废料从凹模中推出或顶出来。

1. 卸料板

卸料板较常用的有刚性卸料板和弹性卸料板两种形式。刚性卸料板结构如图 3-37 所示。刚性卸料板的卸料力大，卸料可靠，对 $t>0.5$mm、平直度要求不很高的冲裁件一般使用较多，而对薄料不太适合。

图 3-37a 是与导料板成一体的整体式卸料板，结构简单，缺点是装配调整不便。图 3-37b 是与导料板分开的分体式卸料板，在冲压模具中应用广泛。图 3-37c 是用于窄长件的冲孔或切口后卸料的悬臂式卸料板。图 3-37d 是用于空心件或弯曲件冲底孔后卸料的拱桥式卸料板。

凸模与刚性卸料板的双边间隙取决于板料厚度，一般在 0.2～0.5mm 之间，

板料薄时取小值，板料厚时取大值。刚性卸料板的厚度一般取 5 ~ 20mm，根据卸料力大小而定。

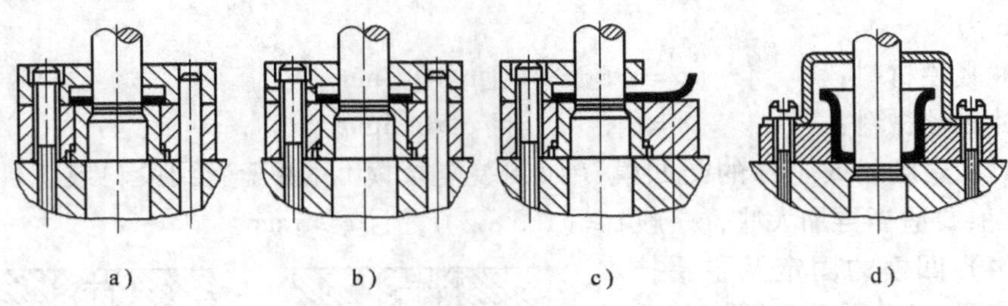

图 3-37　刚性卸料板

弹性卸料装置的基本零件包括卸料板、弹性组件（弹簧或橡胶）、卸料螺钉等，如图 3-19、图 3-21、图 3-25 所示。弹性卸料装置结构复杂，可靠性与安全性不如刚性卸料板；并且由于受弹簧、橡胶等零件的限制，卸料力较小。弹性卸料的优点是既能起到卸料作用又在冲裁时起压料作用，所得冲裁零件质量高，平直度高，因此对质量要求较高的冲裁件或是 $t<1.5$mm 的薄板冲裁宜采用。弹性卸料板厚度一般取 5 ~ 20mm，其与凸模的单边间隙一般取 0.2 ~ 0.5mm，根据卸料力大小而定。

当卸料板兼起凸模导板作用时，与凸模一般按 H7/h6 配合制造，但应使它与凸模间隙小于凸、凹模间隙，以保证凸、凹模的正确配合。采用导板可以确定各工位的相对位置，提高凸模的导向精度，并且能保护细长凸模不至折断。导板厚度一般取（0.8 ~ 1）$H_{凹}$。

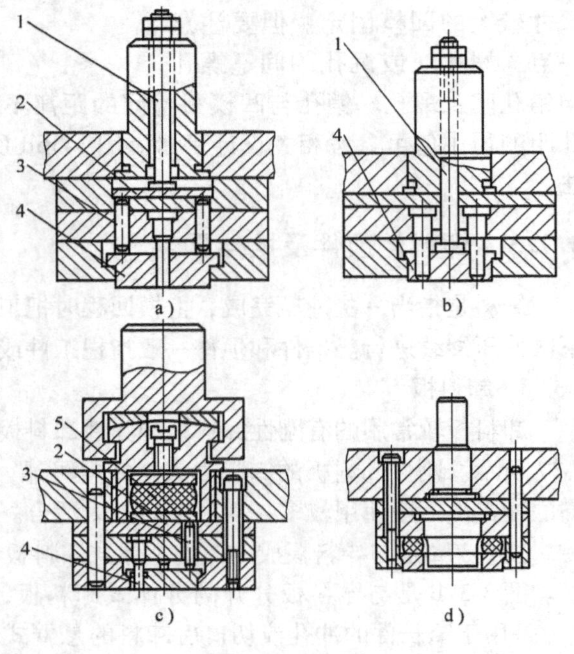

图 3-38　推件装置

1—打杆　2—推板　3—连接推杆　4—推件块　5—橡胶

2. 推件、顶件装置

推件和顶件都是将工件或废料从凹模孔卸出，凹模在上模称推件，凹模在下模称顶件。

（1）推件装置　推件装置也可分为刚性推件与弹性推件，图3-38a、b所示为两种刚性推件装置。当模具回程时，压力机上横梁作用于打杆，将力依次传递到推板和推件块，把模孔中工件或废料推出。刚性推件装置推件力大，工作可靠，所以应用十分广泛，尤其冲裁板料较厚的冲裁模。对于板料较薄且平直度要求较高的冲裁件，宜用弹性推件装置，弹性组件一般采用橡胶，如图3-38c、d所示。采用这种结构，工件的质量较高，但工件易嵌入边料，给取出工件带来麻烦。

（2）顶件装置　顶件装置装在下模，一般是弹性的，如图3-39所示。其弹性组件是弹簧或橡胶，大型压力机具有气垫作为弹顶器。这种结构的顶件力容易调节，工作可靠，冲裁件平直度较高。

注意在模具设计装配时，应使推件块或顶件块伸出凹模孔口面0.2～0.5mm，以提高推件的可靠性。推件块和顶件块与凹模为间隙配合。

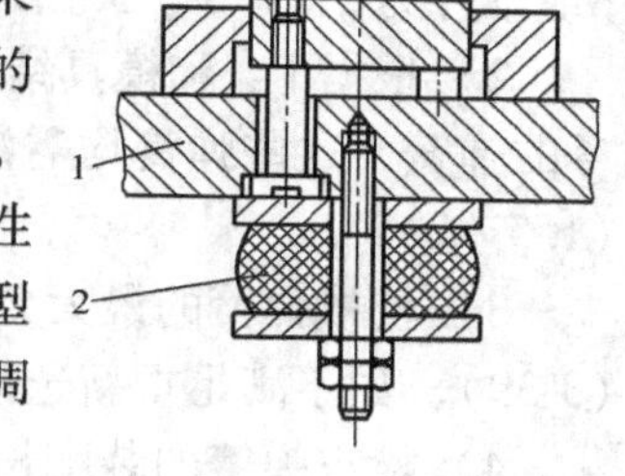

图3-39　弹性顶件装置

1—下模板　2—橡胶

3.7.4　弹簧和橡胶的选择

弹簧和橡胶是模具中广泛应用的弹性零件，用于卸料、压料、推件和顶件等工作。现介绍圆钢丝螺旋压缩弹簧和橡胶的选用方法。

1. 普通圆柱螺旋压缩弹簧

普通圆柱螺旋压缩弹簧一般是按照标准选用，标准号为GB/T 2089—2009。

（1）选择标准弹簧的要求

1）压力要足够，即

$$F_{预} \geqslant F_{卸}/n \tag{3-38}$$

式中　$F_{预}$——弹簧的预紧力（N）；

$F_{卸}$——卸料力或推件力、顶件力（N）；

n——弹簧根数。

2）压缩量要足够，即

$$s_{最大} \geqslant s_{总} = s_{预} + s_{工作} + s_{修磨} \tag{3-39}$$

式中　$s_{最大}$——弹簧允许的最大压缩量（mm）；

$s_{总}$——弹簧需要的总压缩量（mm）；

$s_{预}$——弹簧的预压缩量（mm）；

$s_{工作}$——卸料板或推件块等的工作行程（mm），对冲裁可取$s_{工作}=t+1\text{mm}$；

$s_{修磨}$——模具的修磨量或调整量（mm），一般取4～6mm。

3）要符合模具结构空间的要求。因模具闭合高度的大小，限定了所选弹簧在预压状态下的长度，上下模座的尺寸限定了卸料板的面积，也限定了允许弹簧占用的面积，所以选取弹簧的根数、直径和长度，必须符合模具结构空间的要求。

（2）选择弹簧的步骤

1）根据模具结构初步确定弹簧根数 n，并计算出每根弹簧分担的卸料力（或推件力），即 $F_{卸}/n$。

2）根据 $F_{预}$ 和模具结构尺寸，查设计手册，从相关标准中初选出若干个序号的弹簧，这些弹簧均需满足最大工作负荷大于 $F_{预}$ 的条件。一般可取 $F_{最大}=(1.5\sim2)F_{预}$。

3）校核弹簧的最大允许压缩量是否满足工作需要的总压缩量 $S_{总}$，即满足式（3-39），如不满足重新选择。

4）检查弹簧的装配长度（即弹簧预压缩后的长度 = 弹簧的自由长度减去预压缩量）、根数、直径是否符合模具结构空间尺寸，如不符合要求，需重新选择。

例　冲裁模卸料装置如图 3-21 所示，冲裁件为低碳钢，$t=0.5\text{mm}$，经计算卸料力为 1300N，请选择合适弹簧。

解　①初选弹簧根数为 $n=4$，沿圆周均布。

②计算每根弹簧预压力：$F_{预}\geqslant F_{卸}/n=1300\text{N}/4=325\text{N}$

估算弹簧的最大工作负荷为：$F_{最大}=1.5F_{预}=487.5\text{N}$，查设计手册，初选 54 号弹簧，其主要规格为：外径 25mm，材料直径 4mm，自由高度 70mm，最大负荷 530N，最大压缩量 $s_{最大}=18.8\text{mm}$。

③校核弹簧的压缩量，$F_{预}=325\text{N}$ 时弹簧预压缩量为

$$s_{预}=F_{预}\,s_{最大}/F_{最大}=(325\times18.8/530)\text{mm}=11.5\text{mm}$$

$$s_{总}=s_{预}+s_{工作}+s_{修磨}=11.5\text{mm}+(0.5+1)\text{mm}+5\text{mm}=18\text{mm}<s_{最大}=18.8\text{mm}$$

满足要求。

④检查弹簧的装配长度（略）。

2. 橡胶

橡胶允许承受的负荷比弹簧大，且价格低、安装调整方便，是模具中广泛使用的弹性组件。橡胶在受压方向所产生的变形与其所受到的压力不是成正比的线性关系，其特性曲线如图 3-40 所示。由图 3-40 可知，橡胶的单位压力与橡胶的压缩量和形状及尺寸有关。橡胶所能产生的压力为

$$F=Ap \tag{3-40}$$

式中　A——橡胶的横截面积（mm^2）；

p——与橡胶压缩量有关的单位压力（MPa），见表 3-15 或由图 3-40 查出。

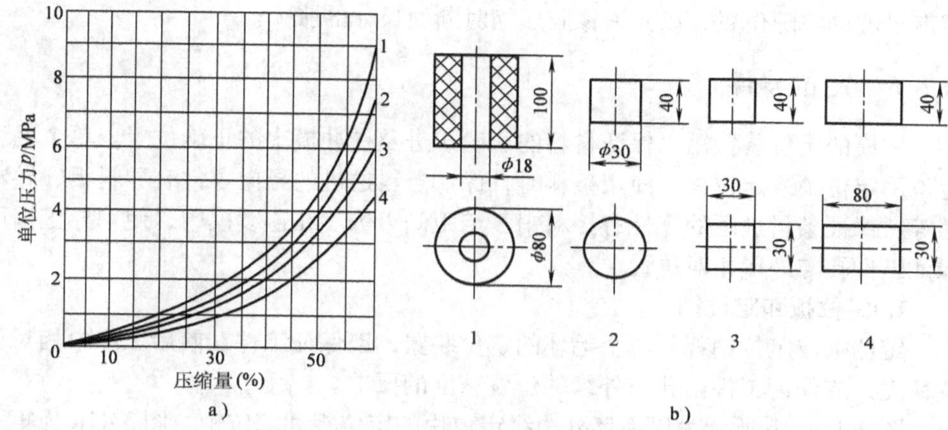

图 3-40　橡胶特性曲线
a）特性曲线　b）曲线所对应的橡胶

表 3-15　橡胶压缩量与单位压力

压缩量	10%	15%	20%	25%	30%	35%
单位压力/MPa	0.26	0.5	0.74	1.06	1.52	2.10

选用橡胶时的计算步骤如下：

1）计算橡胶的自由高度：

$$s_{工作} = t + 1\text{mm} + s_{修模} \tag{3-41}$$

$$H_{自由} = (3.5 \sim 4.0) s_{工作} \tag{3-42}$$

式中　$s_{工作}$——橡胶工作行程（mm）；

t——工件厚度（mm）；

$s_{修模}$——模具的修磨量或调整量（mm），一般取 4 ~ 6mm。

$H_{自由}$——橡胶的自由高度（mm）。

2）根据 $H_{自由}$ 计算橡胶的装配高度：

$$H_{装配} = (0.85 \sim 0.9) H_{自由} \tag{3-43}$$

3）计算橡胶的断面面积：

$$A = F/p \tag{3-44}$$

4）根据模具空间的大小校核橡胶的断面面积是否合适，并使橡胶的高径比满足下式：

$$0.5 \leqslant H/D \leqslant 1.5 \tag{3-45}$$

如果高径比超过 1.5，应当将橡胶分成若干段叠加，在其间垫钢垫圈，并使每段橡胶的 H/D 值仍在上述范围内。另外要注意，在橡胶装上模具后，周围要留有足够的空隙位置，以允许橡胶压缩时断面尺寸的胀大。

3.7.5 定位零件

冲模的定位装置用以保证材料的正确送进及在冲模中的正确位置。单个毛坯定位用定位销或定位板。使用条料时，保证条料送进的导向零件有导料板、导料销等。保证条料进距的零件有挡料销、定距侧刃等。在连续模中，使用导正销可保证工件孔与外形相对位置。

1. 定位板和定位销

定位板或定位销都是单个毛坯的定位装置，以保证工件在前后工序中相对位置精度，或保证工件内孔与外缘的位置精度的要求。

图 3-41a、b 所示为以毛坯外边缘定位用的定位板和定位销。图 3-41a 为矩形毛坯外缘定位用定位板，图 3-41b 为用定位销对毛坯外缘定位。

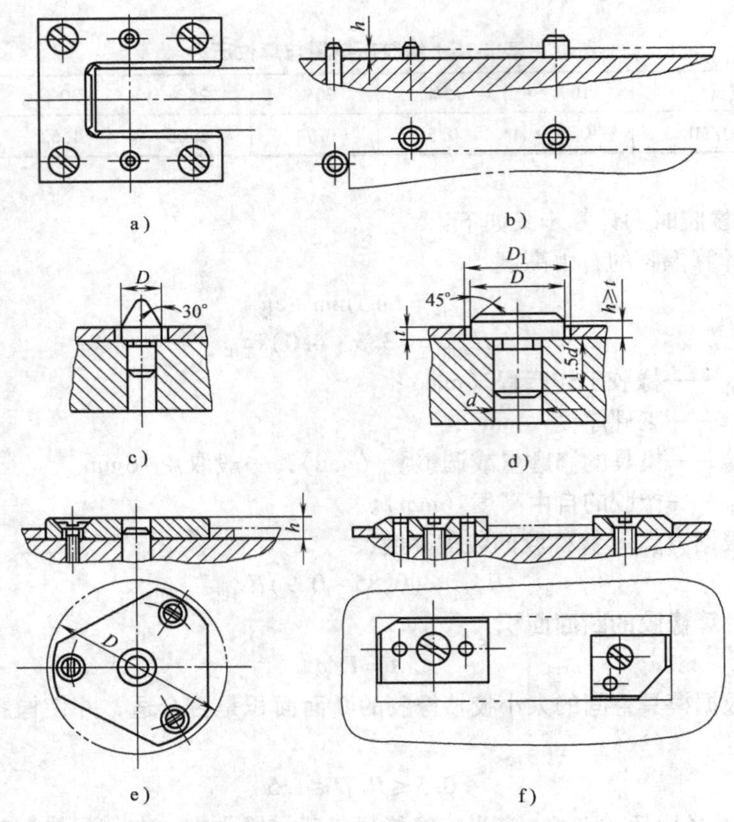

图 3-41 定位板与定位销

图 3-41c、d、e 所示为以毛坯内孔定位用的定位板和定位销。图 3-41c 为 $D < \phi 10$mm 用的定位销；图 3-41d 为 $D = \phi 10 \sim \phi 30$mm 用的定位销；图 3-41e 为 $D > \phi 30$mm 用的定位板；图 3-41f 为大型非圆孔用的定位板。

定位板或定位销头部高度可按表 3-16 选用。

表 3-16　定位板或定位销销头高度　（单位：mm）

材料厚度 t	≤1	1 ~ 3	>3 ~ 5
定位板或定位销销头高度	$t+2$	$t+1$	t

2. 导料板（导尺）和导料销

采用条料或带料冲裁时，一般选用导料板或导料销来导正材料的送进方向。其结构形式如图 3-42 所示。为了操作方便，从右向左送料时，与条料相靠的基准导料板（销）装在后侧；从前向后送料时，基准导料板（销）装在左侧。如果是采用导料销，一般用 2 个或 3 个。

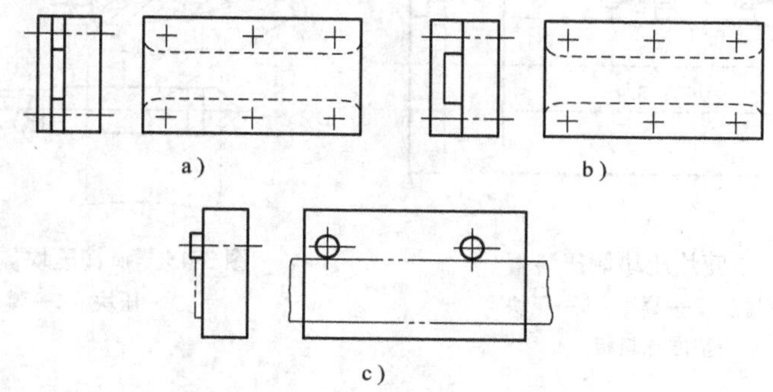

图 3-42　导料板和导料销

a）分离式导料板　b）整体式导料板　c）导料销

图 3-43 所示为导料板的结构尺寸。导料板的长度 L 应大于凸模的长度。导料板的厚度 H 可查表 3-17，表中送进时材料抬起是指采用固定挡料销定位时的情况。导料板间的距离可参考 3.5 节设计。

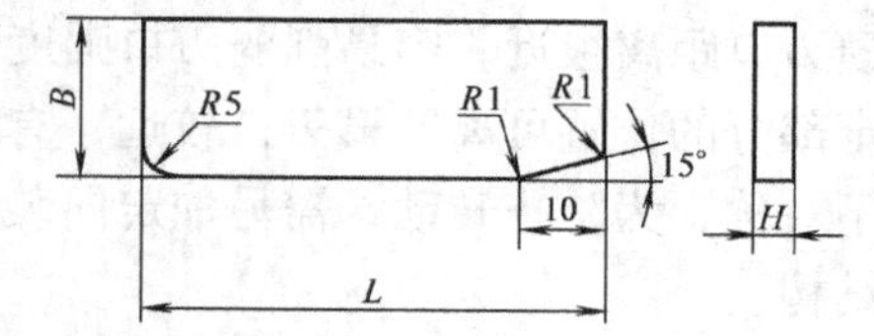

图 3-43　导料板结构尺寸

为保证送料精度，使条料紧靠一侧的导料板送进，可采用侧压装置。图 3-44 所示的簧片压块侧压装置用于料厚小于 1mm、侧压力要求不大的情况。图 3-45 所示的弹簧压块侧压装置用于侧压力较大的场合。使用簧片式和弹簧压块式侧压装置时，一般设置 2 个或 3 个侧压装置。当料厚小于 0.3mm 时不宜用侧压装置。

表 3-17 导料板厚度 （单位：mm）

冲件材料厚度 t	导料板长度			
	送进时材料抬起		送进时材料不抬起	
	≤200	>200	≤200	>200
≤1	4	6	3	4
>1～2	6	8	4	6
>2～3	8	10	6	6
>3～4	10	12	8	8
>4～6	12	14	10	10

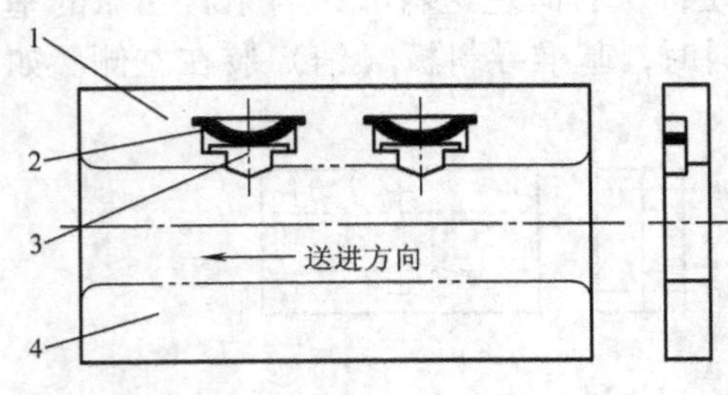

图 3-44 簧片压块侧压装置
1—导料板 2—簧片 3—压块
4—基准导料板

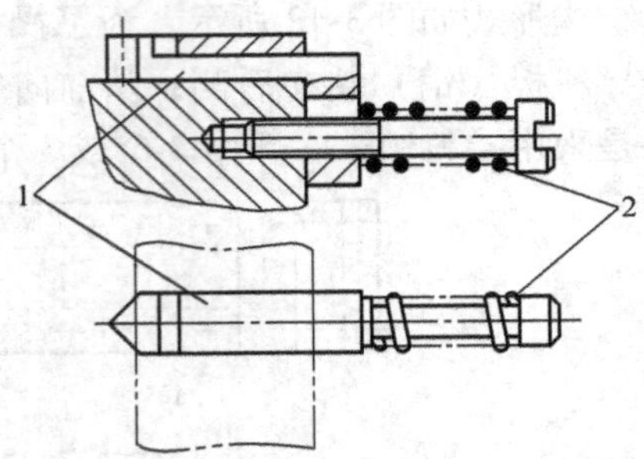

图 3-45 弹簧压块侧压装置
1—压块 2—弹簧

3. 挡料销

挡料销是对条料或带料在送进方向上起定位作用的零件，控制送进量。挡料销有固定挡料销、活动挡料销、始用挡料销三大类。

图 3-46a 所示为圆柱头式固定挡料销，其结构简单，使用方便，但销孔距凹模刃口距离很近，容易削弱刃口强度。图 3-46b 所示为钩头式固定挡料销，其固定部分的位置可离凹模刃口较远，有利于提高凹模强度。但由于此种挡料销形状不对称，为防止转动，需另加定向装置。图 3-46c 所示为圆柱头式、钩式挡料销结构。

图 3-47 所示为活动挡料销。当模具闭合后不允许挡料销的顶端高出板料时，宜采用活动挡料销结构。图 3-47a 所示为利用压缩弹簧使挡料销上下活动，图 3-47b 所示为利用扭转弹簧使挡料销上下活动，图 3-47c 所示为橡胶弹顶式活动挡料销。

图 3-48 所示为始用挡料销。这种挡料销一般用在连续模中，对条料送进时

首次定位。使用时，用手压出挡料销。完成首次定位后，在弹簧的作用下挡料销自动退出，不再起作用。

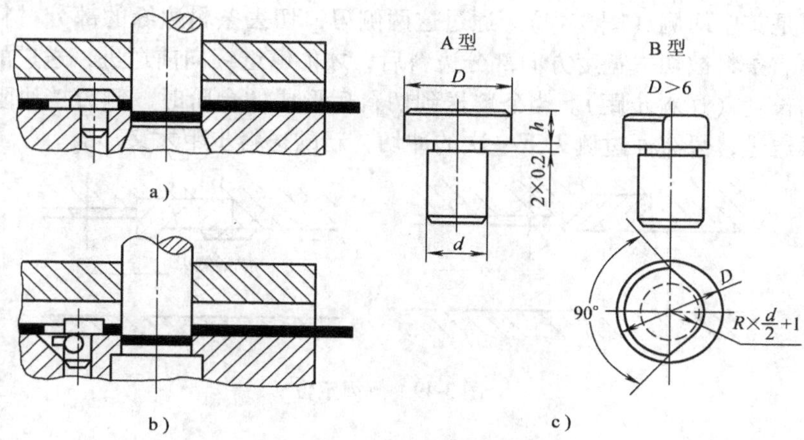

图 3-46　圆柱头式与钩式挡料销

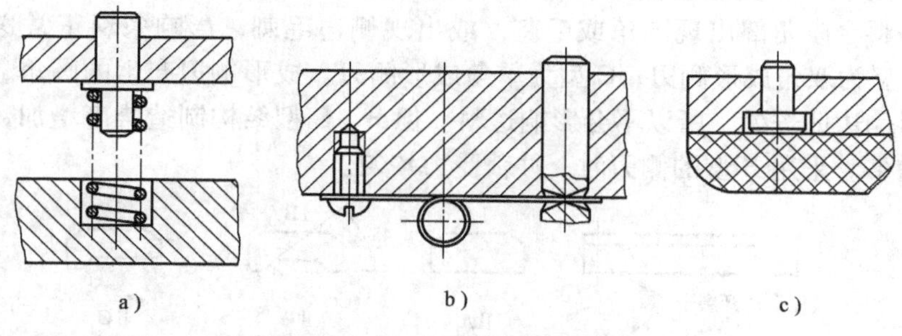

图 3-47　活动挡料销

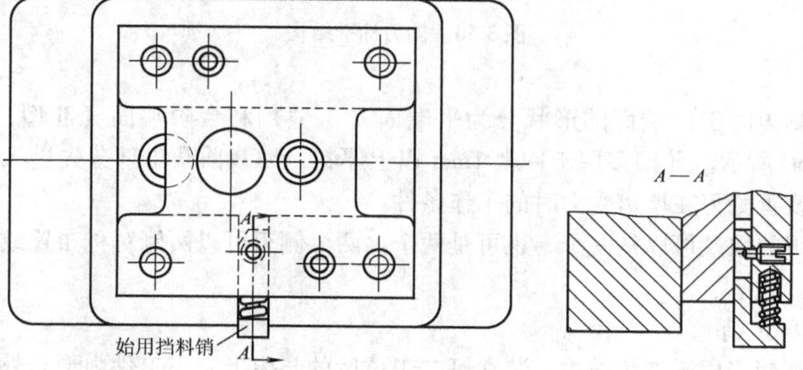

图 3-48　始用挡料销

4. 侧刃

侧刃常用于连续模中控制送料步距。侧刃实质上是裁切边料的凸模，有用的刃口只是其中两侧（图3-49）。通过这两侧刃口切去条料边缘的部分材料，使形成台阶。条料被切去宽度方向部分边料后，才能够继续向前送进，送进的距离为切去的长度（送料步距）。当条料送到切料后形成的台阶时，侧刃挡块阻止了条料继续送进，只有通过侧刃下一次的冲切，新的送料步距才又形成。

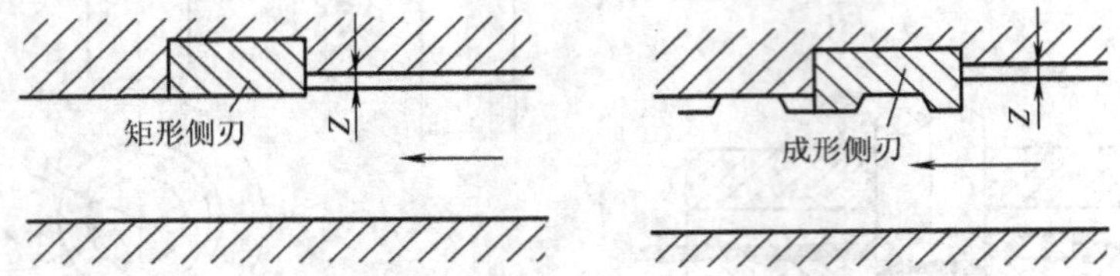

图3-49　侧刃定位

侧刃标准结构如图3-50所示。按侧刃的断面形状分为矩形侧刃与成形侧刃两类。图中A型为矩形侧刃，其结构与制造较简单，但当刃口磨损后，会使切出的条料台阶角部出现圆角或毛刺，或出现侧边毛刺，影响条料正常送进和定位；B型为双角成形侧刃；C型为单角成形侧刃。成形侧刃产生的圆角、毛刺位于条料侧边凹进处，所以不会影响送料。但B、C型结构制造难度增加，冲裁废料也增多。采用B型的侧刃时，冲裁受力均匀。

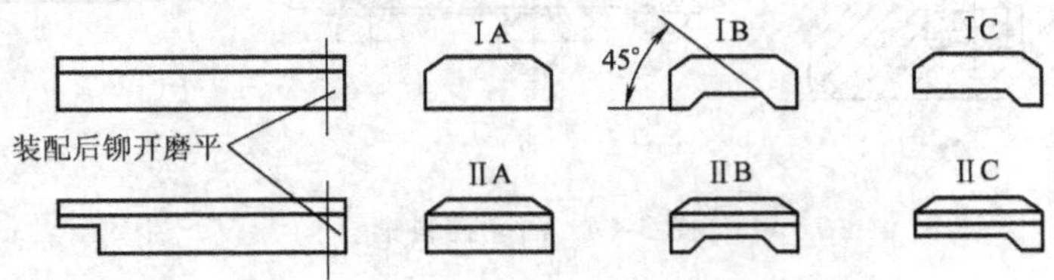

图3-50　侧刃标准结构

按侧刃的工作端面的形状分为平端面（Ⅰ型）和台阶端面（Ⅱ型）两种，如图3-50所示。Ⅱ型多用于冲裁1mm以上厚料，冲裁前凸出部分先进入凹模导向，以改善侧刃在单边受力时的工作条件。

侧刃的数量可以是一个，也可是两个。两个侧刃可以两侧对称布置或两侧对角布置。

5. 导正销

导正销多用于连续模中，装在第二工位后的凸模上。当工件内形与外形的位置精度要求较高时，无论挡料销定距，还是侧刃定距，都不可能满足要求。这时，设置导正销可提高定距精度。冲压时，它先插入前面工序已冲好的孔中，以保证内孔与外形相对位置的精度，消除由于送料而引起的误差。

对于薄料（$t<0.3$mm），导正销插入孔内会使孔边弯曲，不能起到正确的定位作用。此外，孔的直径太小（$d<\phi1.5$mm）时，导正销易折断，也不宜采用。此时可考虑采用侧刀。

导正销的结构形式主要根据孔的尺寸选择，如图3-51所示。导正销的头部由圆锥形（或圆弧形）的导入部分和圆柱形的导正部分组成。导正部分的直径和高度尺寸及公差很重要。

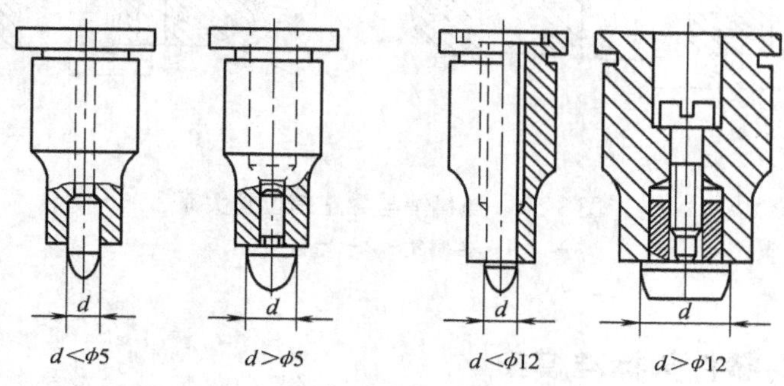

图3-51 导正销结构形式

导正部分的直径比冲孔凸模的直径要小0.04～0.20mm，见表3-18。导正部分的高度一般取$h=(0.5\sim1)t$。

表3-18 双面导正间隙 （单位：mm）

料厚 t	冲孔凸模直径 d						
	$\phi1.5\sim\phi6$	$>\phi6\sim\phi10$	$>\phi10\sim\phi16$	$>\phi16\sim\phi24$	$>\phi24\sim\phi32$	$>\phi32\sim\phi42$	$>\phi42\sim\phi60$
<1.5	0.04	0.06	0.06	0.08	0.09	0.10	0.12
1.5～3	0.05	0.07	0.08	0.10	0.12	0.14	0.16
3～5	0.06	0.08	0.10	0.12	0.16	0.18	0.20

导正销通常与挡料销配合使用（也可以与侧刃配合使用）。导正销与挡料销的位置关系如图3-52所示。

按图3-52a方式定位时：

$$e=\frac{D}{2}+a+\frac{d}{2}+\Delta \tag{3-46}$$

按图3-52b方式定位时：

$$e=\frac{3D}{2}+a-\frac{d}{2}-\Delta \tag{3-47}$$

式中 Δ——导正销往后拉（图 3-52a）或往前推（图 3-52b）时条料的活动余量，可取 0.1mm；

a——搭边值（mm）。

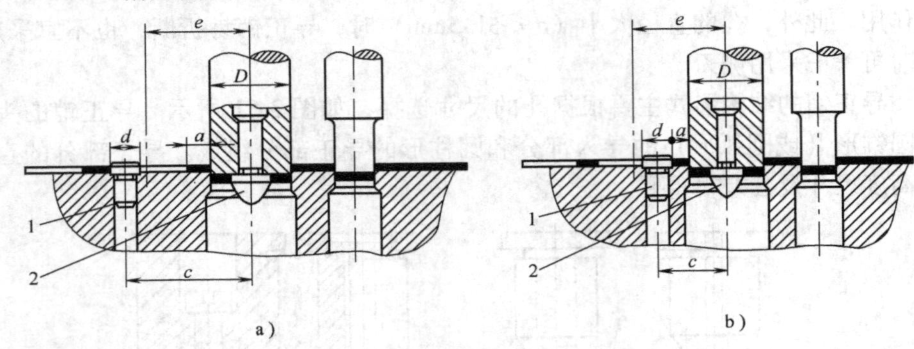

图 3-52　挡料销与导正销位置关系

1—挡料销　2—导料销

3.7.6　导向零件与标准模架

冲压模具设置导向装置可以提高模具精度，减少压力机对模具精度的不良影响，又可节省调整时间，提高工件精度和模具寿命，因此，批量生产用冲压模具广泛采用导向装置。冲压模具常用导向装置除前面介绍的导板导向结构外，主要是导柱、导套导向装置。导柱、导套导向又分滑动导向和滚动导向两种结构形式。

1. 导柱、导套滑动导向装置

常用导柱、导套滑动导向装置的结构形式如图 3-53 所示。其中图 3-53a 所示结构形式比图 3-53b、c 应用广泛，标准模架中导柱、导套均采用图 3-53a 所示结构。按导柱在模架上的固定位置不同，标准导柱模架的基本形式分四种，如图 3-54 所示。

图 3-54a 所示为对角导柱模架。导柱安装在模具中心对称的对角线上，且两导柱的直径不同，以避免上下模位置装错。模架导向平稳，横向、纵向均可送料，在连续模中应用较广。

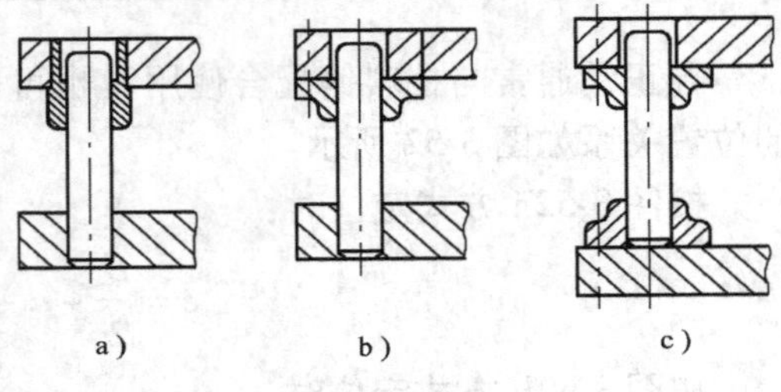

图 3-53　常用导柱、导套滑动导向装置的结构形式

图 3-54b 所示为后侧导柱模架。这种模架前面和左、右不受限制，送料和操作比较方便。但导柱安装在后侧，工作时偏心距会造成导柱、导套单边磨损，一般用在小型冲模中。

图 3-54c、d 所示为中间导柱模架。导柱安装在模具的对称线上，且两导柱的直径不同，以避免上下模左右位置装错而导致啃模，导向平稳、准确，适用于单工序模与工位少的连续模。

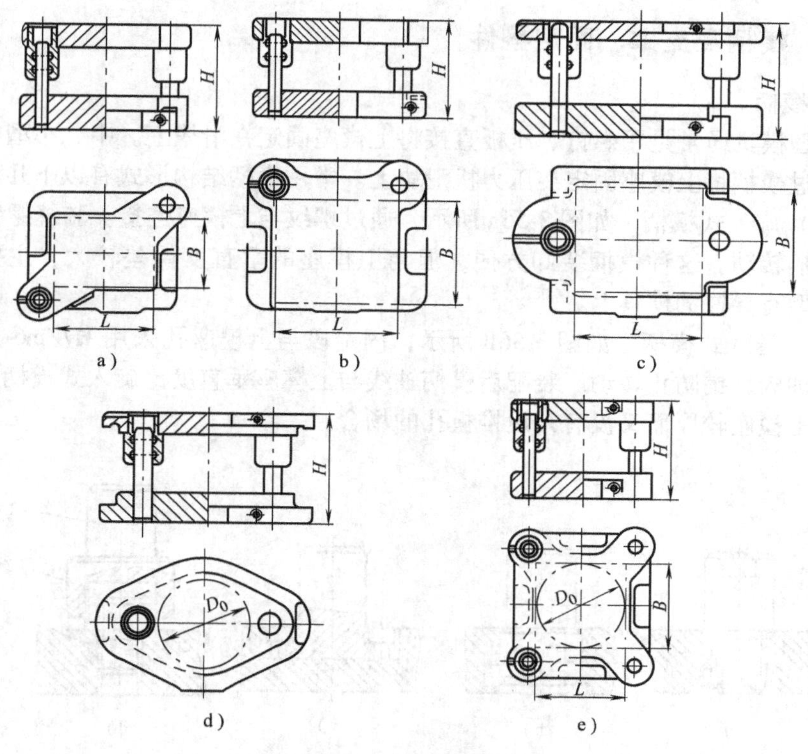

图 3-54 标准导柱模架

图 3-54e 所示为四导柱模架。这种模架具有滑动平稳、导向准确可靠、刚性好等优点。一般用于大型冲模、要求模具刚性与精度都很高的冲裁模、大量生产用的自动冲压模架，以及同时要求模具寿命很高的多工位自动连续模。

对于冲裁 $t<0.2$mm 的薄料或硬质合金模具，不宜采用滑动导向模架，宜用滚动导向。

2. 导柱、导套滚动导向装置

滚动导向装置又称滚珠导向装置（图 3-55），是一种无间隙导向。其导向精度高、寿命长，在高速压力机工作的

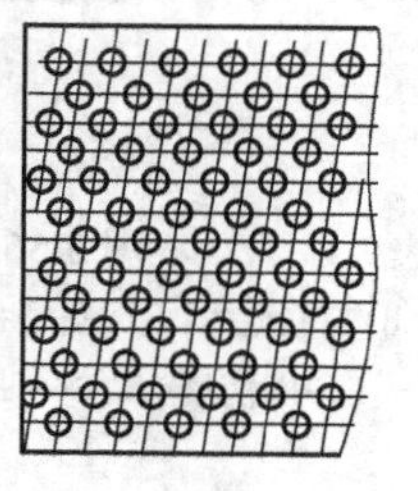

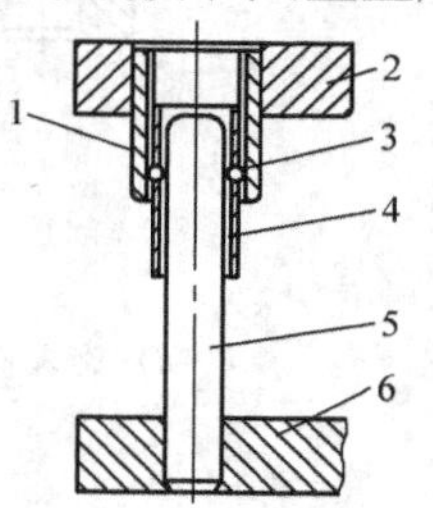

图 3-55 滚珠导向结构和衬套结构

1—导套 2—上模座 3—滚珠 4—滚珠夹持圈 5—导柱 6—下模座

高速冲模、精密冲裁模、硬质合金模和其他精密模具中有广泛应用。在滚珠导向结构中，导柱、导套的布置形式与滑动导向装置相同，有对角导柱、中间斜柱、后侧导柱和四导柱布置形式。

3.7.7 模柄及支撑、固定零件

1. 模柄

大型模具通常是用螺钉、压板直接将上模座固定在滑块上。中、小型模具一般是通过模柄将上模座固定在压力机滑块上。常用模柄结构形式有以下几种：

(1) 旋入式模柄　如图3-56a所示，通过螺纹与上模座连接。骑缝螺钉用于防止模柄转动。这种模柄装卸方便，但与上模座的垂直度误差较大，主要用于中、小型有导柱的模具上。

(2) 压入式模柄　如图3-56b所示，固定段与上模座孔采用H7/m6过渡配合，并加骑缝销防止转动。装配后模柄轴线与上模座垂直度比旋入式模柄好，主要用于上模座较厚而又没有开设推板孔的场合。

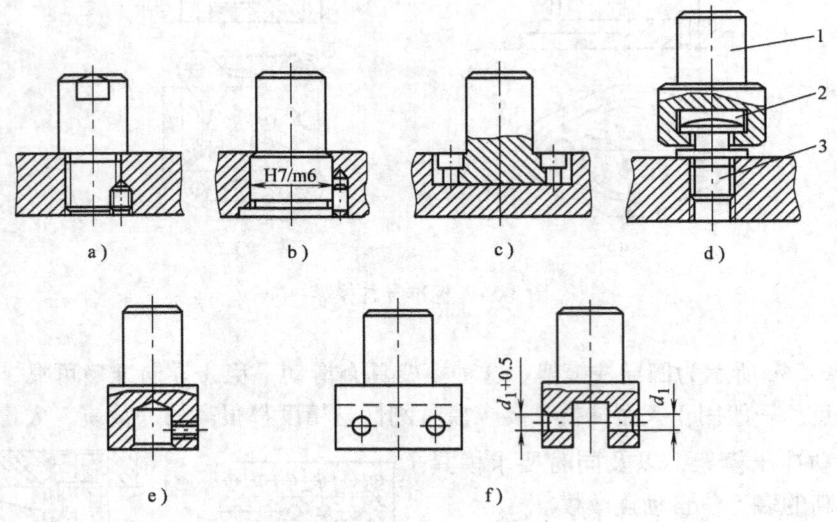

图3-56　模柄类型
a) 旋入式　b) 压入式　c) 凸缘式　d) 浮动式　e) 通用式　f) 槽形式
1—模柄接头　2—凹球面垫块　3—活动模柄

(3) 凸缘模柄　如图3-56c所示，上模座的沉孔与凸缘为H7/h6配合，并用3个或4个内六角螺钉进行固定。由于沉孔底面的表面粗糙度值较高，与上模座的平行度也较差，所以装配后模柄的垂直度远不如压入式模柄。这种模柄的优

点在于凸缘的厚度一般不到模座厚度的一半，凸缘模柄以下的模座部分仍可加工出形孔，以便容纳推件装置的推板。

（4）浮动模柄　如图 3-56d 所示，模柄接头 1 与活动模柄 3 之间加一个凹球面垫块 2。因此，模柄与上模座不是刚性连接，允许模柄在工作过程中产生少许倾斜。采用浮动模柄，可避免压力机滑块由于导向精度不高对模具导向装置产生不利影响，减少模具导向件的磨损，延长使用寿命。浮动模柄主要用于滚动导向模架，在压力机导向精度不高时，选用一级精度滑动导向模架也可采用。但选用浮动模柄的模具必须使用行程可调压力机，保证在工作过程中导柱与导套不脱离。

（5）通用模柄　如图 3-56e 所示，将快换凸模插入模柄下方孔内，配合为 H7/h6，再用螺钉从模柄侧面将其固紧，防止卸料时拔出。根据需要，可更换不同直径的凸模。

（6）槽形模柄　如图 3-56f 所示，槽形模柄便于固定非圆凸模，并使凸模结构简单、容易加工。凸模与模柄槽可取 H7/m6 配合，在侧面打入两个横销，防止拔出。槽形模柄主要用于弯曲模，也可以用于冲非圆孔冲孔模、切断模等。

2. 凸模、凹模固定板

凸模、凹模固定板主要用于小型凸模、凹模或凸凹模等工作零件的固定。固定板的外形与凹模轮廓尺寸基本上一致，厚度取（0.6～0.8）$H_{凹}$，材料可选用 Q235 钢或 45 钢。固定板与凸模、凹模为过渡配合（H7/n6 或 H7/m6），压装后，将凸模端面与固定板一起磨平。浮动凸模与固定板采用间隙配合。

3. 垫板

垫板的作用是承受凸模或凹模的压力，防止过大的冲压力在硬度较低的上、下模座上压出凹坑，影响模具正常工作。拼块凹模与下模座之间也加垫板。垫板的厚度根据压力大小选择，一般取 5～12mm，外形尺寸与固定板相同，材料一般为 45 钢，热处理后硬度为 43～48HRC。

如果模座是用钢板制造的，当凸模截面面积较大时，可以省去垫板。

3.8　精密冲裁

1. 整修

（1）整修原理　整修原理如图 3-57 所示。它是利用整修模沿冲裁件外缘或内孔刮去一层薄薄的切屑，以除去普通冲裁时在断面上留下的塌角、毛面和毛刺等，从而提高冲裁件尺寸精度，并得到光滑而垂直的切断面。整修冲裁件的外形称为外缘整修，整修冲裁件的内孔称为内缘整修。

整修的原理与冲裁完全不同，而与切削加工相似。整修工艺首先要合理确定整修余量，过大或过小的余量都会影响整修后工件的质量，影响模具寿命。总的整修余量大小与冲裁件材料、厚度、外形等有关，也与冲裁件的切断面加工状况有关，即与凸、凹模间隙有关。如整修前采用大间隙冲裁，则为了切去切断面上带锥度的粗糙毛面，整修余量就要大一些；而采用小间隙落料，只是切去二次剪切所形成的中间粗糙区及潜裂纹，并不需要很大的整修余量。

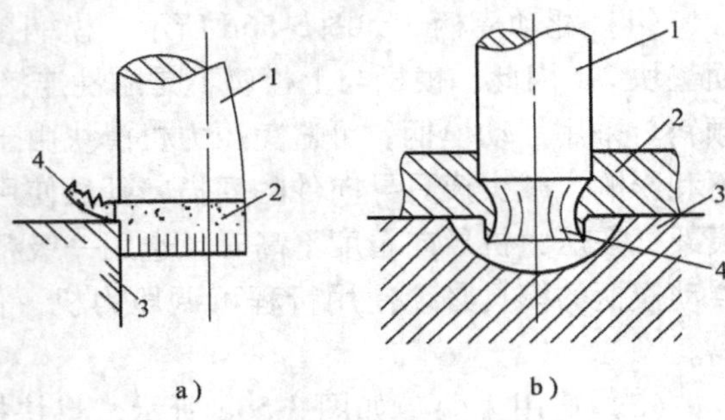

图 3-57　整修原理示意

a）外缘整修　b）内缘整修

1—凸模　2—工件　3—凹模　4—切屑

整修次数与工件的板料厚度及形状有关，尽可能采用一次整修。板料厚度小于 3mm 的外形简单工件，一般只需一次整修。板料厚度大于 3mm 或工件有尖角时，需进行多次整修。

（2）整修模工作部分尺寸计算　整修模工作部分尺寸计算方法与普通冲裁相同，见表 3-19。计算公式中考虑了整修工件在整修后的弹性变形量。外缘整修时，工件略有增大，但刃口锋利的模具增大量很小，一般小于 0.005mm，计算时可以不计入。内缘整修时，孔径回弹变形量大于外缘整修，计算凸模尺寸时应考虑进去。

表 3-19　整修模工作部分尺寸计算

工作部分尺寸	外缘整修	内缘整修
整修凹模尺寸	$D_d=(D_{max}-K\Delta)^{+T_d}_{0}$ $K=0.75, T_d=0.25\Delta$	凹模一般只起支承毛坯的作用，型孔形状及尺寸可不作严格规定
整修凸模尺寸	$D_p=(D_{max}-K\Delta-Z)^{0}_{-T_p}$ $Z=0.01\sim0.025\text{mm}, T_p=0.25\Delta$, $K=0.75$	$d_p=(d_{min}+K\Delta+\varepsilon)^{0}_{-T_p}$ $K=0.75, T_p=0.2\Delta$

注：D_{max}—外缘整修件的最大极限尺寸；

d_{min}—内缘整修件的最小极限尺寸；

Δ—整修件的公差；

ε—整修后孔的收缩量，铝：0.005 ~ 0.01mm，黄铜：0.007 ~ 0.012mm，软钢：0.008 ~ 0.015mm。

2. 带齿圈压板精密冲裁（精冲法）

精密冲裁简称精冲。精冲是在普通冲裁的基础上，采取强力齿圈压边、小间隙等四项工艺措施的一种新的冲压分离加工方法。其工件的断面表面粗糙度、尺寸精度及断面垂直度均比普通冲裁件高很多，达到了一般切削加工的要求，表 3-20 列出了两者的对比。图 3-58 所示为精冲件断面示意图。由于断面毛刺很薄又容易去除，且塌角高度比较小，故通常认为精冲件的断面全为剪切面（塑性分离面）。

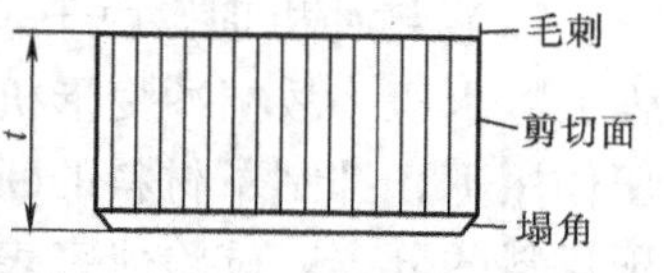

图 3-58　精冲件断面示意图

表 3-20　冲裁件与精冲件比较

名　称	表面粗糙度 $Ra/\mu m$	尺寸精度	断面垂直度	表面平面度	断面组成	获得工件
普通冲裁	可达 3.2	IT9 ~ IT11	差	有弯拱	4 部分	冲裁件
精密冲裁	可达 0.2 ~ 1.6	IT6 ~ IT9	好（89.5°以上）	平整（可直接用于装配）	3 部分，且塌角小，毛刺薄	还能获得成形件（与其他工序复合时）

（1）精冲特点　精冲有如此大的优越性，这主要是精冲的特点所决定的。这些特点表现在精冲时采用了一切可能实现获得压应力的特殊工艺措施，如图 3-59 所示。这些工艺措施有：

1）齿圈压板（或称 V 形环）。精冲的压料板与普通冲裁的压料板不同，它是带有齿圈的，起强烈压边作用，使之造成三向压应力状态，增加了变形区及其邻域的静水压。

齿圈压板是精冲变形中最重要的工艺措施。其 V 形环的角度一般设计成对称 45°；V 形环与刃口边的距离 a（$=0.7t$）及 V 形环的高度 h（$\approx 0.2t$）应随精冲材料的厚度而变化。

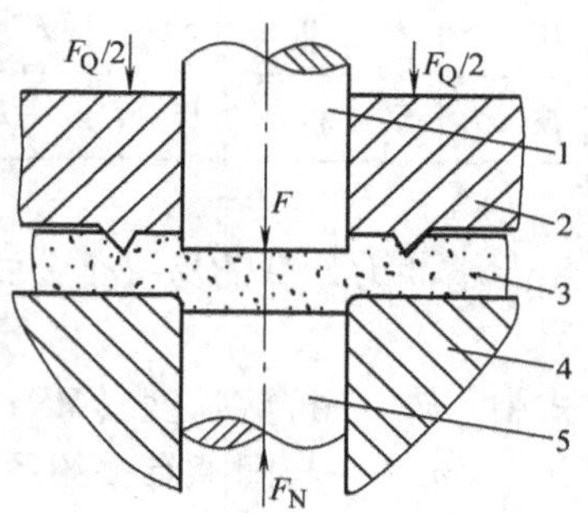

图 3-59　精冲机理
1—凸模　2—齿圈压板　3—板料　4—凹模　5—反顶杆

2）凹模（或冲头）小圆角。普通冲裁时，模具刃口越尖越好；而精冲时，刃尖处有 0.02 ~ 0.2mm 或（1 ~ 2）%t 的小圆角，抑制了剪裂缝的发生，限制了断裂面的形成，且对工件断面的挤光作用更有利。

3）小间隙。间隙（C）越小，冲裁变形区的拉应力越少、压应力的作用越大。通常，精冲的间隙近乎为零，取成 0.01 ~ 0.02mm，对较薄一些的板料也有按 $C=(0.5\sim1.2)\%t$ 取用的。小间隙还使模具对剪切面有挤光作用。

4）反顶力。施加很大的反顶力，很显然能减少材料弯曲，起到增加压应力因素的作用，进一步促使其断裂面减少、剪切光亮面增加，同时，也使工件无弯拱。

（2）精冲机理　由于采用了以上工艺措施，造成了在V形环内精冲材料的强大静水压，故精冲变形机理与普通冲裁是不同的。一般认为，精冲是在高静水压作用下，抑制了材料的断裂，以不出现剪裂缝为冲裁条件而按塑性变形方式实现材料的分离。试验研究表明，精冲过程中，冲头进入材料厚度的80%时，材料仍未分离。有研究指出，精冲变形的最后过程依然是剪裂缝（显微裂缝）发生、发展而发生断裂分离的；但由于厚度已经很小，且又被冲头或凹模挤光，故断面上看不出断裂面。

（3）精冲力　精冲变形所需的总能量比普通冲裁所需能量将近大一倍。但仅用于切离材料的冲裁力并不很大，一般用下面公式进行计算：

$$F=0.9LtR_m=Lt\tau \tag{3-48}$$

式中，各符号意义与普通冲裁相同，见式（3-14）。

精冲除了冲裁力外，还需要很大的压边力、反顶力、卸料力和推件力。这些力的计算公式及与普通冲裁相比较的情况列于表3-21。

表3-21　冲裁与精冲力计算比较

工艺力	精密冲裁	普通冲裁	工艺力	精密冲裁	普通冲裁
冲裁力	$F_1=0.9LtR_m=Lt\tau$	$F_1=0.8LtR_m\approx Lt\tau$	卸料力	$F_4=(0.1\sim0.15)F_1$	$F_4\approx0.03F_1$
压边力	$F_2=(0.3\sim0.5)F_1$	$F_2\approx0$（或$=F_4$）	推件力	$F_5=(0.1\sim0.15)F_1$	$F_5\approx0.1F_1$
反顶力	$F_3=(0.1\sim0.15)F_1$	$F_3\approx0.1F_1$			

精冲力计算的另一个公式，即精冲时的抗剪强度计算公式为

$$\tau=(mt/d+0.75)R_m \tag{3-49}$$

式中　τ——抗剪强度（MPa）；

m——与间隙有关的系数（$2C/t=0.005$ 时，$m=3.0$；$2C/t=0.01$ 时，$m=2.85$）；

t/d——材料的相对厚度；

R_m——抗拉强度（MPa）。

选用设备时，若是选精冲机，则用式（3-48）计算出的力进行选择；如果是选普通压力机，则必须把表3-21中五种工艺力中的前三种力相加后，再去进行选择。

3. 半精密冲裁

（1）小间隙圆角刃口冲裁（又称光洁冲裁）　图3-60所示为小间隙圆角刃口冲裁示意图。凸、凹模间隙很小，双面冲裁间隙一般不超过0.01～0.02mm，并且与板料厚度无关。凸模与凹模一对刃口之一取小圆角刃口，圆

角半径一般取板料厚度的 10%。落料时，凹模刃口为小圆角；冲孔时，凸模刃口为小圆角。

由于采用小间隙圆角刃口冲裁，加强了冲裁变形区的压应力，起到抑制裂纹的作用，改变了普通冲裁条件，因而所得到的工件质量高于普通冲裁件，但低于精冲件。断面表面粗糙度值 Ra 可达 0.4 ~ 1.6μm，工件尺寸精度可达 IT8 ~ IT11。

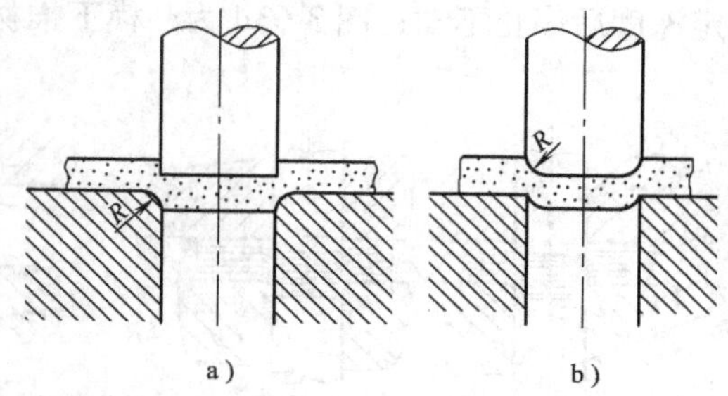

图 3-60　小间隙圆角刃口冲裁示意图
a) 落料　b) 冲孔

小间隙圆角刃口冲裁方法比较简单，冲裁力比普通冲裁约大 50%，但对设备无特殊要求。该冲裁方法适用于塑性较好的材料，如软铝、纯铜、黄铜、05F 和 08F 等软钢。

(2) 负间隙冲裁　图 3-61 所示为负间隙冲裁示意图。负间隙冲裁就是凸模尺寸比凹模大，对于圆形零件，凸模比凹模大 (0.1 ~ 0.2) t(t 为板料厚度)；对于非圆形零件，凸出的角部比内凹的角部差值大。凹模刃口圆角半径可取板料厚度的 5% ~10%，而凸模越锋利越好。为了防止刃口相碰，凸模的工作端面到凹模端面必须保持 0.1 ~0.2mm 的距离。一次冲裁冲件不能全部挤入凹模，而是借助下一次冲裁，将它挤入并推出凹模。

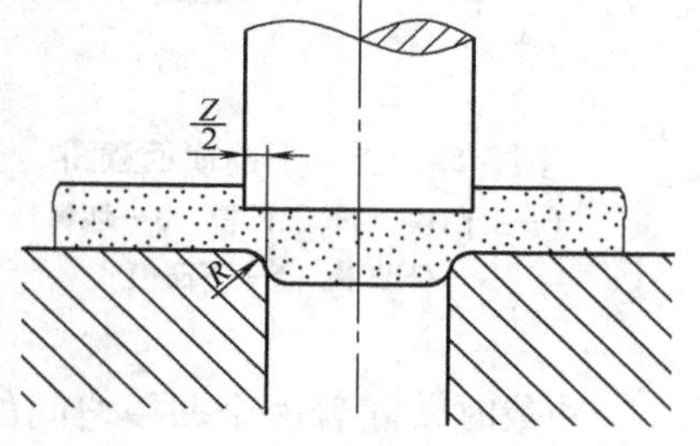

图 3-61　负间隙冲裁示意图

由于采用了负间隙和圆角凹模，大大加强了冲裁变形区的压应力，其冲裁机理实质上与小间隙圆角刃口冲裁相同。工件断面表面粗糙度值 Ra 可达 0.4 ~0.8μm，尺寸精度可达 IT8 ~ IT11。

负间隙冲裁的冲裁力比普通冲裁大得多。冲裁铝件时，冲裁力为普通冲裁的 1.3 ~1.6 倍；冲裁黄铜时，冲裁力则高达普通冲裁的 2.25 ~2.8 倍。该冲裁方法只适用于铝、铜及黄铜、低碳钢等硬度低、塑性很好的材料。即使冲这些材料，凹模的硬度也要很高，且工作表面要抛光到 Ra 达 0.1μm。

(3) 上、下冲裁　图 3-62 所示为上、下冲裁工艺过程示意图，其中图 3-62a 为上、下凹模压紧材料，上凸模开始冲裁；图 3-62b 为上凸模挤入材料深度达 (0.15 ~0.3)t(t 为板料厚度)后停止挤入；图 3-62c 为下凸模向上冲裁，上凸模回升；图 3-62d 为下凸模继续向上冲裁，直至材料分离。

上、下冲裁的变形特点与普通冲裁相似，所不同的是经过上下两次冲裁，获得上下两个光面，光面在整个断面上的比例增加，板厚的中间有毛面，没有毛刺，因而工件的断面质量得到提高。

（4）对向凹模冲裁　图 3-63 所示为对向凹模冲裁工艺过程示意图。图 3-63a 为送料定位；图 3-63b 为带凸台凹模压入材料；图 3-63c 为带凸台凹模下压到一定深度后停止不动；图 3-63d 为凸模下推材料分离。

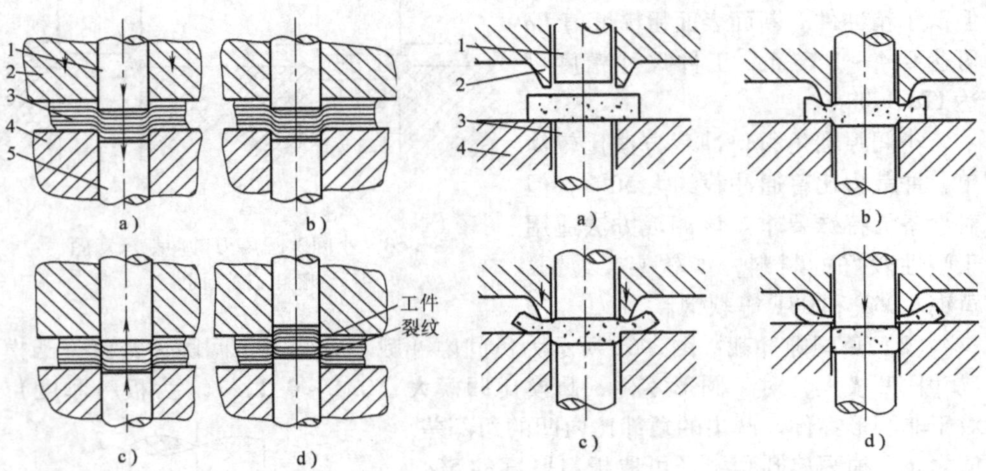

图 3-62　上、下冲裁示意图
1—上凸模　2—上凹模　3—坯料　4—下凹模　5—下凸模

图 3-63　对向凹模冲裁工艺过程示意图
1—凸模　2—带凸台凹模　3—顶杆　4—平凹模

冲裁时，随着两个凹模之间的距离的缩小，一部分材料被挤入到平凹模内，同时也有一部分材料被挤入到带凸台凹模内。因此，在冲完的工件两面都有塌角，而完全没有毛刺。

对向凹模冲裁过程属于整修过程，冲裁力比较小，模具寿命比较高。对高强度的材料、厚板或脆性材料也可以进行冲裁，但需使用专用的三动压力机。

3.9　其他冲裁模

3.9.1　聚氨酯橡胶冲裁模

1. 聚氨酯橡胶冲裁模的特点及应用

聚氨酯橡胶模是利用高强度、硬度、耐磨、耐油、耐老化、抗撕裂性能的聚氨酯橡胶作为冲压模具的工作零件，用以代替普通冲模的钢凸模、凹模或凸凹模进行冲压工作的一种模具。这种模具具有结构简单、制造容易、生产周期短、成本低等优点。最适用于薄板材料的冲裁，同时也可用于弯曲、胀形、拉深及翻边等工艺。缺点是较钢模冲裁力大，冲裁时搭边值较大，生产率不高。

2. 聚氨酯橡胶的选用

由于原料的配比不同，聚氨酯的硬度变化范围比较大，目前国产聚氨酯橡胶的牌号有 8260、8270、8280、8290、8295 等，其邵氏硬度分别为 67A、75A、85A、90A、93A。根据冲压工艺的要求，牌号 8290、8295 主要用于冲裁模；牌号 8260、8270、8280 主要用于各种成形模和弹性元件，其压缩比不能超过 35%。

3. 聚氨酯橡胶冲裁模的设计

用聚氨酯橡胶模冲裁，落料时凹模用聚氨酯，凸模仍用金属材料。冲孔时凸模用聚氨酯，凹模仍用金属材料。

（1）冲裁变形过程　如图 3-64 所示，聚氨酯橡胶冲裁模的冲裁变形过程与一般钢模不同。压力机滑块下行时，装在容框内的聚氨酯橡胶产生弹性变形，以较高的压力迫使被冲材料沿钢质凸模刃口发生弯曲、拉伸等变形，直到材料断裂分离。在冲裁过程中，由于橡胶始终把材料压在钢模上，故冲件平整；同时因为橡胶紧贴着钢模刃口流动，成为无间隙冲裁，所以冲裁件基本无毛刺。

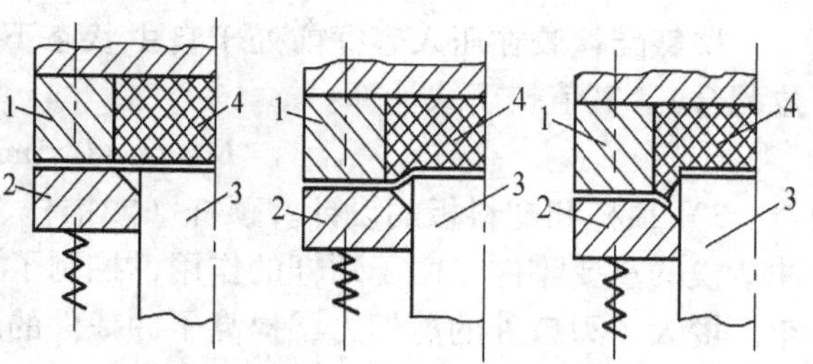

图 3-64　聚氨酯橡胶冲裁过程

1—容框　2—卸料板　3—凸模　4—聚氨酯橡胶

根据聚氨酯橡胶冲裁的特点，冲裁搭边值应比钢模冲裁时大（约为 3 ~ 5mm）。冲孔孔径不能太小，否则所需橡胶的单位面积压力太大，冲裁很困难。

（2）钢质凸、凹模刃口尺寸的计算　聚氨酯冲裁凸、凹模刃口尺寸的计算与普通冲裁有些不同。其落料件外形尺寸决定于钢凸模刃口尺寸，冲孔孔径决定于钢凹模刃口尺寸。设计时可按下式计算：

落料
$$D_p = (D_{max} - x\Delta)_{-\delta_p}^{\ 0} \tag{3-50}$$

冲孔
$$d_d = (d_{min} + x\Delta)_{\ 0}^{+\delta_d} \tag{3-51}$$

式中　D_p——钢凸模的刃口尺寸；

d_d——钢凹模的刃口尺寸；

Δ——冲裁件公差；

δ_p——钢凸模制造公差；

δ_d——钢凹模制造公差；

x——系数，一般为0.5～0.7。

（3）聚氨酯橡胶冲裁模的设计

1）聚氨酯容框的设计。容框内形与钢凸模刃口轮廓相似，但每边比凸模约大0.5～1.5mm。其容框尺寸D_r为

$$D_r = D_p + 2(0.5 \sim 1.5)\text{mm} \tag{3-52}$$

当料厚为0.05mm时，单边间隙取0.5mm；料厚为0.1～1.5mm时，单边间隙取1～1.5mm。

2）聚氨酯橡胶厚度的设计。聚氨酯橡胶的厚度太大时，弹性模量较小，在同样的压缩量情况下所产生的单位面积压力较小，零件不易冲下来；太小时，弹性模量较大，需要的冲裁力大，橡胶的寿命低。橡胶的厚度一般取12～15mm为宜。

聚氨酯橡胶在压入容框前处于自由状态下的尺寸D应比容框尺寸略大（过盈配合）。其值按下式计算：

$$D = D_r + 0.5\text{mm} \tag{3-53}$$

3）顶杆和卸料板的设计。顶杆（或推杆、顶件块）和卸料板是聚氨酯橡胶冲裁模的重要零件。由于顶杆的作用，控制了橡胶的冲压深度，改变了应力的分布，增大了刃口处的剪切力，提高了冲裁件的质量和橡胶的使用寿命。因此，顶杆和卸料板的工作部分应具有合理的结构形式与几何参数。

根据冲孔直径d的大小，顶杆工作部分的形式分为三种，见图3-65中a、b、c型。当$d>5$mm时，选用a型；当2.5mm$\leqslant d \leqslant$5mm时，选用b型；当$d<$2.5mm时，选用c型。

顶杆和卸料板的主要几何参数是端头处的橡胶冲压深度h和倒角a，这两个参数主要决定于板料的厚度，见表3-22。在同一个模具内，为保证橡胶的变形程度一致，保证各刃口剪切力相近，各顶杆与卸料板的橡胶冲压深度h应相等，如图3-65所示。

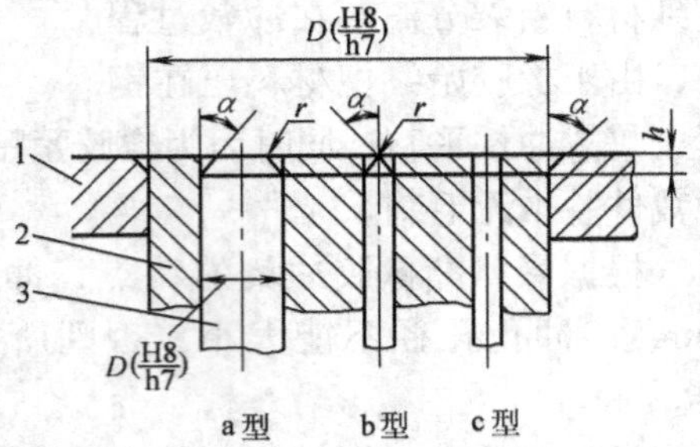

图3-65　顶杆和卸料板的几何参数

1—卸料板　2—凸凹模　3—顶杆

表3-22　顶杆和卸料板的几何参数

料厚 t/mm	h/mm	α/(°)	r/mm
<0.1	0.4～0.6	45～55	0.5
0.1～0.3	0.6～1.0	55～65	0.5
0.3～0.5	1.2	65～70	0.5

4）聚氨酯橡胶冲裁模的典型结构。将聚氨酯容框设置在上模的称上装式结构，设置在下模的称下装式结构。聚氨酯橡胶冲裁可以用于单工序模，也可以用于复合模。图 3-66 所示的聚氨酯复合冲裁模，在冲裁时顶杆端头橡胶的冲压深度是固定的，冲裁结束后按下顶出机构 7 将凸凹模孔内废料顶出。

3.9.2　硬质合金冲裁模

硬质合金冲裁模是指以硬质合金作为凸模和凹模材料的冲裁模。用硬质合金作凸模和凹模材料，可大幅度提高模具寿命。目前大批量生产用的冲模越来越多地采用硬质合金制造。

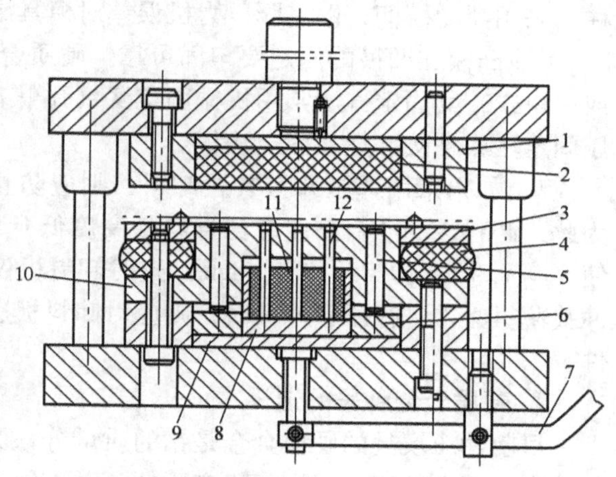

图 3-66　聚氨酯橡胶复合冲裁模的典型结构
1—容框　2—聚氨酯橡胶　3—卸料板　4—卸料橡胶　5、12—顶杆　6、8—限位器　7—顶出机构　9—顶板　10—凸凹模　11—环氧树脂顶杆固定板

由于硬质合金具有硬度高、耐磨性好、抗压强度高、弹性模量大等特点，因此硬质合金模具寿命比一般合金钢模具寿命可提高 20 ~ 30 倍。虽然模具成本会比钢模高出 3 ~ 4 倍，但在大量生产中仍然可以取得显著的综合经济效果。

由于硬质合金具有抗弯强度低、韧性差的弱点，所以在设计硬质合金模时，必须采取相应措施，才能达到高寿命的效果。

1. 硬质合金模具特点及设计

1）由于硬质合金承受弯曲载荷的能力差，因此，在排样时应尽量避免凸模和凹模单边受力，如图 3-67 所示。采用图 3-67b 的排样方法，可避免凸模和凹模的单边受力。

2）搭边比一般冲裁大，并大于料厚。应防止搭边过小冲裁时挤入凹模而损坏模具。

3）间隙可适当增大，以减小凸模和凹模刃口碰撞而损坏的可能性。由于硬质合金不易磨损，在新制造模具时即使间隙做得大一些，也不会影响它

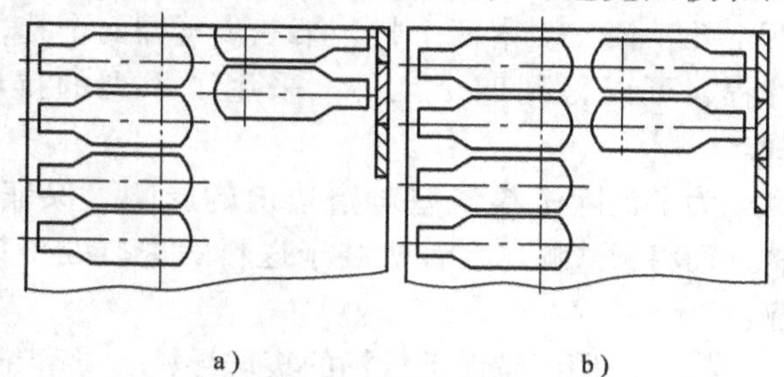

图 3-67　避免凸模和凹模单边受力的排样方法
a）不正确　b）正确

的寿命。如冲硅钢板时，Z 可取(12% ~15%) t。凸模进入凹模的深度尽量浅，一般应控制在0.1mm左右，为此，可在模具上设置限位柱。

4）模架应有足够的刚性，模具上各零件应与高寿命的凸模和凹模相适应。如上、下模座宜用中碳钢制成，并要加厚（为一般模具厚度的1.5倍），凸模和凹模后面的垫板也要加厚并淬火，导料板、卸料板等都要淬火。

5）模架的导向必须可靠，而且要有高精度与高寿命。常采用滚珠导向的模架和可换导柱。小零件可用中间或对角导柱模架，大型或复杂工件常用四个导柱。采用浮动模柄，以克服压力机误差对模具导向的影响。

6）凸模和凹模的固定要牢固可靠。硬质合金凸模和凹模的结构可采用整体或拼块式，其固定方法常用机械固定法（用螺钉或压板固定）、冷压固定法、热压固定法或粘接、焊接固定法等。

7）如果采用弹压卸料装置卸料，则应防止卸料板对硬质合金凹模的冲击。为此，卸料板的凸台高度应比导料板高度低0.05~0.1mm。如在图3-68中，应使 $h_2 = h_1 + t + (0.05 \sim 0.1)$ mm。这时卸料板仅起卸料作用而不起压料作用。如冲裁薄料必须进行压紧冲裁时，则应对卸料板进行可靠导向，以使其均匀压紧工件。

2. 硬质合金牌号的选择

目前冲压模具的硬质合金是钴的质量分数为8% ~30%的钨钴类合金。钴含量越多，韧性越好，但硬度略有降低。对于硬质合金冲裁模，常采用韧性较好的YG15、YG20、YG25。

3. 硬质合金冲裁模结构举例

图3-68所示为冲制垫圈的硬质合金连续冲裁模。这副模具采用整体的硬质合金凸模和凹模结构，落料凸模1及侧刃4压入固定板2之后，再用螺钉吊装固定。冲孔凸模3具有台肩，直接压入固定板内。凹模压入固定板6之后，再以导料板5将其压紧在垫板上。

从图3-68中排样图可以看出，连续模采用交错的双侧刃定距，第一步冲两个孔，第二步落两个料，第三步再冲两个孔，第四步再落两个料，以后每次冲程，可以得到四个工件。采用了平列的排样方法，避免了凸模的单边冲裁。

为了消除送料误差对搭边值的影响，保证条料紧靠左边导料板5正确送料，而将板式侧压装置7装于送料的进口处，其侧压力较大而且均匀，使用可靠。

模架采用了带浮动模柄的滚珠导柱、导套结构。导柱用带锥度的镶套结构，使上、下模的导向稳定可靠，磨损以后可以更换。

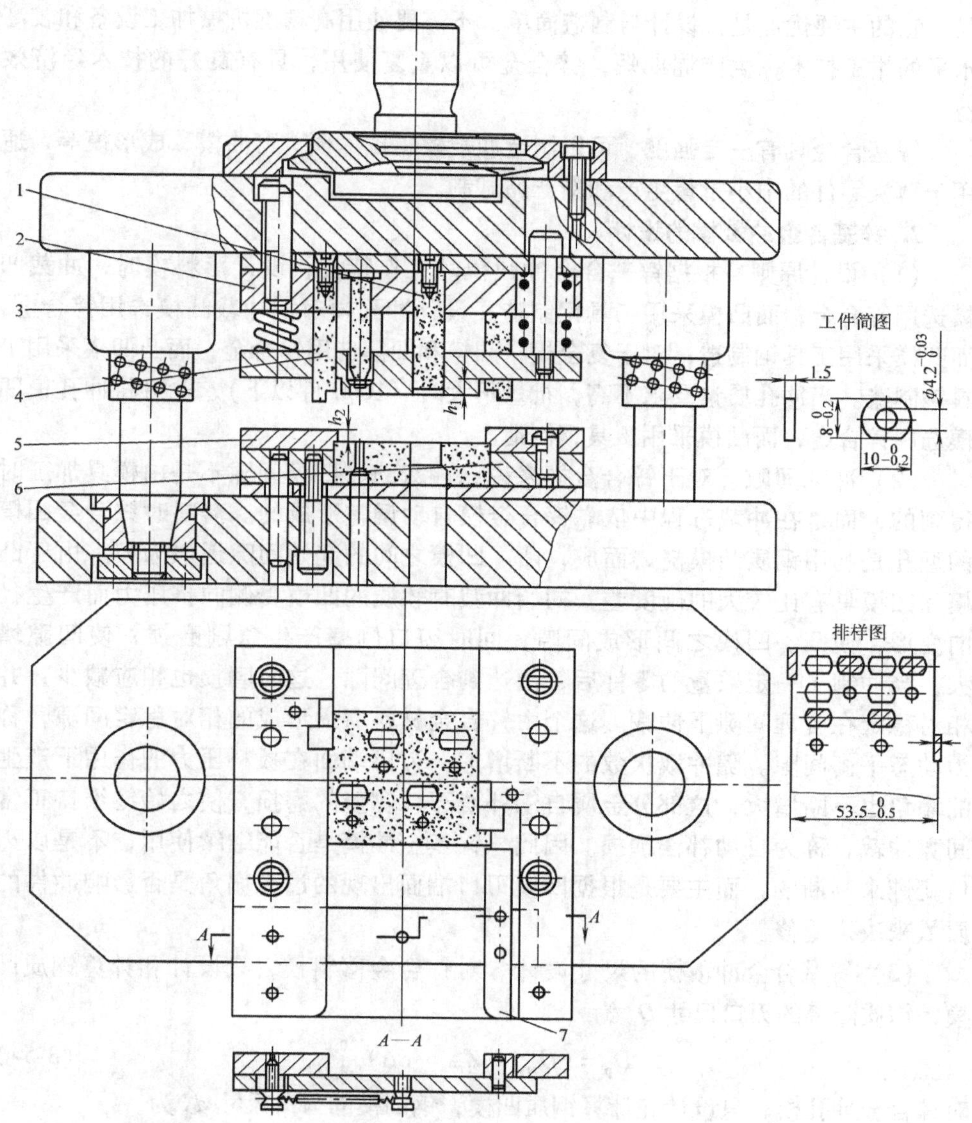

图 3-68 硬质合金连续冲裁模

1—落料凸模 2、6—固定板 3—冲孔凸模 4—侧刃 5—导料板 7—侧压装置

3.9.3 锌基合金冲裁模

1. 锌基合金冲裁模的特点及应用

锌基合金冲裁模是以锌基合金材料制作冲模工作部分等零件的一种简易模

具。它的主要优点是：设计与制造简单，不需要使用高精度机械加工设备和较高水平的钳工技术，生产周期短，锌合金可以重复使用，具有良好的技术经济效益。

锌基合金具有一定强度，可以制造冲裁模、拉深模、弯曲模、成形模等，适用于薄板零件的中小批量生产和新产品试制。

2. 锌基合金冲裁模的设计

（1）设计原则　根据锌基合金冲裁模的工作特性，设计落料模时，冲裁凹模选用锌合金，而凸模采用工具钢制造；设计冲孔模时，冲裁凸模选用锌合金，而凹模采用工具钢制造；对于复合模，凸模和凹模选用锌合金，而凸凹模采用工具钢制造。当冲孔质量要求不高，批量不大时（1000 件以下），也可将冲孔模凹模选用锌合金，而凸模采用工具钢制造。

（2）冲裁间隙　对于锌合金模来说，冲裁凸、凹模间隙不是由模具加工时得到的，而是在冲裁过程中依靠锌合金模自动调整形成的。落料时锌合金凹模的型孔是利用钢质凸模浇铸而成，凸、凹模之间的起始间隙近似为零。由于凸模和凹模具有比较大的硬度差，初始冲裁时软质的凹模受侧向挤压力而产生径向变形，使凸、凹模之间形成间隙，同时刃口侧壁产生急剧磨损，使间隙增大，当冲制了一定数量的零件后，便达到合理间隙。这时磨损也相应减少，并相对稳定在合理间隙下冲裁。这个由锌合金材料磨损形成的相对稳定间隙，称为动态平衡间隙。随冲裁次数的不断增加，刃口端面在板料压力的作用下产生的塌角也不断增大，这部分金属自动补偿刃口侧壁的磨损，使之始终维持正常间隙冲裁，称为自动补偿磨损。因此，锌基金冲模是否能继续使用，不是以刃口变钝来判断的，而主要是根据凹模刃口端面出现的过大塌角是否影响冲件的质量来决定重修。

（3）锌基合金冲裁模的尺寸设计　对锌合金落料模，只设计和计算钢质凸模，钢质凸模的刃口尺寸 D_p 为

$$D_p = (D_{max} - Z_{min} - x\Delta)_{-\delta_p}^{0} \tag{3-54}$$

对锌合金冲孔模，只设计和计算钢质凹模，钢凹模的刃口尺寸 d_d 为

$$d_d = (d_{min} + Z_{min} + x\Delta)_{0}^{+\delta_d} \tag{3-55}$$

两式中　D_{max}——落料件最大极限尺寸；

d_{min}——冲孔件孔的最小极限尺寸；

Z_{min}——最小双边合理间隙，可按钢模冲裁间隙选取；

Δ——制件公差；

x——系数（零件精度为 IT11 ~ IT13 时，取 $x=0.75$；零件精度在 IT14 以下时取 $x=0.5$）；

δ_p——钢凸模制造精度，可按 IT6 选用；

δ_d——钢凹模制造精度，可按 IT7 选用。

3.9.4　非金属材料冲裁模

非金属材料的种类很多，按性质可分为两大类：一种是纤维或弹性的软质材料，如纸板、皮革、毛毡、橡胶、聚乙烯、聚氯乙烯等；另一类是脆性的硬质材料，如云母、酚醛纸胶板、布基酚醛层压板等。两类非金属材料的性质有很大差别，因此所采用的冲裁方法也不相同。

1. 软质非金属材料的冲裁及冲裁模

对于软质的纸板、皮革、石棉及橡胶等软质非金属材料，即使采用冲金属板的精密冲裁方法，也不能获得具有光面的断面。在生产中，对这类材料都是采用尖刃剁切法，可以得到光滑、整齐的断面。图 3-69 所示为圆垫圈尖刃冲裁模，冲孔与落料一次完成。尖刃剁切时，冲孔只需用凸模，落料只需用凹模，冲裁前需将被冲材料置于平整的硬木板或塑料板上。由于尖刃很容易被损坏，为了延长其使用寿命，所以木板的上下面应尽量平行。冲裁时，刃口切入木板不要过深，以能将材料切断为限度。木板还要经常移动位置，整块木块压痕过多时，要将木板重新刨平后使用。

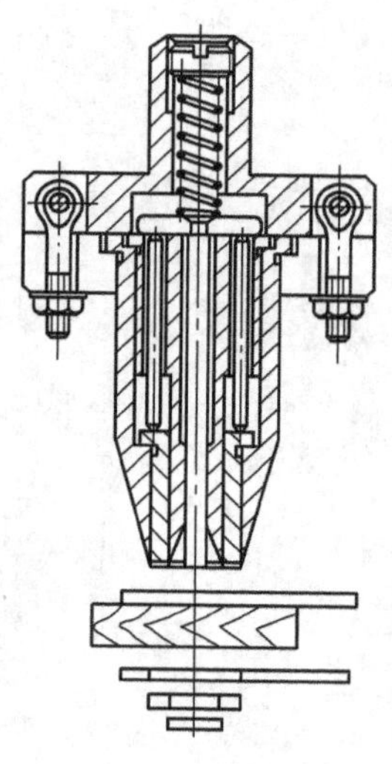

图 3-69　非金属垫圈冲裁模

尖刃结构形式主要有两种，如图 3-70 所示，其中图 3-70a 用于冲孔，图 3-70b 用于落料。尖刃斜角 α 可参考表 3-23 选取。

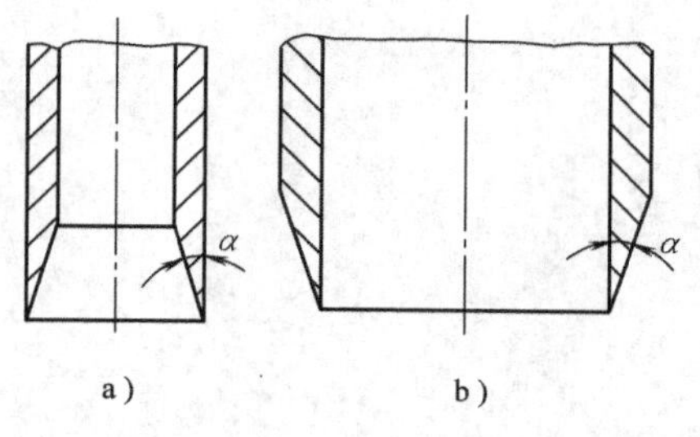

图 3-70　尖刃口结构形式

表 3-23　尖刃斜角 α

材料名称	α/(°)
烘热的硬化橡胶板	8 ~ 12
皮革、毛毡、棉布纺织品	10 ~ 15
纸、纸板、马粪纸	15 ~ 20
石棉	20 ~ 25
纤维板	25 ~ 30
红纸板、纸胶板、布胶板	30 ~ 40

如果工件形状复杂，仍采用普通冲裁模。

2. 脆性和硬质非金属材料的冲裁及冲裁模

硬和脆的非金属材料，如云母、酚醛纸胶板、布基酚醛层压板等通常采用普通冲裁模冲裁。形状复杂的和板料厚度较大的零件，还应进行预热后冲裁。为了保证冲裁件的断面质量，应适当增加压料力，冲裁间隙比金属材料的小。

非金属材料冲裁模的凸、凹模刃口尺寸计算方法与金属材料冲裁模的凸、凹模刃口尺寸计算方法相似。但必须注意两点：一是非金属材料冲裁后弹性恢复量一般都比较大；二是如果预热冲裁，温度降低后工件会收缩。非金属材料冲裁模的凸、凹模刃口尺寸计算公式可参考有关设计资料。

第4章　弯曲工艺及模具设计

弯曲是将板料、棒料、管材和型材弯曲成一定角度和形状的冲压成形工序。它是冲压基本工序之一，在冲压生产中占有很大比重。采用弯曲成形的零件种类繁多，常见的如汽车大梁、自行车车把、门窗铰链、各种电器零件的支架等。

4.1　弯曲方法及其变形分析

1. 弯曲方法

弯曲件的形状很多，有V形件、U形件、Z形件、O形件及其他形状的零件。弯曲方法根据所用的设备及模具的不同，可分为在压力机上利用模具进行的压弯、折弯机上的折弯、拉弯机上的拉弯、辊弯机上的辊弯，以及辊压成形（辊形）等，如图4-1所示。

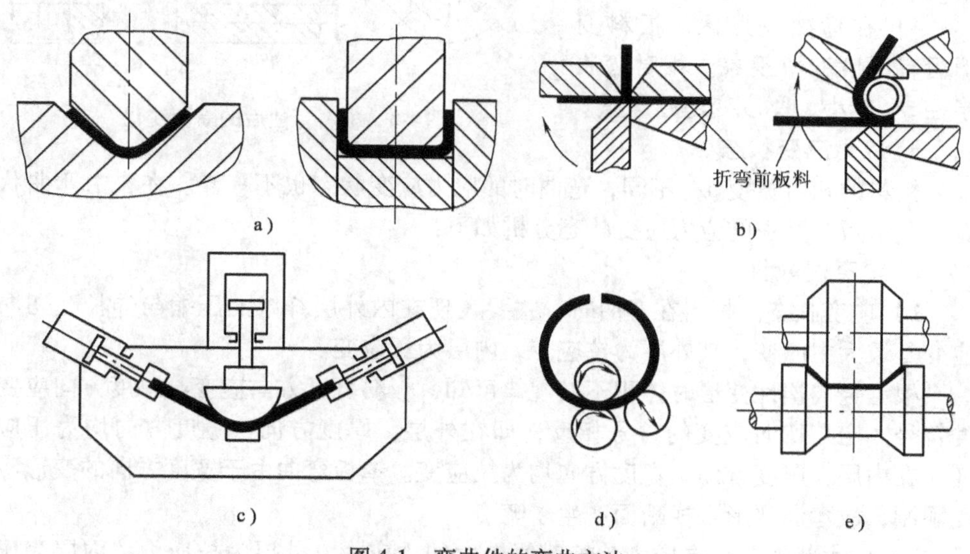

图4-1　弯曲件的弯曲方法

a）压弯　b）折弯　c）拉弯　d）辊弯　e）辊形

尽管各种弯曲方法不同，但它们的弯曲过程及变形特点都具有共同的规律。本章主要介绍在压力机上进行的压弯。

2. 弯曲变形特征

为了研究弯曲变形的特征，可在板料侧面刻出正方形网格，观察弯曲前后网格及断面形态的变化情况，从而分析出板料的受力情况。从图 4-2 可以看出：

1）弯曲件圆角部分的正方形网格变成了扇形，而远离圆角的两直边处的网格没有变化，靠近圆角处的直边网格有少量变化。由此说明：弯曲变形区主要在圆角部分，靠近圆角的直边仅有少量变形，远离圆角的直边不产生变形。

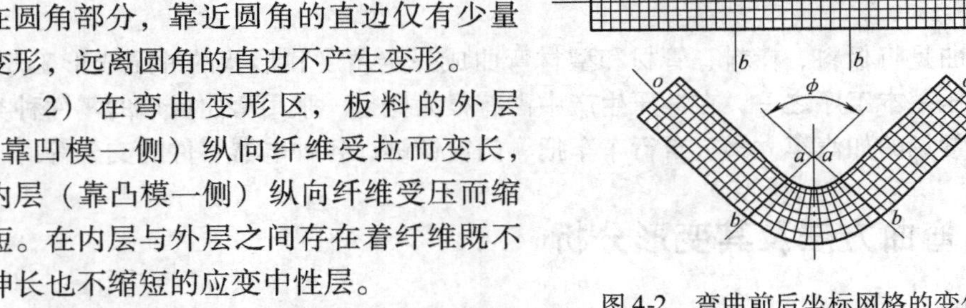

图 4-2　弯曲前后坐标网格的变化

2）在弯曲变形区，板料的外层（靠凹模一侧）纵向纤维受拉而变长，内层（靠凸模一侧）纵向纤维受压而缩短。在内层与外层之间存在着纤维既不伸长也不缩短的应变中性层。

3）变形区内板料横截面的变化情况则根据板料的宽度不同有所不同，如图 4-3 所示。宽板（板宽与板厚之比 $b/t>3$）弯曲时，弯曲前后的横截面几乎不变；窄板（板宽与板厚之比 $b/t\leqslant3$）弯曲时，弯曲后的横截面变成了扇形。

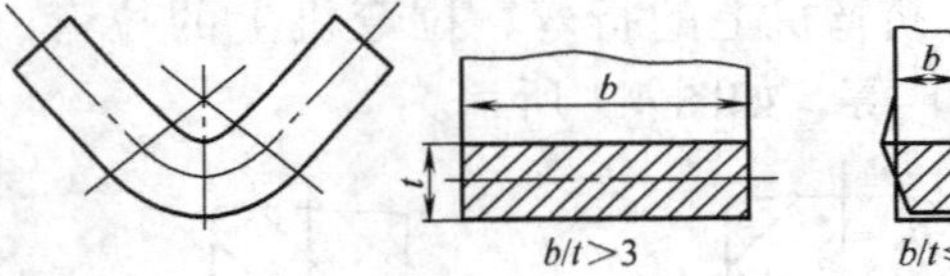

图 4-3　板料弯曲后的断面变化

4）在弯曲变形区，板料变形后有厚度变薄现象。相对弯曲半径 r/t 越小，厚度变薄越严重。

3. 应力应变状态

板料的相对宽度 b/t 不同，弯曲时的应力应变状态也不一样。在自由弯曲状态下，窄板与宽板的应力应变状态分析如下：

（1）窄板弯曲

1）应变状态。板料在弯曲时，主要表现在内外层纤维的压缩与伸长，切向应变是最大主应变，其外层为拉应变，内层为压应变。

根据金属塑性变形时体积不变规律可知，板料宽度方向应变与厚度方向应变的符号一定与切向应变的符号相反，即在外层，厚度方向、宽度方向均为压应变；在内层，厚度方向、宽度方向均为拉应变。窄板弯曲由于宽度方向的变形不受限制，故弯曲变形区横断面产生了畸变。

2）应力状态。切向应力为绝对值最大的主应力，外层为拉应力，内层为压应力。在厚度方向，由于弯曲时纤维之间的相互压缩，导致内外层均为压应力。宽度方向由于材料可以自由变形，不受阻碍，故可以认为内外层的应力均为零。

由此可见，窄板弯曲时是立体应变状态、平面应力状态。

（2）宽板弯曲

1）应变状态。宽板弯曲时，切向与厚度方向的应变状态与窄板相同。宽度方向由于材料流动受限，几乎不产生变形，故内外层在宽度方向的应变均为零。

2）应力状态。切向与厚度方向的应力状态也与窄板相同。在宽度方向，由于材料不能自由变形，故内层产生压应力，外层产生拉应力。

由此可见，宽板弯曲时是平面应变状态、立体应力状态。

上述结论可归纳成表 4-1。

表 4-1　弯曲时的应力应变图

内外侧	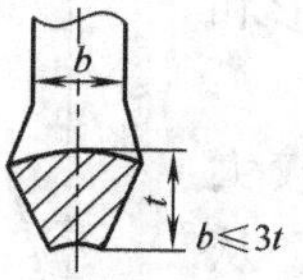 b　t　$b\leqslant 3t$	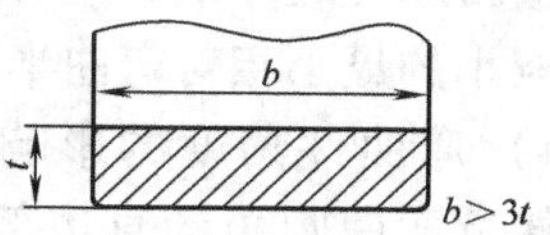 b　t　$b>3t$
内侧	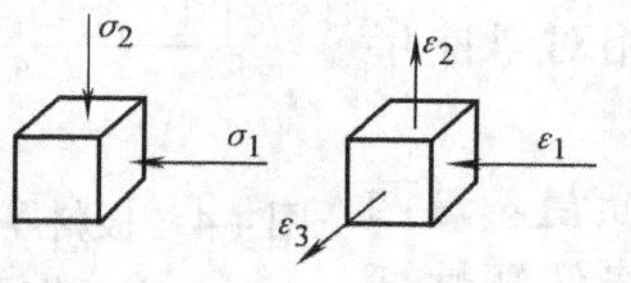 σ_2　σ_1　ε_2　ε_1　ε_3	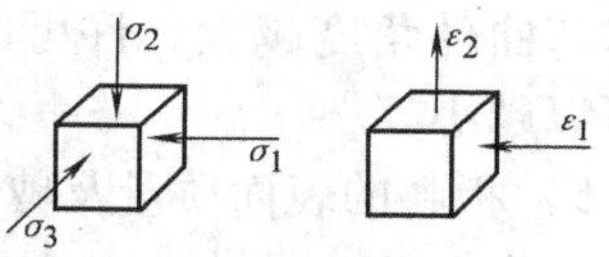 σ_2　σ_1　σ_3　ε_2　ε_1
外侧	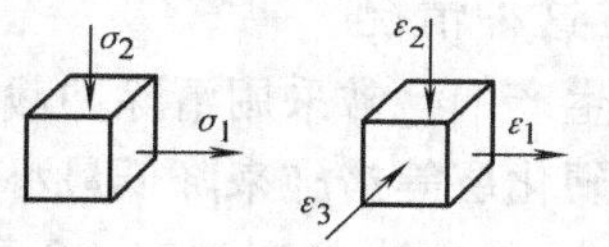 σ_2　σ_1　ε_2　ε_1　ε_3	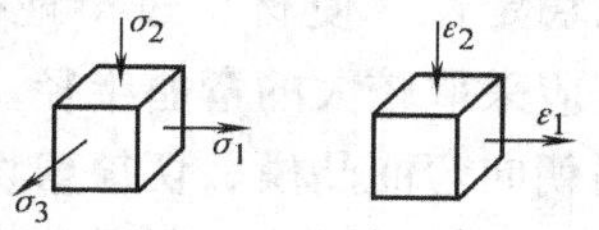 σ_2　σ_1　σ_3　ε_2　ε_1

4. 质量分析

（1）弯裂　在弯曲过程中，弯曲件的外层受到拉应力。弯曲半径越小，拉应力越大。当弯曲半径小到一定程度时，弯曲件的外表面将超过材料的最大许可变形程度而出现开裂，形成废品，这种现象称为弯裂。通常将不致使材料弯曲时发生开裂的最小弯曲半径的极限值称为材料的最小弯曲半径，将最小弯曲半径 $r_{\min}$ 与板料厚度 t 之比称为最小相对弯曲半径（也称最小弯曲系数）。不同材料在弯曲时都有最小弯曲半径，一般情况下，不应使零件的圆角半径等于最小弯曲半径，应尽量取得大些。

影响最小相对弯曲半径的因素主要有以下几点：

1）材料的力学性能。材料的塑性越好，其外层允许的变形程度就越大，许可的最小相对弯曲半径也越小。因此，在生产中常用热处理的方法来提高冷作硬化材料的塑性，以减小其许可的最小相对弯曲半径，从而增大弯曲程度。

2）板料的轧制方向与弯曲线之间的关系。冲压用的板料多为冷轧金属，且呈纤维状组织，在横向、纵向和厚度方向都存在力学性能的异向性。因此，当弯曲线与纤维方向垂直时，材料具有较大的抗拉强度，外缘纤维不易破裂，可用较小的相对弯曲半径；当弯曲线与纤维方向平行时，则由于抗拉强度较差而外层纤维容易破裂，允许的最小相对弯曲半径值就要大些。

3）板料的宽度与厚度。宽板弯曲与窄板弯曲时，其应力应变状态不一样。板料越宽，最小弯曲半径值越大。弯曲件的相对宽度 b/t 较小时，对最小相对弯曲半径 r_{min}/t 的影响较为明显，相对宽度 $b/t>10$ 时，其影响变小。

板料厚度较小时，可以获得较大的变形和采用较小的最小相对弯曲半径（图4-4）。

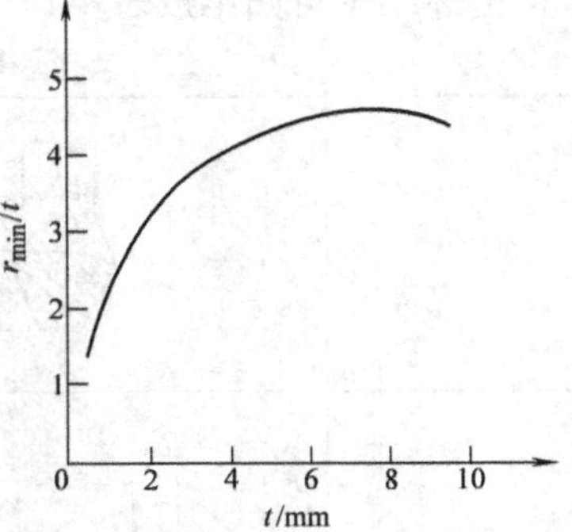

图4-4 板料厚度对最小相对弯曲半径的影响

4）弯曲件角度的影响。弯曲件角度较大时，接近弯曲圆角的直边部分也参与变形，从而使弯曲圆角处的变形得到一定程度的减轻。所以弯曲件角度越大，许可的最小相对弯曲半径可以越小。

5）板料的表面质量及剪切断面质量。这两个质量指标差，易造成应力集中和降低塑性变形的稳定性，使材料过早地破坏，在这种情况下，应采取较大的弯曲半径。在实际生产中，常采用清除冲裁毛刺、把有毛刺的表面朝向弯曲凸模、切掉剪切表面的硬化层等措施来降低最小相对弯曲半径。

最小相对弯曲半径的数值一般由试验方法确定，表4-2所示为最小弯曲半径。

表4-2 最小弯曲半径

材料	退火或正火		冷作硬化	
	弯曲线位置			
	垂直于纤维	平行于纤维	垂直于纤维	平行于纤维
08、10	0.1t	0.4t	0.4t	0.8t
15、20	0.1t	0.5t	0.5t	1.0t
25、30	0.2t	0.6t	0.6t	1.2t
35、40	0.3t	0.8t	0.8t	1.5t
45、50	0.5t	1.0t	1.0t	1.7t
55、60	0.7t	1.3t	1.3t	2t
65Mn、T7	1t	2t	2t	3t
06Cr19Ni10	1t	2t	3t	4t
软杜拉铝	1t	1.5t	1.5t	2.5t
硬杜拉铝	2t	3t	3t	4t
磷铜	—	—	1t	3t
半硬黄铜	0.1t	0.35t	0.5t	1.2t

（续）

材　　料	退火或正火		冷作硬化	
	弯曲线位置			
	垂直于纤维	平行于纤维	垂直于纤维	平行于纤维
软黄铜	$0.1t$	$0.35t$	$0.35t$	$0.8t$
纯铜	$0.1t$	$0.35t$	$1t$	$2t$
铝	$0.1t$	$0.35t$	$0.5t$	$1t$
镁合金	加热到300~400°C		冷弯	
M2M	$2t$	$3t$	$6t$	$8t$
ME20M	$1.5t$	$2t$	$5t$	$6t$
钛合金TB5	$3t$	$4t$	$5t$	$6t$
钼合金 $t\leqslant 2$mm	加热到400~500°C		冷弯	
	$2t$	$3t$	$4t$	$5t$

注：表中所列数据用于弯曲件圆角圆弧所对应的圆心角大于90°、断面质量良好的情况。

（2）回弹　金属板料在塑性弯曲时，总是伴随着弹性变形。当弯曲变形结束、载荷去除后，由于弹性恢复，使制件的弯曲角度和弯曲半径发生变化而与模具的形状不一致，这种现象称为回弹。

1）回弹方式。弯曲件的回弹表现为弯曲半径的回弹和弯曲角度的回弹，如图4-5所示。

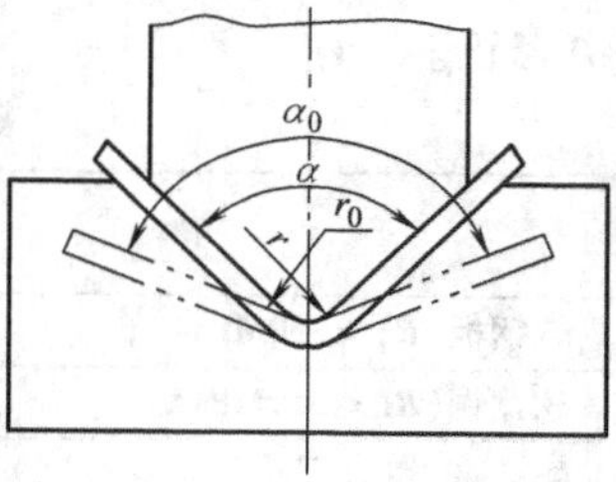

弯曲半径的回弹值是指弯曲件回弹前后弯曲半径的变化值，即 $\Delta r = r_0 - r$。

弯曲角的回弹值是指弯曲件回弹前后角度的变化值，即 $\Delta\alpha = \alpha_0 - \alpha$。

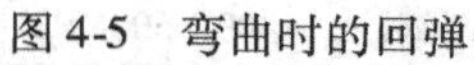

图4-5　弯曲时的回弹

2）回弹值的确定。由于影响回弹值的因素很多，因此要在理论上计算回弹值是有困难的。模具设计时，通常按试验总结的数据来选用，经试冲后再对模具工作部分加以修正。

①相对弯曲半径较大的工件。当相对弯曲半径较大（$r/t>10$）时，不仅弯曲件角度回弹大，而且弯曲半径也有较大变化。这时，可按下列公式计算出回弹值，然后在试模中再进行修正。

弯曲板料时：

凸模圆角半径

$$r_{凸} = \frac{1}{\dfrac{1}{r} + \dfrac{3R_{eL}}{Et}} \tag{4-1}$$

弯曲凸模角度

$$\alpha_{凸} = \alpha - (180° - \alpha)\left(\frac{r}{r_{凸}} - 1\right) \tag{4-2}$$

式中 $r_{凸}$——凸模的圆角半径（mm）；

r——工件的圆角半径（mm）；

α——弯曲件的角度（°）；

$\alpha_{凸}$——弯曲凸模角度（°）；

t——材料厚度（mm）；

E——材料的弹性模量（MPa）；

R_{eL}——材料的下屈服强度（MPa）。

弯曲圆形截面棒料时：

凸模圆角半径

$$r_{凸}=\frac{1}{\frac{1}{r}+\frac{3.4R_{eL}}{Ed}} \tag{4-3}$$

式中 d——圆杆件直径（mm）。其余符号同前。

②相对弯曲半径较小的工件。当相对弯曲半径较小（$r/t<5$）时，弯曲后，弯曲半径变化不大，可只考虑角度的回弹，其值可查表4-3～表4-5，再在试模中修正。

表4-3 90°单角自由弯曲时的回弹角

材料	r/t	材料厚度 t/mm		
		<0.8	0.8～2	>2
软钢板（R_m=350MPa）	<1	4°	2°	0°
软黄铜（R_m≤350MPa）	1～5	5°	3°	1°
铝、锌	>5	6°	4°	2°
中硬钢（R_m=400～500MPa）	<1	5°	3°	0°
硬黄铜（R_m=350～400MPa）	1～5	6°	5°	1°
硬青铜	>5	8°		3°
硬钢（R_m≥550MPa）	<1	7°	4°	2°
	1～5	9°	5°	3°
	>5	12°	7°	6°
30CrMnSiA	<2	2°	2°	2°
	2～5	4°30′	4°30′	4°30′
	>5	8°	8°	8°
硬铝2A12	<2	2°	3°	4°30′
	2～5	4°	6°	8°30′
	>5	6°30′	10°	14°
超硬铝7A04	<2	2°30′	5°	8°
	2～5	4°	8°	11°30′
	>5	7°	12°	19°

表 4-4 单角 90°校正弯曲时的回弹角

材 料	r/t		
	≤1	1 ~ 2	2 ~ 3
Q215、Q235	1° ~ 1°30′	0° ~ 2°	1°30′ ~ 2°30′
纯铜、铝、黄铜	0° ~ 1°30′	0° ~ 3°	2° ~ 4°

表 4-5 U 形件弯曲时的回弹角 $\Delta\alpha$

材料的牌号与状态	r/t	凹模与凸模的单边间隙 Z						
		0.8t	0.9t	1t	1.1t	1.2t	1.3t	1.4t
		回弹角 $\Delta\alpha$						
2A12Y	2	−2°	0°	2°30′	5°	7°30′	10°	12°
	3	−1°	1°30′	4°	6°30′	9°30′	12°	14°
		0°	3°	5°30′	8°30′	11°30′	14°	16°30′
	5	1°	4°	7°	10°	12°30′	15°	18°
	6	2°	5°	8°	11°	13°30′	16°30′	19°30′
2A12M	2	−1°30′	0°	1°30′	3°	5°	7°	8°30′
	3	−1°30′	0°30′	2°30′	4°	6°	8°	9°30′
	4	−1°	1°	3°	4°30′	6°30′	9°	10°30′
	5	−1°	1°	3°	5°	7°	9°30′	11°
	6	−1°30′	1°30′	3°30′	6°	8°	10°	12°
7A04Y	3	3°	7°	10°	12°30′	14°	16°	17°
	4	4°	8°	11°	13°30′	15°	17°	18°
	5	5°	9°	12°	14°	16°	18°	20°
	6	6°	10°	13°	15°	17°	20°	23°
	8	8°	13°30′	16°	19°	21°	23°	26°
7A04M	2	−3°	−2°	0°	3°	5°	6°30′	8°
	3	−2°	−1°30′	2°	3°30′	6°30′	8°	9°
	4	−1°30′	−1°	2°30′	4°30′	7°	8°30′	10°
	5	−1°	−1°	3°	5°30′	8°	9°	11°
	6	0°	−0°30′	3°30′	6°30′	8°30′	10°	12°
20(已退火)	1	−2°30′	−1°	0°30′	1°30′	3°	4°	5°
	2	−2°	−0°30′	1°	2°	3°30′	5°	6°
	3	−1°30′	0°	1°30′	3°	4°30′	6°	7°30′
	4	−1°	0°30′	2°30′	4°	5°30′	7°	9°
	5	−0°30′	1°30′	3°	5°	6°30′	8°	10°
	6	−0°30′	2°	4°	6°	7°30′	9°	11°

（续）

材料的牌号与状态	r/t	凹模与凸模的单边间隙 Z						
		$0.8t$	$0.9t$	$1t$	$1.1t$	$1.2t$	$1.3t$	$1.4t$
		回弹角 $\Delta\alpha$						
1Cr18Ni9Ti[①]	1	−2°	−1°	0°30′	0°	0°30′	1°30′	2°
	2	−1°	−0°30′	−0°	1°	1°30′	2°	3°
	3	−0°30′	0°	1°	2°	2°30′	3°	4°
	4	0°	1°	2°	2°30′	3°	4°	5°
	5	0°30′	1°30′	2°30′	3°	4°	5°	6°
	6	1°30′	2°	3°	4°	5°	6°	7°

① 该牌号在 GB/T 20878—2007 中已取消。

3）影响回弹的因素

①材料的力学性能。材料的屈服强度越高，弹性模量越小，加工硬化越严重，则弯曲的回弹量也越大。若材料的力学性能不稳定，则回弹量也不稳定。

②相对弯曲半径。相对弯曲半径 r/t 越小，则变形程度越大，变形区的总切向变形程度增大。塑性变形在总变形中所占的比例增大，而弹性变形所占的比例则相应减小，因而回弹值减小。与此相反，当相对弯曲半径较大时，由于弹性变形在总变形中所占的比例增大，因而回弹值增大。

③弯曲件的角度。弯曲件的角度越小，表示弯曲变形区域大，回弹的积累量也越大，故回弹角也越大，但对弯曲半径的回弹影响不大。

④弯曲方式及校正力的大小。自由弯曲与校正弯曲比较，由于校正弯曲可以增加圆角处的塑性变形程度，因而有较小的回弹。随着校正力的增加，切向压应力区向毛坯的外表面不断扩展，以致使毛坯的全部或大部分断面均产生切向压应力。这样内、外层材料回弹的方向取得一致，使其回弹量比自由弯曲时大为减少。因此，校正力越大，回弹值越小。

⑤模具间隙。弯曲 U 形件时，模具间隙对回弹值有直接影响。间隙大，材料处于松动状态，回弹就大；间隙小，材料被挤紧，回弹就小。

⑥工件形状。U 形件的回弹由于两边互受牵制而小于 V 形件。形状复杂的弯曲件，若一次完成，由于各部分相互受牵制和弯曲件表面与模具表面之间的摩擦影响，可以改变弯曲工件各部分的应力状态，使回弹困难，因而回弹角减小。

4）减小回弹的措施。由于弯曲件在弯曲过程中总是伴随着弹性变形，因此为提高弯曲件的质量，必须采取一些必要的措施来减小或补偿由于回弹所产生的误差，常见的措施如下：

①合理设计产品。在变形区压制加强肋，以增加弯曲件的刚度（图 4-6）。选材时，采用弹性模量大、屈服强度较低、硬化指数小、力学性能稳定的材料进

行弯曲，均可减小回弹。

②在工艺上采取措施。用校正弯曲代替自由弯曲，对冷作硬化的材料，可先退火，使其屈服强度降低，以减小回弹，弯曲后再进行淬硬。

③从模具结构上采取措施。在接近纯弯曲（只受弯矩作用）的条件下，可以根据回弹值的计算结果，对弯曲模工作部分的形状与尺寸加以修正。

对于一般材料（Q215 钢、Q235 钢、10 钢、20 钢、H62 软黄铜），当其回弹角 $\Delta\alpha < 5°$、材料厚度偏差较小时，可在凸模或凹模上做出斜度，并取凸模、凹模的间隙等于最小料厚来减小回弹（图 4-7）。

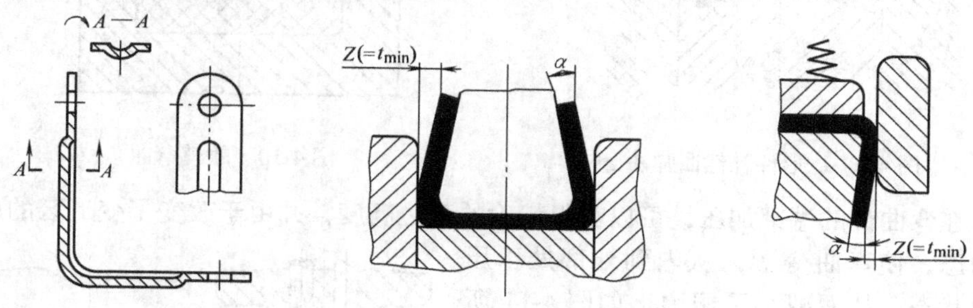

图 4-6　在弯曲变形区压制加强肋

图 4-7　模具上做出斜度

对于软材料，当厚度大于 0.8mm、弯曲圆角半径又不大时，可将凸模做成图 4-8 所示形状，以便对变形区进行整形来减小回弹。

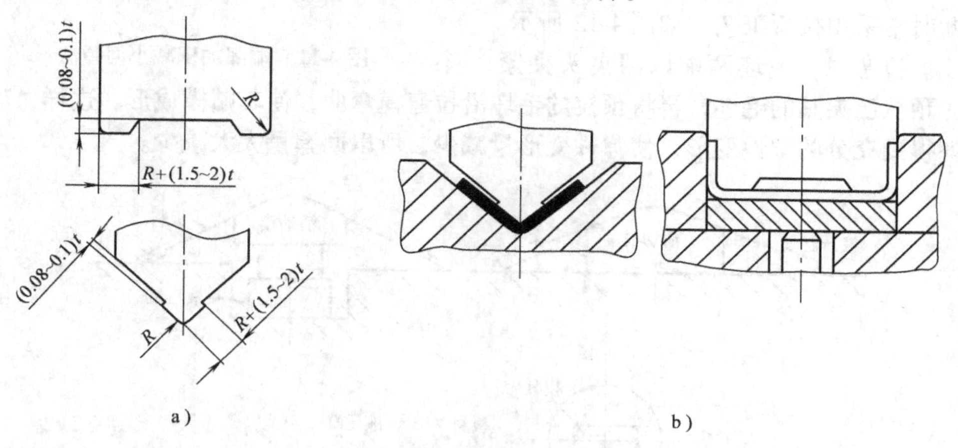

图 4-8　改变凸模形状减小回弹
a）凸模形状　b）加工情况

利用弯曲件不同部位回弹方向相反的特点，使相反方向的回弹变形相互补偿，如 U 形件弯曲，将凸模、顶件板做成弧形面（图 4-9）。弯曲后，利用底部产生的回弹来补偿两个圆角处的回弹。

采用橡胶、聚氨酯软凹模代替金属凹模（图4-10），用调节凸模压入软凹模深度的方法来控制回弹。

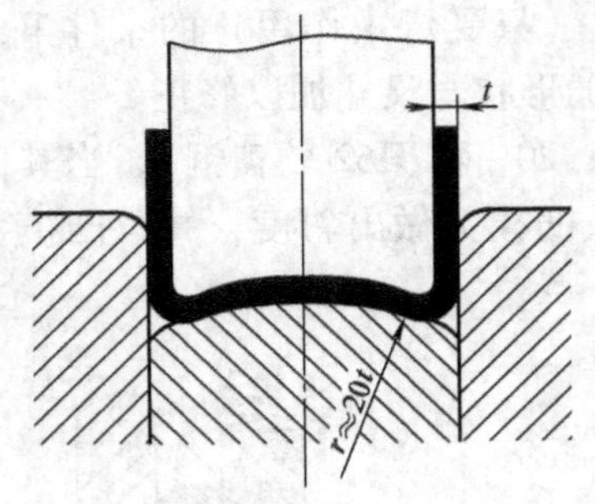

图4-9　U形件补偿回弹法

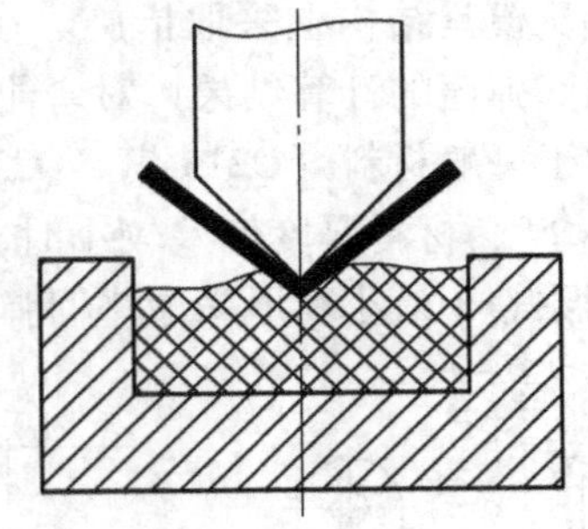

图4-10　软模弯曲

在弯曲件的端部加压，可以获得精确的弯边高度，并由于改变了变形区的应力状态，使弯曲变形区从内到外都处于压应力状态，从而减小了回弹，如图4-11所示。

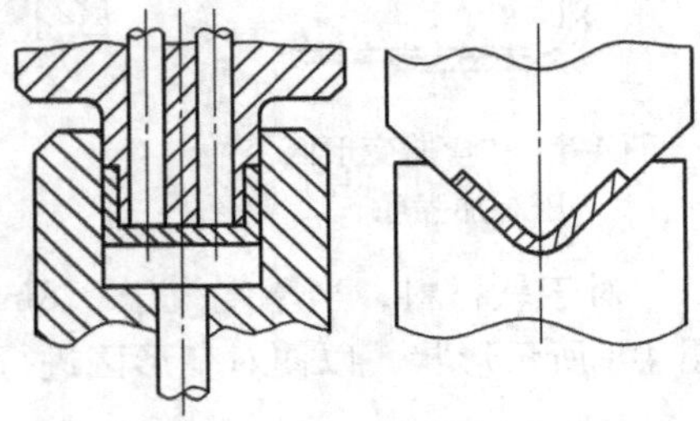

图4-11　端部加压减小回弹法

④采用拉弯工艺。对于具有很大弯曲半径的工件，由于弯曲后回弹量大，不仅回弹难以修正，而且有时根本无法成形，此时常采用拉弯工艺，如图4-12所示。

拉弯时，毛坯两端以两夹头夹紧，首先预拉已夹紧的毛坯，再将预拉的毛坯沿拉弯模弯曲，使其贴模成形。这样，毛坯得到充分的塑性变形，使弹件变形量减少，所以回弹量大大减少。

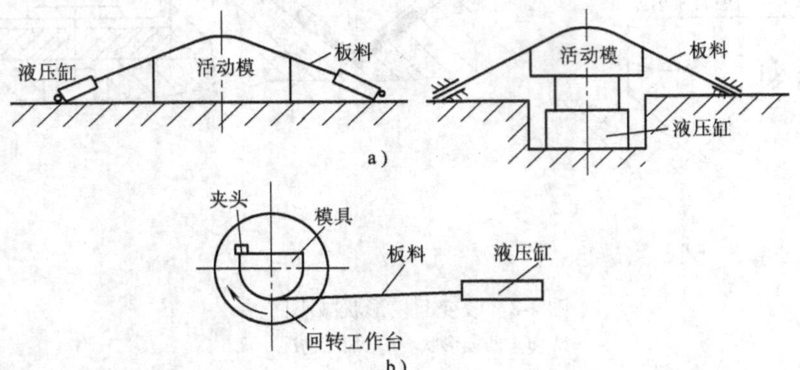

图4-12　拉弯法减小回弹
a）模具拉弯　b）工作台旋转拉弯

4.2　弯曲件展开尺寸计算

弯曲件毛坯展开长度是根据应变中性层弯曲前后长度不变，以及变形区在弯曲前后体积不变的原则来计算的。

1. 应变中性层位置的确定

板料弯曲过程中，当弯曲变形程度较小时，应变中性层与毛坯断面的中心层重合，即 $\rho_\varepsilon=\rho_0$。但是当弯曲变形程度较大时，变形区为立体应力应变状态。因此，在弯曲过程中，应变中性层由弯曲开始与中心层重合，逐渐向曲率中心移动。同时，由于变形区厚度变薄，以致使应变中性层的曲率半径 $\rho_\varepsilon<r+t/2$。此种情况的应变中性层位置可以根据变形前后体积不变的原则来确定，如图 4-13 所示。

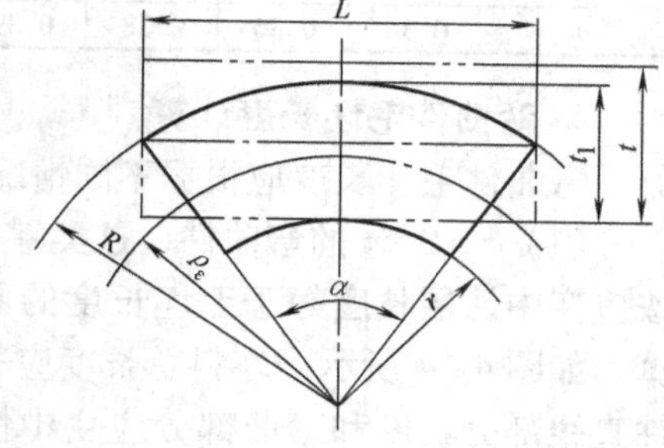

图 4-13　应变中性层位置的确定

弯曲前变形区的体积按下式计算：

$$V_0=Lbt \tag{4-4}$$

弯曲后变形区的体积按下式计算：

$$V=\pi(R^2-r^2)\frac{\alpha}{2\pi}b' \tag{4-5}$$

因为 $V_0=V$，且应变中性层弯曲前后长度不变，即 $L=\alpha\rho_\varepsilon$，可以从式（4-4）和式（4-5）得

$$\rho_\varepsilon=\frac{R^2-r^2}{2t}\times\frac{b'}{b}$$

将 $R=r+\eta t$ 带入上式，经整理后得

$$\rho_\varepsilon=\left(\frac{r}{t}+\frac{\eta}{2}\right)\eta\beta t \tag{4-6}$$

上三式中　L——毛坯弯曲部分原长（mm）；

α——弯曲件圆角的圆弧所对的圆心角（°）；

b、b'——分别为毛坯弯曲前后的平均宽度（mm）；

β——展宽系数，$\beta=b'/b$。当 $b/t>3$ 时，$\beta=1$；

η——材料变薄系数，$\eta=t'/t$；

t'——弯曲后变形区的厚度（mm）。

在实际生产中，为了计算方便，一般用经验公式确定中性层的曲率半径，即

$$\rho_\varepsilon=r+xt \tag{4-7}$$

式中　x——与变形度有关的中性层系数，其值见表 4-6。

表 4-6　中性层系数 x 的值

x/t	0.1	0.2	0.3	0.4	0.5	0.6	0.7	0.8	1.0	1.2
t	0.21	0.22	0.23	0.24	0.25	0.26	0.28	0.30	0.32	0.33
x/t	1.3	1.5	2.0	2.5	3.0	4.0	5.0	6.0	7.0	≥8
t	0.34	0.36	0.38	0.39	0.40	0.42	0.44	0.46	0.48	0.50

2. 弯曲件毛坯长度计算

弯曲件毛坯长度应根据不同情况进行计算。

（1）$r>0.5t$ 的弯曲件　这类零件弯曲后变薄不严重且断面畸变较轻，可以按应变中性层长度等于毛坯长度的原则来计算。如图 4-14 所示，坯料总长度应等于弯曲件直线部分长度和弯曲部分应变中性层长度之和，即

$$L=\sum l_i+\sum\frac{\pi\alpha_i}{180°}(r_i+x_i t) \qquad (4\text{-}8)$$

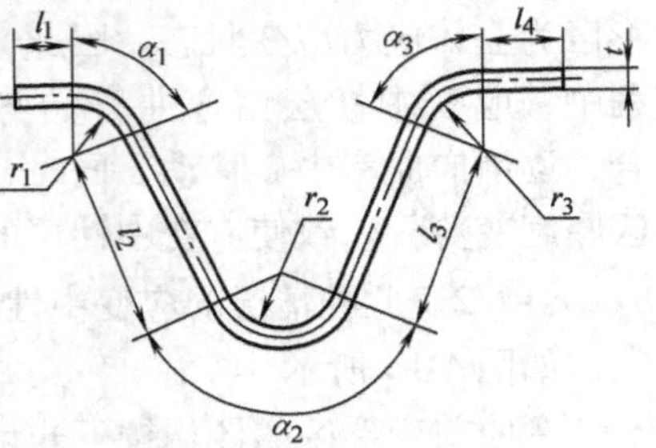

图 4-14　$r>0.5t$ 的弯曲件

式中　L——弯曲件毛坯长度（mm）；

l_i——直线部分各段长度（mm）；

x_i——弯曲各部分中性层系数；

α_i——弯曲件圆角圆弧所对应的圆心角（°）；

r_i——弯曲件各弯曲部分的内圆角半径（mm）。

（2）$r<0.5t$ 的弯曲件　对于 $r<0.5t$ 的弯曲件，由于弯曲变形时不仅制件的圆角变形区产生严重变薄，而且与其相邻的直边部分也产生变薄，故应按变形前后体积不变条件确定坯料长度。通常采用表 4-7 所列经验公式计算。

表 4-7　$r<0.5t$ 的弯曲件毛坯长度计算

序　号	弯曲特征	简　图	公　式
1	弯曲一个角	α, r, t, l_1, l_2	$L=l_1+l_2+0.4t$
2	弯曲一个角	t, l_1, l_2	$L=l_1+l_2-0.43t$

（续）

序　号	弯曲特征	简　图	公　式
3	一次同时弯曲两个角	t　l_1　r　r　l_3　l_2	$L = l_1 + l_2 + l_3 + 0.6t$

对于形状比较简单、尺寸精度要求不高的弯曲件，可直接采用上面介绍的方法计算坯料长度。而对于形状比较复杂或精度要求高的弯曲件，在利用上述公式初步计算坯料长度后，还需反复试弯不断修正，才能最后确定坯料的形状及尺寸。

4.3　弯曲力、顶件力及压料力

弯曲力是设计模具和选择压力机吨位的重要依据。弯曲力的大小不仅与毛坯尺寸、材料力学性能、凹模支点间的距离、弯曲半径、模具间隙等有关，而且与弯曲方式也有很大关系。因此，要从理论上计算弯曲力是非常困难和复杂的，计算精确度也不高。生产中，通常采用经验公式或经过简化的理论公式来计算。

1. 自由弯曲时的弯曲力

V 形件弯曲（图 4-15a）时的弯曲力按下式计算：

$$F = \frac{0.6kbt^2R_m}{r+t} \tag{4-9}$$

U 形件弯曲（图 4-15b）时的弯曲力按下式计算：

$$F = \frac{0.7kbt^2R_m}{r+t} \tag{4-10}$$

两式中　F——自由弯曲时的弯曲力（N）；

b——弯曲件的宽度（mm）；

r——弯曲件的内弯曲半径（mm）；

R_m——材料的抗拉强度（MPa）；

k——安全系数，一般取 $k = 1 \sim 1.3$。

2. 校正弯曲时的弯曲力

校正弯曲（图 4-16）时，弯曲力按下式计算：

$$F = qA \tag{4-11}$$

式中 F——校正弯曲时的弯曲力（N）；

A——校正部分的投影面积（mm^2）；

q——单位面积上的校正力（MPa），q 值可按表 4-8 选择。

必须注意，在一般机械传动的压力机上，校模深度（即校正力的大小与冲模闭合高度的调整）和工件材料的厚度变化有关。校模深度与工件材料厚度的少量变化对校正力影响很大，因此表 4-8 所列数据仅供参考。

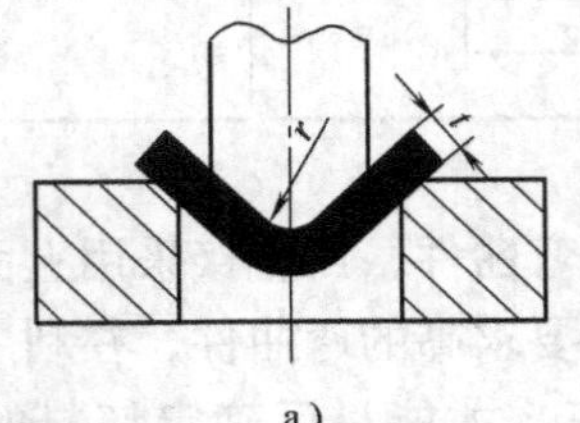

a）

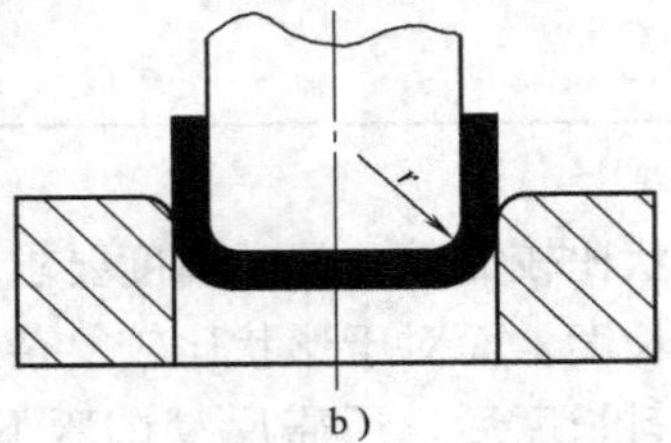

b）

图 4-15　自由弯曲

a）V 形件弯曲　b）U 形件弯曲

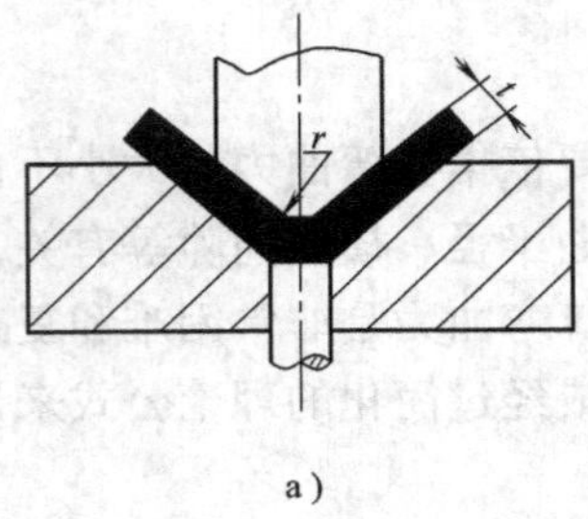

a）

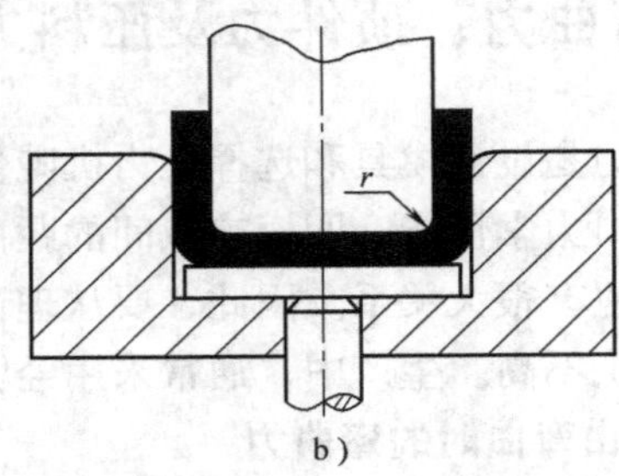

b）

图 4-16　校正弯曲

a）V 形件弯曲　b）U 形件弯曲

表 4-8　单位面积上的校正力　　（单位：MPa）

材　料	材料厚度/mm			
	≤1	>1 ~2	>2 ~5	>5 ~10
铝	10 ~15	15 ~20	20 ~30	30 ~40
黄铜	15 ~20	20 ~30	30 ~40	40 ~60
10、15、20 钢	20 ~30	30 ~40	40 ~60	60 ~80
25、30、35 钢	30 ~40	40 ~50	50 ~70	70 ~100

3. 顶件力和压料力

设有顶件装置或压料装置的弯曲模，其顶件力或压料力可近似取自由弯曲力的 30% ~80%，即

$$F_Q = (0.3 \sim 0.8)F \tag{4-12}$$

式中　F_Q——顶件力或压料力（N）；

F——自由弯曲力（N）。

4. 弯曲时压力机吨位的确定

自由弯曲时，压力机吨位 $F_{机}$ 为

$$F_{机} \geqslant F_{自} + F_Q \tag{4-13}$$

校正弯曲时，由于校正力是发生在接近下死点位置，校正力与自由弯曲力并非重叠关系，而且校正力的数值比压料力大得多，因此，选择压力机时按校正力选取即可，即

$$F_{机} \geqslant F_{校} \tag{4-14}$$

4.4　弯曲件的工序安排

除形状简单的弯曲件外，许多弯曲件都需要多次弯曲才能成形，因此必须正确确定弯曲工序的先后顺序。弯曲工序的确定，应根据制件形状的复杂程度、尺寸大小、精度高低、材料性质、生产批量等因素综合考虑。如果弯曲工序安排合理，可以减少工序，简化模具设计，提高工件的质量和生产率。反之，工序安排不合理，不仅费工时，而且得不到满意的制件。弯曲工序确定的一般原则如下：

1）形状简单的弯曲件，如 V 形、U 形、Z 形等件，尽可能一次弯成（图 4-17）。

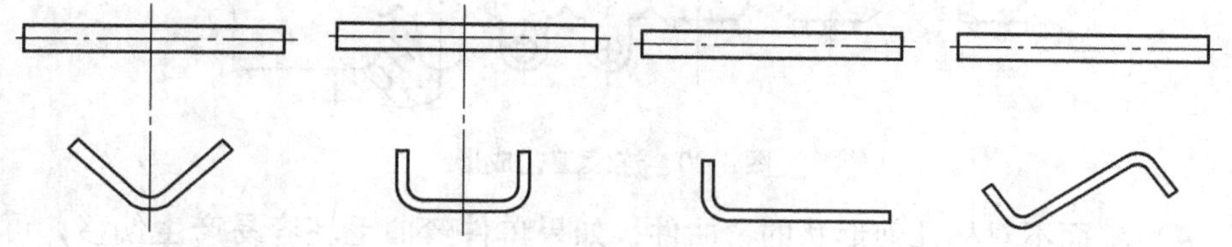

图 4-17　一道工序弯曲成形

2）形状复杂的弯曲件，一般需要两次或多次压弯成形（图 4-18、图 4-19）。多次弯曲时，一般应先弯外角后弯内角，后次弯曲应不影响前次已成形的部分，前次弯曲必须使后次弯曲有可靠的定位基准。

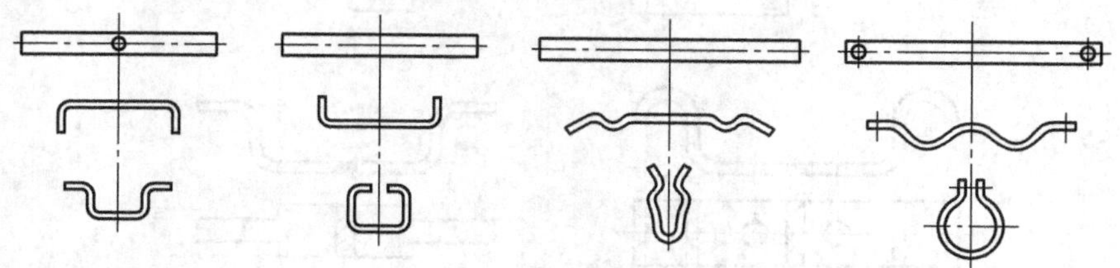

图 4-18　二道工序弯曲成形

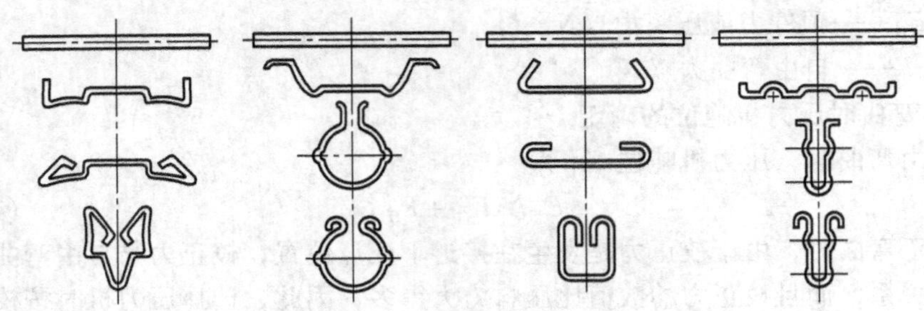

图 4-19　三道工序弯曲成形

3）批量大、尺寸较小的弯曲件，为了提高生产率，可以采用多工序的冲裁、弯曲、切断等连续工艺成形（图 4-20）。

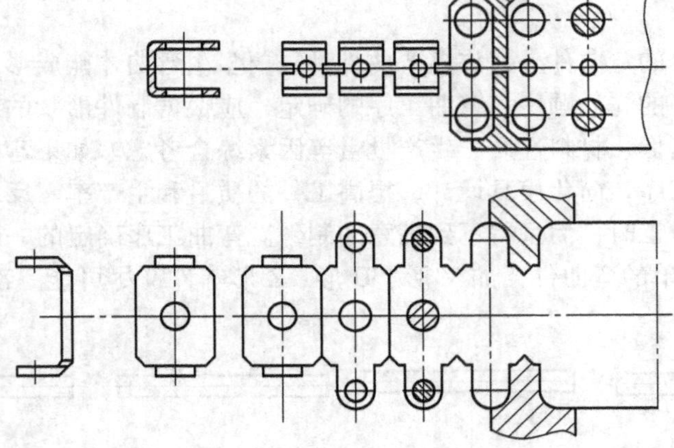

图 4-20　连续工艺成形

4）单面不对称几何形状的弯曲件，如果单件弯曲毛坯容易产生偏移，可以成对弯曲成形，弯曲后再切开成为两件（图 4-21）。

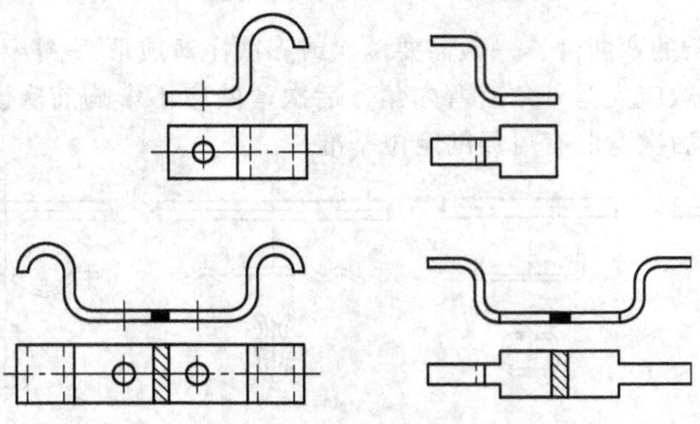

图 4-21　成对弯曲成形

4.5 弯曲模典型结构

弯曲件的形状及弯曲工序决定了弯曲模的类型。简单的弯曲模只有垂直方向的动作；复杂的弯曲模除了垂直方向的动作外，还有一个至多个水平方向的动作。为了保证弯曲件的精度，在确定弯曲模结构形式时应考虑以下几点：

1）坯料在模具中的定位要准确、可靠。

2）坯料在弯曲过程中不能产生滑动偏移。

3）为了减小回弹，再冲程结束时应使工件在模具中得到校正。

4）应尽可能使模具的制造、维修和使用简单、方便。

下面介绍几种常见弯曲模的典型结构。

1. V 形件弯曲模

V 形件形状简单，能一次弯曲成形。V 形件的弯曲方法一般有两种：一种是沿弯曲线的角平分线方向弯曲，另一种是垂直于一直边方向的弯曲。

图 4-22 所示为 V 形弯曲模的典型结构。定位板 4、7 用于保证坯料在模具中的正确定位，凸模 8 和凹模 6 分别用螺钉和销钉固定在上模座 2 和下模座 5 上。

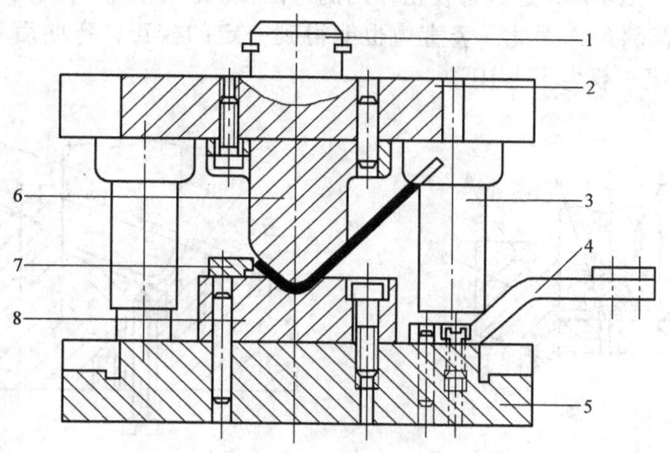

图 4-22　V 形弯曲模

1—模柄　2—上模座　3—导柱、导套　4、7—定位板　5—下模座

6—凹模　8—凸模

如果弯曲件精度要求高，应防止坯料在弯曲过程中产生滑动偏移，模具可采用带压料装置的形式，如图 4-23 所示。图 4-23a 为在凸模上装有尖端突起的定位尖；图 4-23b 为顶杆压料；图 4-23c 为在顶杆前段加装 V 形板。

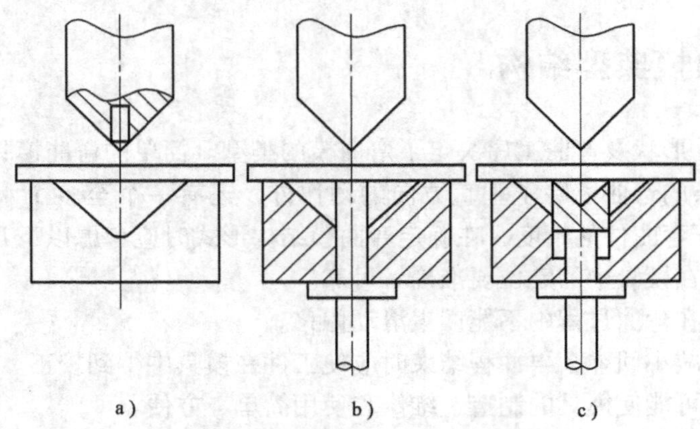

图 4-23　防止坯料偏移的措施

图 4-24 所示的弯曲模，用于弯曲两直边相差较大的单角弯曲件。图 4-24a 为其基本形式。弯曲件直边长的一边夹紧在凸模 2 与压料板 4 之间，另一边沿凹模 1 圆角滑动而向上弯起。毛坯上的工艺孔套在定位销 3 上，以防因凸模与压料板之间的压料不足而产生坯料偏移现象。这种弯曲由于竖边部分没有得到校正，所以回弹较大。图 4-24b 是具有校正作用的弯曲模。由于凹模 1 与压料板 4 的工作面有一定的倾斜角，因此，竖直边也能得到一定的校正，弯曲后工件的回弹较小。倾角 α 值一般为 5°～10°。

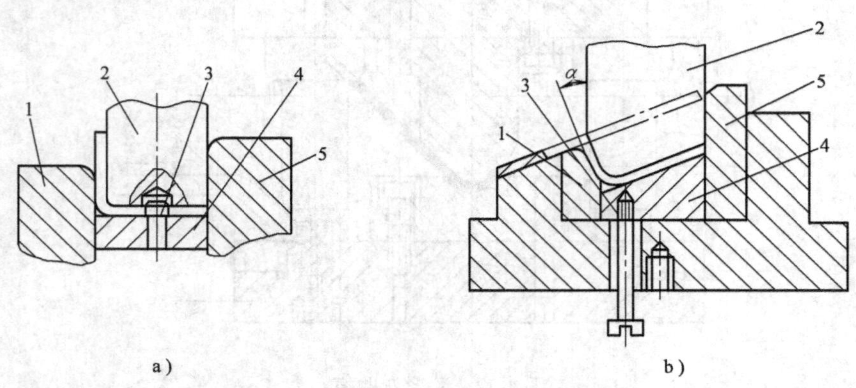

图 4-24　L 形件弯曲模

1—凹模　2—凸模　3—定位销（钉）　4—压料板　5—靠板

2. U 形件弯曲模

图 4-25 所示为一典型的 U 形件弯曲模。模具设置有顶料装置 7 和顶板 8，并利用工件上已有的两个 ϕ10mm 孔，设置定位销 9，从而能有效地防止弯曲时坯

料的滑动偏移。为确保坯料在模具中的有效定位，根据坯料外形设置 4 个定位销 10。卸料杆 4 将工件从凸模上卸下。

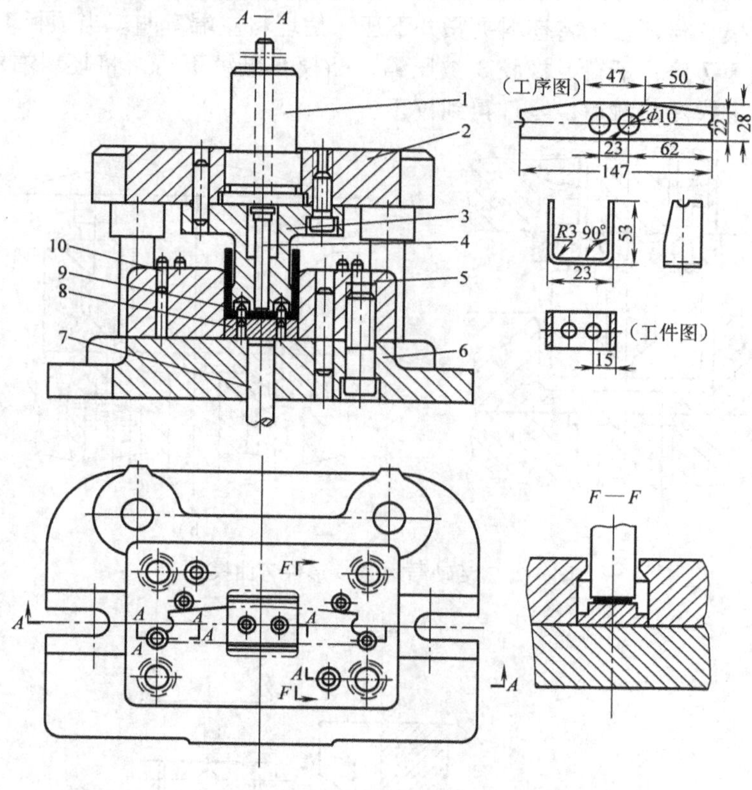

图 4-25　U 形件弯曲模

1—模柄　2—上模座　3—凸模　4—推杆　5—凹模　6—下模座
7—顶料装置　8—顶板　9、10—定位销

当 U 形件的外侧尺寸要求较高或内侧尺寸要求较高时，可将弯曲凸模或凹模制成活动结构（图 4-26）。这样可以根据板料的厚度自动调整凸模或凹模的宽度尺寸，在冲程末端可对侧壁和底部进行校正。图 4-26a 所示弯曲模用于外侧尺寸要求较高的工件，图 4-26b 所示弯曲模用于内侧尺寸要求较高工件。

图 4-27 所示为弯曲件角度小于 90°的 U 形件闭角弯曲模。两侧的活动凹模镶块可在圆腔内回转，当凸模上升后，弹簧使活动凹模镶块复位。这种结构的模具可以弯曲较厚的材料。

3. Z 形件弯曲模

图 4-28 所示为 Z 形件弯曲模。该模具有两个凸模进行顺序弯曲。为了防止坯料在弯曲中滑动，设置了定位销及弹性顶板 1。反侧压块 9 能克服上、下模之

间水平方向上的错移力。弯曲前凸模7与凸模6的下端面齐平，在下模弹性元件（图中未绘出）的作用下，顶板1的上平面与反侧压块的上平面齐平。上模下行，活动凸模7与顶板1将坯料夹紧并下压，使坯料左端弯曲。当顶板1接触下模座后，凸模7停止下行，橡胶3被压缩，凸模6继续下行，将坯料右端弯曲。当压块4与上模座接触后，零件得到校正。

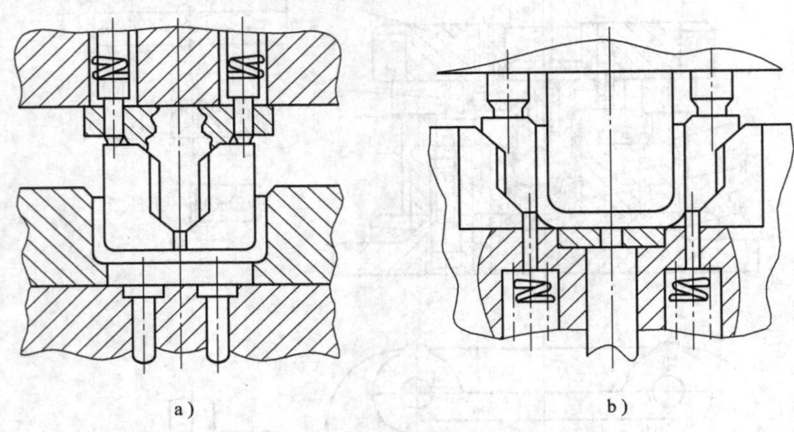

图4-26　活动结构的U形件弯曲模

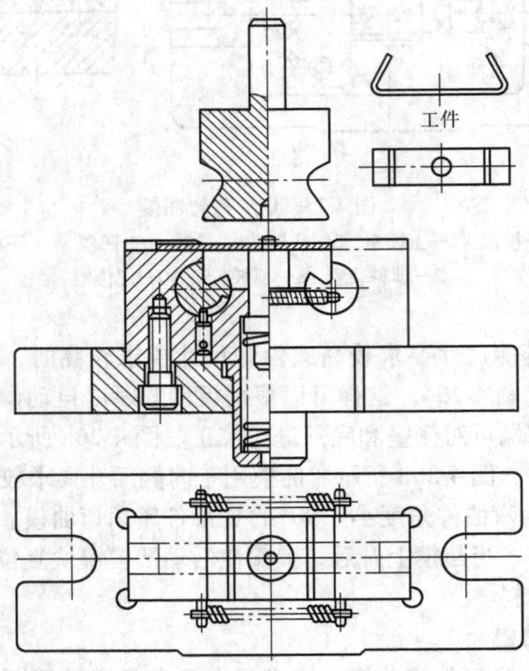

图4-27　弯曲件角度小于90°的U形件闭角弯曲模

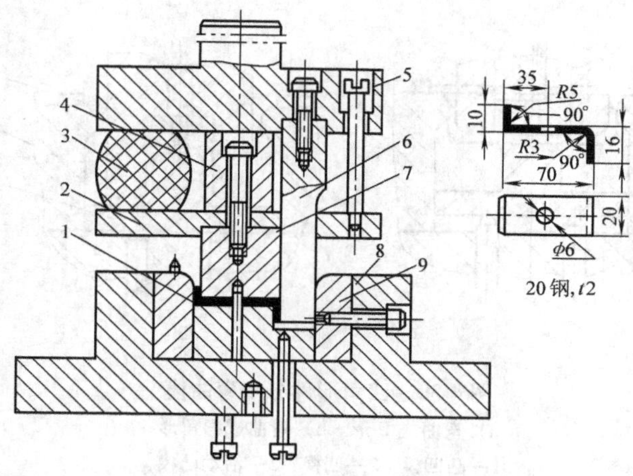

图 4-28　Z 形件弯曲模

1—顶板　2—托板　3—橡胶　4—压块　5—上模座
6、7—凸模　8—下模座　9—反侧压块

4. 四角形件弯曲模

四角形件可以一次弯曲成形，也可以分两次弯曲成形。如果分两次弯曲成形，则第一次先将坯料弯成 U 形，然后再将 U 形毛坯弯成四角形（图 4-29）。

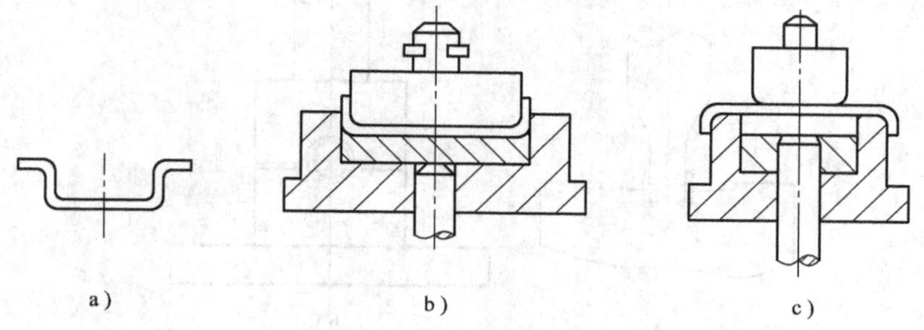

图 4-29　两次弯曲四角形件

a）工件　b）第一次弯曲成形　c）第二次弯曲成形

图 4-30 所示为弯曲四角形件的分步弯曲模。上模为凸凹模，下模由固定凹模和活动凸模组成。弯曲时，首先将坯料弯成 U 形，然后凸凹模继续下行与活动凸模作用，将 U 形件弯曲成四角形。这种结构需要凹模下腔空间大，以便工件弯曲时侧边的摆动。此外，从图 4-29 和图 4-30 可以看出，四角形弯曲对弯曲件的高度有一定的要求，以保证二次弯曲的凹模（图 4-29）和一次弯曲成形的凸凹模（图 4-30）具有足够的强度。一般应使 $h>(12\sim15)t$。

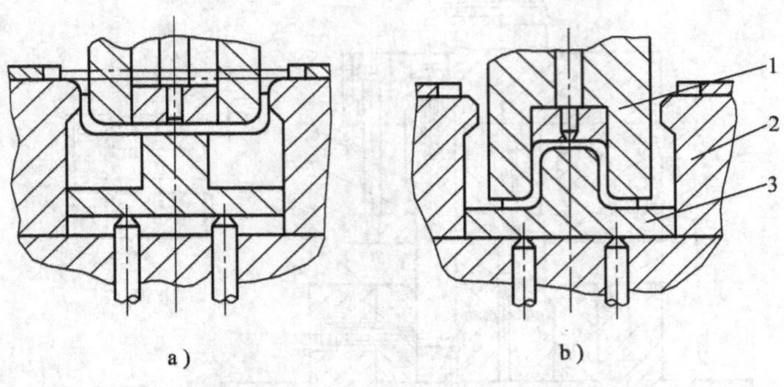

图 4-30　四角形件分步弯曲模

a）弯曲成 U 形　b）弯曲成四角形

1—凸凹模　2—凹模　3—活动凸模

5. 圆形件弯曲模

圆形件的弯曲方法根据圆的直径不同而各不相同。对于直径小于 ϕ5mm 的薄料小圆，一般是把毛坯先弯曲成 U 形，然后再弯曲成圆形（图 4-31）。有时由于工件小，分两次弯曲操作不便，也可采用图 4-32 所示的小圆一次弯曲模。设计该模具时，必须使上模四个弹簧的压力大于毛坯预弯成 U 形件时的成形压力。

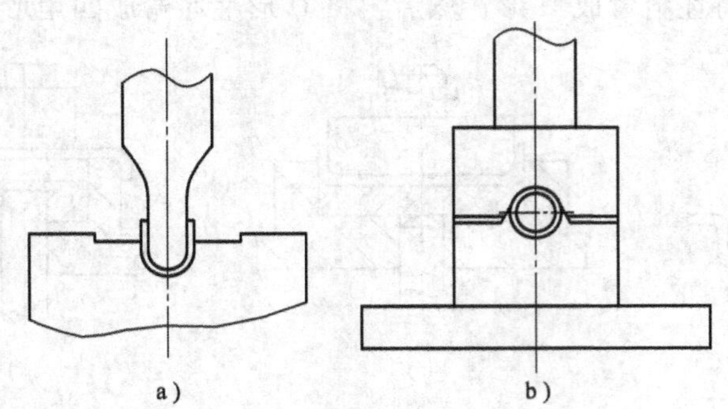

图 4-31　小圆二次弯曲模

a）弯曲成 U 形　b）弯曲成圆形

对于直径大于 ϕ20mm 的大圆，一般是先把毛坯弯成波浪形，然后再弯成圆形（图 4-33）。弯曲完毕后，工件套在凸模 3 上，可从凸模轴向取出工件。

6. 级进弯曲模

此类模具是将冲裁、弯曲、切断等工序依次布置在一副模具上，以实现级进成形。图 4-34 所示为冲孔、弯曲级进模，在第一个工位上冲出两个孔，在第二个工位上有上模 1 和下剪刃 4 将带料剪断，并将其压弯在凸模 6 上。上模上行后，由顶件销 5 将工件顶出。

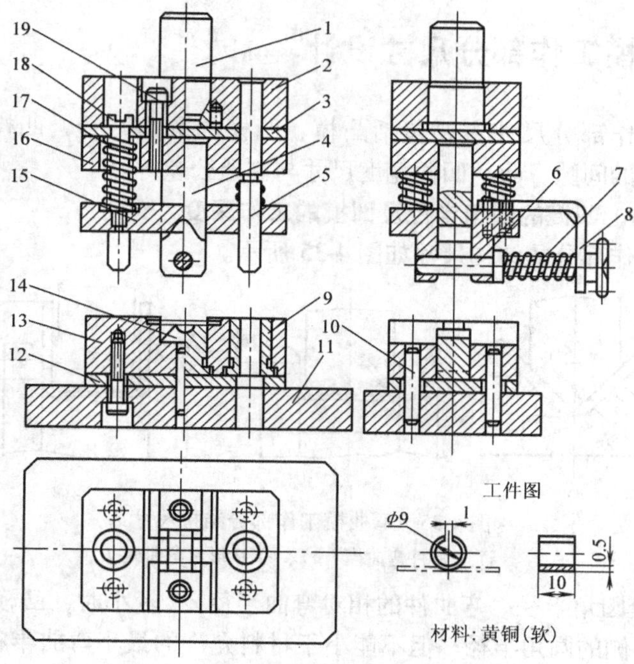

图 4-32　小圆一次弯曲模

1—模柄　2—上模板　3—垫板　4—凸模　5—导柱　6—芯轴　7、17—弹簧　8—支架　9—导套　10—圆柱销　11—下模座　12—垫板　13—凹模　14—凹模镶块　15—压料板　16—凸模固定板　18、19—螺钉

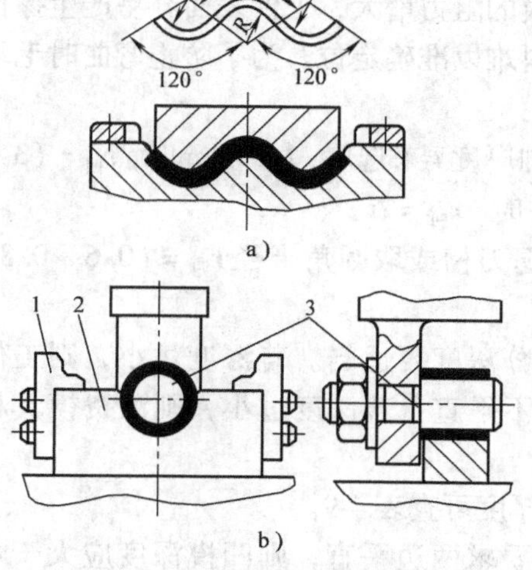

图 4-33　大圆二次弯曲模

a）首次弯曲　b）二次弯曲

1—定位板　2—凹模　3—凸模

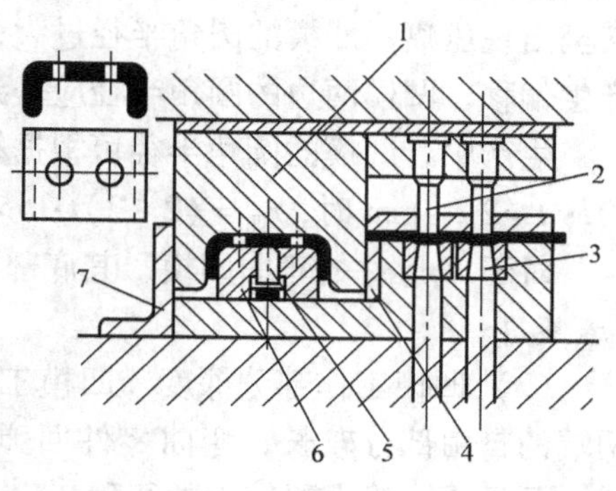

图 4-34　冲孔、弯曲级进模

1—上模　2—冲孔凸模　3—冲孔凹模　4—下剪刃　5—顶件销　6—弯曲凸模　7—挡料板

4.6 弯曲模工作部分尺寸设计

弯曲模工作部分尺寸主要包括凸模、凹模的圆角半径，凹模的工作深度，凸、凹模之间的间隙，凸、凹模宽度尺寸与制造公差等。

1. 弯曲凸、凹模的圆角半径及凹模的工作深度

弯曲模工作部分的结构尺寸如图 4-35 所示。

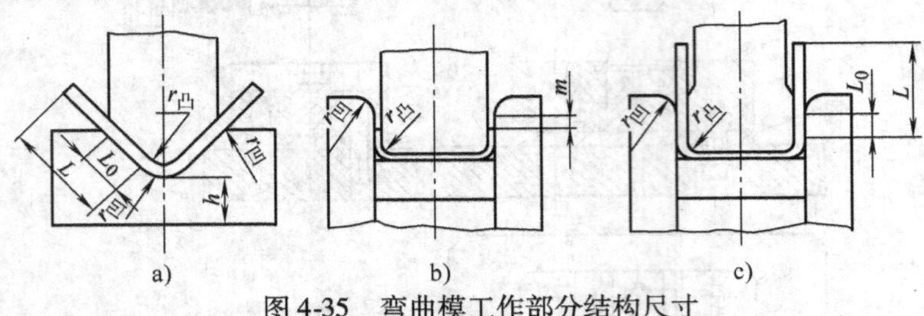

图 4-35　弯曲模工作部分结构尺寸

a) V 形件弯曲模　b)、c) U 形件弯曲模

(1) 凸模圆角半径　弯曲件的相对弯曲半径 r/t 较小时，凸模的圆角半径应等于弯曲件内侧的圆角半径，但不能小于材料允许的最小弯曲半径。若 r/t 小于最小相对弯曲半径，弯曲时应取凸模的圆角半径大于最小弯曲半径，然后利用整形工序使工件达到所需的弯曲半径。

弯曲件的相对弯曲半径 r/t 较大时，则必须考虑回弹，修正凸模圆角半径。

(2) 凹模圆角半径　凹模圆角半径的大小对弯曲力和工件质量均有影响。凹模的圆角半径过小，弯曲时坯料进入凹模的阻力增大，工件表面容易产生擦伤甚至出现压痕；凹模的圆角半径过大，坯料难以准确定位。为了防止弯曲时毛坯产生偏移，凹模两边的圆角半径应一致。

生产中，凹模的圆角半径可根据板材的厚度 t 来选取：$t<2$mm 时，$r_凹=(3\sim6)t$；$t=2\sim4$mm 时，$r_凹=(2\sim3)t$；$t>4$mm 时，$r_凹=2t$。

对于 V 形件的弯曲凹模，其底部可开退刀槽或取圆角半径 $r_凹=(0.6\sim0.8)(r_凸+t)$。

(3) 凹模工作部分深度　凹模工作部分深度要适当。若深度过小，则工件两端的自由部分较长，弯曲零件回弹大，不平直；若深度过小，则浪费模具材料，而且压力机需要较大的行程。

弯曲 V 形件时，凹模深度及底部最小厚度可查表 4-9。

弯曲 U 形件时，若弯边高度不大，或要求两边平直，则凹模深度应大于弯曲件的高度，如图 4-35b 所示，图中 m 值见表 4-10。如果弯曲件边长较长，而对平直度要求不高时，可采用图 4-35c 所示的凹模形式。凹模工作部分深度 L_0 见

表 4-11。

表 4-9　弯曲 V 形件的凹模深度 L_0 及底部最小厚度 h　（单位：mm）

弯曲件边长 L	材料厚度 t					
	<2		2～4		>4	
	h	L_0	h	L_0	h	L_0
>10～25	20	10～25	22	15		30
>25～30	22	15～20	27	25	32	30
>50～75	27	20～25	32	30	37	35
>75～100	32	25～30	37	35	42	40
>100～150	37	30～35	42	40	47	50

表 4-10　弯曲 U 形件凹模的 m 值　（单位：mm）

材料厚度 t	≤1	>1～2	>2～3	>3～4	>4～5	>5～6	>6～7	>7～8	>8～10
m	3	4	5	6	8	10	15	20	25

表 4-11　弯曲 U 形件的凹模深度 L_0　（单位：mm）

弯曲间边长 L	材料厚度 t				
	≤1	>1～2	>2～4	>4～6	>6～10
<50	15	20	25	30	30
>50～75	20	25	30	35	40
>75～100	25	30	35	40	40
>100～150	30	35	40	50	50
>150～200	40	45	55	65	65

2. 弯曲凸模和凹模之间的间隙

对于 V 形件，凸模和凹模之间的间隙是靠调节压力机的闭合高度来控制的，不需要在设计和制造模具时考虑。对于 U 形弯曲件，凸模和凹模之间的间隙值对弯曲件的回弹、表面质量和弯曲力均有很大影响。间隙值过小，需要的弯曲力大，而且会使零件的边部壁厚减薄，同时会降低凹模的使用寿命；间隙值过大，弯曲件的回弹增加，工件的精度难以保证。凸模和凹模之间的单边间隙值一般可按下式计算：

$$Z = t_{\max} + ct = t + \Delta + ct \tag{4-15}$$

式中　Z——弯曲凸模和凹模之间的单边间隙（mm）；

t——材料厚度的基本尺寸（mm）；

t_{max}——材料厚度的最大值（mm）；

c——间隙系数，见表4-12；

Δ——材料厚度的上偏差（mm）。

表4-12　U形件弯曲模的间隙系数

弯曲件高度 h/mm	材料厚度 t/mm								
	$b/h \leqslant 2$				$b/h > 2$				
	<0.5	0.6~2	2.1~4	4.1~5	<0.5	0.6~2	2.1~4	4.1~7.5	7.6~12
10	0.05	0.05	0.04		0.10	0.10	0.08		
20	0.05	0.05	0.04	0.03	0.10	0.10	0.08	0.06	0.06
35	0.07	0.05	0.04	0.03	0.15	0.10	0.08	0.06	0.06
50	0.10	0.07	0.05	0.04	0.20	0.15	0.10	0.06	0.06
70	0.10	0.07	0.05	0.05	0.20	0.15	0.10	0.10	0.08
100		0.07	0.05	0.05		0.15	0.10	0.10	0.08
150		0.10	0.07	0.05		0.20	0.15	0.10	0.10
200		0.10	0.07	0.07		0.20	0.15	0.15	0.10

3. U形件弯曲模凸、凹模工作部分尺寸的计算

U形件弯曲模凸、凹模工作部分尺寸的确定与弯曲件的尺寸标注有关。一般原则是：工件标注外形尺寸的（图4-36a、b），模具以凹模为基准件，间隙取在凸模上；工件标注内形尺寸时（图4-36c、d），模具以凸模为基准件，间隙取在凹模上。

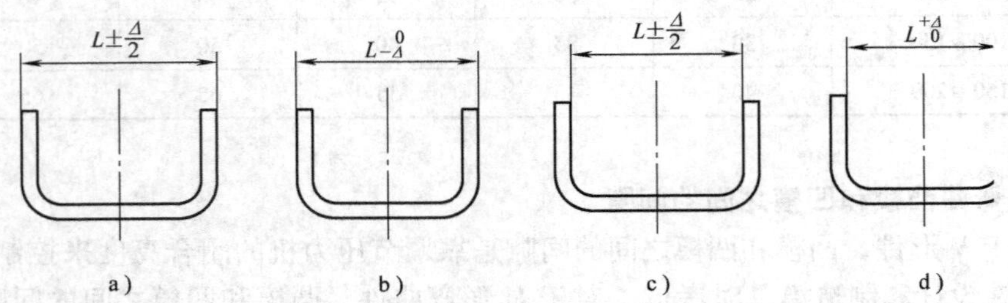

图4-36　弯曲件尺寸标注形式

a)、b) 标注外形尺寸　c)、d) 标注内形尺寸

（1）标注外形尺寸的弯曲件（图4-36a、b）

1）弯曲件为双向对称偏差时，凹模尺寸为

$$L_{凹} = (L - 0.25\Delta)_{\ 0}^{+\delta_{凹}} \tag{4-16}$$

2）弯曲件为单向偏差时，凹模尺寸为

$$L_{凹}=(L-0.75\Delta)^{+\delta_{凹}}_{0} \tag{4-17}$$

3）凸模尺寸为

$$L_{凸}=(L_{凹}-2Z)^{0}_{-\delta_{凸}} \tag{4-18}$$

（2）标注内形尺寸的弯曲件（图 4-36c、d）

1）弯曲件为双向对称偏差时，凸模尺寸为

$$L_{凸}=(L+0.25\Delta)^{0}_{-\delta_{凸}} \tag{4-19}$$

2）弯曲件为单向偏差时，凸模尺寸为

$$L_{凸}=(L+0.75\Delta)^{0}_{-\delta_{凸}} \tag{4-20}$$

3）凹模尺寸为

$$L_{凹}=(L_{凸}+2Z)^{+\delta_{凹}}_{0} \tag{4-21}$$

式中　L——弯曲件基本尺寸（mm）；

$L_{凸}$——凸模工作部分尺寸（mm）；

$L_{凹}$——凹模工作部分尺寸（mm）；

Δ——弯曲件宽度的尺寸公差（mm）；

$\delta_{凸}$、$\delta_{凹}$——凸、凹模制造偏差，一般按 IT7 ~ IT9 选取。

第 5 章　拉深工艺及模具设计

拉深俗称拉延，是利用拉深模具将平板毛坯制成开口空心零件，或以开口空心零件为毛坯，通过拉深进一步改变其形状和尺寸的一种冲压加工方法。

用拉深方法可以制成筒形、阶梯形、锥形、球形、盒形和其他不规则形状的薄壁零件。如果和其他冲压成形工艺配合，还可以制造形状极为复杂的零件，如汽车车门等。用拉深方法来制造薄壁空心件，生产率高，省材料，零件的强度和刚度好，精度较高。拉深可加工范围非常广泛，直径从几毫米的小零件直至 $\phi2$ ~ $\phi3$m 的大型零件，因此拉深在汽车、航空航天、国防、电器和电子等工业部门以及日用品生产中占据相当重要的地位。

5.1　拉深件分类及其变形分析

1. 拉深件分类

拉深件的种类很多，不同形状零件在变形过程中变形区的位置、变形性质、毛坯各部位的应力状态和分布规律等都有相当大的，甚至是本质上的差别。因此，确定的工艺参数、工序数目和顺序，以及模具的结构也不一样。各种拉深件按变形力学特点可分为以下四种基本类型：直壁圆筒形零件、直壁盒形零件、轴对称的曲面形零件和非轴对称曲面形状零件等，见表 5-1。

表 5-1　拉深件按变形特点的分类

名称		图形	变形特点
直壁类拉深件	圆筒形零件		1）拉深时的变形区在毛坯的凸缘部分，其他部分为传力区，不参与主要变形 2）毛坯变形区在切向压应力和径向拉应力的作用下，产生切向压缩和径向伸长变形 3）极限变形参数主要受到毛坯传力区承载能力的限制
	盒形零件		1）变形性质与圆筒形件相同，但是变形在毛坯周边上的分布是不均匀的，圆角部分变形大，直边部分变形小 2）在毛坯的周边上，由于变形的不均匀，圆角部分和直边部分会产生相互影响

（续）

名　称		图　形	变 形 特 点
曲面类拉深件	轴对称曲面形零件		拉深时毛坯的变形区由两部分组成： 1）在毛坯凸缘部分的变形与圆筒形件相同，产生切向受压和径向受拉的变形 2）毛坯的中间部分是两向受拉的胀形变形
	非轴对称曲面形零件		1）毛坯的变形区由外部的拉深变形区和内部的胀形变形区组成，而且在毛坯周边上的分布是不均匀的 2）带凸缘的曲面形件拉深时，在毛坯外周变形区还有剪切变形存在

2. 拉深变形过程

用拉深制造的零件中，旋转体拉深件最为典型和常见。下面将以圆筒形件的拉深为代表，分析拉深变形过程及拉深时的应力、应变状态。

筒形件拉深如图 5-1 所示。与冲裁模相比，拉深凸、凹模的工作部分不应有锋利的刃口，而应具有一定的圆角，凸、凹模间的单边间隙稍大于料厚。随着凸模的下行，直径为 D 的毛坯板料逐渐被拉进凸、凹模之间的间隙里，形成圆筒件的直壁部分，而处于凸模下面的材料则成为拉深件的底，当板料全部进入凸、凹模间隙时，拉深过程结束，毛坯变为具有一定直径和高度的圆筒形件。圆筒形件的直壁部分是由毛坯的环形部分（外径为 D，内径为 d）转变而成的。因此，拉深时毛坯的外部环形部分是变形区；而底部通常是不参加变形的，称为不变形区；被拉入凸、凹模之间的直壁部分是已完成变形部分，称为已变形区。

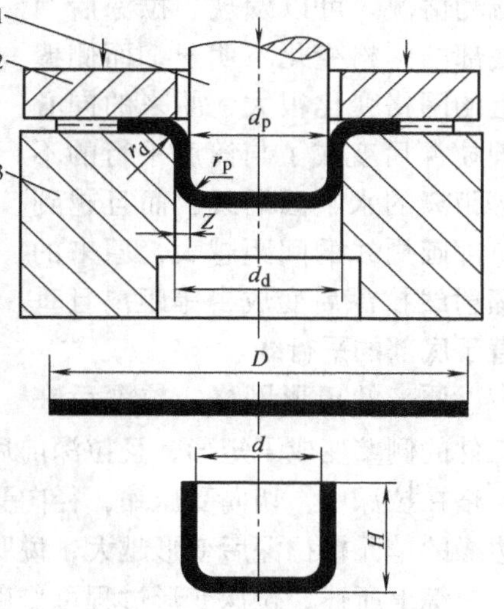

图 5-1　筒形件拉深
1—凸模　2—压边圈　3—凹模

如果不用模具，将图 5-2 所示直径为 D 的毛坯去掉其中阴影部分，再将剩余部分沿直径 d 的圆周弯折起并焊接，就可以得到直径为 d、高度为 $(D-d)/2$ 的圆筒形件。但拉深过程中并没有去掉阴影部分，那这些“多余的材料”去哪儿了呢？实际上是材料在拉深变形中发生了流动，转移到工件直壁上，使拉深结束后工件高度要大于环形部分的半径差$(D-d)/2$。

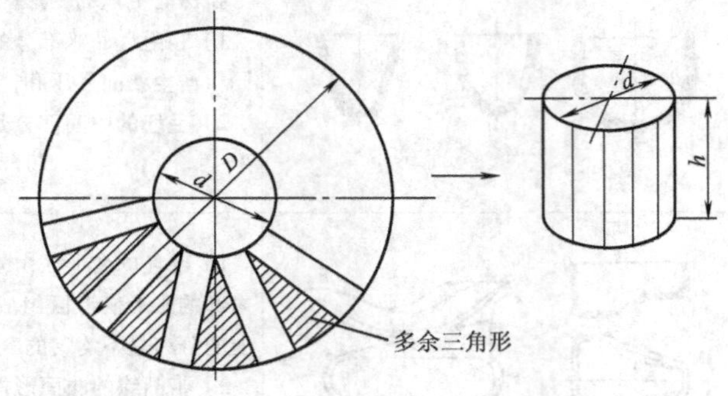

图 5-2 筒形件拼装

为进一步了解材料产生了怎样的流动，可以在拉深前毛坯上画一些由等距离的同心圆和等角度的辐射线组成的网格（图 5-3），然后进行拉深，通过比较拉深前后网格的变化来了解材料的流动情况。可以发现，拉深后筒底部的网格变化不明显，而侧壁上的网格变化很大，原来的同心圆拉深后变成了与筒底平行的不等距离的水平圆周线，而且越到口部圆周线的间距越大，原来的辐射线拉深后变成了等距离且垂直于底部的平行线。

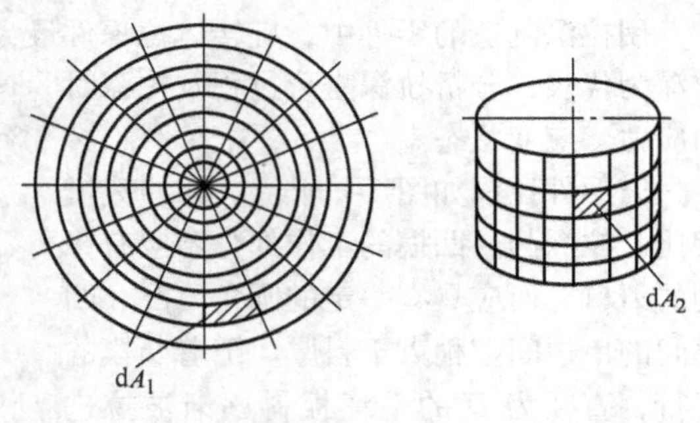

图 5-3 拉深过程中的材料转移

原来的扇形网格，拉深后在工件的侧壁变成了矩形，且拉深前后的面积相等（图 5-3 中 $dA_1=dA_2$），说明单元格在拉深中，切向受压缩，径向受拉深，材料发生了向上的转移。越靠近毛坯边缘的单元格拉深后变形越大，说明这部分材料的流动越大，变形越大。

综上所述，拉深变形过程可作以下归纳：处于凸模底部的材料在拉深过程中几乎不发生变化，变形主要集中在（$D-d$）圆环形部分。该处金属在切向压应力和径向拉应力的共同作用下沿切向被压缩，且越到口部压缩得越多；沿径向伸长，且越到口部伸长得越多。该部分是拉深的主要变形区。

3. 拉深变形中毛坯的应力应变

拉深过程中，毛坯各部分所处的位置不同，它们的变化情况也不同。根据拉深过程中毛坯各部分的应力状况的不同，将其划分为五个部分。

图 5-4 所示为圆筒形件在拉深过程中的应力与应变状态。

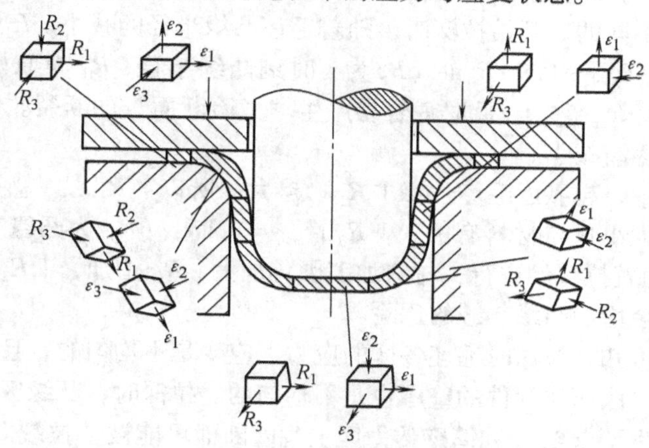

图 5-4　圆筒形件在拉深过程中的应力与应变状态

R_1、ε_1—径向应力和应变　R_2、ε_2—轴向（厚度方向）应力和应变

R_3、ε_3—切向应力和应变

（1）平面凸缘部分（主要变形区）　在模具作用下，凸缘部分产生了径向拉应力 R_1 和切向压应力 R_3。在板料厚度方向，由于模具结构多采用压边装置，则产生压应力 R_2。该压应力很小，一般小于 4.5MPa，无压边圈时，$R_2=0$。该区域是主要变形区，变形最剧烈。拉深所做的功大部分消耗在该区材料的塑性变形上。

（2）凸缘圆角部分（过渡区）　圆角部分材料除了与凸缘部分一样，受径向拉应力 R_1 和切向压应力 R_3，同时，接触凹模圆角的一侧还受到弯曲压力，外侧则受拉深应力。弯曲圆角外侧是 R_{1max} 出现处。凹模圆角相对半径 r_d/t 越小，则弯曲变形越大。当凹模圆角半径小到一定数值时（一般 $r_d/t<2$ 时），就会出现弯曲开裂，故凹模圆角半径应有一个适当值。

（3）筒壁部分（传力区）　筒壁部分可看作是传力区，是将凸模的拉应力传递到凸缘，变形是单向受拉，厚度会有所变薄。

（4）底部圆角部分（过渡区）　这部分材料承受径向拉应力 R_1 和切向压应力 R_3，并且在厚度方向受到凸模的压力和弯曲作用。在拉、压应力的综合作用下，使这部分材料变薄最严重，故此处最容易出现拉裂。一般而言，在筒壁与凸模圆角相切的部位变薄最严重，是拉深时的“危险断面”。

（5）圆筒件底部　圆底部材料，始终承受平面拉伸，变形也是双向拉伸变薄。由于拉伸变薄会受到凸模摩擦阻力作用，故实际变薄很小，因此底部在拉深时的变形常忽略不计。

拉深过程中，R_{1max}总是出现在位于凹模圆角处的材料，但不同的拉深时刻，它们的值也是不同的。开始拉深时，随着毛坯凸缘半径的减小，R_{1max}增大；当拉深进行到 $R_t=(0.8\sim0.9)R_0$ 时（R_t 为 t 时刻凸缘半径，R_0 为原始凸缘半径），R_{1max}出现最大值$R_{1max(max)}$，此时最容易产生“危险断面”的断裂。以后R_{1max}又随着拉深的进行逐渐减小。

拉深过程中，越靠近毛坯边缘$|R_3|$越大，所以$|R_3|_{max}$总是出现在毛坯最外缘处，其大小只与材料有关，$|R_3|_{max}=1.1R_m$（R_m为凸缘变形区平均变形抗力）。但随着拉深的进行，材料加工硬化加大，R_m增加，$|R_3|_{max}$呈递增趋势，这种变化会增加凸缘起皱的危险。

综上分析可知，拉深时毛坯各区的应力、应变是不均匀的，且随着拉深的进行时刻在变化，因而拉深件的壁厚也是不均匀的。拉深时，凸缘区在切向压应力作用下可能产生“起皱”和筒壁传力区上危险断面可能被“拉裂”，这是拉深工艺能否顺利完成的关键所在。

5.2 拉深件的缺陷

拉深件的质量问题有两类情况：一类是在试模或生产过程中出现的，因模具设计制造或操作管理不当而产生的缺陷，如起皱、开裂等，见表5-2。对于这类问题，首先应分析其具体原因，然后针对具体缺陷及具体原因，及时采取相应措施与对策，问题一般能得到解决。

表5-2 拉深过程中的一般缺陷

缺陷	原因
凸缘起皱严重	压边力太小，间隙太大，材料太软或错用
中途拉裂、局部开裂	压边力太大，间隙太小，材料太硬或错用
工件一边高一边低	定位不在中心或坯料未放正或拉深模间隙不均匀
直壁不直、形状歪扭	间隙太大，凹模圆角太大及排气不好
壁部拉毛、划伤	模具不光滑，润滑剂不干净等

另一类质量问题是由板料本身的根本特征和拉深变形的特点所致，不能简单地从模具调整或注意操作方面轻而易举地得到解决，如凸耳、回弹和时效开裂等。

1. 起皱

所谓起皱，是指在拉深过程中毛坯边缘形成沿切向高低不平的皱纹（图5-5）。若皱纹很小，在通过凸、凹模间隙时会被烙平，但会加剧模具的磨损。当皱纹严重时，不仅不能烙平皱纹，而且会因皱纹在通过凸、凹模间隙时的阻力过大使拉深件断裂，即使皱纹通过了凸、凹模间隙，也会因皱纹不被烙平，轻则影响零件质量，重则导致零件报废。

简单地说，起皱是由于切向压应力过大而使凸缘部分失稳造成的，类似于压杆两端受压应力时的失稳。实践证明，凸缘部分的起皱决定于下列因素：

(1) 凸缘部分材料的相对厚度　凸缘部分的相对料厚表示为 $t/(D-d)$，t 为料厚，D 为毛坯直径，d 为零件直径。类似于压杆粗细程度对压杆失稳的影响，毛坯的相对料厚越大，越不容易起皱。

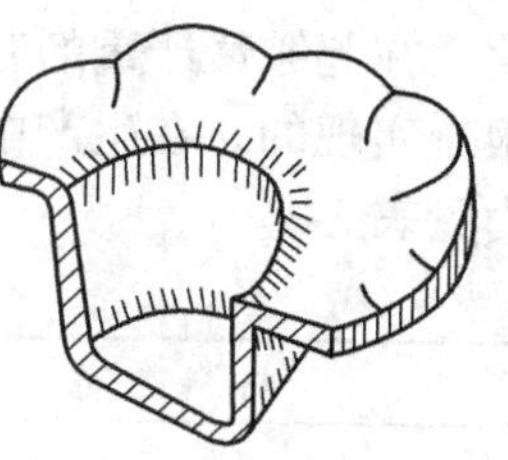

图 5-5　起皱

(2) 切向压应力 R_3 的大小　如前所述，拉深时变形程度越大，需要转移的剩余材料越多，加工硬化现象越严重，则 R_3 越大，就越容易起皱。因此，在满足零件使用要求的前提下，应可能的降低拉深深度，以减小变形程度和切向压应力。

拉深过程中，一方面 $|R_3|_{max}$ 在不断增大，另一方面凸缘变形区在不断缩小，材料厚度不断增大，凸缘的相对厚度逐渐增大，这又提高了材料抵抗失稳起皱的能力。两个作用相反的因素在拉深中相互消长，造成起皱只可能在拉深过程中某时刻才发生。试验证明，失稳起皱的规律与 R_{1max} 的变化规律相似，凸缘失稳起皱最强烈的时刻基本上也就是 $R_{1max(max)}$ 出现的时刻，即 $R_t=(0.8\sim0.9)R_0$ 时。

(3) 材料的力学性能　板料的屈强比小，则屈服强度低，变形区内的切向压应力也相对减小，因此板料不容易起皱。

(4) 凹模工作部分的几何形状　与普通的平端面凹模相比，锥形凹模允许用相对厚度较小的毛坯而不致起皱。生产中可用下述公式概略估算拉深件是否会起皱。

平端面凹模拉深时，毛坯首次拉深不起皱的条件是：

$$\frac{t}{D}\geqslant 0.045\left(1-\frac{d}{D}\right)$$

用锥形凹模首次拉深时，材料不起皱的条件是：

$$\frac{t}{D}\geqslant 0.03\left(1-\frac{d}{D}\right)$$

式中 D、d 分别是毛坯直径和零件直径。从式中可看出，锥形凹模比平端面凹模不易起皱。如果不能满足上式要求就要起皱。

在这种情况下，必须采取措施来防止起皱发生。实际生产中最常用的方法是采用压边圈，如图 5-1 所示。加压边圈后，材料被强迫在压边圈和凹模平面间的间隙中流动，稳定性得到增加，起皱也就不容易发生；而压边力的大小对拉深力影响很大。压边力太大，则会增加危险断面处的拉应力，导致破裂或严重变薄，太小则防皱效果不好。在理论上，压边力的大小最好随失稳起皱的规律变化而变化，在起皱最严重的时刻，即 $R_t \approx 0.85R_0$ 时，压边力亦应最大，但这实际上是很难实现的。在生产中，压边力多按经验值确定，单动压力机上拉深的单位压边力见表 5-3。

表 5-3　单动压力机上拉深的单位压边力　（单位：MPa）

材料名称		单位压边力	材料名称	单位压边力
铝		0.8～1.2	镀锡钢板	2.5～3.0
纯铜、硬铝（已退火）		1.2～1.8	高合金钢、高锰钢、不锈钢	3.0～4.5
软钢①	t<0.5mm	2.5～3.0	黄铜	1.5～2.0
	t>0.5mm	2.0～2.5	高温合金（软化状态）	2.8～3.5

① 软钢指碳的质量分数为 0.20%～0.30% 的钢。

2. 拉裂

拉裂是拉深加工中的主要问题，见图 5-6。如上所述，零件拉裂容易出现在两个地方，一是凹模入口处，主要原因是凹模相对圆角半径过小；另一处是在筒壁与底部转角相切的"危险断面"处。拉深后得到工件的厚度沿底部向口部方向是不同的，在圆筒件侧壁的上部厚度增加最多，约为 30%；而在"危险断面"厚度最小，厚度减少了将近 10%，所以该处拉深时最容易被拉断。它与以下因素有关：

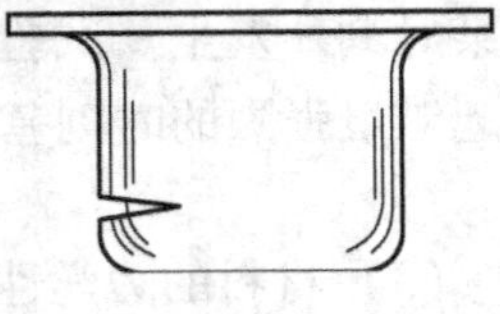

图 5-6　拉裂

（1）拉深变形程度　拉深变形程度越大，筒件侧壁的厚度变化越大，越容易出现拉裂，所以要根据板材的成形性能选取适当的拉深比。

（2）压边力的影响　当压边力增大时，凸缘处的摩擦阻力也增加，从而导致拉深力过大产生拉断。因此，只要在保证凸缘不起皱的前提下，施加最小的压边力就可以了。

（3）润滑的影响　在拉深过程中，润滑的作用很大。在圆筒形件拉深时，凹模平面上和凸模上的润滑效果是相反的。凹模平面润滑可以使毛坯凸缘处材料的流动阻力降低。但是，若对凸模圆角部分进行润滑，就会使筒壁和凸模间由摩擦来传递变形力的能力降低，造成凸模圆角处的材料滑动而变薄，容易导致该处被拉裂。

（4）凸、凹模间隙的影响　从减小破裂倾向而言，采用比毛坯厚度小 10% 的模具间隙比较合理。这是因为：

1）间隙小，使包在凸模头部的材料提前成形。同时，间隙小则摩擦约束力增大，从而减弱了筒壁被拉裂的趋势。

2）在变薄部分，凸模和材料间有较大的摩擦力，可增大材料向拉深方向流动的趋势。但是，如果间隙减小超过10%，将使拉深件更容易破裂。

（5）表面粗糙度的影响　表面粗糙度的影响主要指模具（凹模和压边圈下表面）和毛坯表面。表面粗糙度值高，拉深变形阻力大；反之，表面粗糙度值低，拉深变形阻力小。因此，在生产中，对凹模表面及毛坯和凹模接触的表面适当润滑，对防止拉深件破裂有一定的作用。而适当增大凸模表面粗糙度有助于降低拉裂危险，凸模表面是不能润滑的。

（6）拉深速度　拉深速度大，筒壁的承载能力差，拉裂的倾向也越大。

3. 拉深凸耳

在筒形件拉深时，零件口部出现有规律的高低不平现象，就是拉深凸耳，如图 5-7 所示。产生拉深凸耳的原因是板材轧制而使得纤维组织具有方向性。在厚向异性指数低的方向上，壁部较低，厚度较大；在厚向异性指数高的方向上，壁部较高，厚度较薄。凸耳的数目常为 4 个，也有 8 个的。

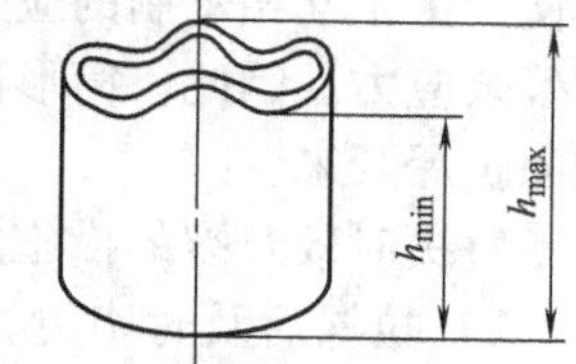

图 5-7　凸耳现象

如第 2 章所述，影响凸耳大小的是凸耳系数 Δr（板平面方向性系数），Δr 的绝对值越大，凸耳越严重。但是，许多冲压材料的厚向异性指数 r 值大的同时，Δr 也大，而 r 大，所允许的拉深变形程度大。因此，选择材料时要综合考虑 r 对成形有利与不利两方面的因素。

凸耳是拉深工序不可避免的缺陷，所以要获得口部平齐的筒形件，必须在拉深后进行切边，其切边余量至少为 $h_{max}-h_{min}$，见图 5-7。

4. 回弹

拉深过程中，回弹现象没有弯曲回弹那么严重。一般的直壁筒形件回弹很小，但对于锥形件、半球形件、汽车覆盖件等零件的拉深成形中，回弹就可能成为一个问题，影响产品零件的精度。

拉深件回弹与材料性能，特别是屈强比有关系，屈强比越小，拉深时材料越容易流动，拉深后回弹越小。我国相关标准中关于深冲钢板的力学性能的规定为：拉深最复杂零件的 08Al 钢板的屈强比≤0. 66；拉深很复杂零件的 08Al 钢板的屈强比≤0. 70。

5. 时效开裂

所谓时效开裂，是指拉深件在拉深加工完成以后，由于经受到撞击或振动，以及存放了一段时间以后，或者在使用了一段时间以后，而出现的一种破裂现象，如图 5-8 所示。时效开裂也是拉深件一个主要的质量问题，带来的麻烦和造成的损失也是不能不考虑的。

引起拉深件时效开裂的原因主要有两方面：金属组织和残余应力。

在金属组织方面，主要是金属中所含的氢的作用与影响。因此，脱氢处理可以解决某些不锈钢等材料拉深件的时效开裂问题。

残余应力的影响问题，主要是由于拉深变形区内毛坯变形不均匀性造成的。一方面，拉深后的零件，内表面的压缩变形量大，而外表面的压缩变形量小，是一种不均匀性变形。另一方面，拉深件筒壁底部的压缩变形量小，近乎为零，而筒壁口部的压缩变形量很大，即拉深件的筒壁从底部到口部存在很大的变形不均匀性。

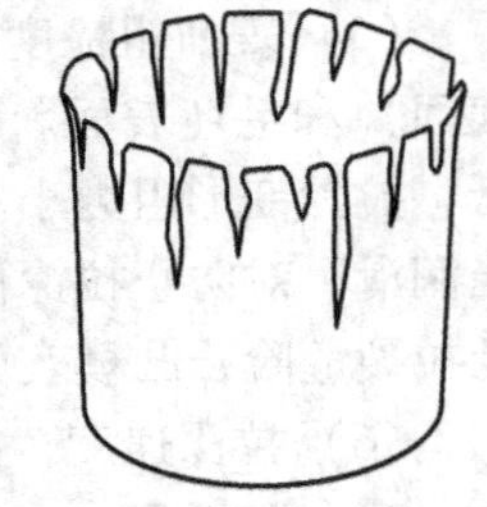

图 5-8　时效开裂

由于上述不均匀变形的存在，使板料金属作为一个整体便产生了互相牵制的应力，在变形过程中和变形完成以后，就产生了附加应力和残余应力。因此，筒形件拉深后可能会自行开裂，且一般是从其口端先开裂，进而扩展开来。

解决时效开裂的措施如下：

1）拉深后及时切边。

2）在拉深过程中及时进行中间退火。

3）在多次拉深时，尽量在其口部留一条宽度较小的法兰边等。

5.3　拉深件设计

5.3.1　拉深件工艺性

拉深件工艺性是指零件拉深加工的难易程度。良好的工艺性应该保证材料消耗少、工序数目少、模具结构简单、产品质量稳定、操作简单等。在设计拉深零件时，考虑到拉深工艺的复杂性，应尽量减少拉深件的高度，使其有可能用一次或两次拉深工序完成，以减少工艺复杂性和模具设计制造的工作量。

1. 拉深件公差

拉深件的公差主要包括直径方向的尺寸精度和高度方向的尺寸精度。拉深件的公差大小与毛坯厚度、拉深模的结构和拉深方法等有着密切的关系。拉深件直径方向的公差等级一般在 IT11 以下，对于拉深件的尺寸精度要求较高的，可在拉深以后增加整形工序，经整形后精度可达到 IT6 ~ IT7。

拉深件的表面质量一般不超过原材料的表面质量，多次拉深的零件外壁或凸缘表面上，允许有拉深产生的印痕。

拉深件允许的厚度变化范围是$(0.6 \sim 1.2)t$。在设计拉深件时，产品图上的尺寸，应明确标注清楚必须保证的是外形尺寸还是内形尺寸，不能同时标注内、外形尺寸。

2. 拉深件的结构工艺性

（1）拉深件形状　拉深件的形状应尽可能简单、对称。轴对称旋转体拉深件，尤其是直径不变的旋转体拉深件，在圆周方向的变形是均匀的，其工艺性最好，模具加工也方便。因此，除非在结构上有特殊要求，一般应尽量避免异常复杂及非对称形状的拉深件设计。此外，应尽量避免急剧的轮廓变化。曲面空心零件避免尖底形状，尤其高度大时其工艺性更差；对于盒形件，应避免底平面与壁面的连接部分出现尖的转角。

对于外形较复杂的空心拉深件，必须考虑留有工序间毛坯定位的同一工艺基准。

（2）拉深件各部分尺寸比例　拉深件各部分尺寸的比例要合适。宽大凸缘（$d_{凸}>3d$）和较大深度（$h>2d$）的拉深件，需要多道拉深工序才能完成，而且容易出现废品，应尽可能避免（图 5-9a）。

图 5-9b 所示的零件上下部分的尺寸相差太大，给拉深带来了困难。这时可将上下两部分分别成形，然后再连接起来（图 5-9c）。

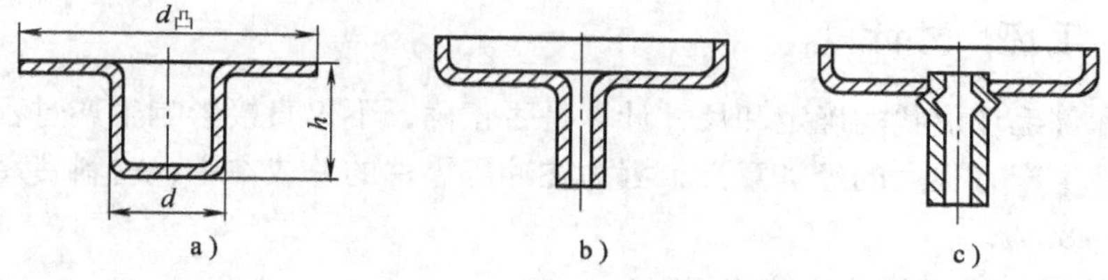

图 5-9　拉深件的形状

（3）拉深件圆角半径　拉深件的圆角半径大，有利于成形和减少拉深次数。拉深件的底部与壁部、凸缘与壁部及矩形件的四壁间圆角半径（图 5-10）应满足 $r_1 \geqslant t$，$r_2 \geqslant 2t$，$r_2 \geqslant r_1$，$r_3 \geqslant 3t$。否则，应增加整形工序，每整形一次，圆角半径可减小一半。如果增加整形工序，最小圆角半径为 $r_1 \geqslant (0.1 \sim 0.3)t$，$r_2 \geqslant (0.1 \sim 0.3)t$。

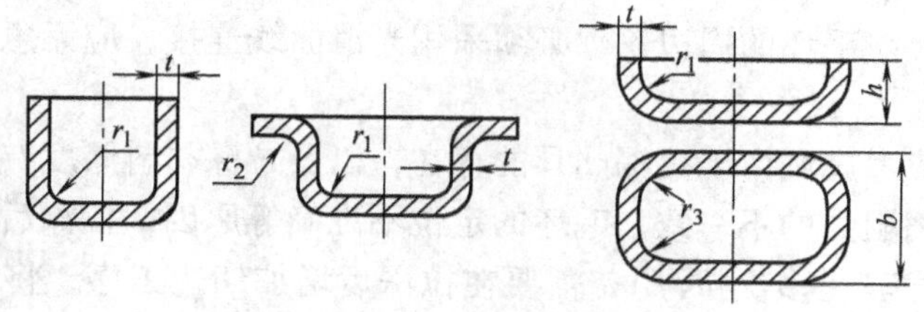

图 5-10　拉深件圆角半径

(4) 拉深件上的孔位　拉深件侧壁上的冲孔，必须满足孔与底的距离 $B \geqslant r_1 + t$，孔与凸缘的距离 $B \geqslant r_2 + t$，否则该孔只能钻出（图 5-11a、b）。拉深件凸缘上冲孔的最小孔距（图 5-11c）为：$B \geqslant r_2 + 0.5t$。拉深件底部冲孔的最小孔距（图 5-11c）为：$B \geqslant r_1 + 0.5t$。

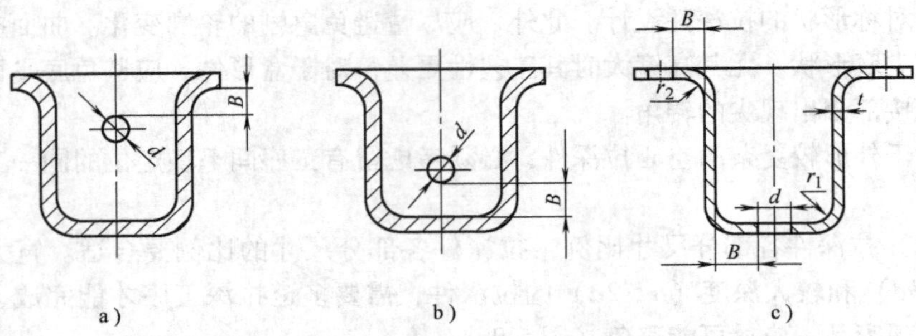

图 5-11　拉深件的孔位

a)、b) 侧壁上冲孔　c) 凸缘和底部冲孔

5.3.2　毛坯尺寸计算

拉深件毛坯形状的确定和尺寸计算是否正确，不仅直接影响生产过程，而且对冲压件生产有很大的经济意义，因为在冲压零件的总成本中，材料费用一般占到 60% ~80%。

1. 拉深件毛坯尺寸计算的原则

拉深件毛坯的尺寸应满足成形后工件的要求，形状必须适应金属流动。毛坯尺寸的计算应遵循以下原则：

(1) 面积相等原则　对于不变薄拉深，因材料厚度拉深前后变化不大，可忽略不计。毛坯的尺寸按“拉深前毛坯表面积等于拉深后零件的表面积”的原则来确定（对于变薄拉深，可按等体积原则来确定）。

(2) 形状相似原则　拉深毛坯的形状一般与拉深的截面形状相似，即零件的横截面是圆形、椭圆形、方形时，其拉深前毛坯展开形状也基本上是圆形、椭圆形或近似方形。毛坯的周边轮廓必须采用光滑曲线连接，应无急剧的转折和尖角。

另外，还应考虑到由于拉深凸耳的存在，以及拉深材料厚度有公差、模具间隙不均匀、摩擦阻力的不一致、毛坯的定位不准确等原因，拉深后零件的口部一般都不平齐（尤其是多次拉深），需要在拉深后增加切边工序，将不平齐的部分切去。所以在计算毛坯之前，应先在拉深件边缘上增加一段切边余量 δ，其大小根据实际经验确定，可参考表 5-4、表 5-5。

表 5-4　有凸缘件的修边余量　（单位：mm）

凸缘直径 d_1 或宽度 B_1	相对凸缘直径 $d_凸/d$ 或相对凸缘宽度 $B_凸/B$			
	<1.5	1.5~2	2~2.5	2.5~3
≤25	1.8	1.6	1.4	1.2
>25~50	2.5	2.0	1.8	1.6
>50~100	3.5	3.0	2.5	2.2
>100~150	4.3	3.6	3.0	2.5
>150~200	5.0	4.2	3.5	2.7
>200~250	5.5	4.6	3.8	2.8
>250	6.0	5.0	4.0	3.0

表 5-5　无凸缘件的修边余量　（单位：mm）

拉深高度 h	拉深件的相对高度 h/d 或 h/B			
	>0.5~0.8	>0.8~1.6	>1.6~2.5	>2.5~4
≤10	1.0	1.2	1.5	2
>10~20	1.2	1.6	2	2.5
>20~50	2	2.5	3.3	4
>50~100	3	3.8	5	6
>100~150	4	5	6.5	8
>150~200	5	6.3	8	10
>200~250	6	7.5	9	11
>250	7	8.5	10	12

注：1. B 为正方形的边宽或长方形的短边宽度。

2. 对于高拉深件必须规定中间修边工序。

3. 对于材料厚度小于 0.5mm 的薄材料作多次拉深时，应按表中数值增加 30%。

2. 旋转体拉深零件毛坯尺寸的计算

旋转体拉深零件的毛坯都为圆形，按等面积的原则可以用解析法和重心法来求解。

（1）解析法　一般比较规则形状的拉深工件的毛坯尺寸可用此方法。具体方法是：将工件分解为若干个简单几何体，分别求出各几何体的表面积，对其求和，根据等面积法，求和后的表面积应等于工件的表面积，又因为毛坯是圆形的，即可得毛坯的直径为

$$D=\sqrt{\frac{4A}{\pi}}=\sqrt{\frac{4}{\pi}\sum A_i} \tag{5-1}$$

式中　A——毛坯面积（mm^2）；

A_i——简单旋转体件各部分面积（mm^2）；

D——毛坯直径（mm）。

表5-6列出了简单几何体面积的计算公式。如果材料厚度小于1mm，按内径或外径计算均可；否则，按表5-6图示中的板厚中径计算。

表5-6　简单几何形状表面积计算公式

序　号	名　称	几　何　体	面　积 A
1	圆	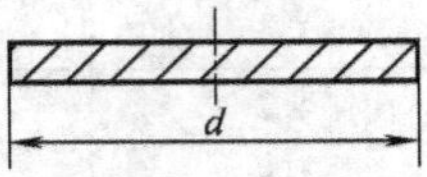 d	$A=\frac{\pi d^2}{4}$
2	圆环	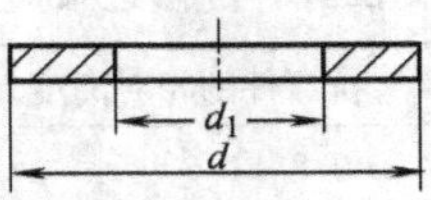 d_1 d	$A=\frac{\pi}{4}(d^2-d_1^2)$
3	圆柱	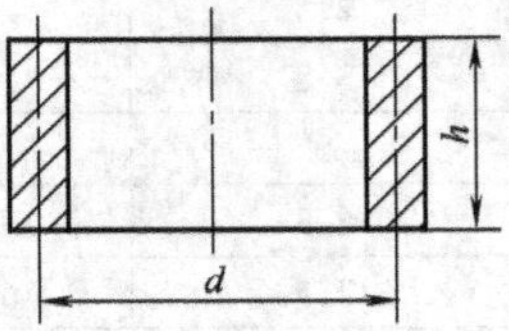 h d	$A=\pi dh$
4	半球	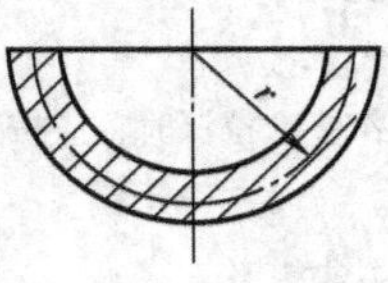 r	$A=2\pi r^2$
5	1/4 球环	 d r	$A=\frac{\pi}{2}r(\pi d+4r)$
6	1/4 凹球环	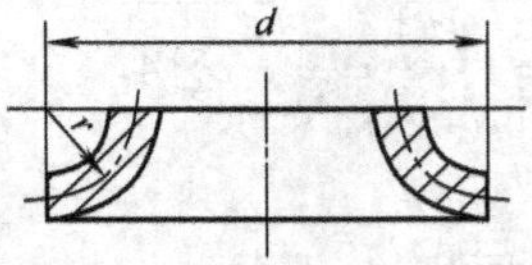 d r	$A=\frac{\pi}{2}r(\pi d-4r)$

(续)

序号	名称	几何体	面积 A
7	圆锥	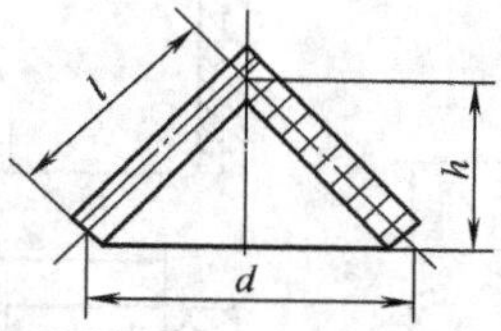	$A=\frac{\pi dl}{2}$或 $A=\frac{\pi}{4}d\sqrt{d^2+4h^2}$
8	圆锥台	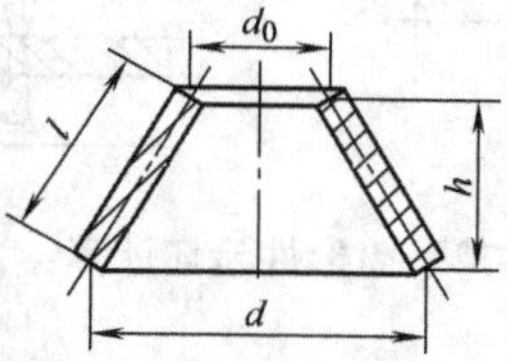	$A=\pi l\left(\frac{d_0+d}{2}\right)$ 式中 $l=\sqrt{h^2+\left(\frac{d-d_0}{2}\right)^2}$
9	球缺	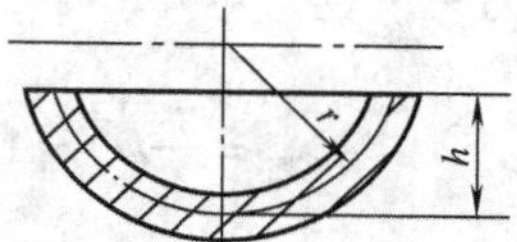	$A=2\pi rh$
10	凸球环	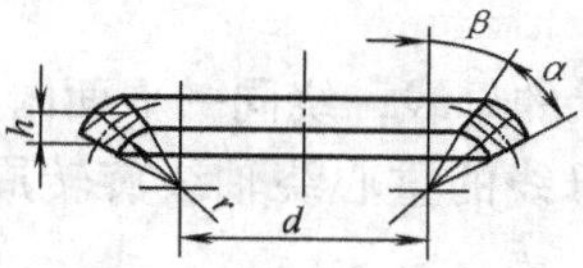	$A=\pi(dl+2rh)$ 式中 $l=\frac{\pi r\alpha}{180°}$ $h=r[\cos\beta-\cos(\alpha+\beta)]$
11	凹球环	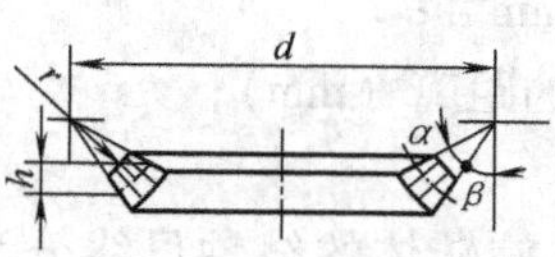	$A=\pi(dl-2rh)$ 式中 $l=\frac{\pi r\alpha}{180°}$ $h=r[\cos\beta-\cos(\alpha+\beta)]$

例 求图 5-12 所示的无凸缘圆筒形件的毛坯直径。

解 将图 5-12 所示筒形件分为三个简单几何体，如图中的第Ⅰ、Ⅱ、Ⅲ部分。据表 5-6 可得

Ⅰ的表面积：
$$A_1=\pi d(H-r)$$

Ⅱ的表面积：
$$A_2=\frac{\pi}{2}r[\pi(d-2r)+4r]$$

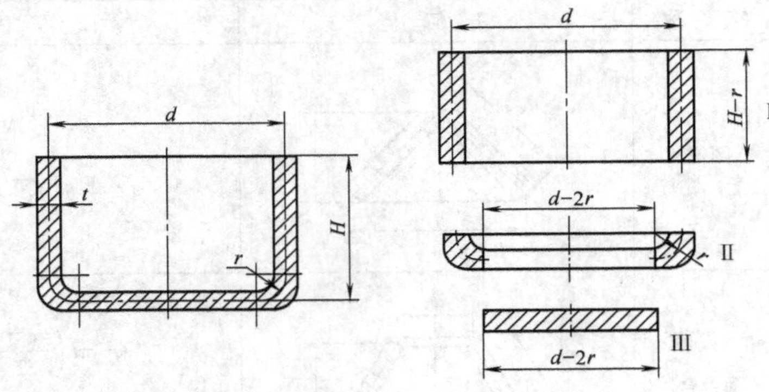

图 5-12　筒形件毛坯计算

Ⅲ的表面积：　　$A_3 = \frac{\pi}{4}(d-2r)^2$

据等面积原则，毛坯的面积：　　$A_{毛坯} = \frac{\pi}{4}D^2 = A_1 + A_2 + A_3$

所以得毛坯直径：　$D = \sqrt{d^2 + 4dH - 1.72rd - 0.56r^2}$

（2）重心法　如果拉深工件是不规则的几何体，其各部分面积用表查不到或过于麻烦，重心法则较适用。

重心法的原理是：任何形状的母线，绕同一平面内的轴线旋转所形成的旋转体，其表面积等于母线长度与母线的重心绕轴线旋转周长的乘积（见图 5-13），其计算公式为

$$A = 2\pi RL$$

式中　A——旋转体的表面积（mm^2）；

R——母线重心至旋转轴的距离（mm）；

L——母线长度（mm）。

具体的计算方法是：把形成旋转体的绕轴母线分为若干直线或圆弧段（或近似直线、圆弧段）l_1，l_2，l_3，…，l_n，找出每一段母线的重心（注意：是线段的重心），并求出每段母线重心到轴线的旋转半径 r_1，r_2，r_3，…，r_n，然后求和 $\sum_{i=1}^{n} l_i r_i$。根据等面积原理和重心法原理，计算毛坯面积的公式为

$$A_{毛坯} = \frac{\pi}{4}D^2 = 2\pi \sum_{i=1}^{n} l_i r_i \tag{5-2}$$

所以得毛坯直径为

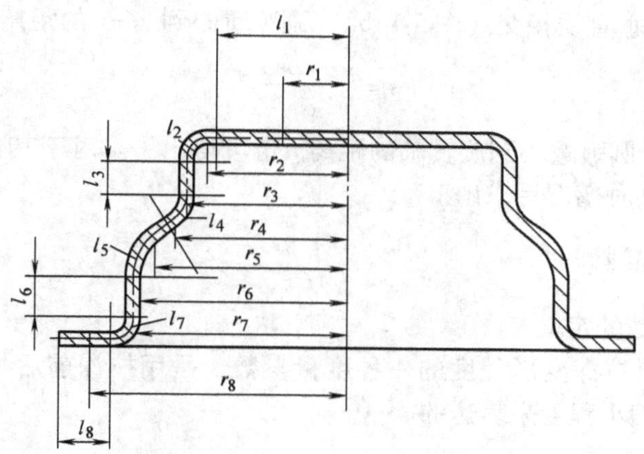

图 5-13　重心法计算毛坯面积

$$D = \sqrt{8 \sum_{i=1}^{n} l_i r_i} \tag{5-3}$$

对直线段，重心即在线段中心；对圆弧线段，可分为以下两种情况。

1）圆弧与水平线相交（图 5-14a），圆弧重心到 y—y 轴的距离为

$$s = \frac{\sin\alpha}{\alpha} R \tag{5-4}$$

式中　α——圆弧的圆心角（°）；

　　　R——圆弧的半径（mm）。

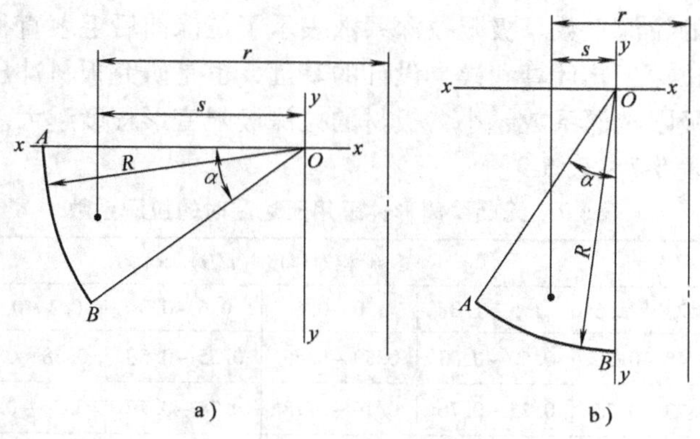

图 5-14　圆弧重心

a）圆弧与水平线相交　b）圆弧与垂直线相交

2）圆弧与垂直线相交（图5-14b），圆弧重心到 $y—y$ 的距离 s 的计算公式为

$$s=\frac{1-\cos\alpha}{\alpha}R \tag{5-5}$$

求得 s 后，圆弧重心到旋转轴的距离 r 也可得出了。对于其他形状圆弧可分解转化为以上两种情况后求解。

5.3.3 拉深系数

1. 拉深系数的定义

拉深系数是拉深变形程度的一种度量参数，是用拉深前后拉深件直径（横断面尺寸）的缩小程度来表达的。

第一次拉深的拉深系数为 $m_1=\dfrac{d_1}{D}$

第 n 次拉深的拉深系数为 $m_n=\dfrac{d_n}{d_{n-1}}$

式中 d_1——第一次拉深时拉深件直径（mm）；

D——拉深用毛坯直径（mm）；

d_n、d_{n-1}——第 n 次、第 $n-1$ 次拉深时拉深件的直径（mm）。

拉深系数越小，变形量越大，拉深越困难。

由前述可知，拉深过程中主要的质量问题是起皱和拉裂，其中拉裂是首要问题。在每次拉深中，既要充分利用材料的最大变形程度，又要防止应力超过材料许可的抗拉强度极限。零件究竟需要几次才能拉深成形，一次还是多次，这一问题与极限拉深系数有关。

所谓极限拉深系数，是指在一定拉深条件下，坯料不失稳起皱和破裂而拉深出最深筒形件的拉深系数。极限拉深系数表示了拉深前后毛坯直径的最大允许变化量，是进行拉深工艺计算和模具设计的基础，也是研究板材冲压成形性能的一个重要尺度。极限拉深系数越小，板材的拉深极限变形程度越大。常用材料的极限拉深系数见表5-7～表5-9。

表5-7 无凸缘筒形件采用压边圈时的拉深系数

各次拉深系数	材料相对厚度（t/D）×100					
	<2.0～1.5	1.5～1.0	1.0～0.6	0.6～0.3	0.3～0.15	0.15～0.08
m_1	0.48～0.50	0.50～0.53	0.53～0.55	0.55～0.58	0.58～0.60	0.60～0.63
m_2	0.73～0.75	0.75～0.76	0.76～0.78	0.78～0.79	0.79～0.80	0.80～0.82
m_3	0.76～0.78	0.78～0.79	0.79～0.80	0.80～0.81	0.81～0.82	0.82～0.84
m_4	0.78～0.80	0.80～0.81	0.81～0.82	0.82～0.83	0.83～0.85	0.85～0.86

（续）

各次拉深系数	材料相对厚度（t/D）×100					
	<2.0~1.5	1.5~1.0	1.0~0.6	0.6~0.3	0.3~0.15	0.15~0.08
m_5	0.80~0.82	0.82~0.84	0.84~0.85	0.85~0.86	0.86~0.87	0.87~0.88

注：1. 表中小值适用于模具有大的圆角半径［$R_凹$＝（8~15）t］，大值适用于小的圆角半径［$R_凹$＝（4~8）t］。

2. 若采用中间退火工序时，可取比表中数值小3%~5%。

3. 表中小值适用于08、10、15等普通拉深钢及H62。对拉深性能较差的材料，如20、25、Q215、Q235、酸洗钢板、硬铝等，应取比表中数值大1.5%~2%。对于塑性较好的材料05、08、10、软铝等，应取比表中数值小1.5%~2%。

表5-8 无凸缘筒形件不用压边圈时的拉深系数

材料相对厚度（t/D）×100	m_1	m_2	m_3	m_4	m_5	m_6
0.4	0.85	0.90	—	—	—	—
0.6	0.82	0.90	—	—	—	—
0.8	0.78	0.88	—	—	—	—
1.0	0.75	0.85	0.90	—	—	—
1.5	0.65	0.80	0.84	0.87	0.90	—
2.0	0.60	0.75	0.80	0.84	0.87	0.90
2.5	0.55	0.75	0.80	0.84	0.87	0.90
3.0	0.53	0.75	0.80	0.84	0.87	0.90
>3.0	0.50	0.70	0.75	0.78	0.82	0.85

注：表中数值适用于08、10、15钢等塑性较好的材料，其余各项目同表5-7。

表5-9 其他金属材料的拉深系数

材料名称	材料牌号	首次拉深系数 m_1	以后各次拉深系数 m_n
铝、铝合金	1035、1235、3A21	0.52~0.55	0.70~0.75
硬铝	2A11、2A12	0.56~0.58	0.75~0.80
黄铜	H62	0.52~0.54	0.70~0.72
	H68	0.50~0.52	0.68~0.72
纯铜	T2、T3、T4	0.50~0.55	0.72~0.80
镀锌铁皮	—	0.58~0.65	0.80~0.85
酸洗钢板	—	0.54~0.58	0.75~0.78
镍铬合金	Cr20Ni80Ti	0.54~0.59	0.78~0.84
合金钢	30CrMnSiA	0.62~0.70	0.80~0.84
不锈钢	06Cr13	0.52~0.56	0.75~0.78
	06Cr19Ni10	0.50~0.52	0.70~0.75
	12Cr18Ni9	0.52~0.55	0.78~0.81

注：1. 当$(t/D)\times100\geqslant0.6$或$R_凹\geqslant(7\sim8)t$时，拉深系数取小值。

2. 当$(t/D)\times100<0.6$或$R_凹<6t$时，拉深系数应取大值。

2. 拉深系数的影响因数

（1）材料相对厚度$(t/D)\times 100$　$(t/D)\times 100$数值大，则不易起皱，允许较小的拉深系数。

（2）材料塑性　材料塑性好，拉深系数可以取小值。材料塑性可由材料的伸长率或由材料的屈强比来表达。深拉深材料要求屈强比≤0.66。

（3）拉深时是否使用压边圈　用压边圈时，拉深系数可取小值；不用压边圈时，为防止起皱，拉深系数应取大值。

（4）凹模圆角半径　凹模圆角半径大，可以选用较小的拉深系数。但圆角半径数值过大，使拉深材料在压边圈下的面积减小，也易发生起皱。

（5）模具状况　凸、凹模工作表面的表面质量好，间隙正常，凹模和板料润滑良好，有助于拉深，拉深系数可取小值。

（6）拉深次数　第一次拉深时，可取较小的拉深系数，以后逐次增大。如采用中间退火后，可选用较小的拉深系数。

5.3.4　拉深次数与工序尺寸计算

1. 无凸缘筒形件的拉深次数与工序尺寸计算

（1）无凸缘筒形件的拉深次数　零件能否一次拉出，只需比较实际所需的总拉深系数$m_{总}$和第一次允许的极限拉深系数m_1的大小即可。如果$m_{总}>m_1$，说明拉深该零件的实际变形程度比第一次容许的极限变形程度要小，所以零件可以一次拉成；否则需要多次拉深，如图5-15所示。计算多次拉深时的拉深次数的方法有多种，生产上经常用推算法进行计算，就是把毛坯直径或中间工序毛坯尺寸依次乘以查出的极限拉深系数m_1，m_2，m_3，…，m_n，得各次半成品的直径，直到计算出的直径d_n小于或等于工件直径d为止。

例　求图5-16所示零件的拉深次数，零件材料为08钢，厚度$t=2\text{mm}$。

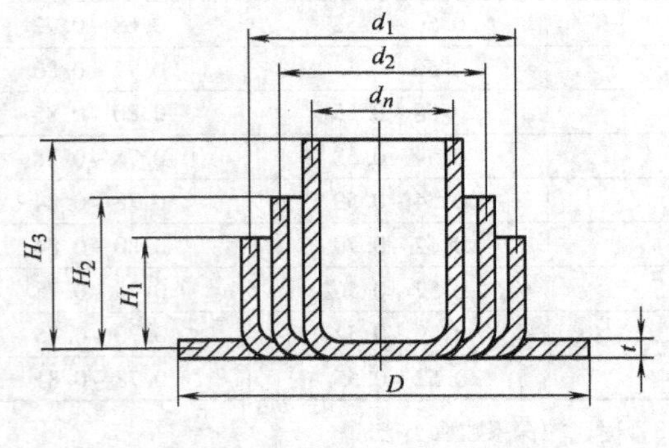

图5-15　筒形件多次拉深

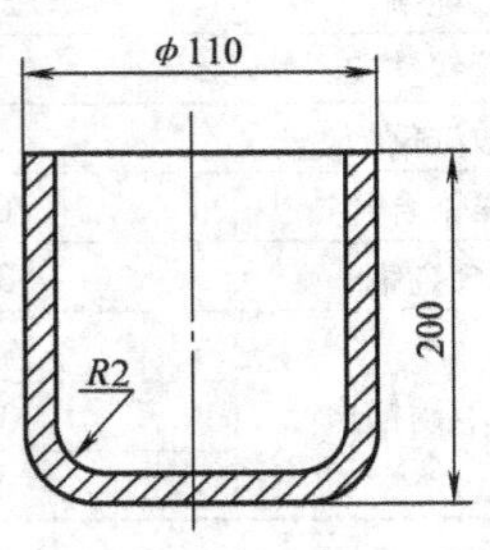

图5-16　拉深零件图

解　查表5-5得修边余量为8mm，利用前面所求图5-12所示毛坯直径的结论计算可得毛坯直径 $D=318\text{mm}$。

毛坯的相对厚度为 $(t/d)\times100=(2/318)\times100=0.63$

查表5-8得各次拉深系数为：$m_1=0.54$，$m_2=0.77$，$m_3=0.80$，$m_4=0.82$，$m_{总}=d/D=108/318=0.34$

$m_{总}<m_1$，所以该零件需多次拉深才能成形。

初选各次半成品直径：

$$d_1=m_1D=0.54\times318\text{mm}\approx172\text{mm}$$

$$d_2=m_2d_1=0.77\times172\text{mm}\approx133\text{mm}$$

$$d_3=m_3d_2=0.80\times133\text{mm}\approx107\text{mm}<108\text{mm}$$

所以知该零件至少要拉3次才行，为了提高工艺稳定性，避免在极限情况下拉深，生产中常安排4次拉深。

（2）无凸缘筒形件工序尺寸的确定　无凸缘筒形件的工序尺寸的确定包括各次拉深半成品的直径 d_n、筒底圆角半径 r_n 和筒壁高度 h_n。

1）半成品的直径。拉深次数确定后，应对各次拉深系数进行调整，总的原则是使每次实际采用的拉深系数大于每次拉深时的极限拉深系数，而且尽量满足下面关系式：

$$m_1-m_1'\approx m_2-m_2'\approx m_3-m_3'\approx\cdots\approx m_n-m_n'$$

式中　m_1，m_2，m_3，…，m_n——各次极限拉深系数；

m_1'，m_2'，m_3'，…，m_n'——各次实际使用拉深系数。

按此关系，调整上例中零件实际各次的拉深系数为：$m_1'=0.57$，$m_2'=0.80$，$m_3'=0.83$，$m_4'=0.85$。调整好拉深系数后，重计算各次拉深的圆筒直径即得半成品直径，零件的各次半成品尺寸为

第一次拉深后　　$d_1=318\times0.57\text{mm}\approx182\text{mm}$

第二次拉深后　　$d_2=182\times0.80\text{mm}\approx145\text{mm}$

第三次拉深后　　$d_3=145\times0.83\text{mm}\approx120\text{mm}$

第四次拉深后　　$d_4=108\text{mm}$

$$m_4'=108/120=0.90$$

2）半成品高度的确定。计算各次拉深后零件的高度前，应先定出各次半成品底部的圆角半径（详见5.6节），现取首次拉深 $r_1=12$，二次拉深 $r_2=8$，三次拉深 $r_3=5$。计算各次半成品的高度可由求毛坯直径的公式推出，即

$$H_n=0.25\left(\frac{D^2}{d_n}-d_n\right)+0.43\times\frac{r_n}{d_n}(d_n+0.32r_n)\tag{5-6}$$

式中　d_n——各次拉深的直径（中线值）（mm）；

r_n——各次拉深半成品底部的圆角半径（中线值）（mm）；

H_n——各次拉深半成品高度（mm）；

D——毛坯直径（mm）。

将图 5-16 所示零件的以上各项具体数值代入上述公式，即求出各次半成品的高度值：

$$H_1 = 0.25\left(\frac{318^2}{182} - 182\right)\text{mm} + 0.43 \times \frac{12}{182}(182 + 0.32 \times 12)\ \text{mm} = 99\text{mm}$$

$$H_2 = 0.25\left(\frac{318^2}{145} - 145\right)\text{mm} + 0.43 \times \frac{8}{145}(145 + 0.32 \times 8)\ \text{mm} = 141\text{mm}$$

$$H_3 = 0.25\left(\frac{318^2}{120} - 120\right)\text{mm} + 0.43 \times \frac{5}{120}(120 + 0.32 \times 5)\ \text{mm} = 183\text{mm}$$

$$H_4 = 199\text{mm} + 8\text{mm} = 207\text{mm}$$

2. 有凸缘筒形件的拉深次数与工序尺寸计算

有凸缘筒形件的拉深和无凸缘筒形件的拉深从应力状态和变形特点上是相同的。其区别是有凸缘工件首次拉深时，坯料不是全部进入凹模口部，只是拉深到凸缘外径等于所要求的凸缘直径（包括修边量）时，拉深工作就停止，凸缘只有部分材料转移到筒壁，因此其首次拉深的成形过程及工序尺寸计算与无凸缘的有一定差别。

（1）有凸缘筒形件的拉深次数　有凸缘圆筒形件的极限拉深系数比无凸缘圆筒形件要小，它决定于三个因数：①凸缘的相对直径 $d_凸/d$。②零件的相对高度 H/d。③底部相对圆角半径 r/d。其中影响最大的是 $d_凸/d$。$d_凸/d$ 和 H/d 值越大，表示拉深时毛坯变形区宽度越大，拉深难度越大，拉深系数越大。而 r/d 值越小，拉深难度越大。表 5-10 列出了有凸缘圆筒形件第一次拉深时的极限拉深系数。表 5-11 列出了有凸缘圆筒形件第一次拉深时的最大拉深相对高度。

表 5-10　有凸缘筒形件（10 钢）第一次拉深时的极限拉深系数 m_1

凸缘相对直径 $d_凸/d_1$	毛坯相对厚度 $(t/D)\times100$				
	2～1.5	<1.5～1.0	<1.0～0.6	<0.6～0.3	<0.3～0.1
≤1.1	0.51	0.53	0.55	0.57	0.59
1.3	0.49	0.51	0.53	0.54	0.55
1.5	0.47	0.49	0.50	0.51	0.52
1.8	0.45	0.46	0.47	0.48	0.48
2.0	0.42	0.43	0.44	0.45	0.45
2.2	0.40	0.41	0.42	0.42	0.42
2.5	0.37	0.38	0.38	0.38	0.38
2.8	0.34	0.35	0.35	0.35	0.35
3.0	0.32	0.33	0.33	0.33	0.33

表 5-11　有凸缘筒形件（10 钢）第一次拉深时的最大相对高度 H_1/d_1

凸缘相对直径 $d_凸/d_1$	毛坯相对厚度 $(t/D)\times100$				
	2~1.5	<1.5~1.0	<1.0~0.6	<0.6~0.3	<0.3~0.15
≤1.1	0.90~0.75	0.82~0.65	0.70~0.57	0.62~0.50	0.52~0.45
1.3	0.80~0.65	0.72~0.56	0.60~0.50	0.53~0.45	0.47~0.40
1.5	0.70~0.58	0.63~0.50	0.53~0.45	0.48~0.40	0.42~0.35
1.8	0.58~0.48	0.53~0.42	0.44~0.37	0.39~0.34	0.35~0.29
2.0	0.51~0.42	0.46~0.36	0.38~0.32	0.34~0.29	0.30~0.25
2.2	0.45~0.35	0.40~0.31	0.33~0.27	0.29~0.25	0.26~0.22
2.5	0.35~0.28	0.32~0.25	0.27~0.22	0.23~0.20	0.21~0.17
2.8	0.27~0.22	0.24~0.19	0.21~0.17	0.18~0.15	0.16~0.13
3.0	0.22~0.18	0.20~0.16	0.17~0.14	0.15~0.12	0.13~0.10

注：1. 表中数值适用于 10 钢，对于比 10 钢塑性更大的金属取接近于大的数值，对于塑性较小的金属，取接近于小的数值。

2. 表中大的数值适用于大的圆角半径，从 $(t/D)\times100=2\sim1.5$ 时的 $r=(10\sim12)t$ 到 $(t/D)\times100=0.3\sim0.15$ 时的 $r=(20\sim25)t$。表中小的数值适用于底部及凸缘小的圆角半径 $r=(4\sim8)t$。

判断有凸缘筒形件能否一次拉出，只需比较零件总拉深系数 $m_总$ 和表 5-10 中第一次允许的极限拉深系数 m_1 的大小即可，或比较零件总的相对高度与表 5-11 中第一次拉深时的最大相对高度 H_1/d_1。如果满足 $m_总>m$ 或 $H/d<H_1/d_1$，则零件可以一次拉成，否则需要多次拉深。凸缘的外缘部分只在首次拉深时参与变形，有凸缘的工件若多次拉深，其以后各次拉深与无凸缘的相同。

（2）有凸缘筒形件的工序尺寸的确定　有凸缘筒形件的工序尺寸的确定仍可以采用推算法。具体的做法是：先假定 $d_凸/d$ 的值，从表 5-10 中查出第一次拉深系数 m_1，利用公式 $d_1=m_1D$，$d_2=m_2d_1$，$d_3=m_3d_3$，…，$d_n=m_nd_{n-1}$，依次计算各次拉深直径 d_i，直至 $d_n\leqslant d$（工件的直径）为止，n 即为拉深次数。然后修正各次拉深系数，计算各次拉深的直径 d_{n-1}，d_{n-2}，…，d_2，d_1。

各次拉深的高度为

$$H_n=\frac{0.25}{d_n}(D^2-d_凸^2)+0.43(r_{1n}+r_{2n})+\frac{0.14}{d_n}(r_{1n}^2-r_{2n}^2) \tag{5-7}$$

式中　d_n——各次拉深的直径（中线值）(mm)；

$d_凸$——凸缘直径（mm）；

r_{1n}——各次拉深半成品直壁底部的圆角半径（中线值）(mm)；

r_{2n}——各次拉深半成品凸缘根部圆角半径（中线值）(mm)；

H_n——各次拉深半成品高度（mm）；

D——毛坯直径（mm）。

有凸缘圆筒形以后各次极限拉深系数 m，可按无凸缘筒形件表5-7、表5-8中的最大值来取，或略大些。

(3) 有凸缘圆筒形工件工序安排方法　有凸缘圆筒形可以分为两类：窄凸缘件（$d_凸/d\leqslant1.1\sim1.4$）和宽凸缘筒形工件（$d_凸/d>1.4$）。

对多次拉深的窄凸缘筒形件，可在前几道拉深时按无凸缘进行拉深，在最后两次拉深时拉出带锥形的凸缘，最后校平，如图5-17所示。

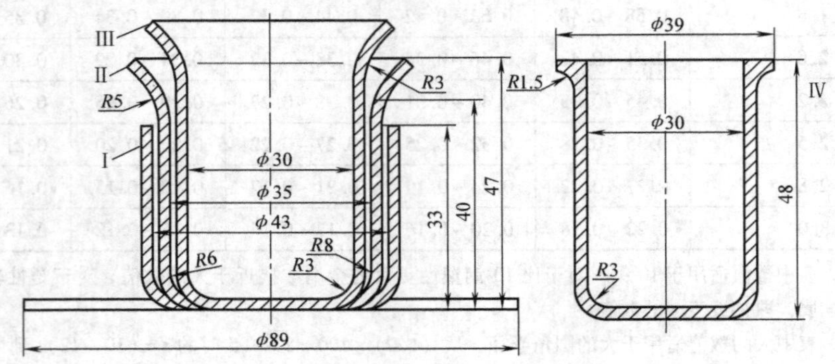

图5-17　窄凸缘筒形件的多次拉深

Ⅰ~Ⅳ—拉深工序

多次拉深的宽凸缘筒形工件，可在第一次拉深时就把凸缘拉到尺寸，为了防止以后的拉深把凸缘拉入凹模（会加大筒壁的力而出现拉裂），通常第一次拉深时拉入凹模的坯料比所需的加大3%~5%（注意此时计算坯料时作相应的放大），而在第二次、第三次多拉入1%~3%，多拉入的材料会逐次返回到凸缘上，这样凸缘可能会变厚或出现微小的波纹，可最后通过校正工序校正过来，不会影响工件的质量。

宽凸缘工件的拉深方法有以下两种：

图5-18a所示的方法适用于 $d_凸<200$mm 的中、小型工件的拉深。用这种方法拉深的工件表面易留下痕迹，需要有整形工序。

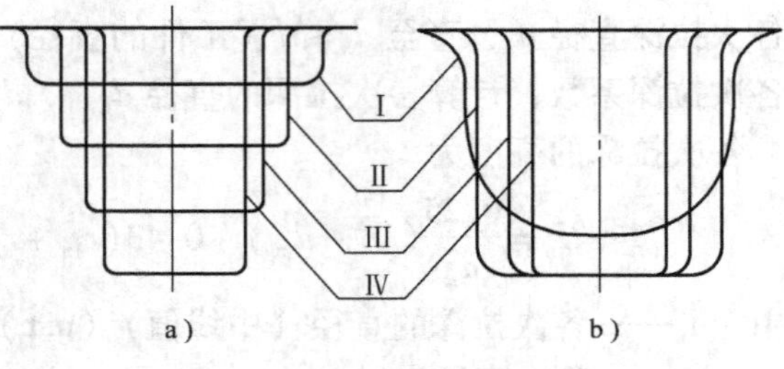

图5-18　宽凸缘筒形件的多次拉深

Ⅰ~Ⅳ—拉深工序

图5-18b所示的方法适用于 $d_凸>200$mm 的大型工件的拉深。这种方法适用于毛坯的相对厚度较大，在第一次拉深大圆弧曲面时，不会发生起皱的情况。

以上所述两种宽凸缘工件拉深的方法，在圆角半径要求较小或凸缘有平面度要求时，须加整形工序。

5.4　压边力、压边装置及拉深力

1. 压边力

（1）采用压边圈的条件　如前所述，采用压边圈是防止拉深起皱的有效方法。是否需要加压边，生产中一般用经验公式进行估算。

用普通平端面凹模拉深时，不用加压边的条件是：

首次拉深

$$\frac{t}{D} \geqslant 0.045(1-m) \tag{5-8}$$

以后各次拉深

$$\frac{t}{D} \geqslant 0.045\left(\frac{1}{m}-1\right) \tag{5-9}$$

用锥形凹模拉深时，不用加压边的条件是：

首次拉深

$$\frac{t}{D} \geqslant 0.03(1-m) \tag{5-10}$$

以后各次拉深

$$\frac{t}{D} \geqslant 0.03\left(\frac{1}{m}-1\right) \tag{5-11}$$

如不能满足上述公式的要求，则在拉深模设计时应加压边装置。另外，也可利用表 5-12 来判断是否需要压边。

表 5-12　是否采用压边圈的条件

拉深方法	第一次拉深		后续各次拉深	
	$(t/D)\times 100$	m_1	$(t/D)\times 100$	m_n
用压边圈	<1.5	<0.6	<1.0	<0.8
可用可不用	1.5~2.0	0.6	1.0~1.5	0.8
不用压边圈	>2.0	>0.6	>1.5	>0.8

（2）压边力的计算　压边力的大小对拉深影响很大，压边力如果太大，将引起拉深力增加，增大工件拉裂的危险；太小则达不到防皱的目的。生产中压边力 F_Q 的经验计算公式见表 5-13。

在实际生产中，实际压边力的大小要根据既不起皱又不被拉裂这个原则，在试模中加以调整。在设计压边装置时，应考虑便于调整压边力。

表 5-13　压边力计算公式

拉深情况	公　式
拉深任何形状的工件	$F_Q = Ap$
圆筒形件第一次拉深	$F_Q = \frac{\pi}{4}[D^2 - (d_1 + 2r_{凹})^2]p$
圆筒形件以后各次拉深	$F_Q = \frac{\pi}{4}(d_{n-1}^2 - d_n^2)p$

注：A—在压边圈下的毛坯投影面积（mm^2）；p—单位压边力（MPa），其值见表 5-3、表 5-14；D—平板毛坯直径（mm）；d_1、…、d_n—第 1、…、n 次拉深后工件直径（mm）；$r_{凹}$—拉深凹模圆角半径（mm）。

2. 压边装置的选择

（1）压边圈的类型

1）平面压边圈。平面压边圈是最常用的一种压边结构，可用于首次拉深模的压边，还可用于起伏、成形等的压料，如图 5-19 所示。

2）局部压边。局部压边可以减少材料与压边圈的接触面积，增大单位压力，适用于宽凸缘拉深件，如图 5-20 所示。

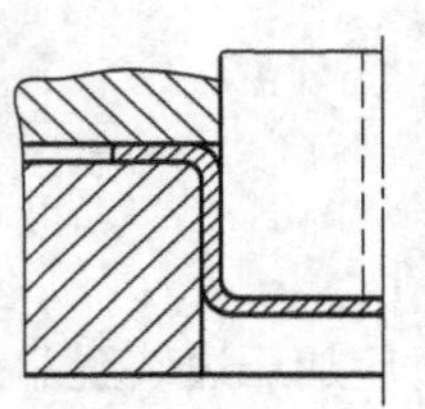

图 5-19　平面压边圈

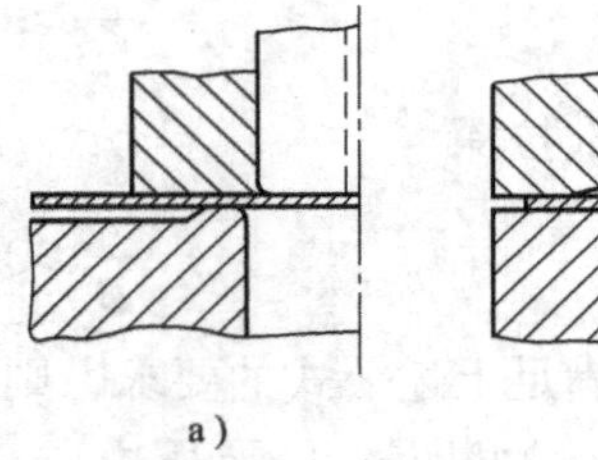

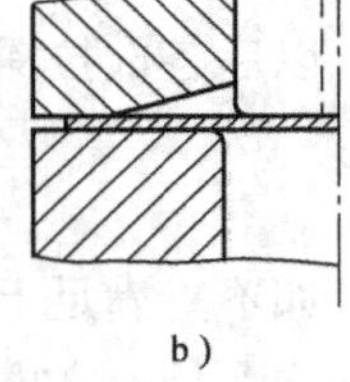

图 5-20　局部压边结构
a）带凸肋压边圈　b）带斜度压边圈

3）带限位的压边。为避免因压边过紧而使毛坯拉裂，可采用带限位压边装置，如图 5-21 所示。采用销钉或螺钉使压边圈与凹模保持固定的距离 s，调整距离 s 的大小就可以调整压边力的大小。图 5-21a 所示为带限位的平面压边，用于首次拉深。图 5-21b、c 所示结构适用于工件的再次拉深。

4）带凸肋压边圈。在压边圈上增加局部或整体的凸肋，可以增大压边力，适用于小凸缘、球形件拉深及起伏成形等，如图 5-22 所示。

（2）压边圈压力的提供方式　按拉深时压边圈压力的提供方式，分为弹性压边和刚性压边两种。

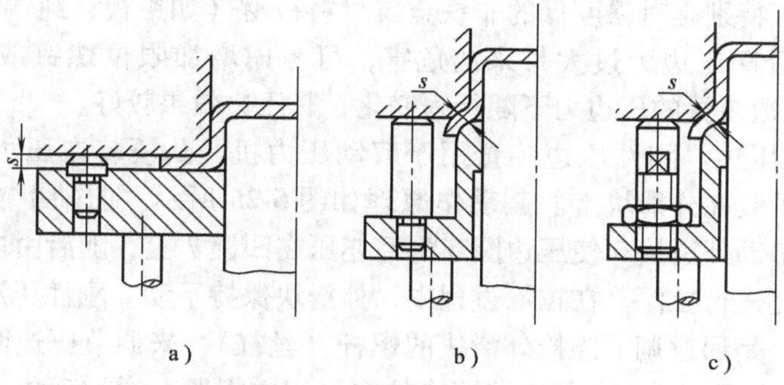

图5-21　带限位压边装置

a)、b) 固定式　c) 可调式

1) 弹性压边。弹性压边装置如图5-23所示。所用弹性元器件一般为橡胶、弹簧和气垫，也可采用氮气弹簧技术。

橡胶和弹簧压边装置多用于普通小吨位的单动压力机。由于提供的压边力较小，对厚料、深拉深不宜采用。大吨位的压力机工作台下部带有气垫装置，使用压缩空气，通过调整压缩空气的压力大小来控制压边力。气垫工作平稳，适用于大尺寸、深拉深件的压边。

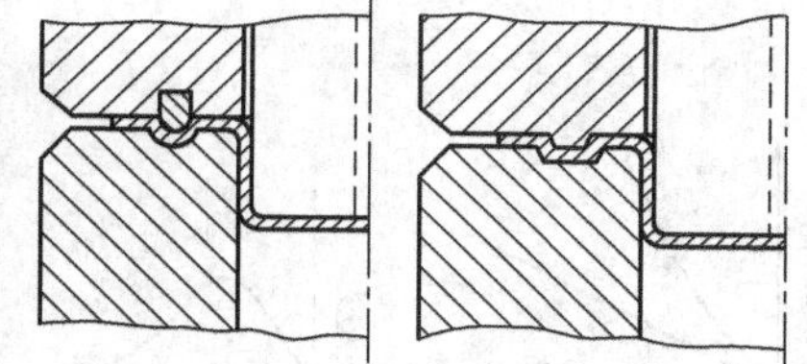

图5-22　带凸肋压边圈

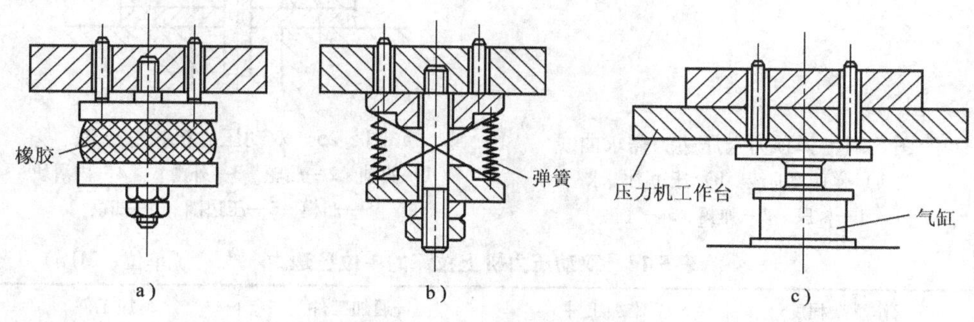

图5-23　弹性压边装置

a) 橡胶弹顶　b) 弹簧弹顶　c) 气缸弹顶

从行程与压力的关系看，防止拉深材料起皱所需压边力如图5-24b所示，当拉深到 $R_t \approx 0.85R_0$（R_t 为凸缘直径，R_0 为毛坯直径）时，要求的压边力最大，以后压力缓慢减小。而橡胶和弹簧压边装置随行程增加压力增大（图5-24a），所以随拉深深度加大，材料所承受的拉深应力加大，容易出现“危险断面”的拉裂或变薄，特别是对强度低的非铁金属材料板材（如铝板、纯铜等）更严重。为避免拉深后期压边力过大带来的危害，可考虑增加限位螺钉或销钉（图 5-21）。气垫压边装置的压边力不随行程变化，其压边效果较好。

2）刚性压边。刚性压边装置用于双动压力机，凸模装在压力机的内滑块上，压边装置装在外滑块上。其动作原理如图 5-25 所示。曲轴 1 旋转时，首先通过凸轮 2 带动外滑块 3 使压边圈 6 将毛坯压在凹模 7 上，随后由内滑块 4 带动凸模 5 对毛坯进行拉深。在拉深过程中，外滑块保持不动。刚性压边圈压边力的大小的调整，是通过调节连接外滑块的螺杆（丝杠），来调节压边圈与凹模间隙 c 而实现的。考虑到毛坯凸缘变形区在拉深过程中板厚有增加现象，所以调整模具时 c 应略大于板厚 t。用刚性压边，压边力不随行程变化，可以拉深高度较大的工件，拉深效果较好，且模具结构简单。双动压力机上拉深的单位压边力见表 5-14。

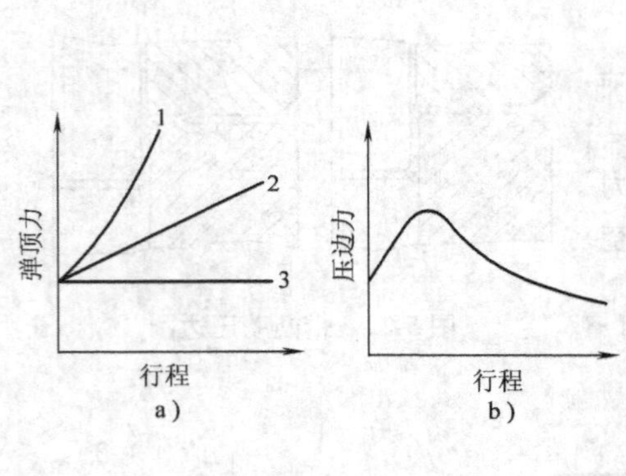

图 5-24　弹顶力与压边力需求曲线

a）弹顶力曲线　b）压边力需求

1—橡胶　2—弹簧　3—气垫

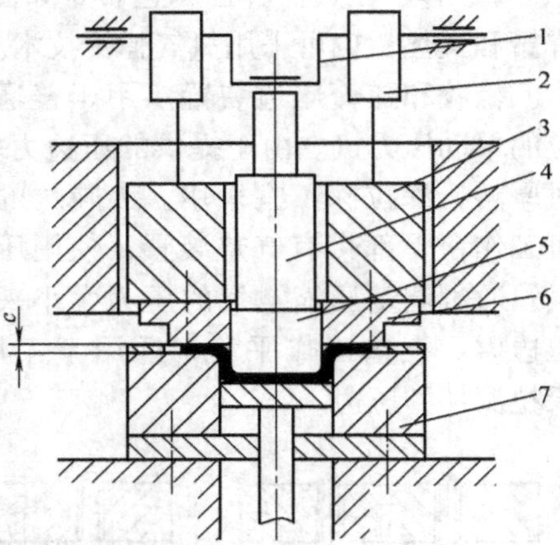

图 5-25　双动压力机拉深原理

1—曲轴　2—凸轮　3—外滑块　4—内滑块

5—凸模　6—压边圈　7—凹模

表 5-14　双动压力机上拉深的单位压边力　（单位：MPa）

工作复杂程度	难加工件	普通加工件	易加工件
单位压边力 p	3.7	3.0	2.5

（3）压边圈的尺寸确定　首次拉深时（图 5-26），压边圈外径 $D_{压}$ 按下式计算：

$$D_{压} = (0.02 \sim 0.20) + d_p \tag{5-12}$$

式中　$D_{压}$——压边圈内径（mm）；

d_p——拉深凸模外径（mm）。

以后各次拉深时（图 5-27），压边圈内径 $D_{压}$ 仍按式（5-12）计算，外径 $d_{压}$ 按下式计算：

$$d_{压} = D - (0.03 \sim 0.08)\text{mm} \tag{5-13}$$

式中 $d_{压}$——以后各次拉深压边圈外径（mm）；

D——拉深前半成品工件内径（mm）。

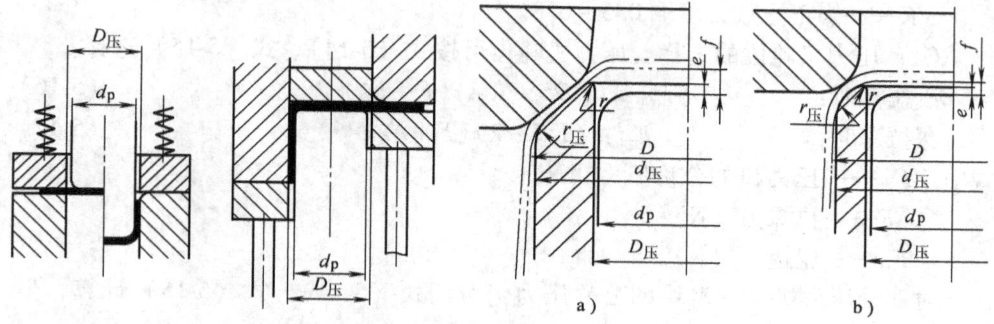

图 5-26 首次拉深压边圈

图 5-27 以后各次拉深拉边圈
a）斜面端部 b）圆角端部

压边圈圆角半径 $r_{压}$ 应比上次拉深凸模相应的圆角半径大 0.5～1mm，以便于将工件套上压料圈。

3. 拉深力与压力机吨位的选择

（1）采用压边圈的圆筒形件的拉深力 其计算公式为

$$F = K\pi dtR_m \tag{5-14}$$

式中 F——拉深力（N）；

d——拉深凸模直径（mm）；

t——材料厚度（mm）；

R_m——材料的抗拉强度（MPa）；

K——修正系数，与拉深系数 m 有关，m 越大，K 越小，见表 5-15。

表 5-15 修正系数 *K* 值

m_1	0.55	0.57	0.60	0.62	0.65	0.67	0.70	0.72	0.75	0.77	0.80
K_1	1.00	0.93	0.86	0.79	0.72	0.66	0.60	0.55	0.50	0.45	0.40

m_2	0.70	0.72	0.75	0.77	0.80	0.85	0.90	0.95
K_2	1.00	0.95	0.90	0.85	0.80	0.70	0.60	0.50

注：表中 K_1 为首次拉深的修正系数，K_2 为以后各次拉深的修正系数。

（2）不采用压边圈的圆筒形件的拉深力 不采用压边圈的圆筒形工件仍可用式（5-14）来计算其拉深力，其中 $K_1 = 1.25$，$K_2 = 1.3$。

(3) 横截面为矩形、椭圆形等拉深件的拉深力　其计算公式为

$$F = KLtR_m \tag{5-15}$$

式中　L——横截面周边长度（mm）；

t——材料厚度（mm）；

R_m——材料的抗拉强度（MPa）；

K——修正系数，可取0.5～0.8。

(4) 压力机吨位的选择　压力机吨位可按式（5-14）、式（5-15）选择。

浅拉深时：

$$F_{机} \geqslant (1.25 \sim 1.4)(F + F_Q) \tag{5-16}$$

深拉深时：

$$F_{机} \geqslant (1.7 \sim 2)(F + F_Q) \tag{5-17}$$

式中　$F_{机}$——压力机的公称压力（N）；

F——拉深力（N）；

F_Q——压边力（N）。

对双动压力机，内滑块的公称压力仍可用式（5-14）、式（5-15）计算，但不包括 F_Q。外滑块的公称压力应大于 F_Q。

5.5　拉深模典型结构

拉深模按所使用的冲压设备不同，可分为单动压力机用拉深模、双动压力机用拉深模及三动压力机用拉深模；按拉深的次序，可分首次拉深模和以后各次拉深模；按工序的组合来分，可分为单工序拉深模、复合拉深模和连续拉深模；另外，按有无压边装置分，可分为无压边装置拉深模和有压边装置拉深模等。以下介绍几种常见的拉深模典型结构。

1. 无压边装置的首次拉深模

无压边装置的首次拉深模如图5-28所示。这种模具结构简单，上模常做成整体的，当凸模直径过小时，可以加上模柄，以增加上模与滑块的接触面积。模具不设专门的卸件装置，靠工件口部拉深后弹性恢复张开，在凸模上行时被凹模的下底面刮下。这种结构一般适用于厚度大于1.5mm及拉深深度较小的零件。

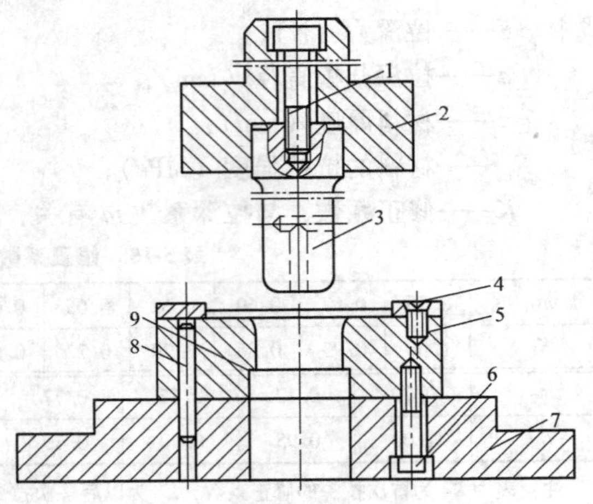

图5-28　无压边装置首次拉深模

1、5、6—螺钉　2—模柄　3—凸模　4—定位板　7—下模板　8—销钉　9—凹模

2. 有压边装置的首次拉深模

有压边装置的拉深模是最广泛采用的拉深模结构形式。压边装置可以装在上模，也可以装在下模。图 5-29 所示为弹簧压边圈装在上模的结构。由于弹簧装在上模，因此凸模比较长，适宜于拉深深度不大的零件。另外，这种结构由于上模空间位置受到限制，不可能使用很大的弹簧或橡胶，因此上压边装置的压边力较小。而压边装置在下模结构压边力可以较大，所以拉深模具常采用下压边装置，如图 5-30 所示。

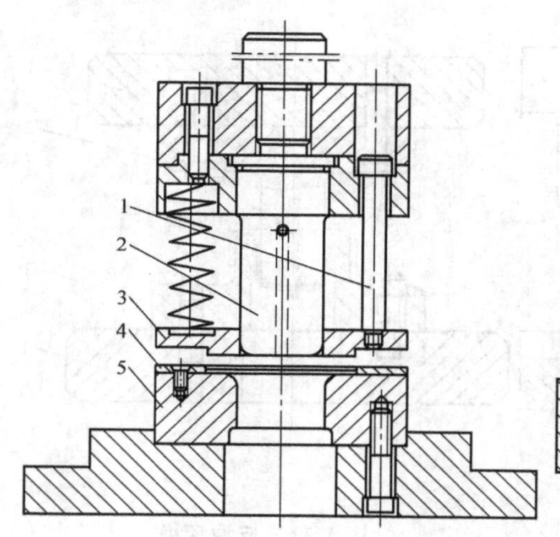

图 5-29　有压边装置首次拉深模 1
1—压边圈螺钉　2—凸模　3—压边圈　4—定位板　5—凹模

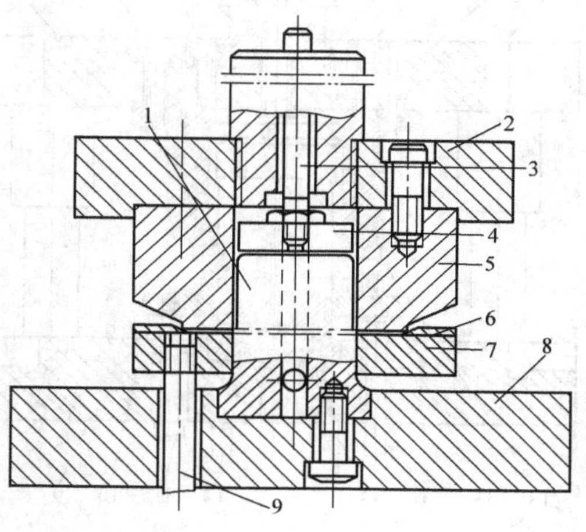

图 5-30　有压边装置首次拉深模 2
1—凸模　2—上模座　3—打料杆　4—推件块　5—凹模　6—定位板　7—压边圈　8—下模座　9—卸料螺钉

3. 以后各次拉深模

在以后各次拉深中，毛坯已不是平板形状，而是已经拉深过的半成品，所以毛坯在模具上应有适当的定位方法。

图 5-31 所示为无压边装置的以后各次拉深模，该结构仅用于直径缩小量不大的拉深。

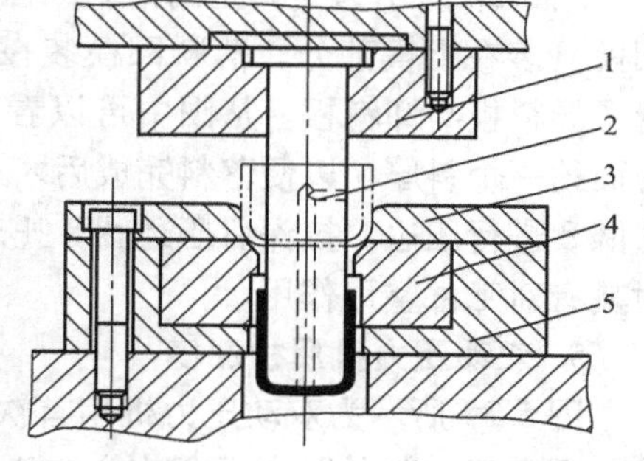

图 5-31　无压边装置的以后各次拉深模
1—凸模固定板　2—凸模　3—定位板　4—凹模　5—凹模固定板

图 5-32 所示为有压边装置的以后各次拉深模，这是一般最常见的结构形式。压边圈与弹性橡胶装在下模，可以提供足够大的压边力。为了防止拉深后期压边力过大可能造成的工件变薄或拉裂，采用限位螺栓 15 调节压边圈与凹模间的距离，该

距离开始可调为等于料厚 t 进行试冲。螺母 16 用来紧固限位螺栓 15。拉深前，毛坯套在压边圈 10 上，所以压边圈的形状必须与上一次拉出的半成品相适应。拉深后，压边圈将冲压件从凸模 12 上托出，推件块 7 将冲压件从凹模中推出。

图 5-33 所示为反拉深模。反拉深模具有较好的防皱效果，一般不需要压边装置（也有采用压边装置的）。拉深前，将半成品毛坯套在凹模上定位，拉深后的工件由于口部弹性张开，上模回程时被凹模下边缘刮下。

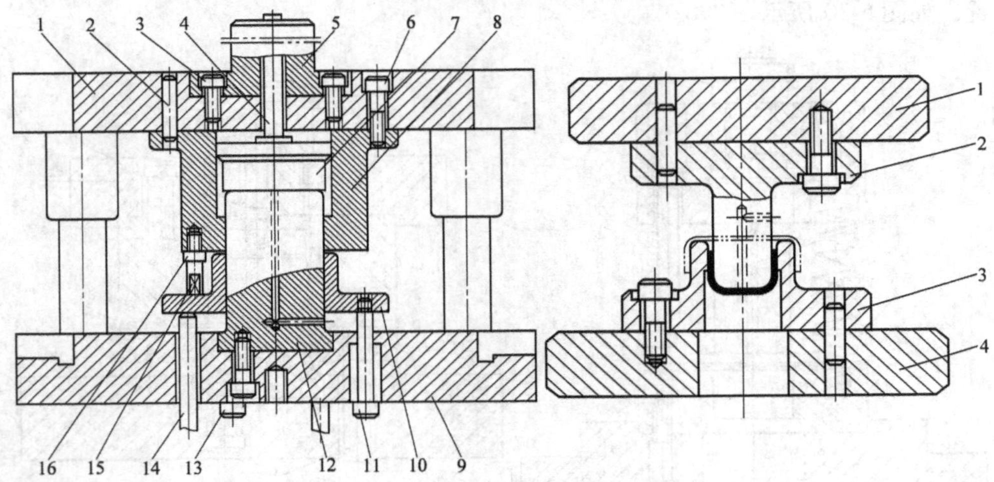

图 5-32　有压边装置的以后各次拉深模

1—上模板　2—销钉　3、6、13—螺钉　4—打杆　5—模柄　7—推件块　8—凹模　9—下模板　10—压边圈　11—卸料螺钉　12—凸模　14—顶杆　15—限位螺栓　16—螺母

图 5-33　反拉深模

1—上模板　2—凸模　3—凹模　4—下模板

4. 落料拉深复合模

图 5-34 所示为一典型的落料与首次拉深复合模。凸凹模（落料凸模、拉深凹模）装在上模部分，落料凹模装在下模部分，因落料前毛坯为条料，所以设置了导料板与卸料板。从图中可以看出，拉深凸模 9 的顶面稍低于落料凹模 10 刃面约一个料厚，以便落料完成后才进行拉深。拉深时，由气垫通过顶杆 7 和压边圈 8 进行压边。拉深后压边圈 8 托出工件，由卸料板 2 对条料卸料。推件块同时具有对工件整形作用。

5. 双动压力机用拉深模

图 5-35 所示为双动压力机用首次拉深模。因双动压力机有两个滑块，其凸模 1 固定于内滑块（拉深滑块），装有压边圈的上模座固定于外滑块（压边滑块）。拉深时，压边滑块首先带动压边圈压住毛坯，然后拉深滑块带动拉深凸模下行进行拉深。模具结构简单，成本低，但双动压力机投资较高。

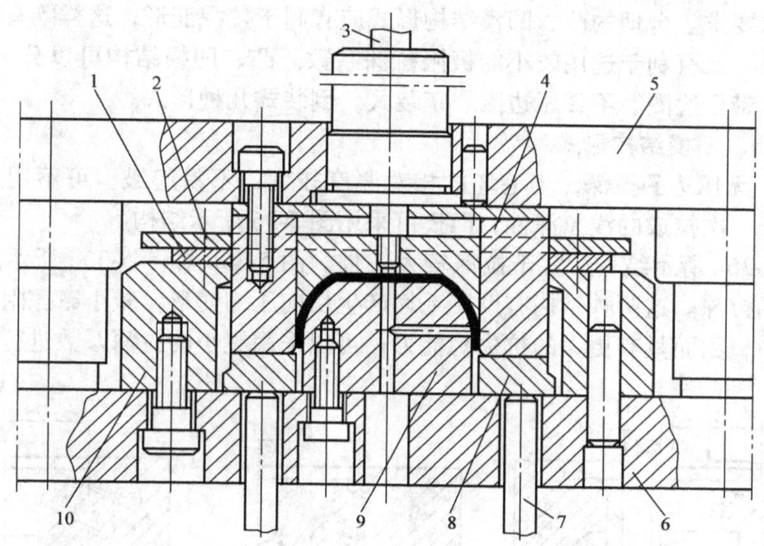

图 5-34　落料与首次拉深复合模

1—导料板　2—卸料板　3—打杆　4—凸凹模　5—上模座　6—下模座　7—顶杆　8—压边圈　9—拉深凸模　10—落料凹模

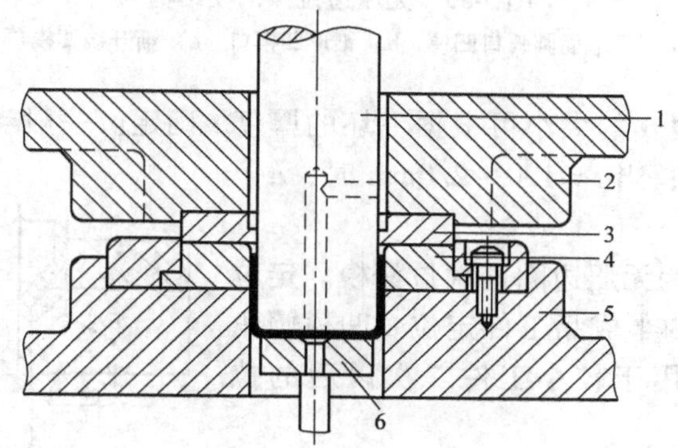

图 5-35　双动压力机用首次拉深模

1—凸模　2—上模座　3—压边圈　4—凹模　5—下模座　6—顶件块

5.6　拉深凸、凹模设计

5.6.1　拉深凸、凹模结构

拉深凸、凹模的结构形式取决于工件的形状、尺寸，以及拉深方法、拉深次数等工艺要求。合理的凸、凹模结构形式应有利于拉深变形，这样既有利于提高零件质量，又有利于选用较小的极限拉深系数。凸、凹模结构可以分为正拉深、反拉深、带压边圈、不带压边圈、正装式、倒装式几种形式。

1. 凸、凹模结构形式

（1）无压边圈拉深　当毛坯的相对厚度较大，不易起皱，可不用压边圈压边。对于一次拉成的浅拉深件，凹模可采用图5-36所示结构。

图5-36a所示结构适宜于拉深较大工件。图5-36b和图5-36c所示结构适宜于小件的拉深。这两种结构有助于毛坯产生切向压缩变形，减小摩擦阻力和弯曲变形阻力，因而具有更大的抗失稳能力，可以采用更小的拉深系数进行拉深。

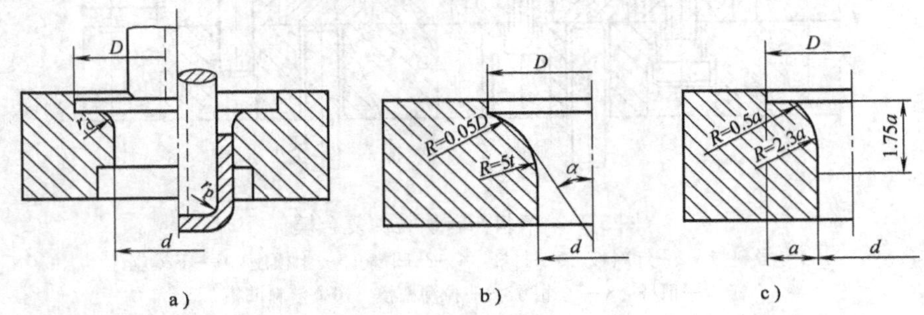

图5-36　无压边拉深凹模结构
a）平端面圆弧口凹模　b）锥形凹模口　c）渐开线凹模口

锥形凹模锥角 α 的大小可根据毛坯的厚度 t 确定。一般当 $t=0.5\sim1.0$mm 时，$\alpha=30°\sim40°$；当 $t=1.0\sim2.0$mm 时，$\alpha=40°\sim50°$。

图5-37所示为无压边圈再次拉深模。定位板用来对拉深前的半成品工件定位。凹模圆角采用圆弧形，多用于较小工件二次以后的拉深。

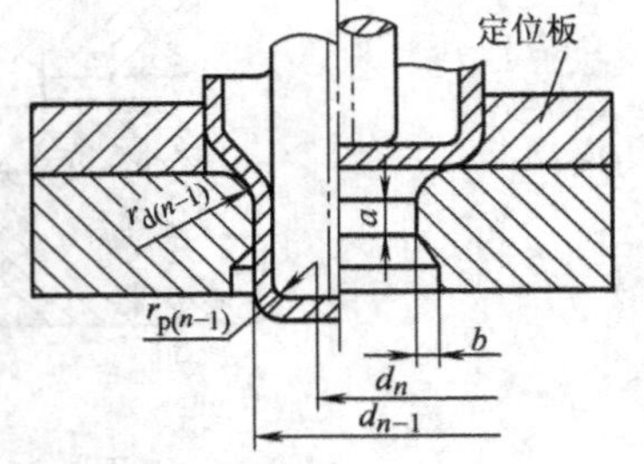

图5-37　无压边圈再次拉深模

（2）有压边圈拉深　当毛坯的相对厚度较小，拉深容易起皱时，必须采用带压边圈模具结构，如图5-38所示。

图5-38a中凸、凹模具有圆角结构，用于拉深直径 $d\leqslant\phi100$mm 的拉深件，上图用于首次拉深，下图用于再次拉深。图5-38b中凸、凹模具有斜角结构，用于拉深直径 $d\geqslant\phi100$mm 的拉深件。采用这种有斜角的凸模和凹模主要优点是：①改善金属的流动，减少变形抗力，材料不易变薄；②可以减轻毛坯反复弯曲变形的程度，提高零件侧壁的质量；③使半成品工件在下次拉深中容易定位。

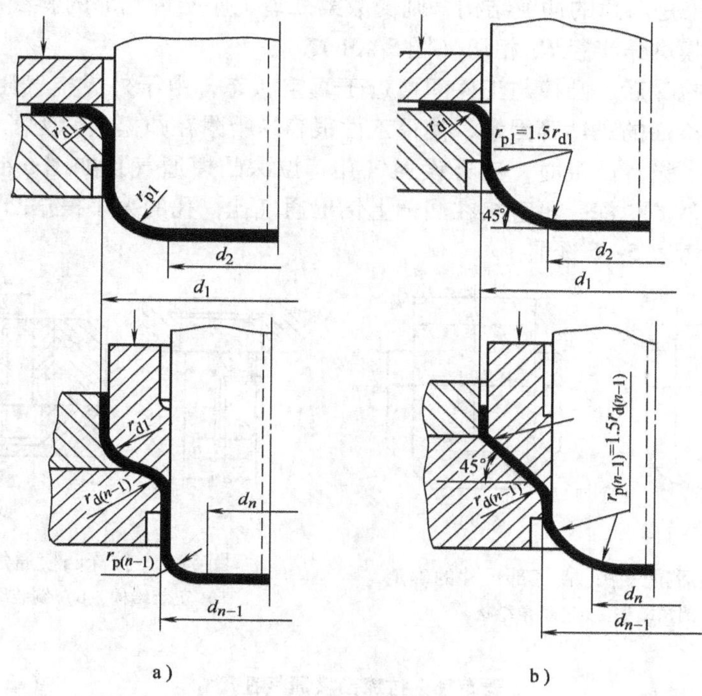

图 5-38　有压边圈拉深模结构
a）圆角结构　b）斜角结构

不论采用哪种结构，均需注意前后两道工序的冲模在形状和尺寸上的协调，使前道工序得到的半成品形状有利于后道工序的成形，而压边圈的形状和尺寸应与前道工序凸模的相应部分相同。拉深凹模的锥面角度，也要与前道工序凸模的斜角一致。前道工序凸模的锥顶径 d_{n-1} 应比后续工序凸模的直径 d_n 小，以避免毛坯在 A 部可能产生不必要的反复弯曲，使工件筒壁的质量变差等，如图 5-39 所示。

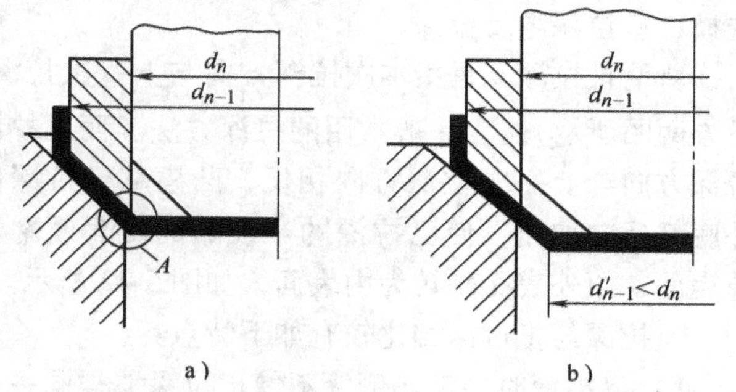

图 5-39　斜角尺寸的确定
a）不合理　b）合理

为了使最后一道拉深后零件的底部平整，如果是圆角结构的冲模，其最后一次拉深凸模圆角半径的圆心应与倒数第二道（$n-1$ 道）拉深凸模圆角半径的圆心位于同一条中心线上（图

5-40a)。如果是斜角的冲模结构，则倒数第二道工序凸模底部的斜线应与最后一道工序的凸模圆角半径 R_n 相切（图 5-40b)。

工件在拉深后，凸模与工件间接近于真空状态，由于外界空气压力的作用，同时加上润滑油的黏性等因素，使得工件很容易吸附在凸模上。为了便于取出加工后的工件，设计凸模时，应开设通气孔，拉深凸模通气孔如图 5-41 所示。对一般中小型件的拉深，可直接在凸模上钻出通气孔，孔的大小根据凸模尺寸大小而定，可参考表 5-16 选取。

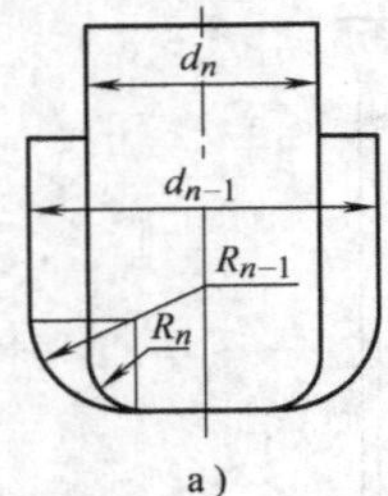

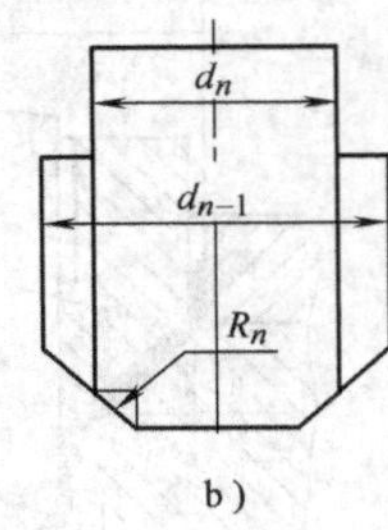

图 5-40　最后拉深中凸模底部尺寸的确定

a) 圆角结构　b) 斜角结构

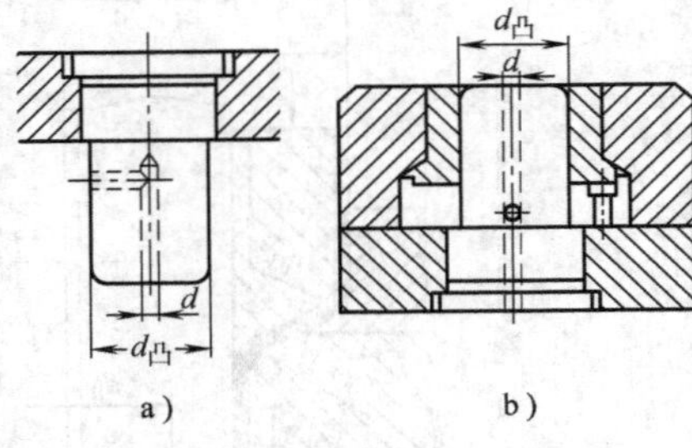

图 5-41　拉深凸模通气孔

a) 正装结构　b) 倒装结构

表 5-16　拉深凸模通气孔尺寸　（单位：mm）

凸模直径 $d_凸$	≤50	>50～100	>100～200	>200
通气孔直径 d	5	6.5	8	9.5

注：当凸模直径较大时，通气孔按一定的圆周直径均布 4～7 个成一组。

(3) 正拉深与反拉深　从第二道拉深工序开始，工件有两种拉深方法可以选择：正拉深与反拉深。

所谓正拉深，是指本次拉深方向与上一次拉深方向一致（如图 5-38a、b 中下方两图所示），为一般常用的拉深方法。而反拉深的拉深方向与上一次拉深方向相反，凸模从已拉深件的外底部反向加压，使已拉深的半成品的内表面翻转为外表面，原外表面翻转为内表面，如图 5-42 所示。

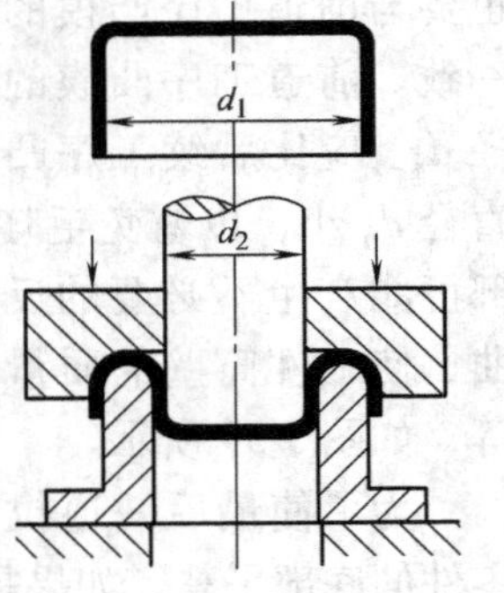

图 5-42　反拉深示意图

反拉深与正拉深相比较有如下特点：

1) 反拉深时，毛坯侧壁不像正拉深那样同一方向多次弯曲，引起材料加工硬化的程度比正拉深时低，并可抵消部分上次拉深时形成的残余应力，拉深系数能降低 10%～15%。

2) 反拉深时，毛坯与凹模接触面比正拉深大，材料的流动阻力也大，材料不易起皱，因此一般反拉深可不用压边圈。

3）反拉深时的拉深力比正拉深力大 10%～20%。

4）反拉深时，凹模壁厚为 $(d_1-d_2)/2$（图 5-42），受凹模壁厚的限制，拉深系数不能太大，否则凹模壁厚过薄，强度不足。另外，凹模圆角半径不能大于 $(d_1-d_2)/4$。

5）反拉深后圆筒的直径不能太小，最小直径 d 大于 $(30～60)t$，圆角半径 r 大于 $(2～6)t$。

6）反拉深可以加工某些用普通正拉深法难以加工、甚至是不可能加工的零件，如图 5-43 所示具有双重侧壁的零件。

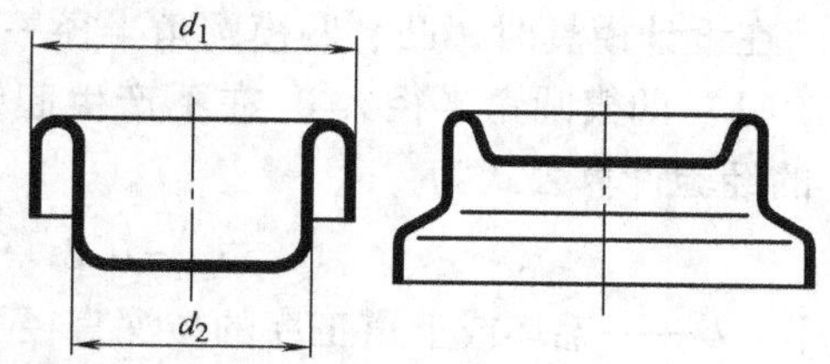

图 5-43　反拉深典型零件

（4）正装式、倒装式拉深　根据拉深零件在模具中正置或倒置的不同，有正装式拉深模或倒装式拉深模之分。图 5-41b 所示为倒装式拉深模，本节其余所有的拉深模均为正装式。正、倒装式拉深模仅是结构形式上的不同，正装式的拉深凸模和压边圈装在上模部分，而倒装式的拉深凸模和压边圈装在下模部分，其工作部分形状与尺寸的设计是相同的。这两种结构形式之分，在其他冲压模具（冲裁、翻边、缩口等）中也有类似情况。

2. 拉深模的结构选择

拉深模的结构选择，首先应考虑结构的工艺性。

1）拉深模结构应尽量简单。在充分保证工件质量的前提下，应以数量少、重量轻、制造和装配方便的零件来组成拉深模。

2）拉深模上的各零部件，应尽可能利用本单位现有的设备能力来制造。

3）所设计的拉深模的结构应尽量与现有的冲压设备相适应。

4）拉深模结构应适合工件的批量。

5）拉深模结构应使安装调试与维修尽量方便，模架及零部件应尽量选择通用件。

5.6.2　拉深凸、凹模圆角半径及间隙

1. 凸、凹模圆角半径

凸、凹模圆角半径的大小对拉深影响很大，尤其是凹模圆角半径 $r_{凹}$。若 $r_{凹}$ 过小，则板料被拉入凹模时阻力就大，结果将引起总的拉深力增大，零件容易产生划痕、变薄甚至拉裂，模具寿命也低；若 $r_{凹}$ 过大，则压边圈的下板料受压的面积减小，尤其在拉深后期，会使毛坯外边缘过早地脱离压边圈的作用呈自由状

态而起皱。

在不产生起皱的前提下，$r_{凹}$ 的取值越大越好。

凸模圆角半径 $r_{凸}$ 对拉深工作的影响不像凹模圆角半径那样显著。如果 $r_{凸}$ 过小，则毛坯在角部受到过大的弯曲变形，结果降低了毛坯危险断面的强度，使毛坯在危险断面被拉裂，或引起危险断面的严重变薄，影响零件的质量；如果 $r_{凸}$ 过大，在拉深初始阶段，凸模下毛坯悬空的面积增大，与模具表面接触的面积减小，也容易使这部分毛坯起皱。

在设计模具时，凸、凹模圆角半径一般可按经验值选取。

（1）凹模圆角半径 $r_{凹}$　在不产生起皱的前提下，凹模圆角半径越大越好，$r_{凹}$ 的经验计算公式为

$$r_{凹}=0.8\sqrt{(D-d)t} \tag{5-18}$$

式中　D——毛坯或上道工序的拉深直径（mm）；

d——本道工序的拉深直径（mm）；

t——材料厚度（mm）。

首次拉深的 $r_{凹}$ 也可由表5-17、表5-18 查得。

表5-17　拉深凹模的圆角半径

拉伸件形式	毛坯相对厚度$(t/D)\times100$		
	<2.0~1.0	<1.0~0.3	<0.3~0.1
无凸缘	$(4\sim6)t$	$(6\sim8)t$	$(8\sim12)t$
有凸缘	$(8\sim12)t$	$(12\sim15)t$	$(15\sim20)t$

注：1. 当毛坯较薄时，取较大值，毛坯较厚时，取较小值。

2. 钢材取较大值，非铁金属材料取较小值。

表5-18　连续拉深凹模的圆角半径

材料厚度 t	0.25	0.50	1.0	1.5
无切口拉深	$(6\sim7)t$	$(5\sim6)t$	$(4\sim5)t$	$(3\sim4)t$
有切口拉深	$(5\sim6)t$	$(4\sim5)t$	$(3\sim4)t$	$(2.5\sim3)t$

以后各次的拉深模 $r_{凹}$ 按式（5-19）来逐步减小，但不应小于材料厚度的1/2，否则须增加整形工序。

$$r_{凹_n}=(0.6\sim0.8)r_{凹_{n-1}} \tag{5-19}$$

（2）凸模圆角半径 $r_{凸}$　除最后一次拉深，凸模的圆角半径 $r_{凸}$ 应比 $r_{凹}$ 略小，可按式（5-20）来取。

$$\left.\begin{array}{ll}\text{首次拉深} & r_{凸}=(0.6\sim1)r_{凹}\\ \text{以后各次拉深} & r_{凸_n}=(0.6\sim1)r_{凸_{n-1}}\\ \text{或取为各次拉深中直径减小量的一半} & r_{凸_n}=\dfrac{d_{n-1}-d_n-2t}{2}\end{array}\right\}\qquad(5\text{-}20)$$

最后一次拉深时，$r_{凸}$ 应等于零件的内圆半径，但不得小于材料厚度。如果工件的内圆角半径要求小于料厚，则要有整形工序来完成。

2. 凸、凹模间隙

拉深模凸、凹模间隙是指凸、凹模横向尺寸的差值，双边间隙用 Z 来表示（图 5-44）。凸、凹模间隙过小，工件质量较好，但拉深力大，工件易拉断，模具磨损严重，寿命低。凸、凹模间隙过大，拉深力小，模具寿命虽提高了，但工件易起皱、变厚，侧壁不直，出现锥度，口部边线不齐，口部的变厚得不到消除。

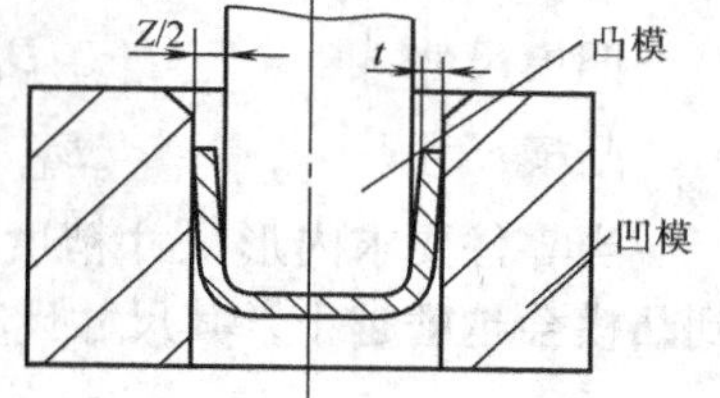

图 5-44　凸、凹模间隙

因此，确定间隙的原则是：既要考虑板料公差的影响，又要考虑毛坯口部增厚的现象，故间隙值一般应比毛坯厚度略大。当零件要求外形尺寸时，间隙取在凸模上，当零件要求内形尺寸时，间隙取在凹模上。

1）用压边圈时，凸、凹模单边间隙值可参考表 5-19 选取。

表 5-19　有压边圈拉深时凸、凹模单边间隙值 Z/2

总拉深次数	拉深次序	单边间隙 $Z/2$	总拉深次数	拉深次序	单边间隙 $Z/2$
1	一次拉深	$(1\sim1.1)t$	4	第一、二次拉深	$1.2t$
2	第一次拉深	$1.1t$		第三次拉深	$1.1t$
	第二次拉深	$(1\sim1.05)t$		第四次拉深	$(1\sim1.05)t$
3	第一次拉深	$1.2t$	5	前三次拉深	$1.2t$
	第二次拉深	$1.1t$		第四次拉深	$1.1t$
	第三次拉深	$(1\sim1.05)t$		第五次拉深	$(1\sim1.05)t$

注：材料厚度 t 取材料允许偏差的中间值。

2）不用压边圈时应考虑到起皱的可能，间隙取得较大，单边间隙可按式（5-21）取值。

$$\frac{Z}{2}=(1\sim1.1)t_{max}\qquad(5\text{-}21)$$

式中　t_{max}——材料厚度的最大值。

3）精度要求高的拉深件，单边间隙可按式（5-22）取值。

$$\frac{Z}{2}=(0.9\sim0.95)t \tag{5-22}$$

式中材料厚度 t 取材料允许偏差的中间值。

5.6.3 拉深凸、凹模工作部分尺寸及公差

1）对最后一次拉深，凸、凹模尺寸与公差应按工件的要求来确定。

当零件要求外形尺寸精度较高时（图 5-45a），应以凹模为设计基准，考虑到凹模磨损后增大，其设计尺寸取小值，并标注单向正公差。计算公式见式（5-23）和式（5-24）。

凹模尺寸
$$D_{凹}=(D_{max}-0.75\Delta)_{0}^{+\delta_d} \tag{5-23}$$

凸模尺寸
$$D_{凸}=(D_{max}-0.75\Delta-Z)_{-\delta_p}^{0} \tag{5-24}$$

当零件要求内形尺寸精度较高时（图 5-46a），应以凸模为设计基准，考虑到凸模会越磨越小，其尺寸计算见式（5-25）和式（5-26）。

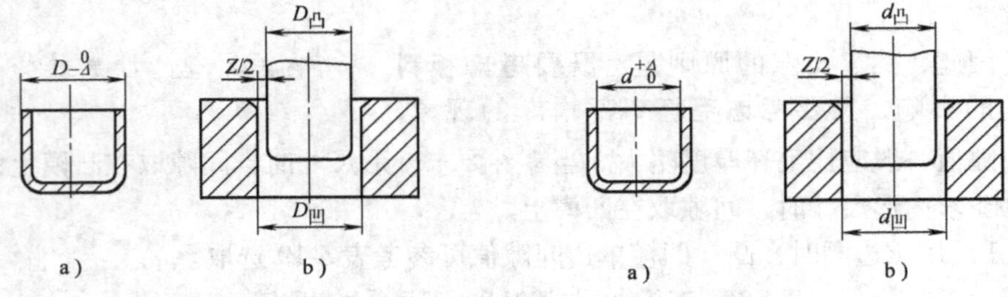

图 5-45 零件要求外形尺寸
a）拉深件 b）凸模、凹模

图 5-46 零件要求内形尺寸
a）拉深件 b）凸模、凹模

凸模尺寸
$$d_{凸}=(d_{min}+0.4\Delta)_{-\delta_p}^{0} \tag{5-25}$$

凹模尺寸
$$d_{凹}=(d_{min}+0.4\Delta+Z)_{0}^{+\delta_d} \tag{5-26}$$

式中 D_{max}、d_{min}——零件外形最大尺寸、内形的最小尺寸；

Δ——零件公差；

δ_p、δ_d——凸、凹模的制造公差。一般取 IT6 ~ IT8 级；若工件公差为 IT14 级以下，则取 IT10 级，也可按表 5-20 来取。

表 5-20 筒形件拉深模凸模、凹模制造公差 （单位：mm）

材料厚度	拉深件公称直径							
	≤10		>10 ~ 50		>50 ~ 200		>200 ~ 500	
	δ_d	δ_p	δ_d	δ_p	δ_d	δ_p	δ_d	δ_p
0.25	0.015	0.01	0.02	0.01	0.03	0.015	0.03	0.015
0.35	0.02	0.01	0.03	0.02	0.04	0.02	0.04	0.025

（续）

材料厚度	拉深件公称直径							
	≤10		>10~50		>50~200		>200~500	
	δ_d	δ_p	δ_d	δ_p	δ_d	δ_p	δ_d	δ_p
0.50	0.03	0.015	0.04	0.03	0.05	0.03	0.05	0.035
0.80	0.04	0.025	0.06	0.035	0.06	0.04	0.06	0.04
1.00	0.045	0.03	0.07	0.04	0.08	0.05	0.08	0.06
1.20	0.055	0.04	0.08	0.05	0.09	0.06	0.10	0.07
1.50	0.065	0.05	0.09	0.06	0.10	0.07	0.12	0.08
2.00	0.080	0.055	0.11	0.07	0.12	0.08	0.14	0.09
2.50	0.095	0.06	0.13	0.085	0.15	0.10	0.17	0.12
3.00	—	—	0.15	0.10	0.18	0.12	0.20	0.14

注：1. 表中数值用于未精压的薄钢板。

2. 用于精压钢板时，取表中数值的25%。

3. 用于非铁金属材料时，取表中数值的50%。

2）当零件需多次拉深时，对中间半成品的尺寸不需要严格要求，模具尺寸等于半成品的尺寸就可，计算方法如下：

凹模尺寸

$$D_{凹}=(D_{max})_{0}^{+\delta_d} \tag{5-27}$$

凸模尺寸

$$D_{凸}=(D_{max}-Z)_{-\delta_p}^{0} \tag{5-28}$$

式中　D_{max}——零件半成品外形的公称尺寸。

5.7　非直壁旋转体件的拉深

1. 阶梯圆筒形零件的拉深

阶梯圆筒形件（图5-47）相当于若干个直壁圆筒形件的组合，所以与直壁圆筒形件的拉深基本相似，每一个阶梯的拉深即相当于相应的圆筒形件的拉深，但拉深工艺的设计与直壁圆筒形件有较大的差别。

（1）拉深次数的确定　判断阶梯形件能否一次拉成，可用式（5-29）来判断：

$$\frac{h_1+h_2+h_3+\cdots+h_n}{d_n}\leqslant\frac{h}{d_n} \tag{5-29}$$

式中　h_1、h_2、h_3、…、h_n——各个阶梯的高度（mm）；

d_n——最小阶梯直径（mm）；

h/d_n——直径为 d_n 的圆筒形件第一次拉深时的最大相对高度（mm），可查表5-11。

如果上述条件不能满足，则需多次拉深。

（2）多次拉深时拉深方法的确定

1）如果两个相邻阶梯的直径之比 d_n/d_{n-1} 大于相应的圆筒形件的极限拉深系数，则先从大阶梯拉起，每次拉深一个阶梯，逐一拉深到最小的阶梯，阶梯数也就是拉深次数，如图5-48a所示。

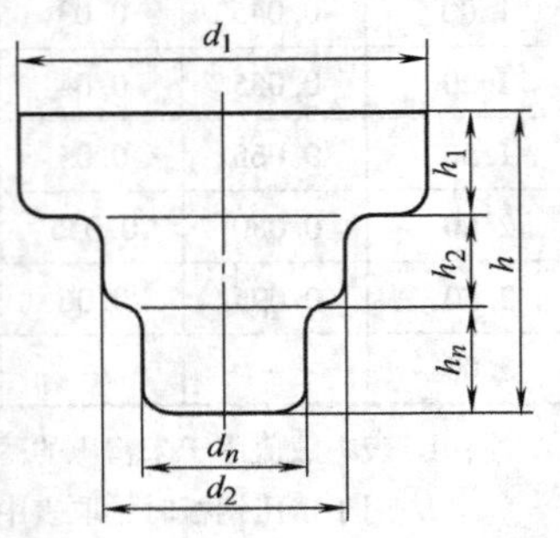

图5-47　阶梯形零件

2）如果相邻两阶梯直径之比 d_n/d_{n-1} 小于相应的圆筒形件的极限拉深系数，则按带凸缘圆筒形件的拉深进行，先拉小直径 d_n，再拉大直径 d_{n-1}，即由小阶梯拉深到大阶梯，如图5-48b所示。图中 d_2/d_1 小于相应的圆筒形件的极限拉深系数，所以先拉 d_2，d_n，再用工序V拉出 d_1。

3）如果最小阶梯直径 d_n 过小，即 d_n/d_{n-1} 过小，h_n 又不大时，最小阶梯可用胀形法得到（胀形法将在第6章中介绍）。

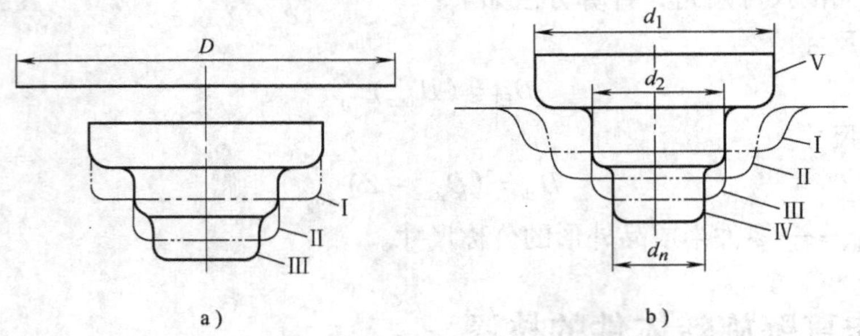

图5-48　阶梯筒形件拉深次序

a）由大直径到小直径　b）由小直径到大直径

I～V—拉深工序

4）如果阶梯形件较浅，而且每个阶梯的高度又不大，但相邻阶梯直径相差较大，而又不能一次拉出时，可先拉成圆形或带有大圆角的筒形，最后通过整形得到所需零件，如图5-49所示。

2. 球面形状的拉深

球形零件有半球形件、浅球形件、带直壁球形件和带凸缘球形件几类，如图5-50所示。

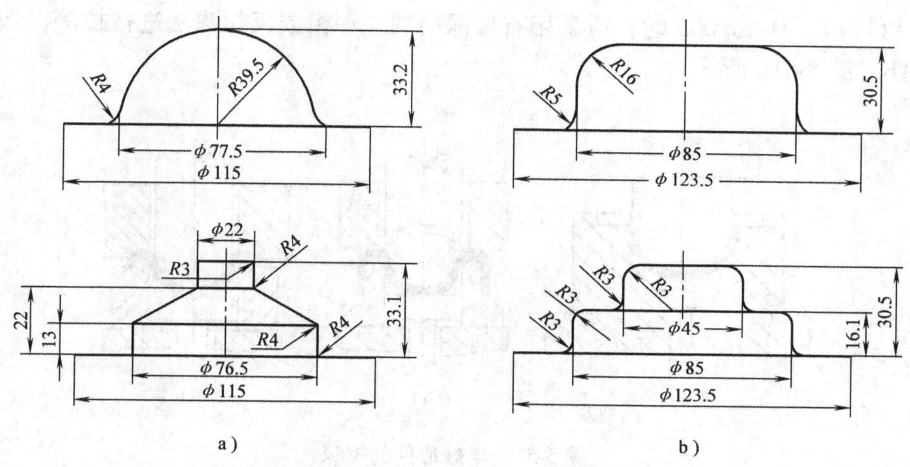

图 5-49　浅阶梯形件的拉深方法

a）球面形状　b）大圆角形状

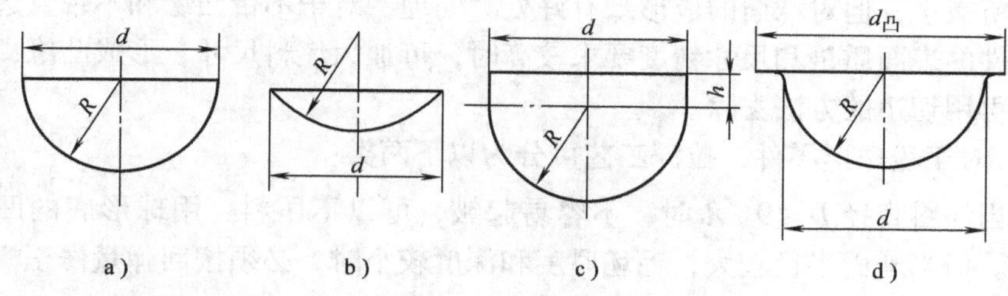

图 5-50　球面零件类型

a）半球形件　b）浅球形件　c）带直壁球形件　d）带凸缘球形件

半球形件的拉深系数 m 为

$$m=\frac{d}{D}=\frac{d}{\sqrt{2}d}=0.71$$

它是一个与零件无关的常数。因此，拉深系数不能反映半球形件拉深难易程度。决定半球形件拉深难易程度及选择拉深方法的主要依据是毛坯的相对厚度 t/D。在实际生产中，可参考以下原则选择合理的拉深方法：

1）当 $t/D>0.03$ 时，可不用压边装置一次拉深成功。用这种方法拉深，坯料贴模不良，仍可能起小皱，所以必须用球形底的凹模，在拉深工作行程终了时进行校正，如图 5-51a 所示。

2）当 $t/D=0.03\sim0.005$ 时，需采用带压料装置的拉深模进行拉深，以防止起皱。

3）当 $t/D<0.005$ 时，应采用有拉深肋的拉深模或反拉深法进行拉深，如图5-51b、图5-51c 所示。

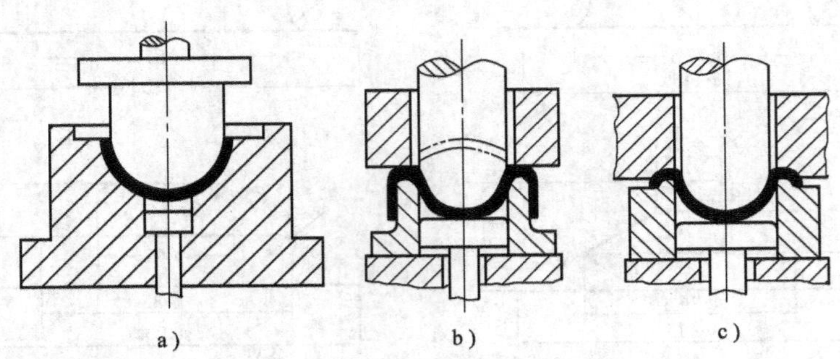

图 5-51　半球形件的拉深
a）带整形　b）反拉深　c）带拉深肋

4）当球形拉深件带有一定高度的直壁或带有一定宽度的凸缘时，虽然拉深系数有所减小，但对球面的成形却有好处。同理，对于不带凸缘和不带直边的球形拉深件的表面质量和尺寸精度要求较高时，可加大坯料尺寸，形成凸缘，在拉深之后再用切边的方法去除。

5）对于浅球形零件，拉深工艺可分为以下两类：

①当坯料直径 $D\leqslant 9\sqrt{Rt}$时，不容易起皱，可以不压料，用球形底的凹模一次成形。但当球面半径较大，毛坯厚度和深度较小时，必须按回弹量修正模具。

②当坯料直径 $D>9\sqrt{Rt}$时，较易起皱，常用强力压边装置或带拉深肋的模具进行拉深，这时零件的尺寸精度和表面质量都会有所提高，回弹减小。

3. 锥形零件的拉深

锥形零件的拉深（图 5-52）与球面零件有相似的地方，即坯料与凸模接触面积小，压力集中，容易引起局部变薄，自由面积大使压边圈作用相对减弱，容易起皱等。而锥形零件还由于零件口部与底部直径差别大，回弹特别严重，所以比拉深球面零件更不易保证质量。

锥形零件的拉深方法，主要由锥形零件的相对高度 h/d_2、相对锥顶直径 d_1/d_2 和毛坯相对厚度 t/D 这三个参数所决定。h/d_2 越大，d_1/d_2、t/D 越小，拉深难度越大。根据锥形件的形状特征，可将锥形件分为三种类型。

（1）浅锥形件（$h/d_2=0.1\sim0.25$）　浅锥形件一般可一次拉深成形。若零件相对厚度较小（$t/D<0.02$）或锥顶角较大（$\alpha>45°$）时，拉深后回弹严重，可以采用增加工艺凸缘，用压边圈或带有拉深肋的模具拉深，或使用液体和橡胶代替凸（凹）模拉深。

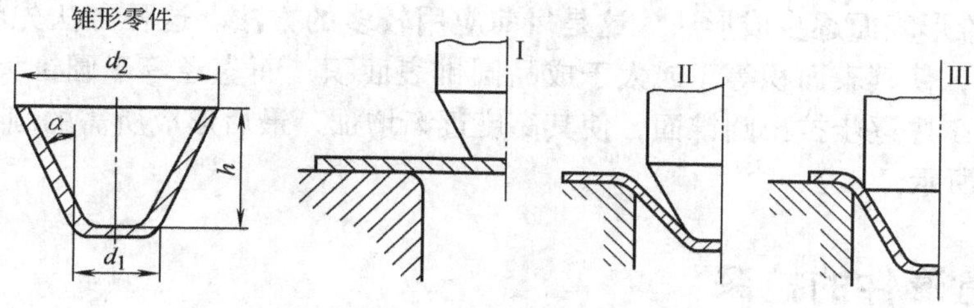

图5-52　锥形件拉深
I～III—拉深工序

（2）中锥形件（$h/d_2=0.3\sim0.7$）　按毛坯相对厚度的不同，可分为以下三种情况：

1）当$t/D>0.025$时，可一次拉深成形，且不需要压边，只需要在行程末用凹模进行校正整形。

2）当$t/D=0.015\sim0.025$时，可采用压边装置一次拉深成形，但对无凸缘零件应按有凸缘零件拉深，最后修边，切去凸缘。

3）当$t/D<0.015$时，因材料较薄，易于起皱，一般应采用压边装置并经过两次或三次拉深成形。第一次拉深成形带有大圆角圆筒形件或球形件，然后再采用正拉深或反拉深成形。

（3）深锥形件（$h/d_2>0.7$）　因变形程度大，容易产生变薄、破裂、起皱等现象，所以须经过多次拉深成形。常用拉深的方法有：

1）阶梯拉深法。这种方法是将坯料逐次拉深成阶梯形，要求阶梯形的过渡毛坯应与锥形成品内侧相切，最后在成形模具中精整成形，如图5-53a所示。

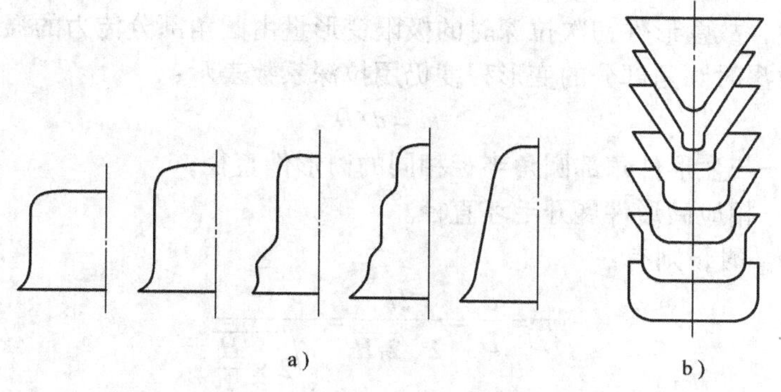

图5-53　深锥形件拉深
a）阶梯拉深法　b）锥面逐步成形法

2）锥形表面逐步成形法。这是目前应用较多的方法。这种方法先将毛坯拉成圆筒形，使其表面积等于或大于成品圆锥表面积，而直径等于圆锥大端直径，以后各道工序逐步拉出圆锥面，使其高度逐渐增加，最后形成所需的圆锥形，如图 5-53b 所示。

5.8 盒形件的拉深

1. 盒形件的拉深变形程度

盒形件属于非旋转体零件，包括方形盒、矩形盒、椭圆形盒等。盒形拉深件的变形是不均匀的，与旋转体零件拉深比较，拉深时毛坯变形区的变形分布要复杂得多。圆角部分变形大，直边部分变形很小，甚至接近弯曲变形。但在拉深过程中，圆角部分和直边部分必然存在着相互影响，影响程度随盒形的形状不同而不同。可以用相对圆角半径 r/B（r 为盒形件的圆角半径，B 为盒形件短边边长）和相对高度 H/B（H 为盒形件的高度）来表示盒形件的形状特征。拉深时，盒形件圆角与直边部分相互影响体现在：

1）相对圆角半径 r/B 越小时，直边部分对圆角部分的变形影响就越大；反之，影响就越小。当方形盒 $r/B=0.5$ 时，盒形件就成为筒形件，上述变形差别也不复存在。

2）当相对高度 H/B（或 H/r）越大时，在同样的 r 下，圆角部分的拉深变形大（即“多余三角形”材料挤出来的多），则直边部分必定会多变形一些，所以圆角部分对直边部分的影响就越大。

这两个因素决定了圆角部分材料向直边部分转移的程度和直边部分高度的增加量。

盒形件首次拉深时圆角部分的受力和变形比直边大，起皱和拉破都容易在圆角部位发生，故盒形件初次拉深时的极限变形量由圆角部分传力的强度确定。

首次拉深时圆角部分的变形程度仍用拉深系数表示：

$$m=d/D$$

式中 d——与盒形件角部圆角半径相同的筒形件直径；

D——相应筒形件展开毛坯直径。

当 $r=r_{底}$ 时，则有：

$$m=\frac{d}{D}=\frac{2r}{2\sqrt{2rH}}=\frac{1}{\sqrt{2\times\frac{H}{r}}}$$

由上式可知，盒形件首次拉深的变形程度可用其相对高度 H/r 来表示，H/r 越大，表示变形程度越大。同时盒形件的极限变形程度还受相对料厚 t/D 的影响。盒形件首次拉深的最大相对高度值见表 5-21。

盒形件首次拉深的极限变形程度也可以用相对高度 H/B 来表示，见表 5-22。如果零件的 H/r 或 H/B 小于表中的数值，则可一次拉成，否则必须采用多道拉深。

表 5-21 盒形件首次拉深允许的最大 H/r（10 钢）

r/B	方形盒			矩形盒		
	毛坯相对厚度（t/D）×100					
	0.3～0.6	>0.6～1	>1～2	0.3～0.6	>0.6～1	>1～2
0.4	2.2	2.5	2.8	2.5	2.8	3.1
0.3	2.8	3.2	3.5	3.2	3.5	3.8
0.2	3.5	3.8	4.2	3.8	4.2	4.6
0.1	4.5	5.0	5.5	4.5	5.0	5.5
0.05	5.0	5.5	6.0	5.0	5.5	6.0

表 5-22 盒形件首次拉深允许的最大 H/B（10 钢）

r/B	毛坯相对厚度（t/D）×100			
	0.2～0.5	>0.5～1.0	>1.0～1.5	>1.5～2.0
0.3	0.85～0.9	0.9～1.0	0.95～1.1	1.0～1.2
0.2	0.7～0.8	0.7～0.85	0.82～0.9	0.9～1.0
0.15	0.6～0.7	0.65～0.75	0.7～0.8	0.75～0.9
0.10	0.45～0.6	0.5～0.65	0.55～0.7	0.6～0.8
0.05	0.35～0.5	0.4～0.55	0.45～0.6	0.5～0.7
0.02	0.25～0.35	0.3～0.4	0.35～0.45	0.4～0.5

注：1. 对较小尺寸的盒形件（B<100mm）取上限值，对大尺寸盒形件取较小值。

2. 对于塑性好于 10 钢的材料，表中数值适当增大 5%～15%；对于塑性差于 10 钢的材料，表中数值适当减小 5%～15%。

盒形件多次拉深时，以后各次拉深系数按下式计算：

$$m_i = \frac{r_i}{r_{i-1}} \tag{5-30}$$

式中 r_i、r_{i-1}——以后各次拉深工序角部的圆角半径；

m_i——以后各次拉深工序圆角处的拉深系数，其极限值可查表 5-23。

表 5-23　盒形件以后各次的极限拉深系数 m（10 钢）

r/B	毛坯相对厚度（t/D）×100			
	0.3～0.6	>0.6～1	>1～1.5	>1.5～2
0.025	0.52	0.50	0.48	0.45
0.05	0.56	0.53	0.50	0.48
0.10	0.60	0.56	0.53	0.50
0.15	0.65	0.60	0.56	0.53
0.20	0.70	0.65	0.60	0.56
0.30	0.72	0.70	0.65	0.60
0.40	0.75	0.73	0.70	0.67

注：同表 5-22 注 2。

2. 盒形件毛坯形状与尺寸确定

盒形件拉深毛坯的设计原则是：在保证毛坯面积与工件面积相等的前提下，应使材料的分配尽可能地满足“获得口部平齐的拉深件”之要求。遵循这一原则设计的毛坯，将有助于降低盒形件拉深时的不均匀变形和减小材料不必要的浪费，也有利于提高盒形件拉深成形极限和保证零件的质量。

拉盒形件形状特征和拉深次数，可以将盒形件分为一次拉成的低盒形件和多次拉成的高盒形件，其毛坯尺寸的计算和拉深方法都有所不同。

（1）一次拉成的低盒形件（$H \leqslant 0.3B$，B 为盒形件短边长度）毛坯的计算　因这类零件拉深时仅有微量材料从圆角部分转移到直边部分，因此可认为圆角部分发生拉深变形，直边部分只是弯曲变形。

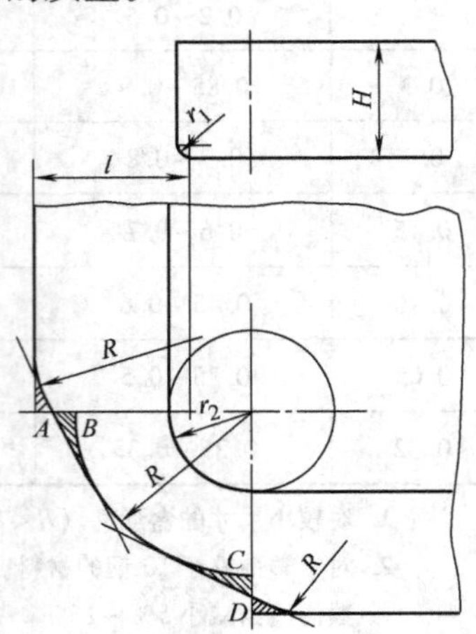

图 5-54　一次拉成的低盒形件毛坯尺寸的计算

如图 5-54 所示的盒形工件，只需一次拉深。其毛坯的求法如下：

1）直边部分按弯曲计算展开，长度为

$$l = H + 0.57r_1 \tag{5-31}$$

式中　H——盒形件的高度（mm），包括修边余量 Δh，Δh 的值见表 5-24；

r_1——盒形件底边圆角的半径（mm）。

2）如果设想把盒形件四个圆角部分合在一起，共同组成一个圆筒，则其展开半径为

$$R=\sqrt{r_2^2+2r_2H-0.86r_1r_2-0.14r_1^2} \tag{5-32}$$

式中 r_2——盒形件圆角半径（mm）；

H——包括修边余量 Δh 的盒形件的高度（mm），Δh 根据表 5-24 确定。

表 5-24 无凸缘盒形件的修边余量 Δh （单位：mm）

工件相对高度 H/r	2.5~6	>6~17	>17~44	>44~100
修边余量	(0.03~0.05) H	(0.04~0.06) H	(0.05~0.08) H	(0.06~0.1) H

注：r 为盒形件角部圆角半径。

3）按所计算的 l 和 R 值作未修正的毛坯图。

4）未修正的毛坯图还没有考虑拉深时圆角部分材料向直边的转移，而且，拉深件的毛坯轮廓要求为光滑曲线，不能有急剧转折，所以要对毛坯图进行修正。

分别过 AB 和 CD 的中点向 R 圆弧作切线，并用半径为 R 的圆弧连接切线与直边，就得到最终的毛坯图。可以看出，增加的面积与减少的面积（图 5-54 中阴影部分）基本相等，拉深后可不必修边。如工件质量要求高，有修边要求，展开坯料可简化为矩形切去 4 个角的平板毛坯，从而简化了落料凸、凹模的加工。

（2）多次拉深的高盒形件（$H\geqslant0.5B$）毛坯的计算　高盒形件拉深时，圆角部分有大量的材料向直边部分流动，直边部分拉深变形也大，毛坯计算必须考虑圆角部分的影响。这类零件的毛坯形状可以为圆形、椭圆形或长圆形，根据盒形件的形状特点而定。

1）多次拉深的高正方形零件的毛坯（图 5-55）。正方形零件的毛坯是圆形的，可用等面积方法求出毛坯直径 D。

$$D=1.13\sqrt{B^2+4B(H-0.43r_1)-1.72r_2(H+0.5r_2)-4r_1(0.11r_1-0.18r_2)} \tag{5-33}$$

2）多次拉深的高矩形零件的毛坯（图 5-56）。高矩形拉深零件的毛坯为长圆形或椭圆形。计算时，可将高矩形工件看作宽度为 B（高矩形件的短边边长）的正方形零件从中分开后，中间增加了一个宽度为 B，长度为 $A-B$ 的槽形部分。所以，作未修正毛坯图，两端为两个半圆形，中间为槽形部分展开的矩形毛坯。

半圆形部分毛坯半径 R_b 为

$$R_b=\frac{1}{2}D \tag{5-34}$$

式中 D 按式（5-33）计算。

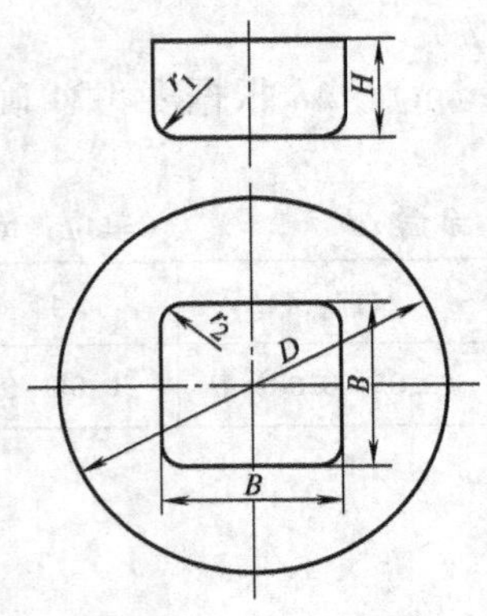

图 5-55　高方形工件毛坯

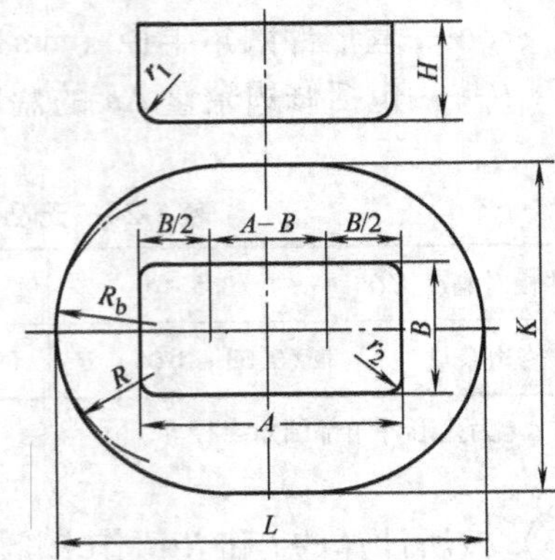

图 5-56　高矩形工件毛坯

毛坯总长 L 为

$$L = 2R_b + A - B = D + A - B \tag{5-35}$$

毛坯宽度 K 为

$$K = \frac{D(B - 2r_2) + [B + 2(H - 0.43r_1)](A - B)}{A - 2r_2} \tag{5-36}$$

然后对上述毛坯图进行修正。用 $R = K/2$ 的圆弧在毛坯两端作圆弧，使其既与 R_b 的圆弧相切，又与两长边相切，就得到最终毛坯图。如 $K \approx L$，则毛坯做成圆形，半径为 $R = 0.5K$。

3. 盒形件多次拉深及工序尺寸确定

当盒形件需要多次拉深时，其拉深次数可以根据表 5-25 初步确定。

表 5-25　盒形件多次拉深能达到的最大相对高度 H/B

拉深次数	毛坯相对厚度（t/D）×100			
	0.3～0.5	>0.5～0.8	>0.8～1.3	>1.3～2.0
1	0.50	0.58	0.65	0.75
2	0.70	0.80	1.0	1.2
3	1.20	1.30	1.6	2.0
4	2.0	2.2	2.6	3.5
5	3.0	3.4	4.0	5.0
6	4.0	4.5	5.0	6.0

在盒形件以后的各次拉深中，变形仍然是复杂且不均匀的，不仅与圆筒形件的多次拉深不同，也区别于盒形件的首次拉深。如图 5-57 所示，盒形件再次拉深可以分为待变形区、变形区、传力区和底部不变形区，拉深的过程是 h_2 高度不断增大，h_1 高度不断减小，直到全部进入凹模成为盒形件侧壁。拉深的关键，是保证拉深时变形区内各部分的伸长变形尽可能均匀，减少材料的局部堆聚和局部应力过大。

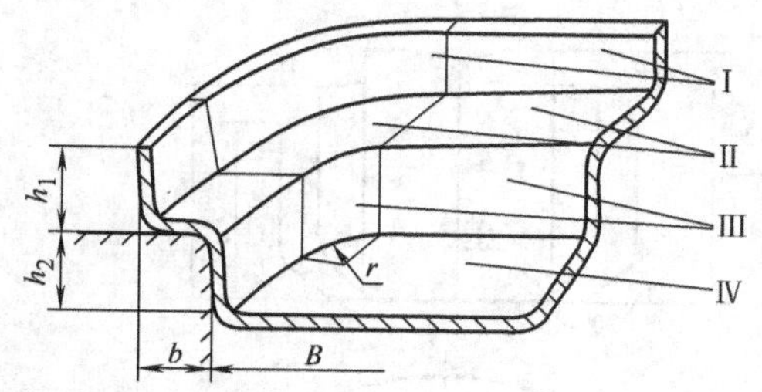

图 5-57　盒形件再次拉深时变形分析

Ⅰ—待变形区　Ⅱ—变形区

Ⅲ—传力区　Ⅳ—不变形区

盒形件需要多次拉深时，前几次拉深都是采用过渡形状。方盒形件多采用圆形过渡，长盒形件多采用长圆或椭圆形过渡，而在最后一次才拉成所需形状。当前广泛采用通过适当的角部壁间距来确定半成品的形状和尺寸的方法。

（1）方盒形件　方盒形件的毛坯为圆形，中间拉深工序都拉成圆筒形的半成品，最后一道工序拉成零件要求的形状和尺寸。计算时，由倒数第二道工序（即 $n-1$ 道工序）向前推算。

$n-1$ 道工序半成品尺寸为

$$D_{n-1}=1.41B-0.82r+2\delta \tag{5-37}$$

式中　D_{n-1}——$n-1$ 道拉深工序后，圆筒形半成品的内径（mm）；

B——方盒形件的宽度（按内表面计算）（mm）；

r——方盒形件角部的内圆角半径（mm）；

δ——$n-1$ 道拉深后得到的半成品圆角部分的内表面到盒形件内表面之间的距离（mm），简称为角部壁间距离，如图 5-58 所示。

角部壁间距离 δ，对最后一道拉深工序的变形区变形程度的大小和分布的均匀程度影响很大。角部壁间距离 δ 可按照下式计算：

$$\delta=Kr \tag{5-38}$$

式中，$K=0.1\sim0.45$，推荐 $K=0.2\sim0.25$。

其他各道中间工序的计算，因均为圆筒形零件，可以参照圆筒形零件的拉深工艺计算方法，也就是由直径 D 的平板毛坯拉深成直径为 D_{n-1}、高度为 H_{n-1} 的圆筒形零件。

（2）矩形盒形件　矩形盒形件的毛坯为长圆形或椭圆形，中间拉深工序一般都拉成椭圆形的半成品，最后一道工序拉成零件要求的形状和尺寸。和方盒形件的计算一样，由 $n-1$ 道工序向前推算。

1）$n-1$ 道拉深工序是一个椭圆形半成品，其在长轴和短轴方向上的曲率半径计算见式（5-39），圆弧 $R_{a(n-1)}$、$R_{b(n-1)}$ 的圆心可按图 5-59 确定。

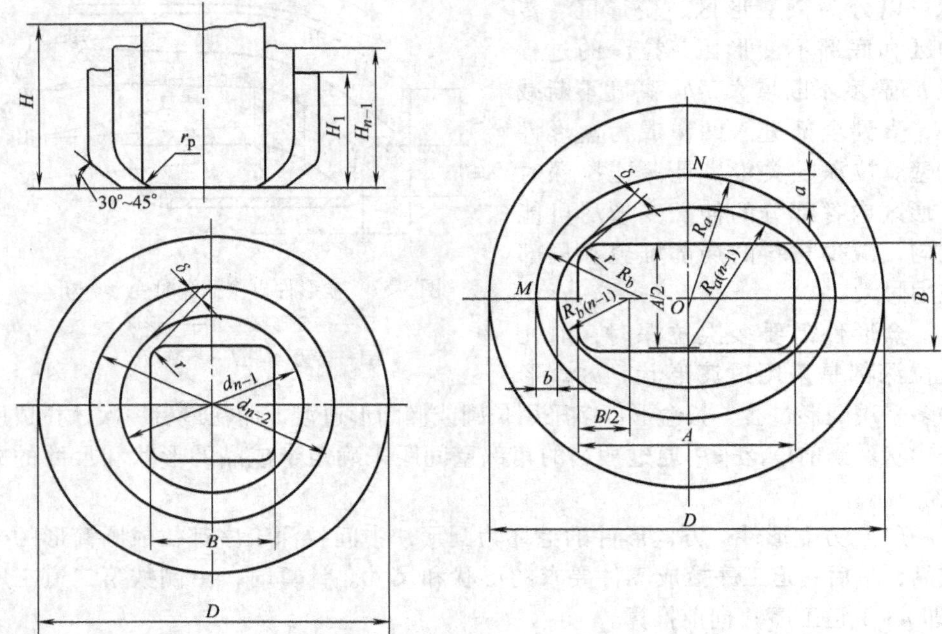

图 5-58　方盒件拉深的半成品形状尺寸　　　图 5-59　矩形盒件拉深的半成品形状尺寸

$$\left.\begin{aligned} R_{a(n-1)} &= 0.707A - 0.41r + \delta \\ R_{b(n-1)} &= 0.707B - 0.41r + \delta \end{aligned}\right\} \tag{5-39}$$

式中　$R_{a(n-1)}$、$R_{b(n-1)}$——$(n-1)$ 道拉深工序所得椭圆形半成品在长轴和短轴方向上的曲率半径（mm）；

A、B——矩形盒件的长度和宽度（mm）；

δ——角部的壁间距离（mm），按式（5-38）计算；

r——矩形盒件角部的内圆角半径（mm）。

2）椭圆形半成品的长半轴和短半轴计算公式如下：

$$\left.\begin{aligned} 长半轴_{(n-1)} &= R_{b(n-1)} + (A-B)/2 \\ 短半轴_{(n-1)} &= R_{a(n-1)} - (A-B)/2 \end{aligned}\right\} \tag{5-40}$$

3）$(n-1)$ 道椭圆形半成品的高度为：$H_{(n-1)} \approx 0.88H$，H 为矩形盒的高度。

4）得到 $(n-1)$ 道拉深工序的椭圆形半成品后，可以用前述盒形件首次拉深的计算方法检查是否能用平板毛坯一次拉成该半成品，如果不能，则需要计算 $(n-2)$ 道拉深工序半成品尺寸。$(n-2)$ 道过度工序的半成品仍然是一椭圆形件，其尺寸应保证下面的关系式：

$$\frac{R_{a(n-1)}}{R_{a(n-1)}+a}=\frac{R_{b(n-1)}}{R_{b(n-1)}+b}=0.75\sim0.85$$

即

$$\left.\begin{aligned}a&=(0.18\sim0.33)R_{a(n-1)}\\b&=(0.18\sim0.33)R_{b(n-1)}\end{aligned}\right\}\tag{5-41}$$

式中　a、b——椭圆形半成品之间长轴与短轴上的壁间距离（参考图 5-59）。

由 a、b 可以在图 5-59 长轴与短轴上找到 M 点和 N 点，然后，用作图法选定 $R_{a(n-2)}$ 和 $R_{b(n-2)}$（即图中的 R_a 和 R_b），使所作圆弧通过 M 与 N 两点，且又能圆滑连接，就得到该道工序半成品尺寸图。由图可以看出，R_a 和 R_b 的圆心逐渐靠近盒形件的中心点 O 点。当中间工序的椭圆度小于 1.3 时，该工序的毛坯可为圆筒形，此时圆筒形毛坯的半径可用下式计算：

$$R=\frac{R_b a-R_a b}{R_b-R_a}\tag{5-42}$$

如果还需要下一道过渡工序，可以用相同的方法来计算。

假如在试模或调整过程中，发现在圆角部分出现材料堆聚或其他成形质量问题时，可适当地减小或加大圆角部分的壁间距离。

4. 盒形件拉深模工作部分形状和尺寸确定

（1）凸、凹模间隙　方形、矩形零件拉深时，直边部分的单边间隙的取值见式（5-43）和（5-44）。

中间过渡工序的拉深：

$$\frac{Z}{2}=(1.1\sim1.3)t\tag{5-43}$$

末次拉深：

$$\frac{Z}{2}=t\tag{5-44}$$

圆角部分的间隙要比直边部分大 $0.1t$，这是因为圆角部分在拉深时会增厚。如图 5-60 所示，当零件要求外径尺寸时，增大间隙取在凸模上；当零件要求内径尺寸时，增大间隙取在凹模上。图中双点画线为未增大间隙时凸模、凹模轮廓。

（2）凸、凹模圆角半径　拉深凹模的圆角半径为

$$R_{凹}=(4\sim10)t\tag{5-45}$$

一般在冲模设计时，总是先取较小的 $R_{凹}$ 值，然后在冲模试冲时根据实际情况适当的修磨加大。凸模底部圆角半径 $r_{凸}$ 可按照筒形件的计算方法来取。

（3）凸、凹模工作部分尺寸和公差　盒形件拉深凸、凹模工作部分的尺寸和公差计算方法与筒形件相同；但要注意圆角部分间隙比直边大 $0.1t$（图 5-

60）。圆角部分尺寸的计算如下：

当零件要求外径尺寸时，凹模的角部圆角半径 $R_{角d}$ 计算公式为

$$R_{角d}=(R_{max}-0.75\Delta)^{+\delta_p}_{0} \tag{5-46}$$

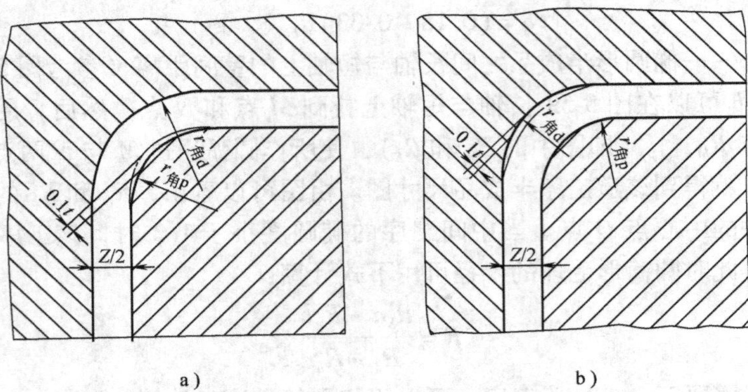

图 5-60　矩形零件凸凹模间隙

a）零件要求外径尺寸　b）零件要求内径尺寸

凸模的角部圆角半径 $R_{角p}$ 计算公式为

$$R_{角p}=(R_{角d}-0.5Z-0.1t)^{0}_{-\delta_p} \tag{5-47}$$

当零件要求内径尺寸时，凸模的角部圆角半径 $r_{角p}$ 计算公式为

$$r_{角p}=(r_{min}+0.4\Delta)^{0}_{-\delta_p} \tag{5-48}$$

凹模的角部圆角半径 $r_{角d}$ 计算公式为

$$r_{角d}=(r_{角p}+0.5Z+0.1t)^{+\delta_d}_{0} \tag{5-49}$$

式中　R_{max}、r_{min}——零件角部外径最大尺寸、内径最小尺寸（mm）；

Δ——零件公差（mm）；

δ_p、δ_d——凸、凹模的制造公差（mm），取值与筒形件同。

（4）（$n-1$）道拉深工序凸模形状　为了有利于最后一道拉深工序中毛坯的变形和提高零件侧壁的表面质量，在 $n-1$ 道拉深工序后所得到的半成品应具有图 5-61b 所示的底部形状，即半成品的底面和盒形件的底平面尺寸相同，并用 30°～45°的斜面过渡到半成品的侧壁。尺寸关系如图 5-61a 所示。图中斜度开始尺寸为

$$Y=B-1.11r_1$$

这时，$n-1$ 道工序的拉深凸模要做成与此相同的形状和尺寸，而最后一道拉深工序的凹模和压边圈的工作部分也要做成与 $n-1$ 道工序半成品尺寸相适应的斜面。

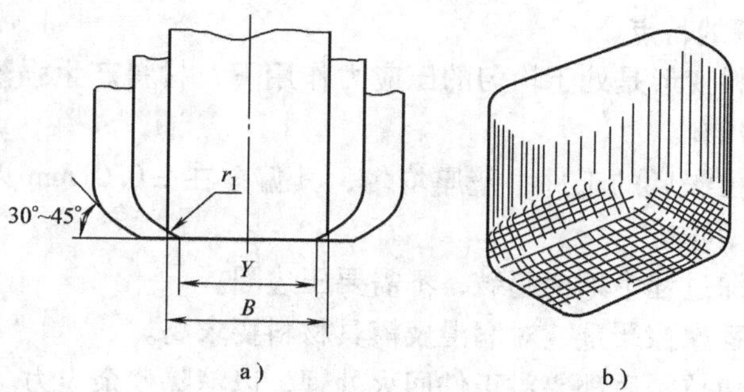

图 5-61　$n-1$ 次拉深半成品形状

5.9　其他拉深方法

5.9.1　变薄拉深

变薄拉深是一种特殊的拉深方法。图 5-62 所示为变薄拉深示意图，模具的间隙小于板厚（或筒壁厚度）。在拉深过程中，工件的直径变化很小，工件的底部厚度不变，而工件的筒壁厚度减小，工件的高度增加。

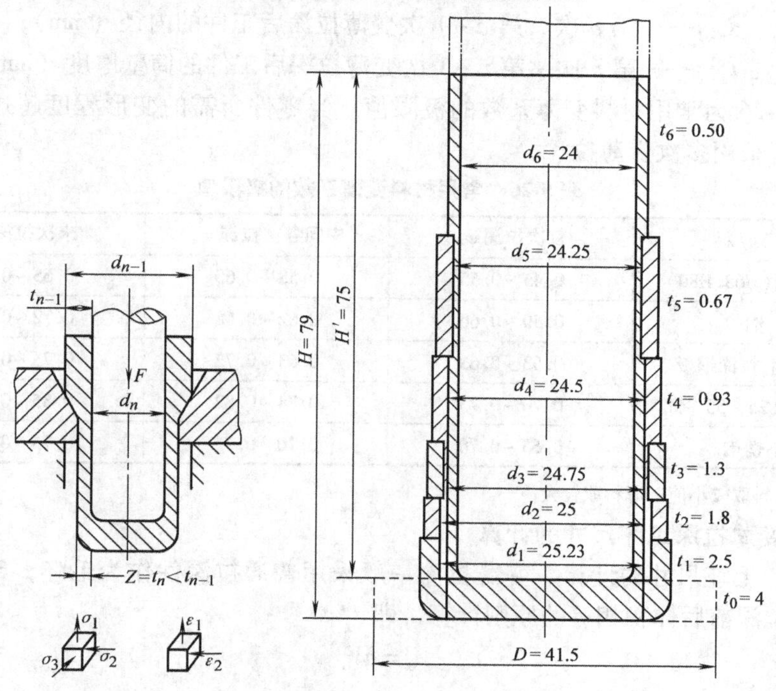

图 5-62　变薄拉深
注：材料为 10 钢。

1. 变薄拉深的特点

1）由于材料变形是处于均匀的压应力作用下，材料产生强烈冷作硬化，晶粒变细，强度增加。

2）经变薄拉深后的工件，壁厚均匀，其偏差在 ±0.01mm 以内，表面粗糙度 Ra 在 0.4μm 以内。

3）变薄拉深过程中不会起皱，不需要压边圈。

4）拉深过程摩擦严重，对润滑及模具材料要求高。

5）每次变薄拉深后都要对工件回火处理，以消除残余应力。

2. 变薄系数 φ

变薄拉深的变形程度用变薄系数 φ 表示，φ 定义为拉深后与拉深前工件断面积之比，即

$$\varphi_n = \frac{A_n}{A_{n-1}} \tag{5-50}$$

由于在变薄拉深中，工件的内径变化不大，所以有：

$$\varphi_n = \frac{A_n}{A_{n-1}} = \frac{\pi d_n t_n}{\pi d_{n-1} t_{n-1}} \approx \frac{t_n}{t_{n-1}} \tag{5-51}$$

式中 d_n、d_{n-1}——第 n 次、第 $n-1$ 次变薄拉深后工件的内径（mm）；

t_n、t_{n-1}——第 n 次、第 $n-1$ 次变薄拉深后工件的筒壁厚度（mm）。

表 5-26 为常用材料变薄系数的极限值。当零件所需的变形程度超过了极限值时，可采用多次变薄拉深。

表 5-26 常用材料变薄系数的极限值

材 料	首次拉深 φ_1	中间各次拉深 φ_m	末次拉深 φ_n
铜、黄铜（H68、H80）	0.45～0.55	0.58～0.65	0.65～0.73
铝	0.50～0.60	0.62～0.68	0.72～0.77
低碳钢、拉深钢板	0.53～0.63	0.63～0.72	0.75～0.77
中碳钢（25～35 钢）	0.70～0.75	0.78～0.82	0.85～0.90
不锈钢	0.65～0.70	0.70～0.75	0.75～0.80

注：厚料取较小值，薄料取较大值。

3. 变薄拉深工序尺寸的计算

（1）毛坯尺寸的计算 变薄拉深一般采用普通拉深件作为毛坯，毛坯尺寸按变薄拉深前后体积相等的原则计算，即

$$V_0 = aV_1 \tag{5-52}$$

式中 V_0——坯料体积（mm^3）；

a——考虑修边余量所加的因数，取 $a=1.1\sim1.2$；

V_1——工件体积（mm^3）。

设平板坯料的体积为 $V_0=\frac{\pi}{4}D_0^2t_0$，代入式（5-52）得

$$D_0=1.13\sqrt{\frac{aV_1}{t_0}} \tag{5-53}$$

式中　D_0——毛坯直径（mm）；

t_0——毛坯厚度（mm），取为工件底部厚度。

（2）变薄拉深次数 n　可用下式计算：

$$n=\frac{\lg t_n-\lg t_0}{\lg\varphi_{均}} \tag{5-54}$$

式中　t_0——毛坯厚度（mm）；

t_n——工件壁厚（mm）；

$\varphi_{均}$——平均变薄系数，可查表 5-26。

（3）各工序壁厚、直径、高度的确定

1）各道工序的壁厚：

$$t_1=t_0\varphi_1,\ t_2=t_1\varphi_2,\ t_3=t_2\varphi_3,\ \cdots,\ t_n=t_{n-1}\varphi_n \tag{5-55}$$

式中　t_1、t_2、…、t_{n-1}——中间工序半成品的壁厚（mm）；

t_n——成形工件的壁厚（mm）。

2）各道工序的内径基本上不变，但为了使每道变薄拉深工序的凸模能顺利地进入上道工序所制成的半成品内孔，凸模直径应比上道工序的半成品内径小 1%～3%。因此，各道工序的直径应从后道工序向前推算，即

$$\begin{aligned} d_{n-1}&=(1+c)d_n\\ d_{n-2}&=(1+c)d_{n-1}\\ &\vdots\\ d_1&=(1+c)d_2 \end{aligned} \tag{5-56}$$

式中　d_n——工件内径（mm）；

d_1、d_2、…、d_{n-1}——中间工序半成品的内径（mm）；

c——系数，$c=0.01\sim0.03$，前几道取大值，以后逐次减小。厚壁取大值，薄壁取小值。

3）各道工序的高度为

$$h_i=\frac{t_0(D_0^2-D_i^2)}{2t_i(D_i+d_i)} \tag{5-57}$$

式中　t_0——毛坯厚度（mm）；

D_0——毛坯直径（mm）；

D_i——第 i 道工序半成品外径（mm）；

t_i——第 i 道工序半成品的壁厚（mm）；

d_i——第 i 道工序半成品内径（mm）；

h_i——第 i 道工序半成品高度（mm）。

4. 拉深力

拉深力可按下式计算：

$$F_i = K\pi d_i(t_{i-1} - t_i)R_m \tag{5-58}$$

式中 F_i——第 i 道工序的拉深力；

d_i——第 i 道工序半成品直径；

K——系数，黄铜取 1.6～1.8，钢取 1.8～2.25；

t_{i-1}、t_i——第 $i-1$ 道及第 i 道工序半成品的壁厚；

R_m——材料的抗拉强度（MPa）。

5. 模具的结构

（1）凹模　图 5-63a 所示为变薄拉深的凹模。凹模锥角 $\alpha = 7° \sim 10°$，$\alpha_1 = 2\alpha$。凹模工作表面粗糙度 Ra 一般取为 0.05～0.2μm。工作带高度 h 可参考表 5-27 选取。h 取值过大，会加大摩擦力，h 过小会使模具寿命缩短。

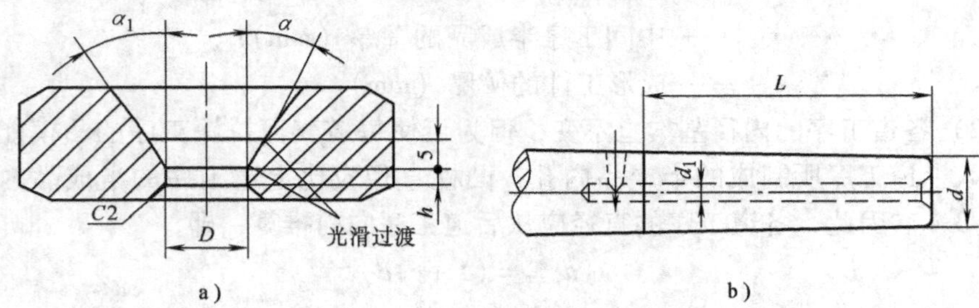

图 5-63　变薄拉深凸模、凹模结构

a）凹模　b）凸模

表 5-27　凹模工作带高度 h　（单位：mm）

工件内径 d_i	<10	10～20	20～30	30～50	>50
工作带高度 h	0.9	1	1.5～2	2.5～3	3～4

（2）凸模　图 5-63b 所示为变薄拉深的凸模。变薄拉深凸模应有一定的锥度（一般锥度为 500∶0.2），便于零件自凸模上卸下。在凸模上必须设有通气孔，通气孔直径一般取为 $d_1 = (1/2 \sim 1/6)d$。凸模工作部分表面粗糙度 Ra 一般取为 0.05～0.4μm，且该工作部分长度应大于工件高度。

图 5-64 所示为一种变薄拉深模通用模架，常用在批量不大的生产中。下模采用紧固圈 11 将凹模 4、定位圈 3 紧固在下模座内，凸模也以紧固圈 13 及锥面套 12 紧固在上模座 15 上。松开紧固圈 11、13，可方便地更换凸模、凹模和定位圈，进行其他工序、工件的变薄拉深。为装模和对模方便，可用校模圈 2 对模，对模以后应将校模圈取出，然后再进行拉深。也可以用定位圈代替校模圈。此模具没有导向装置，靠压力机本身的导向精度来保证。

采用多层凹模进行变薄拉深（图 5-65），可在压力机的一次行程中获得很大的变形程度。但是，变薄拉深件的残余应力很大，必要时，变薄拉深后应进行低温回火，以消除残余应力。

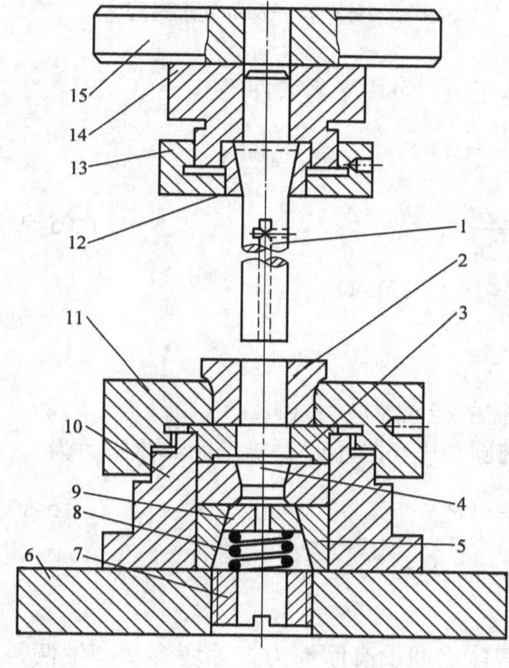

图 5-64　变薄拉深的通用模架

1—凸模　2—校模圈　3—定位圈　4—凹模
5—锥面套　6—下模座　7—螺母　8—弹簧
9—刮件环　10—下模座　11—紧固圈　12—锥面套
13—紧固圈　14—凸模固定板　15—上模座

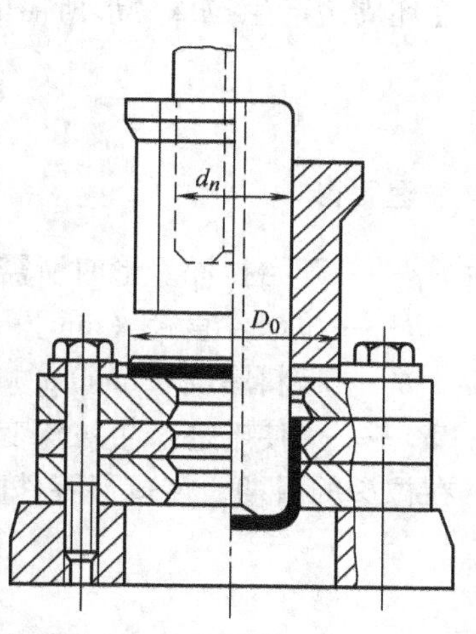

图 5-65　多层凹模变薄拉深

5.9.2　软模拉深

软模成形是用橡胶、液体或气体的压力代替刚性凸模或凹模，对板料进行拉深。其具有模具结构简单，适应小批生产的特点。

1. 软凸模拉深

图5-66所示为液体凸模拉深的变形过程。在液体压力的作用下，平板毛坯的中间悬空部分在两向拉应力的作用下产生胀形变形，其形状由平面变为接近球面，当液体的压力继续增大，毛坯凸缘内边缘处的径向拉应力达到足以使毛坯产生拉深变形时，毛坯的周边便开始逐渐进入凹模，成为零件的侧壁。

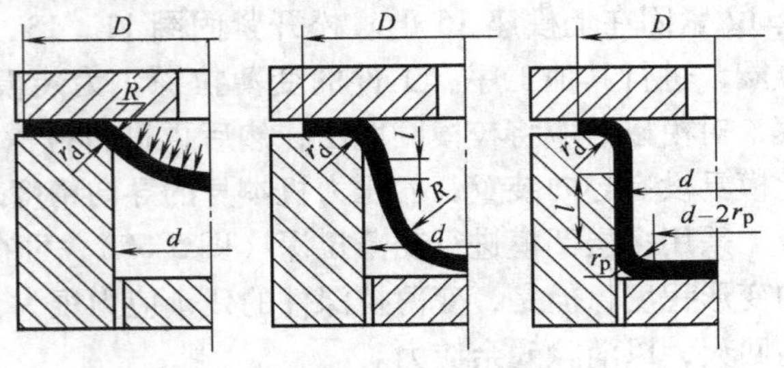

图5-66　液体凸模拉深的变形过程

毛坯周边产生拉深变形所需的液体压力，可由平衡条件得

$$p \times \frac{\pi d^2}{4} = \pi d t R_1$$

整理后得

$$p = \frac{4t}{d} R_1 \tag{5-59}$$

式中　p——开始拉深变形时所需的液体压力（MPa）；

d——拉深件直径（mm）；

t——板料厚度（mm）；

R_1——为使毛坯产生拉深变形所需的径向拉应力（MPa）。

在拉深的后期，需成形零件的底部圆角半径较小时，所需的液体压力为

$$p = \frac{t}{r} R_{eL} \tag{5-60}$$

式中　r——拉深零件底部的圆角半径（mm）；

R_{eL}——板料的下屈服强度（MPa）。

用液体凸模拉深时，由于毛坯与液体之间没有摩擦力，毛坯容易产生偏斜。而且，毛坯的中间因胀形而产生变薄是不可避免的，这是应用受到限制的一个原因。但是液体凸模拉深的模具结构简单，有时不用冲压设备也能进行拉深，所以常用于大尺寸或形状复杂的零件的拉深。

此外也可使用聚氨酯凸模进行浅拉深，图5-67所示为聚氨酯凸模拉深。

2. 柔性凹模拉深

用液体或橡胶的压力代替刚性凹模的作用，即可实现软凹模拉深。橡胶凹模拉深如图5-68所示。拉深时，柔性凹模将板料压紧在凸模上，增加了凸模与板料间的摩擦力，可以防止毛坯变薄拉裂，同时也减少毛坯与凹模之间的滑动和摩擦力，使拉深系数显著降低，m 可达0.4～0.45。并且，拉深后零件的壁厚均

匀，变薄率小，尺寸精度高，表面质量好。

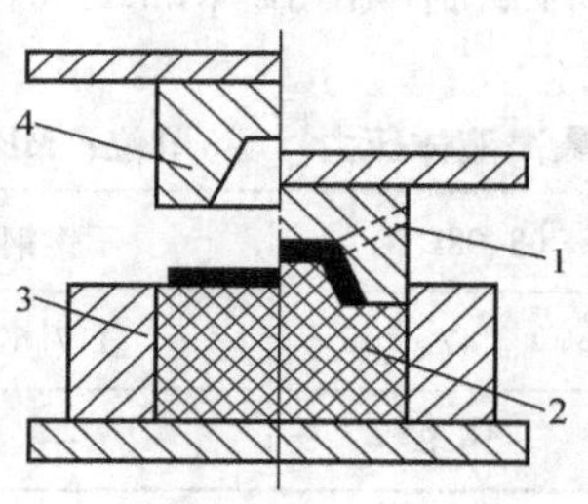

图 5-67 聚氨酯凸模

1—排气孔 2—聚氨酯凸模

3—容框 4—凹模

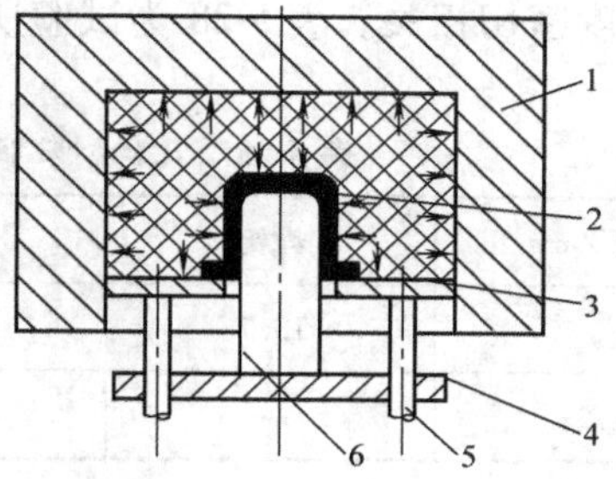

图 5-68 橡胶凹模拉深

1—容框 2—橡胶 3—压边圈

4—凸模固定板 5—顶杆 6—凸模

橡胶凹模拉深通常在液压机上进行。橡胶有普通橡胶和聚氨酯橡胶。

液压凹模拉深如图 5-69 所示。高压容器下面装一橡胶囊，容器内充满液体，成为液体凹模。拉深时，将平板坯料置于刚性压料圈上，当液体凹模向下运动到一定位置时，坯料与橡胶囊接触并被压紧，然后进行拉深成形。在拉深过程中，容器内液体的单位面积压力应足以防止坯料起皱，并在坯料与凸模间产生足够的表面摩擦力。单位面积压力可通过液压系统来调节。

3. 强制润滑拉深

图 5-70 所示为强制润滑拉深。拉深时用高压润滑剂使板料紧贴凸模成形，并从凹模与毛坯表面之间挤出，产生强制润滑。采用这种方法拉深可显著提高拉深变形程度。如拉深厚度为 0.5～1.2mm 的 08 或 08F 钢板，拉深系数 m 仅为 0.34～0.37。

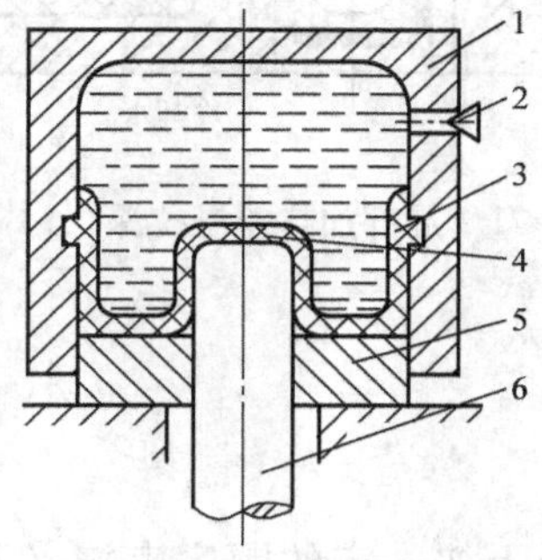

图 5-69 液压凹模拉深

1—高压容器 2—调压阀

3—橡胶囊 4—工件

5—压料圈 6—凸模

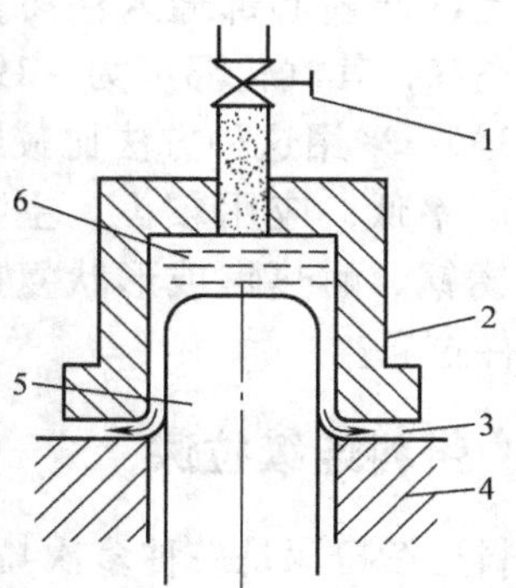

图 5-70 强制润滑拉深

1—溢流阀 2—凹模 3—毛坯

4—模座 5—凸模 6—润滑油

强制润滑拉深所需液体的压力与板料的性质、厚度和工件的相对直径 d/t 及变形程度密切相关。表 5-28 为试验所得的几种材料强制润滑拉深的最高液体压力。

表 5-28 几种材料强制润滑拉深的最高液体压力 (单位：MPa)

料厚/mm	纯铝	黄铜	08、08F 钢	不锈钢
1	13.7	56.8	47	117.6
1.2	—	—	56.8	—

5.9.3 差温拉深

圆筒形件拉深时，拉深系数受到筒壁承载能力的限制。如果将压边圈和凹模平面之间的毛坯凸缘加热到某一温度，使变形区材料的塑性提高，从而减小毛坯拉深时的变形抗力。同时在凸模的心部通冷却水，使筒壁的温度降低，故筒壁的承载能力基本不变。采用这种方法拉深可使极限拉深系数降至 0.3 ~0.35。普通拉深需二至三道工序完成的，采用差温拉深仅一道工序即可，图 5-71 所示为局部加热的差温拉深。

同样，也可以局部降低筒壁温度的方法来提高筒壁的承载能力。如将筒壁部分局部冷却到 -170 ~ -160℃，此时低碳钢强度可较原来提高两倍，使极限拉深系数降至 0.35 左右。局部冷却方法一般是向凸模心部通入液态氮或液态空气，其汽化温度为 -195 ~ -183℃。采用这种方法比较麻烦，生产率低，应用较少，主要用于不锈钢、耐热钢或形状复杂的盒形件拉深。

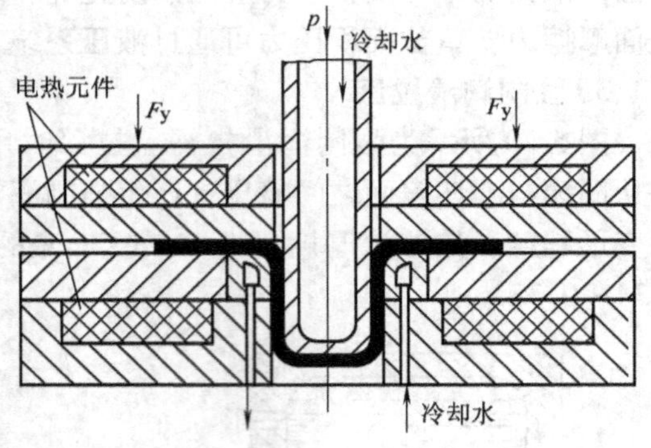

图 5-71 局部加热差温拉深

5.9.4 带料连续拉深

带料连续拉深是一种多次拉深方法，在带料上按一定的顺序直接（不裁成单个毛坯）进行拉深，每个工位完成一道工序，零件拉深成形后才从带料上冲裁下来。这种拉深方法生产率很高，但模具结构复杂，只有在大批量生产且零件不大的情况下才采用。或者零件特别小，手工操作很不安全，虽不是大批生产，但是产量也比较大时，也可考虑采用，如电子仪表等产品零件的加工。

带料连续拉深由于不能进行中间退火，所以在考虑采用连续拉深时，首先应审查材料在不进行中间退火的情况下所能允许的最大总拉深变形程度（即允许的极限总拉深系数）是否满足拉深件总拉深系数的要求。各种材料带料连续拉深总的极限拉深系数 m 见表 5-29。

表 5-29 各种材料带料连续拉深总的极限拉深系数 m

冲压材料	抗拉强度 R_m/MPa	断后伸长率 A(%)	m		
			不带推件装置		带推件装置
			$t<1.0$	$t>1.0\sim2.0$	
08F、10F 钢	300~400	28~40	0.40	0.32	0.16
黄铜、纯铜	300~400	28~40	0.35	0.28	0.2~2.4
软铝	80~110	22~25	0.38	0.30	0.18~2.4
不锈钢、镍带	400~550	20~40	0.42	0.36	0.26~0.32
精密合金	500~600	—	0.42	0.36	0.28~0.34

带料连续拉深总拉深系数的计算方法，与带凸缘的筒形件拉深系数的计算方法相同。

总拉深系数为

$$m_{总}=d/D=m_1m_2m_3\cdots m_n \tag{5-61}$$

式中 d——工件直径；

D——毛坯展开直径；

m_1、m_2、…、m_n——各次拉深系数。

带料连续拉深分无切口拉深与有切口拉深两种，如图 5-72 所示。

图 5-72a 所示为无切口的连续拉深。由于相邻两个拉深件之间相互影响，因此材料在纵向流动较困难，变形程度大时就容易拉破。所以每道工序应采用较大的拉深系数，这样，工序数就增多了。但它比有切口的连续拉深节省材料。这种方法一般用于毛坯相对厚度$(t/D)\times100>1$，相对凸缘直径 $d_凸/d=1.1\sim1.5$ 及相对高度 $h/d\leqslant0.3$ 的拉深件。

图 5-72b 所示为有切口的连续拉深。在两拉深件的相邻处有切口或切槽，以减小相互间的影响和约束。这种拉深方法与单个毛坯拉深较相似。因此每道工序的拉深系数可以小些，即拉深次数可以少些，但材料消耗较多。可用于拉深较困难的工件，即毛坯相对厚度$(t/D)\times100<1$，相对凸缘直径 $d_凸/d>1.3$ 及相对高度 $h/d>0.3\sim0.6$ 的拉深件。

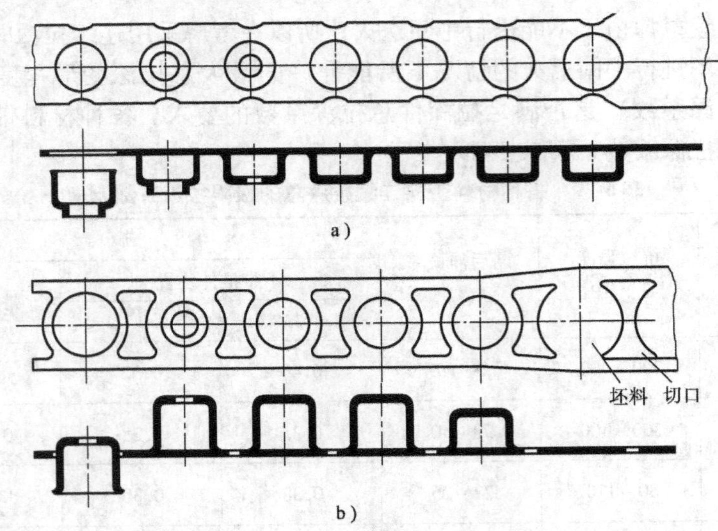

图 5-72　带料连续拉深
a）无切口工艺　b）有切口工艺

5.10　拉深辅助工序

1. 润滑

拉深时，毛坯与凹槽（尤其是毛坯与凹模入口处）之间、毛坯与压边圈之间会产生很大的摩擦力。这是一种有害摩擦，不仅会降低拉深的许用变形程度（增大了拉深件在“危险断面”处的载荷），而且会导致零件表面的擦伤，降低模具寿命。这种情况在拉深不锈钢、高温合金等黏性大的材料时更加严重。润滑的目的就是为减小这种有害摩擦。

润滑的方法是在凹模表面、压边圈与毛坯接触面，以及与凹模和压边圈相接触的毛坯表面均匀抹涂一层润滑剂，并保持润滑部位干净（在凸模表面或与凸模接触的毛坯表面不能涂润滑剂）。

润滑剂的选用可参考以下依据：

1）当拉深应力接近材料的抗拉强度时，应采用含大量粉状填料（如白垩、石墨、滑石粉等）的润滑剂，否则拉深中润滑剂易被挤掉。

2）当拉深应力不大时，可采用不带填料的油质润滑剂。

3）在变薄拉深时，润滑剂不仅是为了减少摩擦，同时又起冷却模具的作用，因此不能采用干摩擦。

4）在拉深钢质零件时，常在毛坯表面进行表面处理（如镀铜或磷化处理），使毛坯表面形成一层与模具的隔离层，既能储存润滑剂，又在拉深过程中具有

“自润”性能。

5）拉深不锈钢、高温合金等粘模严重、强化剧烈的材料时，一般也需要对毛坯表面进行“隔离层”处理（如喷涂氯化乙烯漆），而在拉深时再另涂全损耗系统用油。

2. 热处理

在拉深过程中，材料都会产生加工硬化，使后续变形发生困难。同时，由于拉深变形的不均匀，成形后制件还存在残余应力。为了消除加工硬化，恢复材料的塑性，使后续加工得以进行，或为了消除残余应力，需要在工序间或拉深完成后进行热处理。如冷作硬化现象不严重，且不影响后续工序的进行，可尽量不进行热处理。这样可以降低成本，提高生产率。

不需要中间热处理能完成的拉深次数见表 5-30。

表 5-30　不需中间退火的拉深次数

材　料	工序次数	材　料	工序次数
08、10、15 钢	3～4	纯铜（T1、T2）	1～2
铝	4～5	不锈钢	1～2
黄铜（H62、H68）	2～4		

消除加工硬化的热处理方法，一般采用低温退火（退火规范见表 5-31）。低温退火可引起材料的再结晶，从而恢复塑性，消除残余应力，并可保持较好的表面质量。某些材料低温退火效果不好，可采用高温退火，但工件表面质量差些。

表 5-31　各种金属的低温退火规范

材　料	加热温度/℃	保温时间/min	冷　却
08、10、15 钢	760～780	20～40	在空盒中冷却
Q195、Q215 钢	900～920	20～40	在空盒中冷却
20、25、30、Q235、Q255 钢	700～720	60	炉内冷却
1Cr18Ni9Ti 钢①	1150～1170	5～15	空冷或水冷
铝、防锈铝 5A02、3A21	300～350	30	250℃后空冷
纯铜（T1、T2）	600～650	30	空气中冷却
黄铜（H62、H68）	650～700	15～30	空气中冷却

①　该牌号在 GB/T 20878—2007 中已取消。

不论是中间热处理，还是最后消除应力的热处理，都应及时进行，以免存放时间过长造成零件变形和产生裂纹。特别是对不锈钢、黄铜、耐热钢等，必须要尽快热处理才能存放。

3. 酸洗

经热处理的工序件表面有氧化皮及其他污物，为了便于再拉深需进行酸洗，或对成形后的制件表面油污也应清除干净，才可进行喷漆、搪瓷等后续工序。

酸洗前应先用碳酸钠溶液脱脂，然后将零件放入加热的稀酸液中浸泡，接着在冷水中冲洗，再在弱碱溶液中将残留的酸中和，最后在热水中洗涤并经烘干即可。

第6章　其他冲压成形工艺

成形是指用各种局部变形的方法来改变被加工工件形状的加工方法。常见的成形方法包括翻边、翻孔、胀形、缩口、旋压、起伏成形、校平与整形，以及板料特种成形技术等。

6.1　翻边与翻孔

翻边是沿工件外形曲线周围将材料翻成侧立短边的冲压工序，又称为外缘翻边。翻孔是沿工件内孔周围将材料翻成侧立凸缘的冲压工序，又称为内孔翻边。

1. 翻边

常见的翻边形式如图6-1所示。图6-1a为内凹翻边，也称为伸长类翻边；图6-1b为外凸翻边，也称为压缩类翻边。

（1）翻边的变形程度　内凹翻边时，变形区的材料主要受切向拉应力的作用。这样翻边后的竖边会变薄，其边缘部分变薄最严重，使该处在翻边过程中成为危险部位。当变形超过许用变形程度时，此处就会开裂。

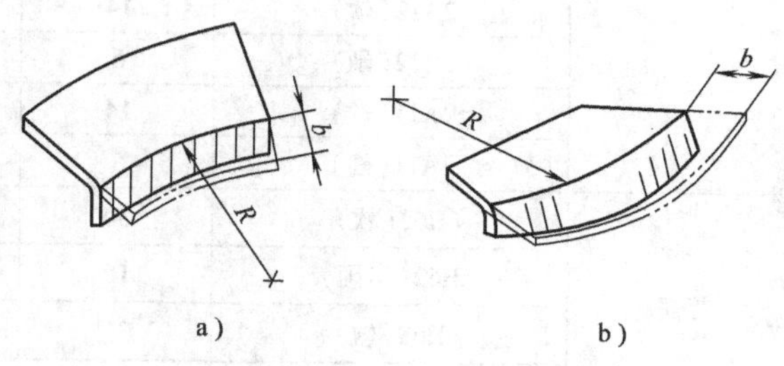

图6-1　翻边形式

a）内凹翻边　b）外凸翻边

内凹翻边的变形程度由下式计算：

$$E_{凹}=\frac{b}{R-b}\times 100\% \tag{6-1}$$

式中　$E_{凹}$——内凹翻边的变形程度（%）；

R——内凹曲率半径（mm），如图6-1a所示；

b——翻边后竖边的高度（mm），如图6-1a所示。

外凸翻边的变形情况类似于不用压边圈的浅拉深，变形区材料主要受切向压应力的作用，变形过程中材料易起皱。

外凸翻边的变形程度由下式计算：

$$E_{凸}=\frac{b}{R+b}\times 100\% \tag{6-2}$$

式中 $E_{凸}$——外凸翻边的变形程度（%）；

R——外凸曲率半径（mm），如图 6-1b 所示；

b——翻边后竖边的高度（mm），如图 6-1b 所示。

翻边的极限变形程度与工件材料的塑性、翻边时边缘的表面质量及凹凸形的曲率半径等因素有关。翻边允许的极限变形程度可以由表 6-1 查得。

表 6-1　翻边允许的极限变形程度

材料名称及牌号		$E_{凸}$(%)		$E_{凹}$(%)	
		橡胶成形	模具成形	橡胶成形	模具成形
铝合金	1035(软)	25	30	6	40
	1035(硬)	5	8	3	12
	3A21(软)	23	30	6	40
	3A21(硬)	5	8	3	12
	5A02(软)	20	25	6	35
	5A03(硬)	5	8	3	12
	2A12(软)	14	20	6	30
	2A12(硬)	6	8	0.5	9
	2A11(软)	14	20	4	30
	2A11(硬)	5	6	0	0
黄铜	H62(软)	30	40	8	45
	H62(半硬)	10	14	4	16
	H68(软)	35	45	8	55
	H68(半硬)	10	14	4	16
钢	10	—	38	—	10
	20	—	22	—	10
	12Cr18Ni9(软)	—	15	—	10
	12Cr18Ni9(硬)	—	40	—	10

（2）翻边力的计算　翻边力可以用下式近似计算：

$$F=cLtR_{m} \tag{6-3}$$

式中 F——翻边力（N）；

c——系数，可取 $c=0.5\sim0.8$；

L——翻边部分的曲线长度（mm）；

t——材料厚度（mm）；

R_{m}——抗拉强度（MPa）。

2. 翻孔

常见的翻孔为圆形翻孔，如图 6-2 所示。翻孔前毛坯孔径为 d_0，翻孔变形区是内径为 d_0，外径为 D 的环形部分。当凸模下行时，d_0 不断扩大，并逐渐形成侧边，最后使平面环形变成竖直的侧边。变形区毛坯受切向拉应力 R_θ 和径向拉应力 R_r 的作用，其中切向拉应力 R_θ 是最大主应力，而径向拉应力 R_r 值较小，它是由毛坯与模具的摩擦而产生的。在整个变形区内，孔的外缘处于切向拉应力状态，且其值最大，该处的应变在变形区内也最大。因此在翻孔过程中，竖立侧边的边缘部分最容易变薄、开裂。

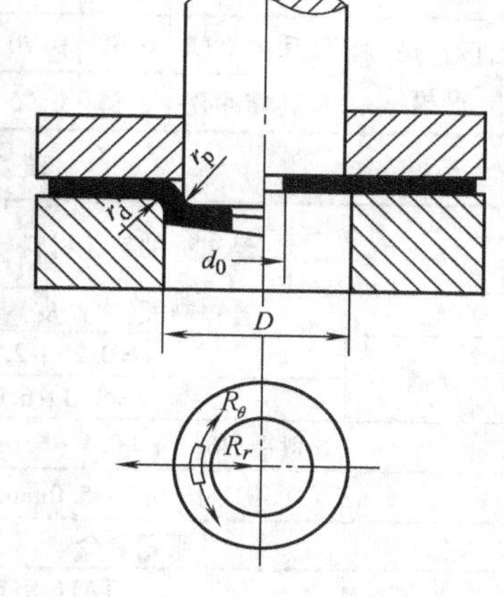

图 6-2　翻孔时变形区的应力状态

（1）翻孔系数　翻孔的变形程度用翻孔系数 K 来表示：

$$K=\frac{d_0}{D} \tag{6-4}$$

翻孔系数 K 越小，翻孔的变形程度越大。翻孔时孔的边缘不破裂所能达到的最小翻孔系数，称为极限翻孔系数。影响翻孔系数的主要因素如下：

1）材料的性能。塑性越好，极限翻孔系数越小。

2）预制孔的加工方法。钻出的孔没有撕裂面，翻孔时不易出现裂纹，极限翻孔系数较小。冲出的孔有部分撕裂面，翻孔时容易开裂，极限翻孔系数较大。如果冲孔后对材料进行退火或将孔整修，可以得到与钻孔相接近的效果。此外，还可以将冲孔的方向与翻孔的方向相反，使毛刺位于翻孔内侧，这样也可以减小开裂，降低极限翻孔系数。

3）如果翻孔前预制孔径 d_0 与材料厚度 t 的比值 d_0/t 较小，在开裂前材料的绝对伸长可以较大，因此极限翻孔系数可以取较小值。

4）采用球形、抛物面形或锥形凸模翻孔时，孔边圆滑地逐渐胀开，所以极限翻边系数可以较小，而采用平面凸模则容易开裂。

表 6-2 为低碳钢的极限翻孔系数。表 6-3 为翻圆孔时各种材料的翻孔系数。

表 6-2　低碳钢的极限翻孔系数

翻孔凸模形状	孔的加工方法	材料相对厚度 d_0/t										
		100	50	35	20	15	10	8	6.5	5	3	1
球形凸模	钻后去毛刺	0.70	0.60	0.52	0.45	0.40	0.36	0.33	0.31	0.30	0.25	0.20
	冲孔模冲孔	0.75	0.65	0.57	0.52	0.48	0.45	0.44	0.43	0.42	0.42	—

（续）

翻孔凸模形状	孔的加工方法	材料相对厚度 d_0/t										
		100	50	35	20	15	10	8	6.5	5	3	1
圆柱形凸模	钻后去毛刺	0.80	0.70	0.60	0.50	0.45	0.42	0.40	0.37	0.35	0.30	0.25
	冲孔模冲孔	0.85	0.75	0.65	0.60	0.55	0.52	0.50	0.50	0.48	0.47	—

表 6-3　各种材料的翻孔系数

经退火的毛坯材料		翻孔系数	
		m_0	m_{min}
镀锌钢板（白铁皮）		0.70	0.65
软钢	$t=0.25\sim2.0$mm	0.72	0.68
	$t=3.0\sim6.0$mm	0.78	0.75
黄铜 H62　$t=0.5\sim6.0$mm		0.68	0.62
铝　$t=0.5\sim5.0$mm		0.70	0.64
硬铝合金		0.89	0.80
钛合金	TA1（冷态）	0.64～0.68	0.55
	TA1（加热 300～400℃）	0.40～0.50	
	TA5（冷态）	0.85～0.90	0.75
	TA5（加热 500～600℃）	0.70～0.65	0.55
不锈钢、高温合金		0.69～0.65	0.61～0.57

（2）翻孔尺寸计算　平板毛坯翻孔的尺寸如图 6-3 所示。

在平板毛坯上翻孔时，按工件中性层长度不变的原则近似计算。预制孔直径 d_0 由下式计算：

$$d_0 = D_1 - \left[\pi\left(r+\frac{t}{2}\right)+2h\right] \quad (6\text{-}5)$$

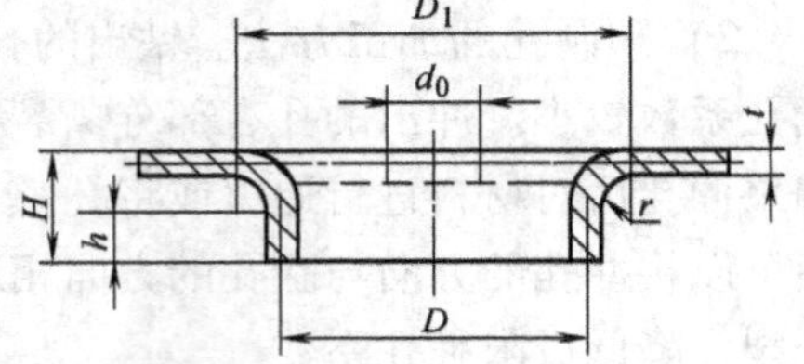

图 6-3　平板毛坯翻孔

其中，$D_1 = D + 2r + t$，$h = H - r - t$。

翻孔后的高度 H 由下式计算：

$$H = \frac{D-d_0}{2} + 0.43r + 0.72t$$

$$= \frac{D}{2}(1-K) + 0.43r + 0.72t \quad (6\text{-}6)$$

在式（6-6）中代入极限翻孔系数，即可求出最大翻孔高度。当工件要求的高度大于最大翻孔高度时，就难以一次翻孔成形。这时应先进行拉深，在拉深件的底部预制孔，然后再进行翻孔，如图 6-4 所示。

（3）翻孔力计算　有预制孔的翻孔力由下式计算：

$$F = 1.1\pi t R_{eL}(D-d_0) \quad (6\text{-}7)$$

式中　F——翻孔力（N）；

R_{eL}——材料的下屈服强度（MPa）；

D——翻孔后中性层直径（mm）；

d_0——预制孔直径（mm）；

t——材料厚度（mm）。

无预冲孔的翻孔力要比有预冲孔的翻孔力大 1.3 ~1.7 倍。

例　固定套翻孔件的工艺计算。工件如图 6-5 所示，材料为 08 钢，料厚 $t=1$mm。

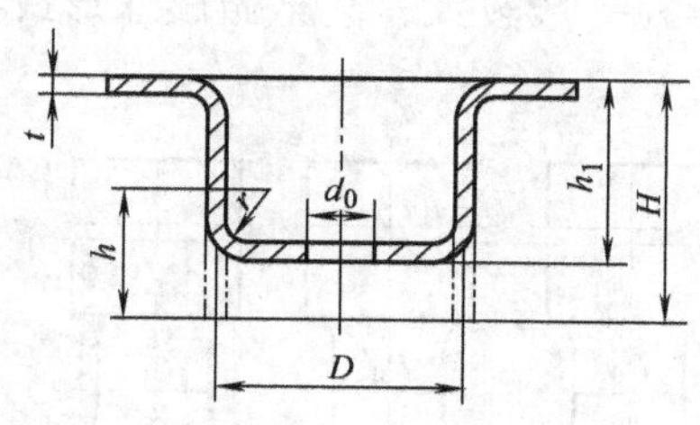

图 6-4　拉深后再翻孔

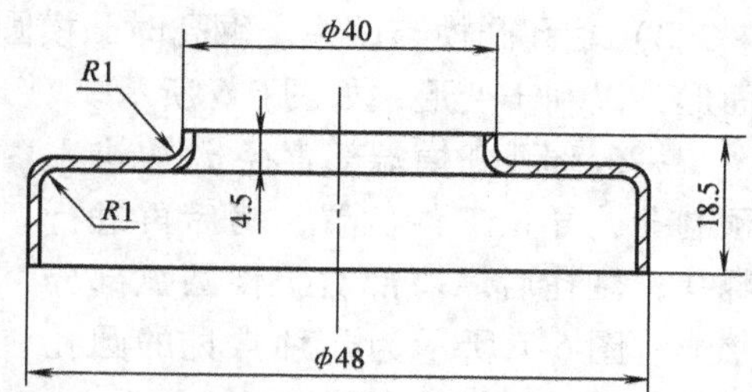

图 6-5　固定套翻孔件

解　1）计算预制孔：

$$D=39\text{mm}$$

$$D_1=D+2r+t=(39+2\times1+1)\text{mm}=42\text{mm}$$

$$H=4.5\text{mm}$$

$$h=H-r-t=(4.5-1-1)\text{mm}=2.5\text{mm}$$

$$d_0=D_1-\left[\pi\left(r+\frac{t}{2}\right)+2h\right]$$

$$=42\text{mm}-[\pi(1+0.5)+2\times2.5]\text{mm}=32.3\text{mm}$$

预制孔直径为 32.3mm。

2）计算翻孔系数：

$$K=\frac{d_0}{D}=\frac{32.3}{39}=0.828$$

由 $d_0/t=32.3$，查表 6-2，若采用圆柱形凸模，得低碳钢极限翻边系数为 0.65，小于计算值，所以该工件能一次翻边成形。

3）计算翻孔力：

查有关手册：$$R_{eL}=200\text{MPa}$$

$$F=1.1\pi tR_{eL}(D-d_0)=1.1\times\pi\times1\times200(39-32.3)\text{N}=4628\text{N}$$

（4）翻孔凸模、凹模设计

1）翻孔时凸模与凹模的间隙。因为翻孔时竖边变薄，所以凸模与凹模的间隙小于厚度，其单边间隙值可按表 6-4 选取。

表 6-4　翻孔凸模与凹模的单边间隙　（单位：mm）

材料厚度	0.3	0.5	0.7	0.8	1.0	1.2	1.5	2.0
平毛坯翻边	0.25	0.45	0.6	0.7	0.85	1.0	1.3	1.7
拉深后翻边	—	—	—	0.6	0.75	0.9	1.1	1.5

2）翻孔凸模与凹模。翻孔时凸模圆角半径一般较大，甚至做成球形或抛物面形，以利于变形，如图 6-6 所示。

一般翻孔凸模端部直径 d_0 先进入预制孔，导正工件位置，然后再进行翻孔；翻孔后靠肩部对工件圆弧部分整形。图 6-7 所示为几种常见的圆孔翻孔凸模与凹模的形状和尺寸。

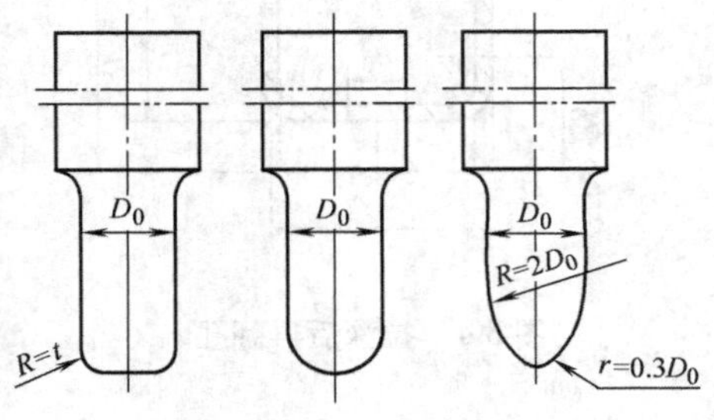

图 6-6　翻孔凸模

（5）变薄翻孔　当翻孔零件要求具有较高的竖边高度，而竖边又允许变薄时，可以采用变薄翻孔。这样可以节省材料，提高生产率。

变薄翻孔要求材料具有良好的塑性，变薄时凸、凹模采用小间隙，材料在凸模与凹模的作用下产生挤压变形，使厚度显著减薄，从而提高了翻孔高度。图 6-8 所示为变薄翻孔的尺寸变化。

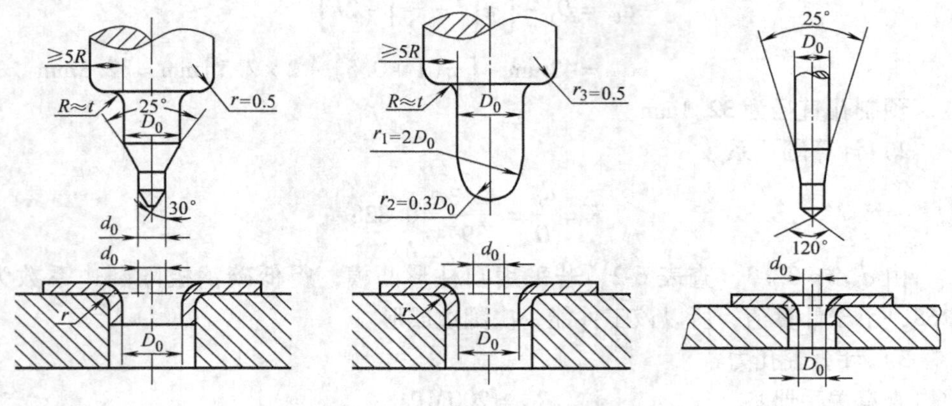

图 6-7　圆孔翻孔凸模与凹模的形状和尺寸

变薄翻孔时的变形程度用变薄系数 k 表示：

$$k = \frac{t_1}{t} \tag{6-8}$$

式中 t_1——变薄翻孔后的竖边厚度（mm）；

t——毛坯厚度（mm）。

试验表明：一次变薄翻孔的变薄系数 k 可达 0.4～0.5，甚至更小。

变薄翻孔的预制孔尺寸及变薄后的竖边高度，应按翻孔前后体积不变的原则确定。

变薄翻孔多采用阶梯形凸模成形，如图 6-9 所示。变薄翻孔力比普通翻孔力大得多，并且与变薄量成正比。翻孔时凸模受到较大的侧压力，可以把凹模压入套圈内。变薄翻孔时，凸模与凹模之间应具有良好的导向，以保证间隙均匀。

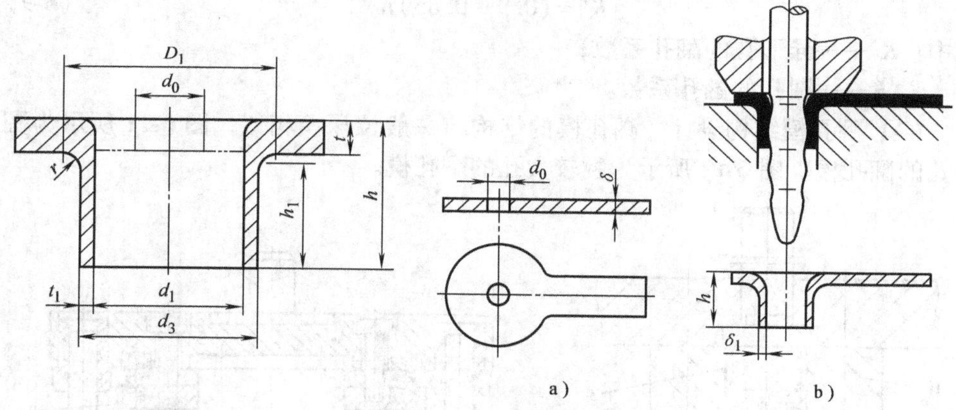

图 6-8 变薄翻孔的尺寸变化

图 6-9 采用阶梯形凸模的变薄翻孔
a）平板毛坯 b）变薄翻孔

变薄翻孔通常用在平板毛坯或半成品的制件上冲制小螺钉孔（多为 M6 以下）。在螺孔加工中，为保证使用强度，对于低碳钢或黄铜零件的螺孔深度，不小于直径的 1/2；而铝件的螺孔深度，不小于直径的 2/3。为了保证螺孔深度，又不增加工件厚度，生产中常采用变薄翻孔的方法加工小螺孔。常用材料的螺纹变薄翻孔数据可查有关手册。

（6）异形孔的翻孔 异形孔由不同半径的凸弧、凹弧和直线组成，各部分的受力状态与变形性质有所不同，直线部分仅发生弯曲变形，凸弧部分为拉深变形，凹弧部分则为翻孔变形。

图 6-10 所示为异形翻孔件的轮廓，其预制孔可以按几何形状的特点分为三种类型：圆弧 a 为凸弧，按拉深计算其展开尺寸；圆弧 b 为凹弧，按翻孔计算其

展开尺寸；直线 c，按弯曲计算其展开尺寸。

在设计计算时，可以按上述三种情况分别考虑，将理论计算出来的孔的形状再加以适当的修正，使各段平滑连接，即为所求预制孔的形状。

异形翻孔时，曲率半径较小的部位，切向拉应力和切向伸长变形较大；曲率半径较大的部位，切向拉应力和切向伸长变形都较小。因此核算变形程度时，应以曲率半径较小的部分为依据。由于曲率半径较小的部分在变形时受到相邻部分材料的补充，使得切向伸长变形得到一定程度的缓解，因此异形孔的翻孔系数允许小于圆孔的翻孔系数，一般取：

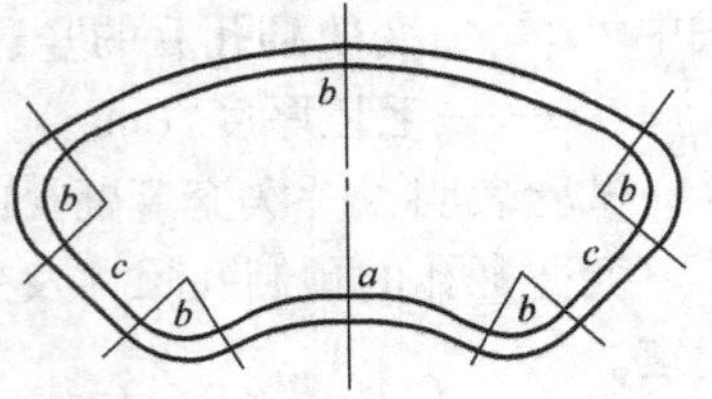

图 6-10　异形翻孔件的轮廓

$$K' = (0.9 \sim 0.85)K \tag{6-9}$$

式中　K'——异形孔的翻孔系数；

K——圆孔的翻孔系数。

（7）翻孔模结构设计　翻孔模的结构与一般拉深模相似，图 6-11 所示为翻小孔的翻孔模。图 6-12 所示为翻较大孔的翻孔模。

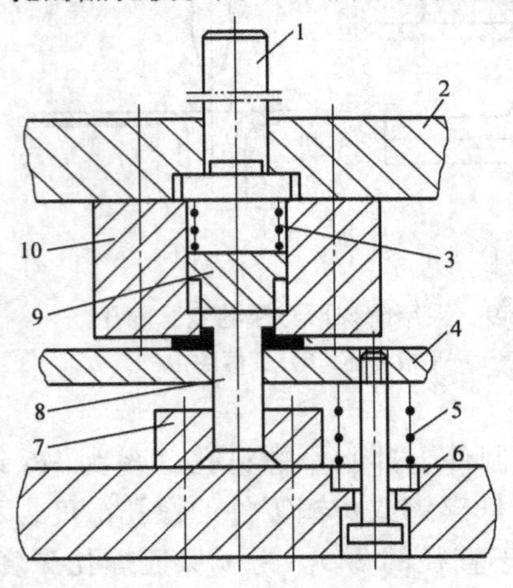

图 6-11　翻小孔的翻孔模

1—模柄　2—上模板　3、5—弹簧　4—脱件板　6—下模板　7—凸模固定板　8—凸模　9—顶件器　10—凹模

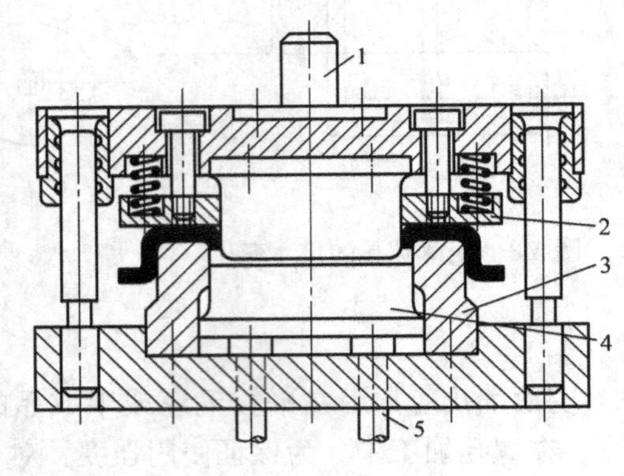

图 6-12　翻较大孔的翻孔模

1—凸模　2—脱件板　3—凹模　4—顶件器　5—弹顶器

图 6-13 所示为黄铜材料变薄翻孔模。该模具在双动冲床上使用，外滑块上的压边圈 2 对工件施加压边力，阶梯凸模 1 与凹模 3 完成变薄翻孔。翻孔后，橡胶弹顶器推动顶杆 4 将工件从模具中顶出。

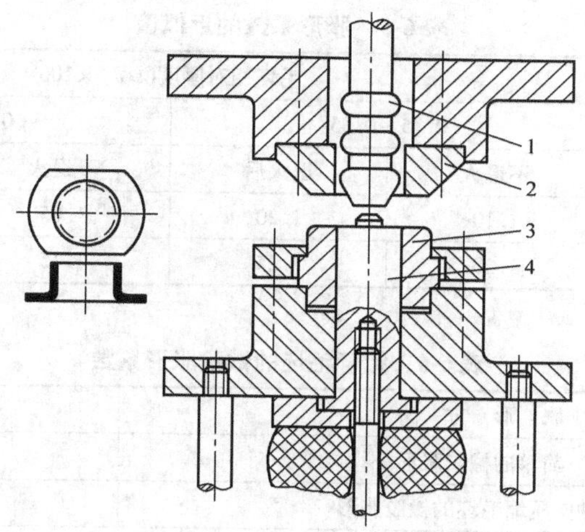

图 6-13　变薄翻孔模
1—阶梯凸模　2—压边圈　3—凹模　4—顶杆

6.2　胀形

胀形是将空心件或管状毛坯沿径向向外扩张的冲压工序。

1. 胀形的变形程度

胀形变形时，毛坯的塑性变形局限于一个固定的变形区范围内，材料不向变形区外转移，也不从外部进入变形区，仅靠毛坯厚度的减薄来达到表面积的增大。因此，在胀形时毛坯处于双向受拉的应力状态。在这种应力状态下，变形区毛坯不会产生失稳起皱现象，所以胀形零件表面光滑、质量好。胀形时，由于材料受切向拉应力，所以胀形的变形程度受材料极限伸长率的限制，一般用胀形系数 K_z 来表示：

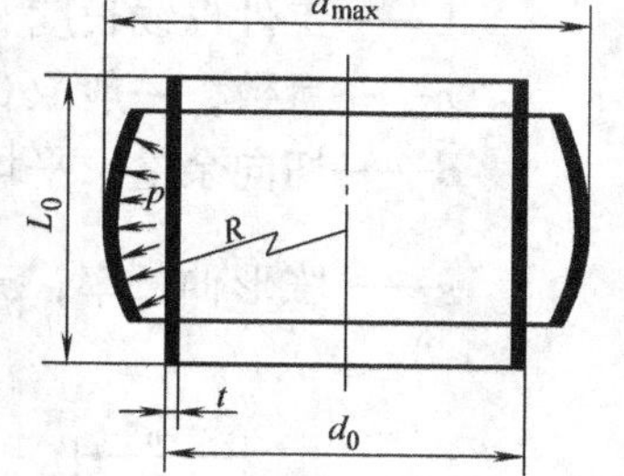

图 6-14　圆筒毛坯胀形

$$K_z = \frac{d_{max}}{d_0} \tag{6-10}$$

式中　d_{max}——胀形后的最大直径（mm），如图 6-14 所示；

d_0——圆筒毛坯胀形前的直径（mm）。

由式（6-10）可知，随着胀形系数 K_z 的增大，变形程度也增大。胀形系数的近似值可查表 6-5。胀形时，如果在对毛坯径向施加压力的同时，也对毛坯轴向加压，则胀形变形程度可以增加；如果对变形区的部分局部加热，会显著增大胀形系数。铝管毛坯的试验胀形系数如表 6-6 所示。

表 6-5 胀形系数的近似值

材 料	毛坯相对厚度(t/d) ×100			
	0.45 ~ 0.35		0.35 ~ 0.28	
	不退火	退火后	不退火	退火后
10 钢	1.10	1.20	1.05	1.15
铝	1.20	1.25	1.15	1.20

表 6-6 铝管毛坯的试验胀形系数

胀 形 方 法	极限胀形系数
简单的橡胶胀形	1.2 ~ 1.25
带轴向压缩毛坯的橡胶胀形	1.6 ~ 1.7
局部加热到 200 ~ 250℃的胀形	2.0 ~ 2.1
用锥形凸模并加热到 380℃的边缘胀形	2.5 ~ 3.0

2. 胀形工艺计算

(1) 毛坯尺寸计算 如图 6-15 所示，空心毛坯胀形时，如果毛坯两端允许自由收缩，则毛坯长度按下式计算：

$$L_0 = L(1 + c\varepsilon) + B \tag{6-11}$$

式中 L_0——毛坯长度（mm）；

L——工件母线长度（mm）；

c——系数，一般取 0.3 ~ 0.4；

B——切向余量，平均取 5 ~ 15mm；

ε——胀形伸长率，$\varepsilon = \dfrac{d_{max} - d_0}{d_0}$。

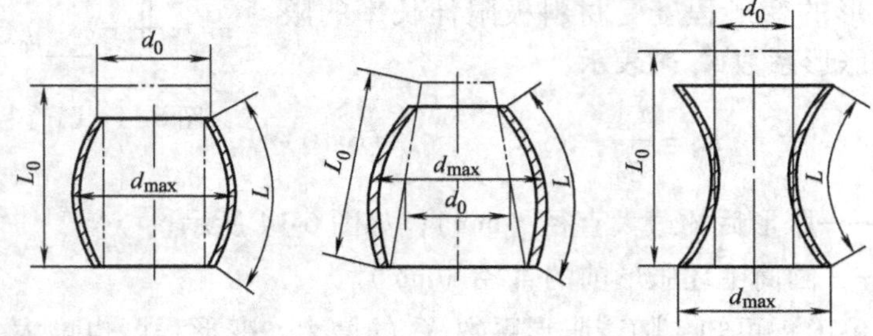

图 6-15 胀形尺寸计算的有关参数

(2) 胀形力的计算 胀形力可由下式求得

$$F = qA = 1.15R_m \frac{2t}{d_{max}}A \tag{6-12}$$

式中 F——胀形力（N）；

q——单位胀形力（MPa）；

A——参与胀形的材料表面面积（mm^2）；

R_m——材料抗拉强度（MPa）；

d_{max}——胀形最大直径（mm）；

t——材料厚度（mm）。

例 图 6-16 所示为罩盖零件图，材料为 10 钢（未退火），料厚 0.5mm。计算分析该零件的胀形工艺。

解 由该工件的形状可知，其侧壁是由空心毛坯胀形而成的。

1）计算胀形系数：

$d_0 = 140mm$，$d_{max} = 150mm$

$$K_z = \frac{d_{max}}{d_0} = \frac{150}{140} = 1.07$$

由$(t/d) \times 100 = 0.357$，查表 6-5 得胀形系数为1.10，大于工件的实际胀形系数，所以可以一次胀形成形。

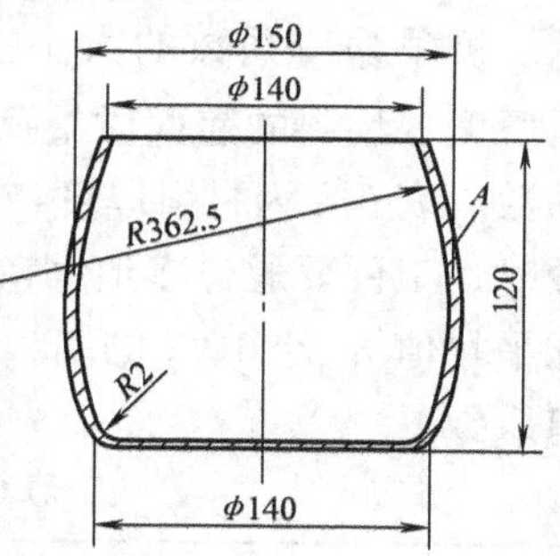

图 6-16 罩盖零件图

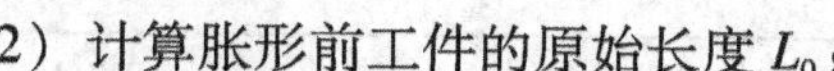

2）计算胀形前工件的原始长度 L_0：

$$\varepsilon = \frac{d_{max} - d_0}{d_0} = \frac{150 - 140}{140} \approx 0.07$$

取 $c = 0.4$，$B = 10mm$，由几何关系得 $L \approx 120.5mm$，

所以 $L_0 = L(1 + c\varepsilon) + B = 120.5(1 + 0.4 \times 0.07)mm + 10mm = 134mm$

3）胀形力计算：

查相关手册：$R_m = 430MPa$

$$A = \pi d_0 L_0 = \pi \times 140 \times 134mm^2 = 5.89 \times 10^4 mm^2$$

$$F = qA = 1.15R_m \frac{2t}{d_{max}}A = 1.15 \times 430 \times \frac{2 \times 0.5}{150} \times 5.89 \times 10^4 N = 1.94 \times 10^5 N$$

6.3 缩口

缩口是将预先拉深好的空心工件或管坯件的开口端直径缩小的冲压工序。

1. 缩口的变形程度

缩口工序的应力、应变如图 6-17 所示。

变形区的金属受切向压应力 R_1 和轴向压应力 R_3 的作用，在轴向和厚度方向

产生伸长变形 ε_3 和 ε_2，切向产生压缩变形 ε_1。在缩口变形过程中，材料主要受切向压应力的作用，使直径减小，壁厚和高度增加。由于切向压应力的作用，在缩口时坯料易于失稳起皱；同时，非变形区的筒壁，由于承受全部缩口压力，也易失稳产生变形，所以防止失稳是缩口工艺的主要问题。

缩口的变形程度用缩口系数 K_s 来表示：

$$K_s = \frac{d}{d_0} \tag{6-13}$$

式中 d——缩口后工件的直径（mm）；

d_0——缩口前工件的直径（mm）。

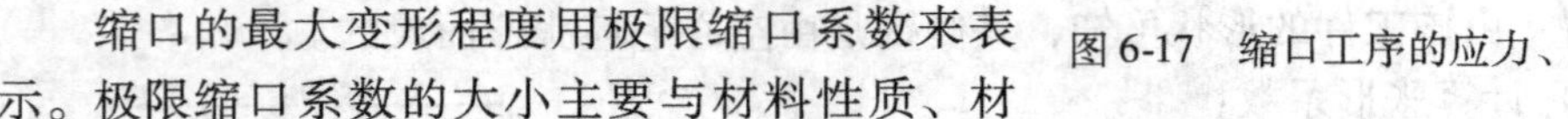

图 6-17　缩口工序的应力、应变

缩口的最大变形程度用极限缩口系数来表示。极限缩口系数的大小主要与材料性质、材料厚度、坯料的表面质量及缩口模具的形状有关。表 6-7 为各种材料的平均缩口系数。表 6-8 为材料厚度与缩口系数的关系。当工件的缩口系数小于极限缩口系数时，工件要通过多道缩口达到尺寸要求。在多道缩口工序中，第一道工序采用比平均值 K_{sp} 小 10% 的缩口系数，以后各道工序采用比平均值大 5% ~10% 的缩口系数。

表 6-7　各种材料的平均缩口系数 K_{sp}

材　料	模具形式		
	无支承	外部支承	内部支承
软钢	0.70 ~ 0.75	0.55 ~ 0.60	0.30 ~ 0.35
黄铜	0.65 ~ 0.70	0.50 ~ 0.55	0.27 ~ 0.32
铝	0.68 ~ 0.72	0.53 ~ 0.57	0.27 ~ 0.32
硬铝(退火)	0.75 ~ 0.80	0.60 ~ 0.63	0.35 ~ 0.40
硬铝(淬火)	0.75 ~ 0.80	0.68 ~ 0.72	0.40 ~ 0.43

注：1. 外部支承指外径夹紧支承。

2. 内部支承指内孔用心轴支承。

表 6-8　材料厚度和缩口系数的关系

材　料	材料厚度/mm		
	<0.5	0.5 ~ 1	>1
	缩口系数		
黄　铜	0.85	0.8 ~ 0.7	0.7 ~ 0.65
软　钢	0.8	0.75	0.7 ~ 0.65

2. 缩口工艺计算

常见的缩口形式如图 6-18 所示。

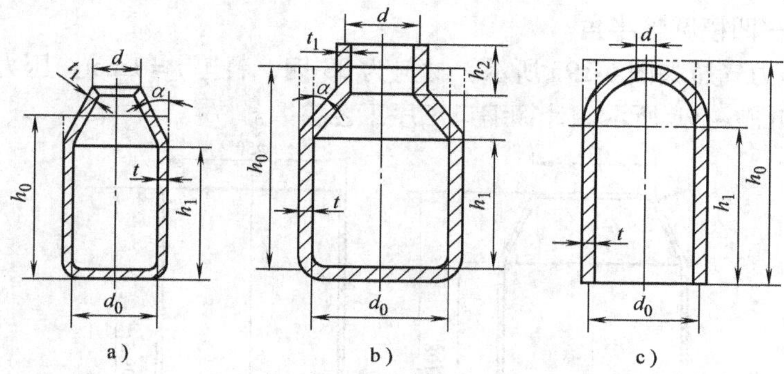

图 6-18 缩口形式

a）斜口 b）直口 c）球面

图 6-18a 所示斜口缩口形式的毛坯尺寸由下式计算：

$$h_0 = (1 \sim 1.05)\left[h_1 + \frac{d_0^2 - d^2}{8d_0 \sin\alpha}\left(1 + \sqrt{\frac{d_0}{d}}\right)\right] \tag{6-14}$$

图 6-18b 所示直口缩口形式的毛坯尺寸由下式计算：

$$h_0 = (1 \sim 1.05)\left[h_1 + h_2\sqrt{\frac{d}{d_0}} + \frac{d_0^2 - d^2}{8d_0 \sin\alpha}\left(1 + \sqrt{\frac{d_0}{d}}\right)\right] \tag{6-15}$$

图 6-18c 所示球面缩口形式的毛坯尺寸由下式计算：

$$h_0 = h_1 + \frac{1}{4}\left(1 + \sqrt{\frac{d_0}{d}}\right)\sqrt{d_0^2 - d^2} \tag{6-16}$$

式中，d_0、d 取中径。

缩口凹模的半锥角 α 对缩口成形起着重要作用，一般应使 α 在 30°以内，这样有利于缩口成形。

图 6-18a 所示的锥形缩口件，若用无内支承的模具进行缩口，缩口力可由下式计算：

$$F = k\left[1.1\pi d_0 t R_m\left(1 - \frac{d}{d_0}\right)(1 + \mu\cot\alpha)\frac{1}{\cos\alpha}\right] \tag{6-17}$$

式中 F——缩口力（N）；

k——系数，采用压力机时取 1.15；

d_0——缩口前直径（mm）；

t——缩口前料厚（mm）；

R_m——材料抗拉强度（MPa）；

d——缩口部分直径（mm）；

μ——工件与凹模的摩擦因数；

α——凹模圆锥半角。

例 压力气瓶如图 6-19a 所示，材料为 08 钢，料厚 $t=1\text{mm}$。压力气瓶缩口前的毛坯如图 6-19b 所示。计算缩口工序工艺参数。

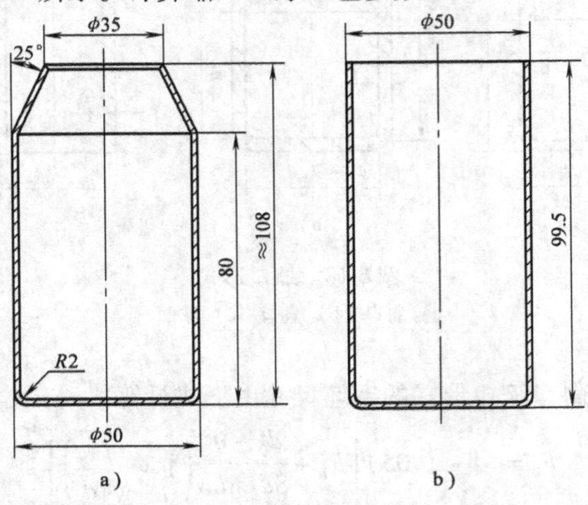

图 6-19　压力气瓶缩口件

a）缩口工件　b）缩口前毛坯

解　1）计算缩口系数：$d=35\text{mm}$，$d_0=49\text{mm}$，缩口系数为

$$K_s=\frac{d}{d_0}=\frac{35}{49}=0.71$$

因为该工件是有底的缩口件，所以只能采用外支承方式的缩口模具。查表 6-7，平均缩口系数 $K_{sp}=0.55\sim0.60$，因为 $K_s>K_{sp}$，所以该工件可以一次缩口成形。

2）计算缩口前毛坯高度 h_0：

$$\begin{aligned} h_0 &=(1\sim1.05)\left[h_1+\frac{d_0^2-d^2}{8d_0\sin\alpha}\left(1+\sqrt{\frac{d_0}{d}}\right)\right] \\ &=(1\sim1.05)\left[79+\frac{49^2-35^2}{8\times49\times\sin25°}\times\left(1+\sqrt{\frac{49}{35}}\right)\right]\text{mm} \\ &=94.5\sim99.2\text{mm} \end{aligned}$$

取 $h_0=99\text{mm}$。

3）计算缩口力：凹模与工件的摩擦因数 $\mu=0.1$，工件材料的抗拉强度 $R_m=430\text{MPa}$，缩口力为

$$F = k\left[1.1\pi d_0 t R_{\mathrm{m}}\left(1-\frac{d}{d_0}\right)(1+\mu\cot\alpha)\frac{1}{\cos\alpha}\right]$$

$$=1.15\left[1.1\pi\times49\times1\times430\times\left(1-\frac{35}{49}\right)\times(1+0.1\cot25^\circ)\times\frac{1}{\cos25^\circ}\right]\mathrm{N}$$

$$=32057\mathrm{N}$$

$$\approx32\mathrm{kN}$$

6.4　旋压

旋压是一种特殊的成形工艺，多用于搪瓷和铝制品工业中，在航天和导弹工业中，应用也较广泛。

1. 旋压成形原理、特点及应用

旋压是将毛坯压紧在旋压机（或供旋压用的车床）的芯模上，使毛坯同旋压机的主轴一起旋转，同时操纵旋轮（或赶棒、赶刀），在旋转中加压于毛坯，使毛坯逐渐紧贴芯模，从而达到工件所要求的形状和尺寸。图 6-20 所示为旋压原理图。旋压可以完成类似拉深、翻边、凸肚、缩口等工艺，但不需要类似于拉深、胀形等复杂的模具结构，适用性较强。

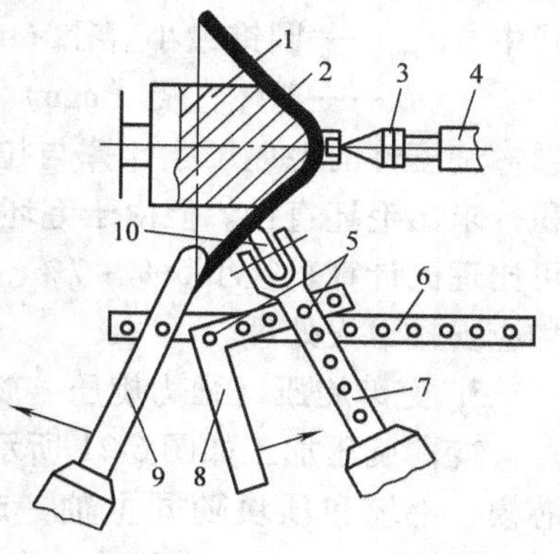

图 6-20　旋压原理图

1—芯模　2—板料　3—顶针　4—顶针架　5—定位钉　6—机床固定板　7—旋压杠杆　8—复式杠杆限位垫　9—成形垫　10—旋轮

旋压的优点是所使用的设备和工具都比较简单，但是它的生产率低，劳动强度大，所以限制了它的使用范围。

按旋压时的金属变形特点，旋压可以分为普通旋压和变薄旋压。普通旋压时旋轮施加的压力，一般由操作者控制，变形后工件的壁厚基本保持板料的厚度。在普通旋压时，旋轮加压太大，特别是在板料外缘处容易起皱。

2. 旋压工艺

合理选择旋压主轴的转速、旋压件的过渡形状及旋轮施加压力的大小，是编制旋压工艺的三个重要因素。

主轴转速如果太低，板料将不稳定；若转速太高，容易过度辗薄。合理的转速可根据被旋压材料的性能、厚度及芯模的直径确定，一般软钢为 400 ~ 600r/min，铝为 800 ~ 1200r/min。当毛坯直径较大、厚度较薄时取小值，反之则取较大的转速。

旋压操作时，应掌握好合理的过渡形状，先从毛坯靠近芯模底部圆角半径开始，由内向外赶辗，逐渐使毛坯转为浅锥形，然后再由浅锥形向圆筒形过渡。

旋压成形虽然是局部成形，但是，如果材料的变形量过大，也易起皱甚至破裂，所以变形量大的则需要多次旋压成形。旋压的变形程度以旋压系数 m 表示。对于圆筒形旋压件，其一次旋压成形的许用变形程度大约为

$$m=\frac{d}{d_0}\geqslant 0.6\sim0.8 \tag{6-18}$$

式中 d——工件直径（mm）；

d_0——毛坯直径（mm）。

多次旋压成形中，如由圆锥形过渡到圆筒形，则第一次成形时圆锥许用变形程度为

$$m=\frac{d_{\min}}{d_0}\geqslant 0.2\sim0.3 \tag{6-19}$$

式中 $d_{\min}$——圆锥最小直径（mm）；

d_0——毛坯直径（mm）。

旋压件的毛坯尺寸计算与拉深工艺一样，按工件的表面积等于毛坯的表面积，求出毛坯直径。但由于毛坯在旋压过程中有变薄现象，因此，实际毛坯直径可比理论计算直径小5%～7%。由于旋压的加工硬化比拉深严重，所以工序间均应安排退火处理。

3. 变薄旋压（强力旋压、旋薄）

变薄旋压加工如图6-21所示。旋压机顶块3把毛坯2紧压于芯模1的顶端。芯模、毛坯和顶块随同主轴一起旋转，旋轮5沿设定的靠模板按与芯模母线（锥面线）平行的轨迹移动。由于芯模和旋轮之间保持着小于坯料厚度的间隙，旋轮施加高压于毛坯（压力可达2500MPa），迫使毛坯贴紧芯模并被辗薄，逐渐成形为零件。由此可见，变薄旋压在加工过程中，毛坯凸缘不产生收缩变形，因而没有凸缘起皱问题，也不受毛坯相对厚度的限制，可以一次旋压出相对深度较大的零件。与冷挤压比较，变薄旋压是局部变形，而冷挤压变形区较大，因此，变薄旋压的变形力较冷挤压小得多。经变薄旋压后，材料晶粒致密细化，提高了强度，降低了表面粗糙度。变薄旋压一般要求使用功率大、刚度大的旋压机床。变薄旋压多用于加工薄壁锥形件或薄壁的长管形件，所得零件尺寸精度和表面质量都比较好。

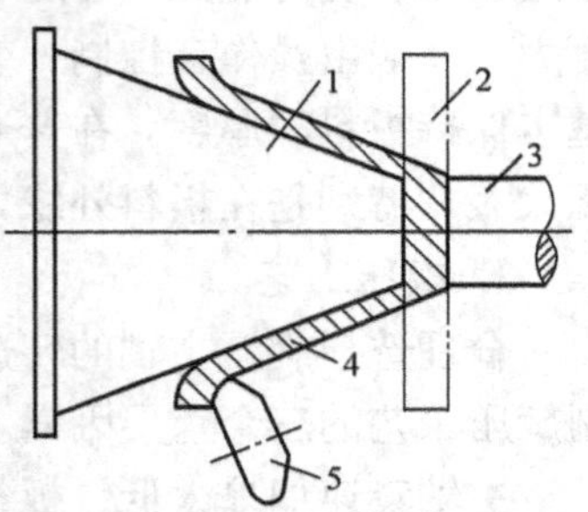

图6-21 变薄旋压加工
1—芯模 2—毛坯 3—顶块
4—工件 5—旋轮

变薄旋压的变形程度用变薄率 ε 表示：

$$\varepsilon = \frac{t_0 - t_1}{t_0} = 1 - \frac{t_1}{t_0} \tag{6-20}$$

式中　t_0——旋压前毛坯厚度（mm）；

t_1——旋压后工件的壁厚（mm）。

圆筒形件的变薄旋压不能用平面毛坯旋压变形，只能采用壁厚较大、长度较短而内径与之相同的圆筒形毛坯。

圆筒形件变薄旋压可分为正旋压和反旋压两种，如图 6-22 所示。按使用机床的不同，旋压也可分为卧式和立式旋压两种。

正旋压时，材料流动方向与旋轮移动方向相同，一般是朝向机头架。反旋压时，材料流动方向与旋轮移动方向相反，未旋压的部分不移动。

圆筒形件变薄旋压时，一般塑性好的材料一次的变薄率可达 50% 以上（如铝可达 60% ~70%），多次旋压总的变薄率也可达 90% 以上。

立式旋压如图 6-23 所示。立式旋压模用多个钢球代替旋轮，这样旋压点增多了，不仅提高了生产率，而且也降低了工件表面粗糙度。钢球的数目随零件的大小而不同，并在钢球组成一个圆圈后，保持圆周方向有 0.5 ~1mm 的间隙。

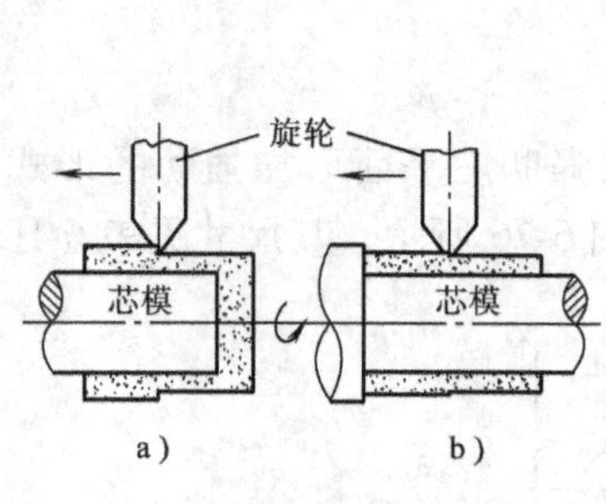

图 6-22　筒形件变薄旋压

a）正旋压　b）反旋压

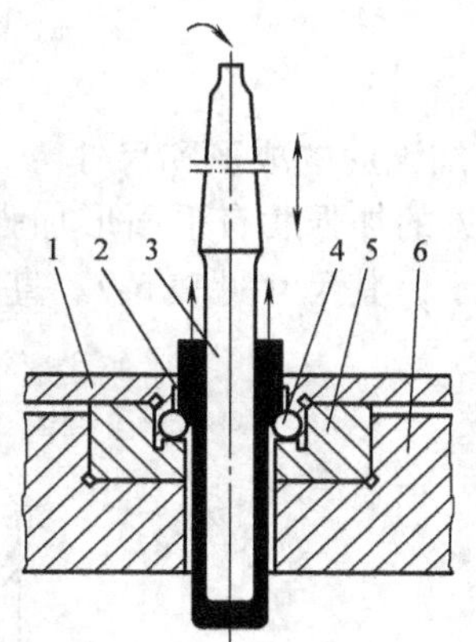

图 6-23　立式旋压

1—压环　2—毛坯　3—芯模　4—钢球　5—凹模　6—底座

立式旋压可以获得比较大的变形程度。如对于黄铜、低碳钢、不锈钢等材料，一次最大的变薄率可达 85% 左右。立式旋压可在专用的立式旋压机上进行，也可在普通的钻床上进行。

6.5 起伏成形

起伏成形是依靠材料的延伸，使工件局部产生凹陷或凸起的冲压工序。起伏成形主要用于压制加强肋、文字图案及波浪形表面。图 6-24 所示为起伏成形的实例。起伏成形广泛应用于汽车、飞机、仪表、电子等工业中。起伏成形可以采用金属模，也可以采用橡皮模或液体压力成形。

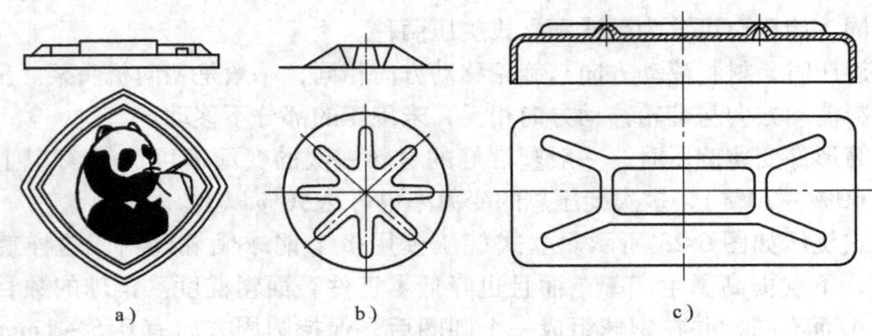

图 6-24 起伏成形的实例

a) 图案 b) 压肋 c) 加强肋

1. 加强肋的成形和尺寸

常见的加强肋有平面形加强肋和直角形加强肋。平面形加强肋的形式如图 6-25 所示，其尺寸见表 6-9。直角形加强肋如图 6-26 所示，其尺寸见表 6-10。

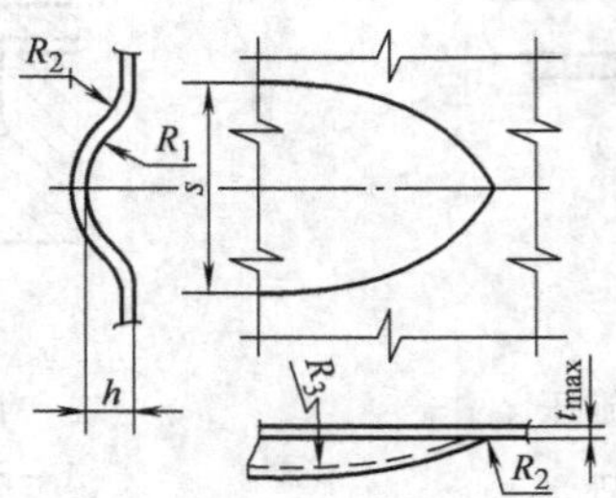

图 6-25 平面（曲面）形加强肋

如果加强肋与边缘的距离小于(3 ~5) t 时，在成形中边缘会产生收缩，因此成形时要增加切边余量。

表 6-9　平面（曲面）形加强肋的尺寸　（单位：mm）

h	s(参考)	R_1	R_2	R_3	t_{max}
1.5	7.4	3	1.5	15	0.8
2	9.6	4	2	20	0.8
3	14.3	6	3	30	1.0
4	18.8	8	4	40	1.5
5	23.2	10	5	50	1.5
7.5	34.9	15	8	75	1.5
10	47.3	20	12	100	1.5
15	72.2	30	20	150	1.5
20	94.7	40	25	200	1.5
25	117.0	50	30	250	1.5
30	139.4	60	35	300	1.5

注：本表适用于低碳钢、铝合金、镁合金。

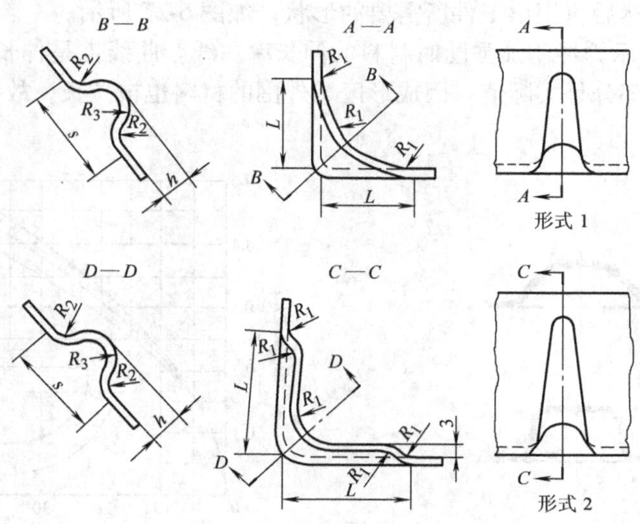

图 6-26　直角形加强肋

表 6-10　直角形加强肋的尺寸　（单位：mm）

形式	L	h	R_1	R_2	R_3	s(参考)	肋与肋的间距
1	12	3	6	9	5	17.3	65
	16	5	8	16	6.5	28.2	75
2	30	6.5	9	22	8	37.3	85

2. 起伏成形的变形极限

起伏成形的变形程度可用伸长率表示：

$$\varepsilon = \frac{L_1 - L}{L} \times 100\% \tag{6-21}$$

式中　ε——伸长率（%）；

L_1——材料变形后的长度（mm）；

L——材料变形前的原有长度（mm）。

起伏成形的极限变形程度，主要受材料的塑性、凸模的几何形状和润滑等因素的影响。为简化计算，以材料拉伸试验的伸长率 A 的 70% ~75% 计算，即

$$\varepsilon_{极} = (0.7 \sim 0.75)A > \varepsilon \tag{6-22}$$

式中　$\varepsilon_{极}$——起伏成形的极限变形程度（%）；

A——材料的伸长率（%）；

ε——起伏成形的变形程度（%）。

如果计算结果符合式（6-22），则可以一次成形。否则，应先压制成半球形的过渡形状，然后再压出工件所需要的形状，如图 6-27 所示。

图 6-28 所示为冲制加强肋时材料的伸长率曲线。曲线 1 是伸长率的计算值，曲线 2 画斜线部分是实际值。因成形区域外围的材料也被拉长，故实际伸长率略低于计算值。

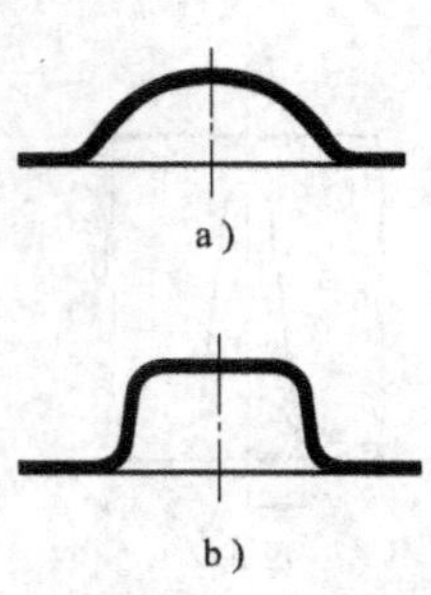

图 6-27　两道工序完成的凸形
a）预成形　b）终成形

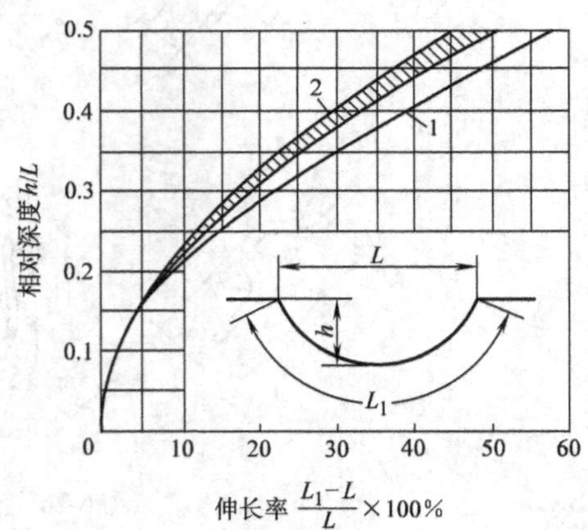

图 6-28　冲制加强肋时材料的伸长率
1—计算值　2—实际值

3. 起伏成形的压力计算

1）压制加强肋时的压制力可以用下式计算：

$$F = L_2 t R_m K \tag{6-23}$$

式中 F——压制力（N）；

L_2——加强肋的周长（mm）；

K——系数，与肋的宽度和深度有关，$K=0.7\sim1$（当加强肋形状窄而深时取大值，宽而浅时取小值）；

t——材料的厚度（mm）；

R_m——材料的抗拉强度（MPa）。

2）薄材料（厚1.5mm以下）起伏成形的近似压力可用下面经验公式计算：

$$F=AKt^2 \tag{6-24}$$

式中 F——起伏成形的压力（N）；

A——起伏成形的面积（mm^2）；

K——系数，对于钢为300～400N/mm^4，对于黄铜为200～250N/mm^4；

t——材料的厚度（mm）。

例 在板厚为1mm的20钢板上，压制尺寸如图6-29的加强肋。校核其变形程度，并计算压制力。

解 1）校核变形程度：

$L=15\text{mm}$，$h=3\text{mm}$，$L_1=17.7\text{mm}$

$$\varepsilon=\frac{L_1-L}{L}\times100\%=18\%$$

查相关手册：对于20钢，$\varepsilon_{极}=17.5\%\sim18.8\%$，取中值为$\varepsilon_{极}=18.2\%>\varepsilon$，变形程度满足要求。

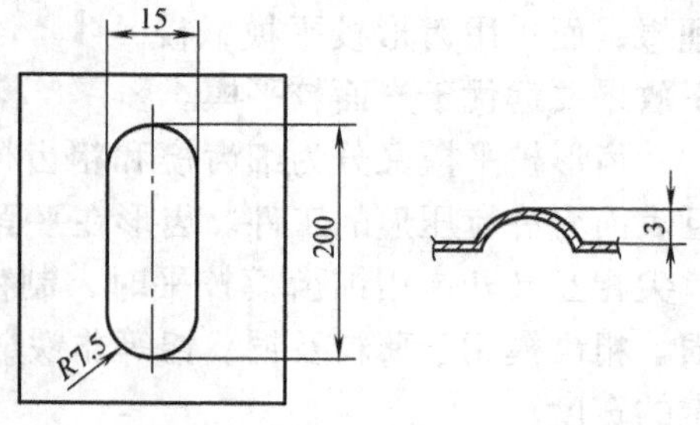

图6-29 加强肋

2）计算压制力：

$t=1\text{mm}$，取$K=350$

$$A=15\times(200-15)\text{mm}^2+\pi\times7.5^2\text{mm}^2\approx2952\text{mm}^2$$

$$F=AKt^2=2952\times350\times1^2\text{N}\approx1033\times10^3\text{N}$$

6.6 校平与整形

校平是将不平的制件放在两块平滑的或带有齿形刻纹的平模板之间加压，使不平整的制件产生反复弯曲变形，从而得到高平直度零件的加工方法。整形是将已成形的制件校正成准确的形状和尺寸的方法。

1. 校平与整形（校形）的特点及应用

校形工序的特点主要是：局部成形，变形量小；校形工序对模具的精度要求比较高；校形时的应力状态应有利于减小卸载后工件的弹性恢复而引起的形状和尺寸变化。

校形可分为两种：①平板零件的校平，通常用来校正冲裁件的平面度；②空间零件的整形，主要用于减小弯曲、拉深或翻边等工序件的圆角半径，使工件符合零件规定的要求。

2. 平板零件的校平

（1）校平模　按板料的厚度和对表面质量的要求不同，校平模可分为光面模和齿形模两种。

图6-30所示为光面校平模。一般对于薄料和表面不允许有压痕的板料，应采用光面校平模。为了使校平不受压力机滑块导向误差的影响，校平模应做成浮动式。采用光平面校平模校正材料强度高、回弹较大的工件，其校平效果不太理想，而采用齿形校平模，校平效果要远优于光面校平模。

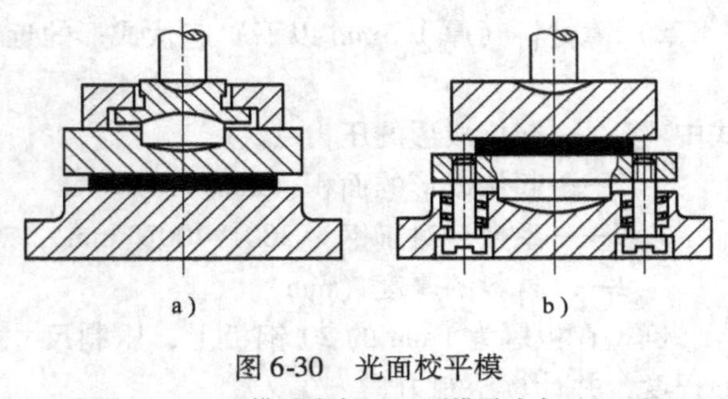

图6-30　光面校平模
a）上模浮动式　b）下模浮动式

齿形校平模又分为细齿模和粗齿模，如图6-31所示。细齿模用于材料较厚且表面允许有压痕的工件。齿形在平面上呈正方形或菱形，齿尖模钝，上下模的齿尖相互叉开。用细齿模校平时，制件表面会留有较深的压痕，模齿也易于磨损。粗齿模用于薄料及铜、铝等非铁金属，工件不允许有较深的压痕，齿顶有一定的宽度。

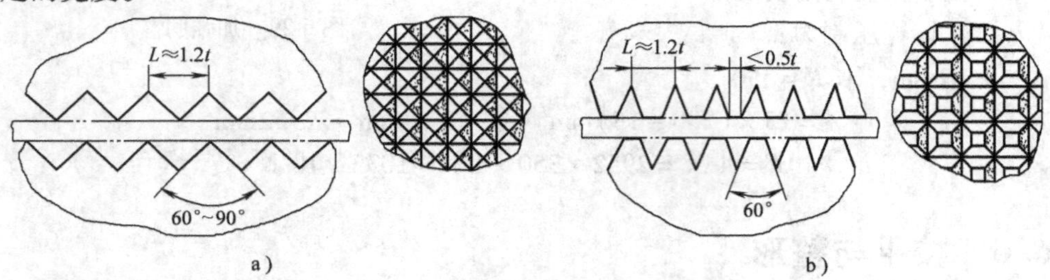

图6-31　齿形校平模
a）细齿模　b）粗齿模

（2）校平力　校平时的校平力按下式计算：

$$F = Aq \tag{6-25}$$

式中　F——校平力（N）；

A——校平工件的校平面积（mm^2）；

q——单位校平力（MPa）。

对于软钢或黄铜，q 取值情况为：光面模，$q=50\sim100\text{MPa}$；细齿模，$q=100\sim200\text{MPa}$；粗齿模，$q=200\sim300\text{MPa}$。

3. 空间形状零件的整形

空间形状零件的整形模与一般弯曲、拉深模的结构基本相同，只是整形模工作部分的精度比成形模更高，表面粗糙度更低。

（1）整形模　图 6-32 所示为弯曲件的整形模。在整形模的作用下，不仅在与零件表面垂直的方向上毛坯受压应力的作用，而且在长度方向上也受压应力的作用，产生不大的压缩变形。这样就从本质上改变了毛坯断面内各点的应力状态，使其受三向压应力作用。三向压应力状态有利于减小回弹，保证零件的形状及尺寸。

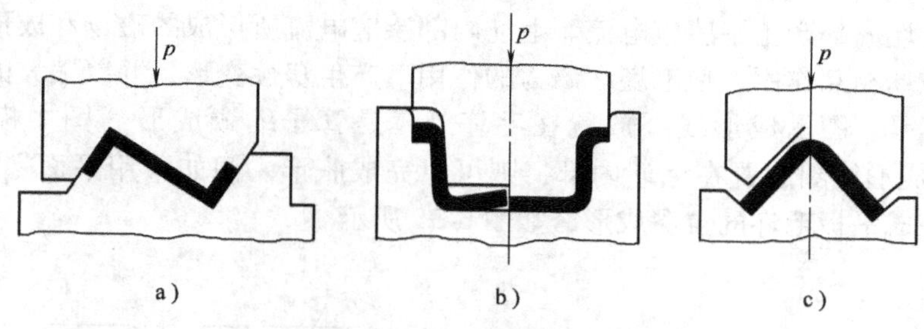

图 6-32　弯曲件的整形模

a）Z 形　b）U 形　c）L 形

由于拉深件的形状、尺寸精度等要求不同，所采用的整形方法也有所不同。对于不带凸缘的直壁拉深件，通常都是采用变薄拉深的整形方法来提高零件侧壁的精度。可将整形工序和最后一道拉深工序结合进行，即在最后一道拉深时取较大的拉深系数，其拉深模间隙仅为（0.9～0.95）t，使直壁产生一定程度的变薄，以达到整形的目的。当拉深件带有凸缘时，可对凸缘平面、直壁、底面及直壁与底面相交的圆角半径进行整形，如图 6-33 所示。

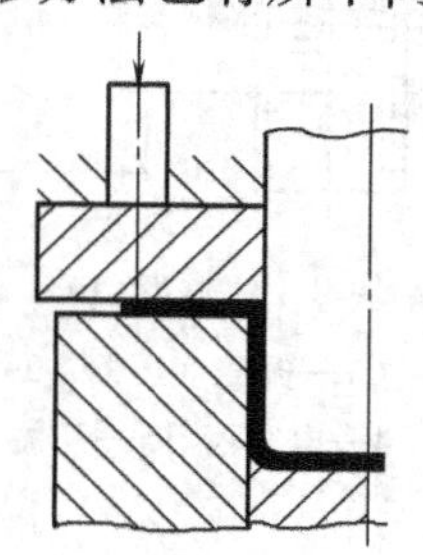

图 6-33　拉深件的整形

（2）整形力　整形力可由下式计算：

$$F=Ap \tag{6-26}$$

式中　A——整形面积（mm）；

p——单位面积所需整形力（MPa），对敞开件整形：$p=50\sim100\text{MPa}$；对底面、侧面减小圆角半径的整形：$p=150\sim200\text{MPa}$。

校平和整形后制件的精度比较高，因此，对模具的精度要求也比较高。校平和整形时，都需要在压力机下死点对材料进行刚性卡压，因此，所用设备最好为精压机，或带有过载保护装置的、较好的机械压力机，以防损坏设备。

6.7 板料特种成形技术

6.7.1 电磁成形

电磁成形原理如图 6-34 所示。由升压变压器 1 和整流器 2 组成的高压直流电源向电容器充电。当放电回路中开关 5 闭合时，电容器所储存的电荷在放电回路中形成很强的脉冲电流。由于放电回路中的阻抗很小，在成形线圈 6 中的脉冲电流在极短的时间内（10 ~ 20ms）迅速地增长和衰减，并在其周围的空间中形成了一个强大的变化磁场。毛坯 7 放置在成形线圈内部，在这强大的变化磁场作用下，毛坯内部产生了感应电流。毛坯内部感应电流所形成的磁场和成形线圈所形成的磁场相互作用，使毛坯在磁力的作用下产生塑性变形，并以很大的运动速度贴紧模具。图示成形线圈放置在毛坯外，是管子缩颈成形（图中模具未画出）。如成形线圈放置在毛坯内部，则可以完成胀形。假如采用平面螺旋线圈，也可以完成平板毛坯的拉深成形，如图 6-35 所示。

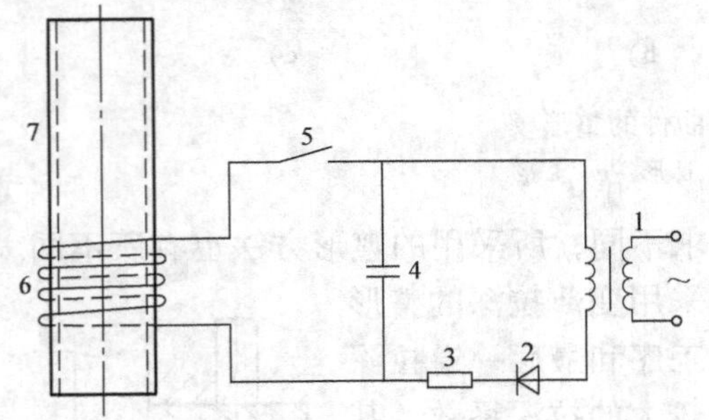

图 6-34　电磁成形原理

1—升压变压器　2—整流器　3—限流电阻
4—电容器　5—开关　6—成形线圈　7—毛坯

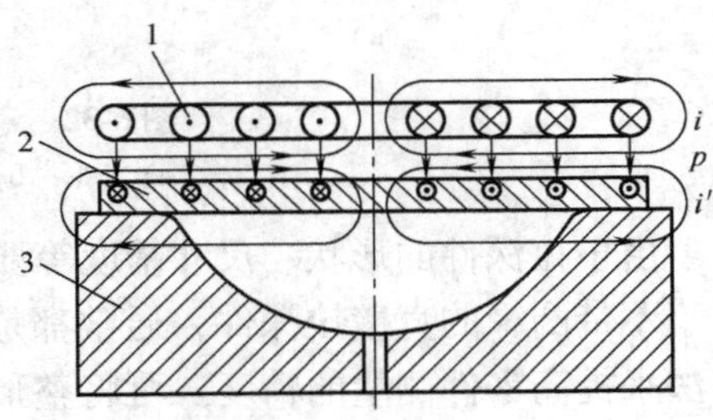

图 6-35　电磁拉深成形原理

1—成形线圈　2—平板毛坯　3—凹模

电磁成形的加工能力取决于充电电压和电容器容量。电磁成形时，常用的充电电压为 5 ~ 10kV，充电能量为 5 ~ 20kJ。

电磁成形不但能提高材料的塑性和成形零件的尺寸精度，而且模具结构简单，生产率高，设备调整方便，可以对能量进行准确的控制，成形过程稳定，容易实现机械化和自动化，并可和普通的加工设备组成生产流水线。由于电磁成形是通过磁场作用力来进行的，所以加工时没有机械摩擦，工件可以在电磁成形前预先进行电镀、喷漆等工序。

电磁成形加工的材料，应具有良好的导电性，如铝、铜、低碳钢、不锈钢等，对于导电性差或不导电材料，可以在工件表面涂敷一层导电性能好的材料或放置由薄铝板制成的驱动片来带动毛坯成形。

电磁成形的加工能力受到设备的限制，只能用来加工厚度不大的小型零件。由于加工成本较高，电磁成形法主要用于普通冲压方法不易加工的零件。

6.7.2 爆炸成形

图6-36所示为爆炸成形装置。毛坯固定在压边圈4和凹模8之间。在距毛坯一定的距离上放置炸药包2和电雷管1。炸药一般采用TNT，药包必须密实、均匀，炸药量及其分布要根据零件形状尺寸的不同而定。

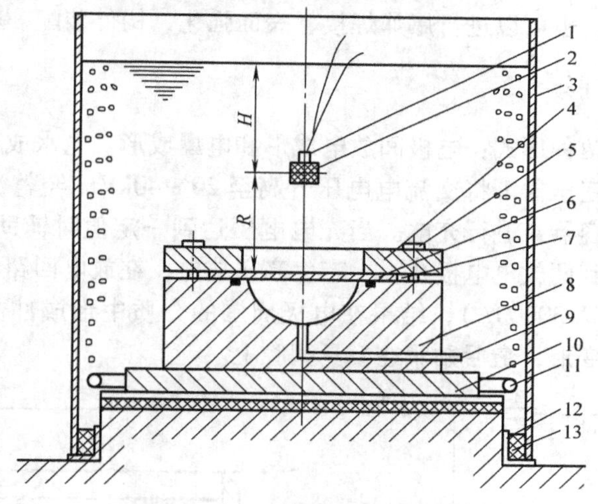

图6-36 爆炸成形装置

1—电雷管 2—炸药包 3—水筒 4—压边圈 5—螺钉 6—密封 7—毛坯 8—凹模 9—抽真空管道 10—缓冲装置 11—压缩空气管路 12—垫环 13—密封

爆炸装置一般放在一特制的水筒内，以水作为成形的介质，可以产生较高的传压效率，同时水的阻尼作用可以减小振动和噪声，保护毛坯表面不受损伤。爆炸时，炸药以2000~8000m/s的传爆速度在极短的时间内完成爆炸过程。位于爆炸中心周围的水介质，在高温高压气体骤然作用下，向四周急速扩散形成压力极高的冲击波。当冲击波与毛坯接触时，由于冲击压力大大超过毛坯材料的塑性变形抗力，从而产生塑性变形，并以一定的速度紧贴在凹模内腔表面，完成成形过程。零件的成形过程极短，一般仅1ms左右。由于毛坯材料是高速贴模，应考虑凹模型腔内的空气排放问题；否则材料贴模不良，甚至会由于气体的高度压缩而烧伤轻金属零件表面。因此，需要在成形前将型腔中空气抽出，保持一定的真空度，但变形量很小的校形或无底模具的自由成形等情况则可以采用自然排气形式。

为了防止筒底部的基座受到爆炸冲击力而损坏，在模具与筒底之间应装有缓冲装置10。为了减小对筒壁部分的冲击作用，可采用压缩空气管路11产生气幕来保护。

由于爆炸成形的模具较简单，不需要冲压设备，对于批量小的大型板壳类零件的成形，具有显著的优点。对于塑性差的高强度合金材料的特殊零件是一种理想的成形方法。目前该工艺在航空、造船、化工设备制造等领域的复杂形状或大尺寸小批量零件生产中起到了重要作用。

爆炸成形可以对板料进行剪切、冲孔、拉深、翻边、胀形、弯曲、扩口、缩口、压花等工艺，也可以进行爆炸焊接、表面强化、构件装配、粉末压制等。

6.7.3 电水成形

电水成形有两种形式：电极间放电成形和电爆成形。电水成形原理如图6-37所示。利用升压变压器1将交流电电压升高至20～40kV，经整流器2变为高压直流电，并向电容器4进行充电。当充电电压达到一定值时辅助间隙5被击穿，高电压瞬时间加到两放电电极9上，产生高压放电，在放电回路中形成非常强大的冲击电流（可达30000A），结果在电极周围的介质中形成冲击波，使毛坯在瞬时间完成塑性变形，最后贴紧在模具型腔上。

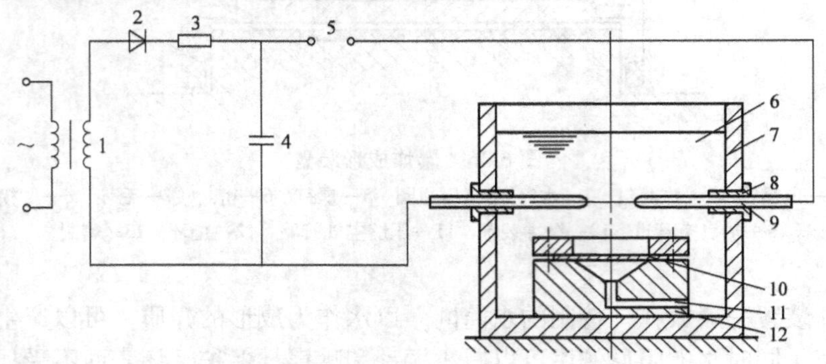

图6-37　电水成形原理

1—升压变压器　2—整流器　3—充电电阻　4—电容器　5—辅助间隙　6—水　7—水箱　8—绝缘圈　9—电极　10—毛坯　11—抽气孔　12—凹模

电水成形可以对板料或管坯进行拉深、胀形、校形、冲孔等工序。

与爆炸成形相比，电水成形的能量调整和控制较简单，成形过程稳定，操作方便，容易实现机械化和自动化，生产率高。其不足之处是加工能力受到设备能量的限制，并且不能如爆炸成形那样灵活地改变炸药形状以适合各种不同零件的成形要求，所以仅用于加工直径为ϕ400mm以下的简单形状零件。

如果将两电极间用细金属丝连接起来，在电容器放电时，强大的脉冲电流会使得金属丝迅速熔化并蒸发成高压气体，这样在介质中形成冲击波而使得毛坯成形，这就是电爆成形。电爆成形的成形效果要比电极间放电成形好。电极间所连接的金属丝必须是良好的导电体，生产中常采用钢丝、铜丝及铝丝等。

6.7.4　超塑性成形

金属材料在某些特定的条件下，呈现出异常好的延伸性，这种现象称为超塑性。超塑性材料的伸长率可超过100%而不产生缩颈和断裂。而一般钢铁材料在室温条件下的伸长率只有30%～40%，非铁金属材料如铝、铜及其合金也只能达到50%～60%。超塑性成形就是利用金属材料的超塑性，对板料进行加工以获得各种所需形状零件的一种成形工艺。

由于超塑性成形可充分利用金属材料塑性好，变形抗力小的特点，因此可以成形各种复杂形状零件，成形后零件基本上没有残余应力。

对材料进行超塑性成形，首先应找到该材料的超塑性成形条件，并在工艺上严格控制这些条件。金属超塑性条件有几种类型，目前应用最广的是微细晶粒超塑性（又称恒温超塑性）。

微细晶粒超塑性成形的条件如下：

1）温度：超塑性材料的成形温度一般在（0.5～0.7）T_m（T_m为以热力学温度表示的熔化温度）。

2）稳定而细小的晶粒：超塑性材料一般要求晶粒直径为0.5～5μm。

3）成形压力：一般为十分之几兆帕至几兆帕。

此外，应变硬化指数、晶粒形状、材料内应力对成形也有一定的影响。

超塑性成形方法有：真空成形法、吹塑成形法及对模成形法。

真空成形法是在模具的成形型腔中抽真空，使处于超塑性状态下的毛坯成形，其具体方法可分为凸模真空成形法和凹模真空成形法（图6-38）。

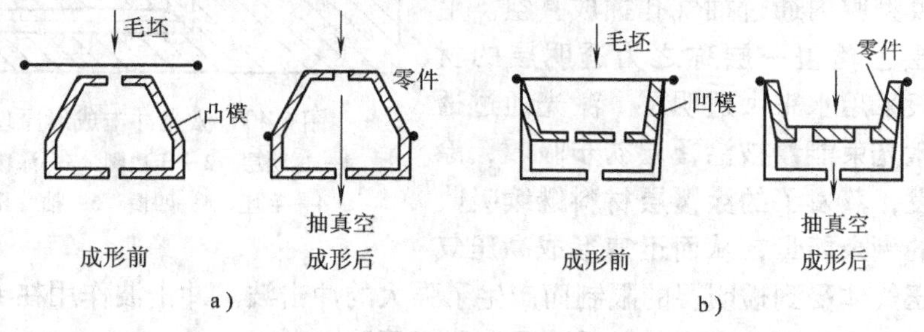

图6-38　真空成形法

a）凸模真空成形　b）凹模真空成形

吹塑成形法如图 6-39 所示。其在模具型腔中吹入压缩空气，使超塑性材料紧贴在模具型腔内壁。该方法可分为凸模吹塑成形和凹模吹塑成形两种。

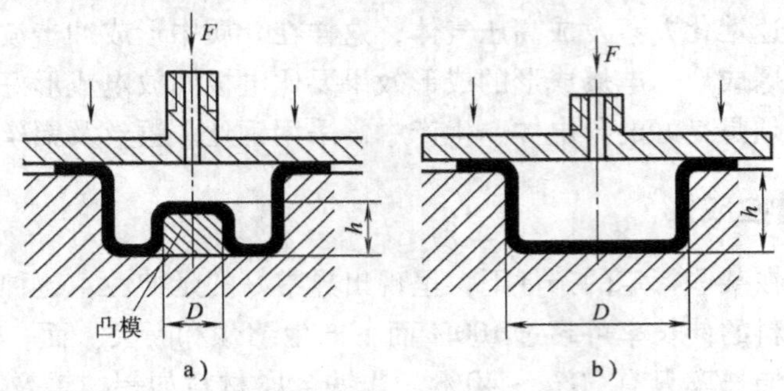

图 6-39　吹塑成形法

a）凸模吹塑成形　b）凹模吹塑成形

对模成形法成形的零件精度较高，但由于模具结构特殊，加工困难，在生产中应用得较少。

6.7.5　激光冲击成形

激光冲击成形与爆炸成形、电水成形一样，利用强大的冲击波，使板料产生塑性变形，贴模，而获得各种所需形状及尺寸的零件。在成形中，材料瞬间受到高压的冲击波，形成高速高压的变形条件，使得用传统成形方法难以成形的材料塑性得到较大的提高。成形后的零件材料表层存在加工硬化，可以提高零件的抗疲劳性能。图 6-40 所示为激光冲击成形原理图。毛坯在激光冲击成形前必须进行所谓的“表面黑化处理”，即在其表面涂上一层黑色涂覆层。毛坯用压边圈压紧在凹模上，凹模型腔内通过抽气孔抽成真空。毛坯涂覆层上覆盖一层称之为透明层的材料，一般采用水来做透明层。激光通过透明层，激光束能量被涂覆层初步吸收，涂覆层蒸发，蒸发了的涂覆层材料继续吸收激光束的剩余能量，从而迅速形成高压气体。高压气体受到透明层的限制而产生了强大的冲击波。冲击波作用在毛坯材料表面，使之产生塑性变形，最后贴紧在凹模型腔。

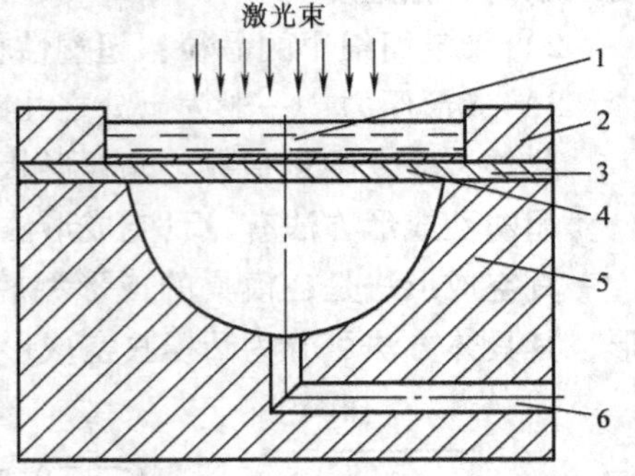

图 6-40　激光冲击成形原理

1—透明层　2—压边圈　3—涂覆层

4—毛坯　5—凹模　6—抽气孔

第7章　冲 压 设 备

冲压设备选择是冲压工艺过程设计的一项重要内容。它直接关系到设备的安全和使用的合理，同时也关系到冲压工艺过程的顺利完成及产品质量、零件精度、生产率、模具寿命、板料的性能与规格、成本的高低等一系列重要的问题。

在冲压生产中，为了适应不同的冲压工作需要，采用各种不同类型的压力机。压力机的类型很多，按传动方式的不同，主要可分为机械压力机和液压机两大类。其中，机械压力机在冲压生产中应用最广泛。随着现代冲压技术的发展，高速压力机、数控回转头压力机等也日益得到广泛的应用。

7.1　冲压设备的类型

7.1.1　曲柄压力机

一般冲压车间常用的机械式压力机有曲柄压力机与摩擦压力机等，又以曲柄压力机为最常用。

1. 曲柄压力机的基本组成

图7-1所示为曲柄压力机结构简图。曲柄压力机由下列几部分组成：

（1）床身　床身是压力机的骨架，承受全部冲压力，并将压力机所有的零、部件连接起来，保证全机所要求的精度、强度和刚度。床身上固定有工作台1，用于安装冲模的下模。

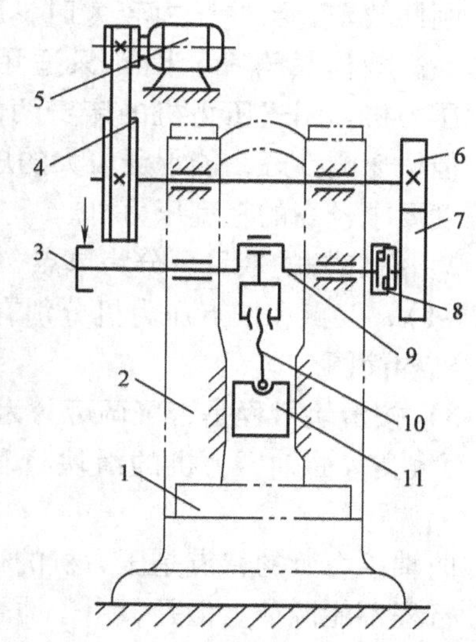

图7-1　曲柄压力机结构简图

1—工作台　2—床身　3—制动器　4—带轮　5—电动机　6、7—齿轮　8—离合器　9—曲轴　10—连杆　11—滑块

（2）工作机构　工作机构即为曲柄连杆机构，由曲轴9、连杆10和滑块11组成。电动机5通过V带把能量传给带轮4，通过传动轴经小齿轮6、大齿轮7传给曲轴9，并经连杆10把曲轴9的旋转运动变成滑块11的往复运动。冲模的上模就固定在滑块上。带轮4兼起飞轮作用，使压力机在整个工作周期里负荷均匀，能量得

以充分利用。

（3）操纵系统　其由制动器 3、离合器 8 等组成。离合器是用来起动和停止压力机动作的机构。制动器是在当离合器分离时，使滑块停止在所需的位置上。离合器的离、合，即压力机的开、停是通过操纵机构控制的。

（4）传动系统　其包括带轮传动、齿轮传动等机构。

（5）能源系统　其包括电动机、飞轮（带轮 4）。

曲柄压力机除了上述基本部分外，还有多种辅助装置，如：润滑系统、保险装置、记数装置及气垫等。

2. 曲柄压力机的主要结构类型

1）按床身结构可分为开式压力机和闭式压力机两种。图 7-2 所示为开式压力机，图 7-3 所示为闭式压力机。

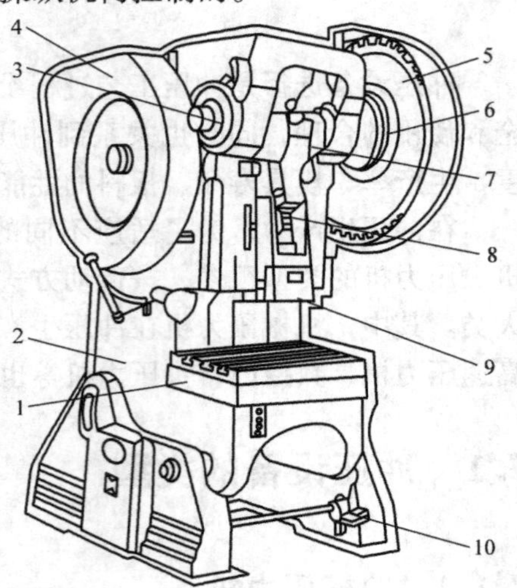

图 7-2　开式压力机

1—工作台　2—床身　3—制动器　4—安全罩　5—齿轮　6—离合器　7—曲轴　8—连杆　9—滑块　10—脚踏操纵器

开式压力机床身前面、左面和右面三个方向是敞开的，操作和安装模具都很方便，便于自动送料；但由于床身呈 C 字形，刚性较差。当冲压力较大时，床身易变形，影响模具寿命，因此只适用于中、小型压力机。闭式压力机的床身两侧封闭，只能前后送料，操作不如开式的方便；但机床刚性好，能承受较大的压力，因此适用于一般要求的大、中型压力机和精度要求较高的轻型压力机。

2）按连杆的数目可分为单点、双点和四点压力机。单点压力机有一个连杆（图 7-1），双点和四点压力机分别有两个和四个连杆。图 7-4 所示为闭式双点压力机结构简图。

3）按滑块行程是否可调可分为偏心压力机（图 7-5）和曲轴压力机（图 7-1）两大类。曲轴压力机的滑块行程不能调整，偏心压力机的滑块行程是可调的。

曲轴压力机的特点是压力机的行程较大，它们的行程等于曲轴偏心半径的两倍，行程不能调节。但是，由于曲轴在压力机上由两个或多个对称轴承支持着，压力机所受负荷较均匀，故可制造大行程和大吨位压力机。

偏心压力机和曲轴压力机的原理基本相同。其主要区别是主轴的结构不同，偏心压力机的主轴为偏心轴；曲轴压力机的主轴为曲轴。如图 7-5 所示，偏心压力机的电动机 10，通过带轮 9、离合器 8 带动偏心主轴 7 旋转。利用偏心主轴前

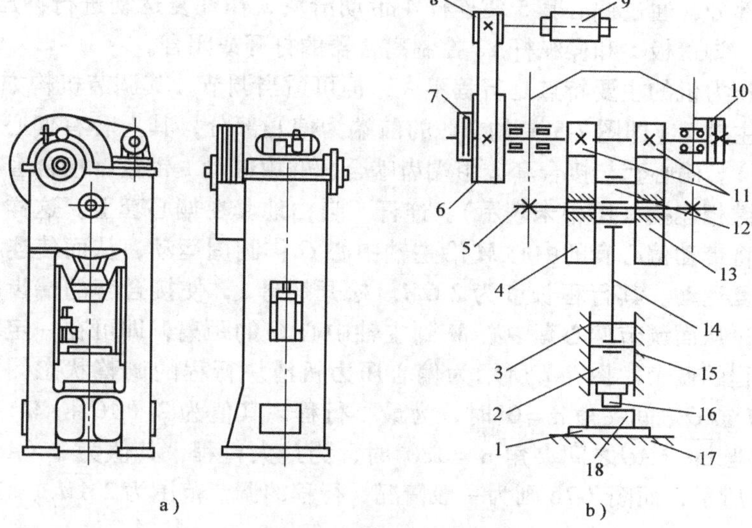

图 7-3 闭式压力机

a）外形图 b）传动示意图

1—垫板 2—滑块 3—导轨 4—偏心齿轮 5—心轴 6—大带轮 7—离合器 8—小带轮 9—电动机 10—制动器 11—小齿轮 12—偏心 13—大齿轮 14—连杆 15—连杆销 16—上模 17—工作台 18—下模

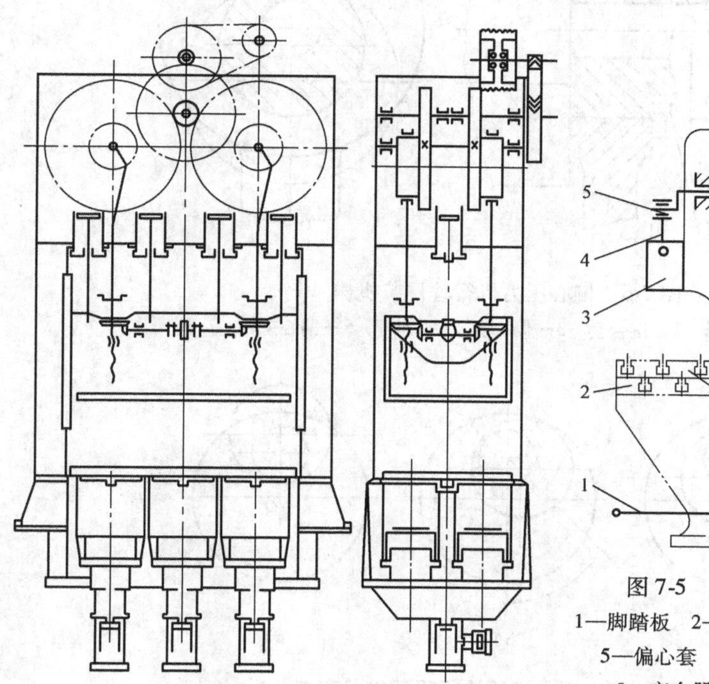

图 7-4 闭式双点压力机结构简图

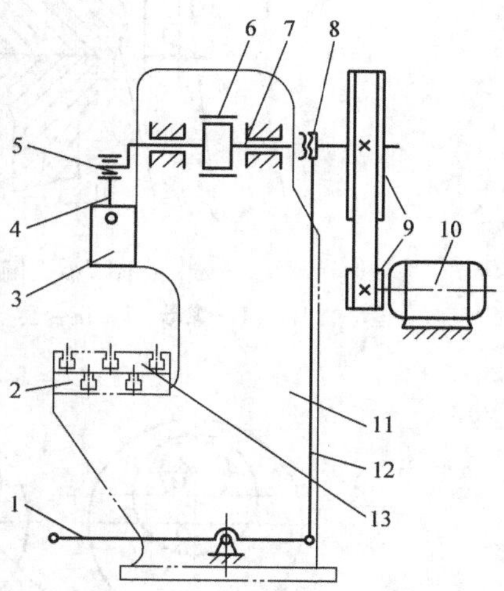

图 7-5 偏心压力机结构简图

1—脚踏板 2—工作台 3—滑块 4—连杆 5—偏心套 6—制动器 7—偏心主轴 8—离合器 9—带轮 10—电动机 11—床身 12—操纵杆 13—工作台垫板

端的偏心部分，通过偏心套5使连杆4带动滑块3作往复运动进行冲压工作。6为制动器，脚踏板1和操纵杆12控制离合器的打开或闭合。

偏心压力机的主要特点是行程不大，但可适当调节。其调节机构如图7-6所示。偏心主轴5（即图7-5中的7）的前端为偏心部分，其上套有偏心套3（图7-5中的5）。偏心套与接合套2由端齿啮合，并由螺母1锁紧。接合套2与偏心主轴5以键相连接（图中未表示）。连杆4自由地套在偏心套上。这样，主轴做旋转运动将带动偏心套的中心M沿主轴中心O作圆周运动，从而使连杆和滑块做上下往复运动。其行程长度为2 $\overline{OM}$。松开螺母1，使接合套的端齿脱开，转动偏心套，从而调节偏心套中心M到主轴中心O的距离，即可在一定范围内进行滑块行程的调节。图7-7所示为偏心压力机滑块行程的调整状态图。由图可见，当$\overline{AM}$与$\overline{AO}$之间夹角$\alpha=0°$时，为最小行程，其值为2（$\overline{AO}+\overline{AM}$），如图7-7a所示；当$\overline{AM}$与$\overline{AO}$之间夹角$\alpha=180°$时，为最大行程，其值为2（$\overline{AO}+\overline{AM}$），如图7-7c所示；而图7-7b则为一般情况，行程的调节范围为2 $\overline{AM}$。

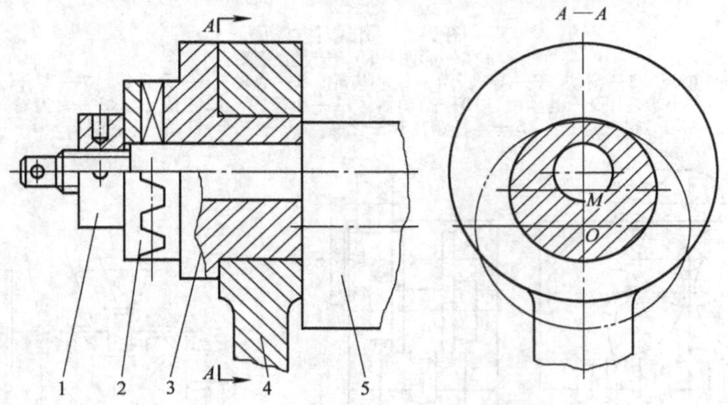

图7-6　偏心压力机行程调节机构

1—螺母　2—接合套　3—偏心套　4—连杆　5—偏心主轴

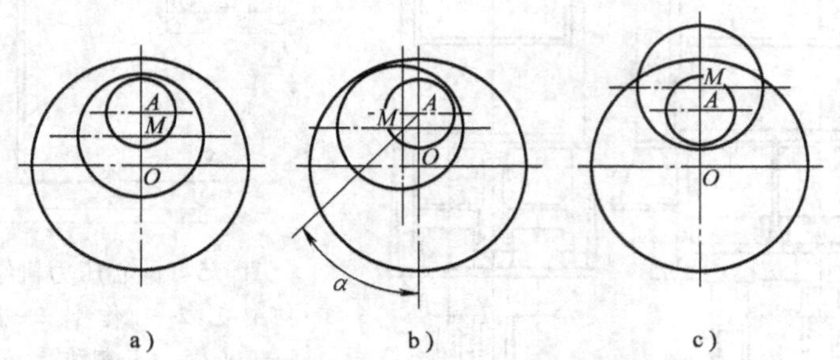

图7-7　偏心压力机滑块行程调整状态图

O—偏心主轴的中心　A—偏心主轴偏心部分中心　M—偏心套中心

4）按滑块数目可分为单动压力机、双动压力机和三动压力机三种。图7-1及图7-5所示的压力机都只有一个滑块，均为单动压力机。双动及三动压力机一般用于复杂工件的拉深。图7-8所示为双动压力机的结构简图。这种压力机可用于较大、较高工件的拉深。压力机的工作部分由拉深滑块1、压边滑块3、工作台4三部分组成。拉深滑块由主轴上的齿轮及其偏心销通过连杆2带动。工作台4由凸轮5传动，压边滑块在工作时是不动的。工作时，凸模固定在拉深滑块上，压边圈固定在压边滑块3上，而凹模则固定在工作台上。工作开始时，工作台在凸轮5的作用下上升，将坯料压紧，并停留在此位置。这时，固定在拉深滑块上的拉深凸模开始对坯料进行拉深，直至拉深滑块下降到拉深结束位置。拉完后拉深滑块先上升，然后工作台下降，完成冲压工作。这种双动压力机是通过拉深滑块和工作台的移动来实现双动的。

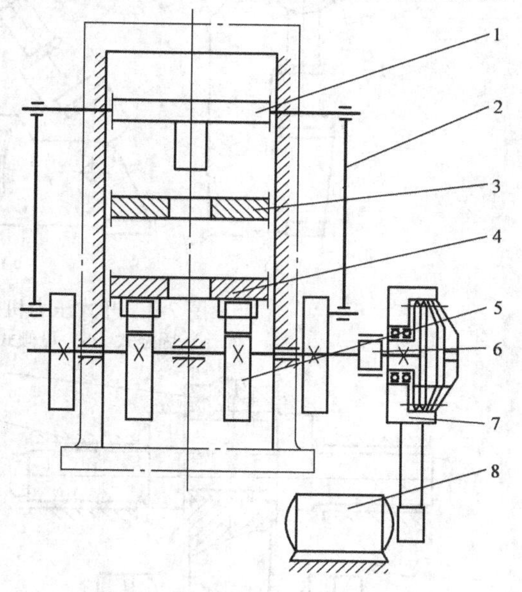

图7-8 双动压力机结构简图

1—拉深滑块 2—连杆 3—压边滑块 4—工作台 5—凸轮 6—制动器 7—离合器 8—电动机

5）压力机的传动系统可置于工作台之上（图7-1及图7-5），也可置于工作台之下（图7-8）。前者称为上传动，后者称为下传动。下传动的压力机重心低、运行平稳，能减少振动和噪声，床身受力情况也得到改善。但压力机平面尺寸较大，总高度和上传动差不多，故重量大、造价高；而且传动部分的修理也不方便，故现有通用压力机一般均采用上传动。

6）开式压力机按其工作台结构，可分为可倾式、固定式和升降台式三种类型，如图7-9所示。现在最为常用的是固定式结构。

3. 压力机连杆与滑块的结构及其调整

压力机连杆一端与曲轴相连，另一端与滑块相连。为了适应不同高度的模具，压力机的装模高度必须能够调节。图7-10所示的压力机曲柄滑块机构采用调节连杆的长度来达到以调节装模高度的目的，即连杆不是一个整体，而是由连杆体1和调节螺杆6所组成。在调节螺杆6的中部有一段六方部分（见图7-10中的*A—A*剖视图）。松开锁紧螺钉9，用扳手扳动中部带六方的调节螺杆6，即可调节连杆的长度。较大的压力机是通过电动机、齿轮或蜗轮机构来调节螺杆的。

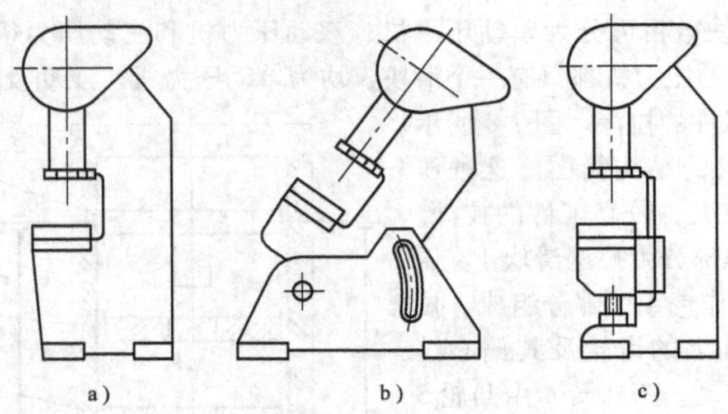

图 7-9　开式压力机的工作台结构
a）固定式　b）可倾式　c）升降台式

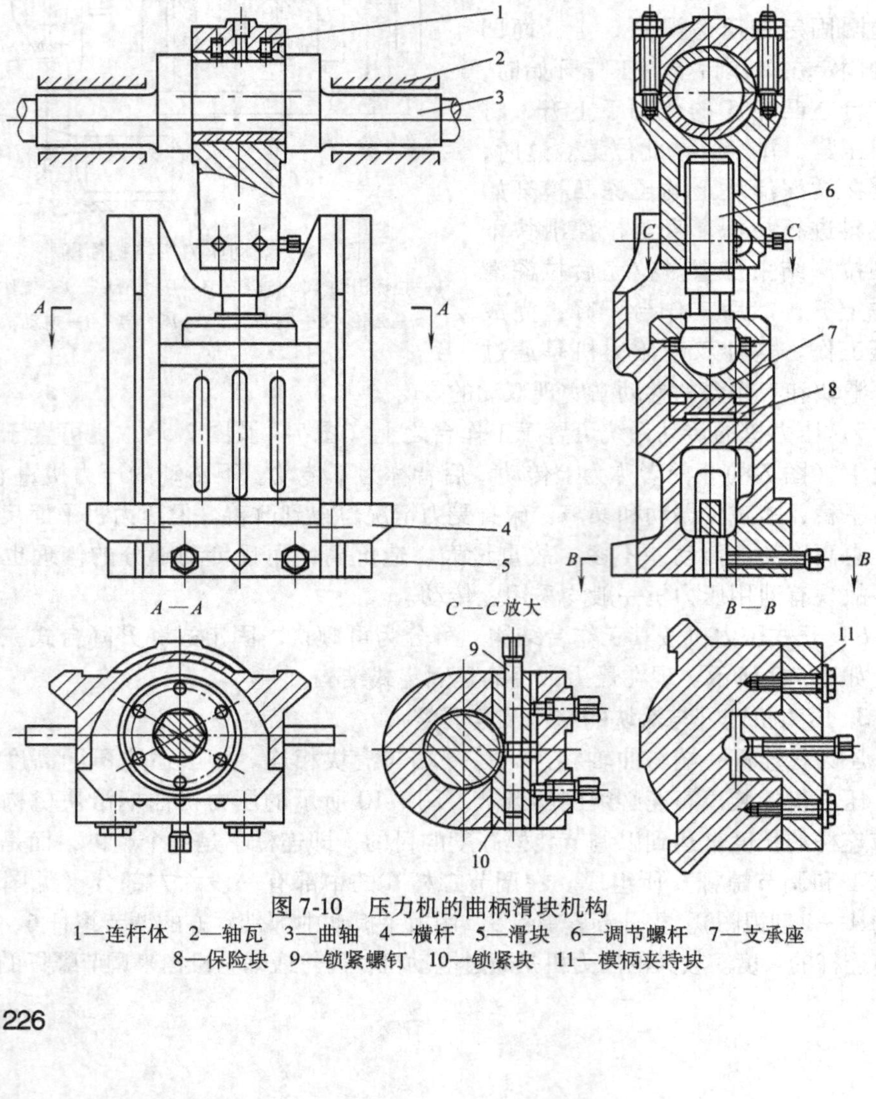

图 7-10　压力机的曲柄滑块机构
1—连杆体　2—轴瓦　3—曲轴　4—横杆　5—滑块　6—调节螺杆　7—支承座
8—保险块　9—锁紧螺钉　10—锁紧块　11—模柄夹持块

滑块的结构也反映在图7-10中。在滑块中装有支承座7，并与调节螺杆6的球头相接。为了防止压力机超载，在滑块中的球形支承座下面装有保险块8。保险块的抗压强度是经过理论计算与实际试验来决定的。当压力机负荷超过公称压力时，保险块被破坏，而压力机不受损坏。也有的压力机采用液压过载保护装置来防止压力机负荷超载，使用更为方便。

在冲压工作中，为了从上模中打下工件或废料，压力机的滑块中装有打料装置。如图7-11所示，在滑块的矩形横向孔中，放有横杆1（图7-10中的4）。当滑块回程，横杆与床身上的制动螺钉6相碰时，即可通过上模中的推杆2将工件或废料5从模具中推出。调节制动螺钉，便可控制打料行程。

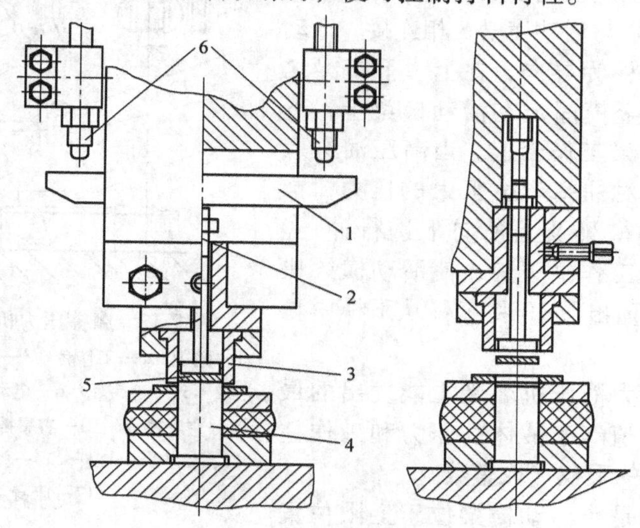

图7-11　打料装置

1—横杆　2—推杆　3—凹模　4—凸模　5—工件或废料　6—制动螺钉

7.1.2　摩擦压力机

摩擦压力机是根据螺杆与螺母相对运动的原理而工作的，其结构简图如图7-12所示。电动机6带动左、右摩擦盘9和10同向旋转。工作时踏板1下压，通过杠杆11、13、16的作用，操纵带摩擦盘的传动轴8右移，使传动轴上的摩擦盘9与飞轮12接触，借助于飞轮与摩擦盘间的摩擦作用，使螺杆15顺时针向下转动，带动滑块3下移进行冲压。相反，踏板1上提，通过杠杆作用，使右摩擦盘10与飞轮接触，飞轮向上旋转，滑块上升。也可以利用固定在滑块3上的制动挡块4操纵杠杆，使滑块连续进行冲压。

当摩擦压力机超负荷时，则飞轮与摩擦盘之间会产生打滑，起保护作用。

摩擦压力机适用于弯曲大而厚的制件，对校正、压印、挤正等冲压工序尤为适宜。缺点是飞轮轮缘磨损大，生产率低。

7.1.3 液压机

液压机是根据帕斯卡原理制成的，是一种利用液体压力能来传递能量的机器。

图 7-13 所示为液压机的结构简图。它由上横梁 3、下横梁 9、四个立柱 4 和螺母组成一个封闭框架，框架承受全部工作载荷。工作缸 2 固定在上横梁 3 上，工作缸内装有工作柱塞，与活动横梁 5 相连接。活动横梁以四根立柱为导向，在上、下横梁之间往复运动。上模固定在活动横梁上，下模固定在下横梁工作台上。当高压油进入工作缸上腔，对柱塞产生很大的压力，推动柱塞、活动横梁及上模向下进行冲压。当高压油进入工作缸下腔，使活动横梁快速上升，同时顶出器 10 将工件从下模中顶出。

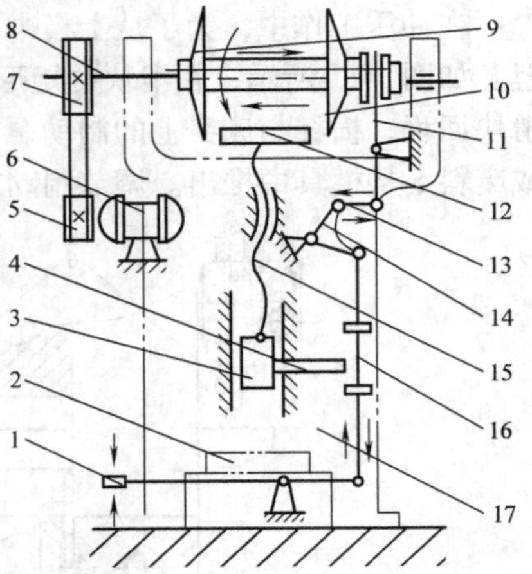

图 7-12　摩擦压力机结构简图

1—踏板　2—工作台　3—滑块　4—制动挡块　5、7—带轮　6—电动机　8—传动轴　9—左摩擦盘　10—右摩擦盘　12—飞轮　11、13、16—杠杆　14—摆块　15—螺杆　17—床身

公称压力为液压机名义上能发出的最大力量，其数值等于液体的压力和工作柱塞总工作面积的乘积（取整数）。

最大行程是指活动横梁位于上限位置时，活动横梁的立柱套下平面到立柱限程套上平面的距离，即活动横梁能移动的最大距离。

7.1.4 高速压力机

1. 高速压力机的特点

近年来，高速冲压得到了广泛的发展和应用。过去，普通冲压的速度一般为 45～80 次/min。现在，随着冲压技术的发展，一般将冲压速度在 200 次/min 以下的冲压称为低速冲压，200～600 次/min 的冲压称为中速冲压，600 次/min 以上的冲压称为高速冲压。平时人们所说的高速冲压，多半是在中速冲压范围之内。目前高速压力机的冲压速度已达到每分钟一千多次，吨位也从几百千牛发展到上千千牛，主要用于电子、仪器、仪表、轻工、汽车等行业的特大批量冲压件的生产。

高速压力机有以下特点：

1）滑块行程次数高。滑块的行程次数，直接反映了压力机的生产率。国外中、小型高速压力机的滑块行程次数已达1000～3000次/min。高速压力机的滑块行程次数与滑块的行程及送料长度有关。

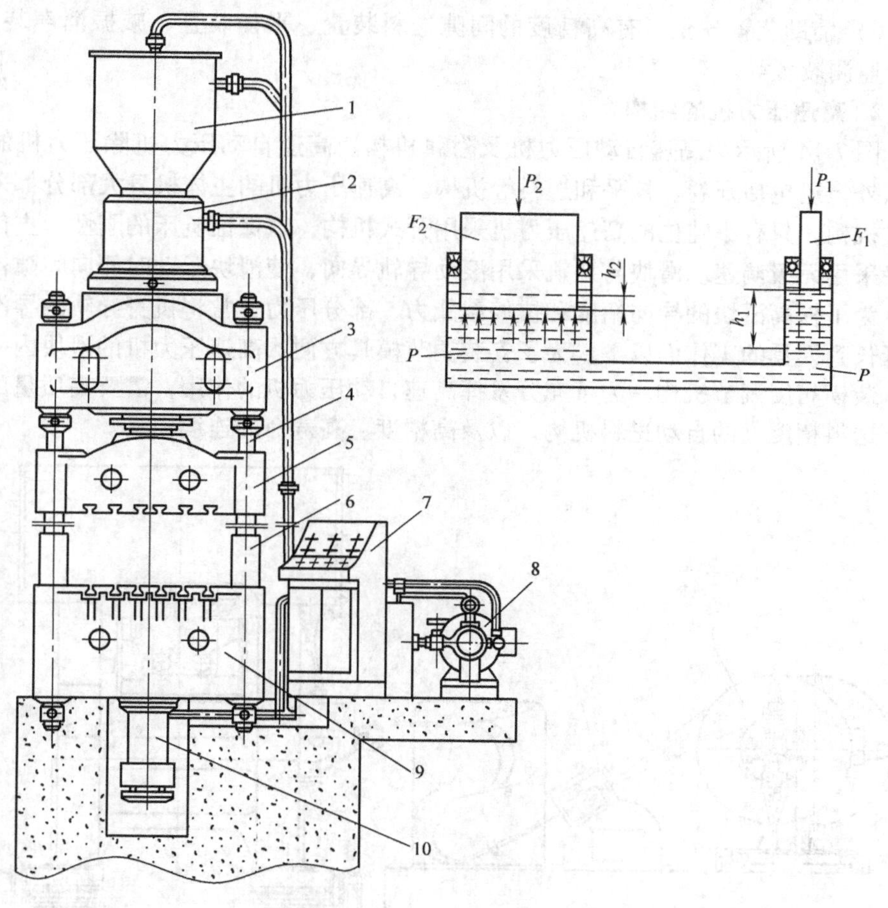

图7-13 液压机

1—充液缸 2—工作缸 3—上横梁 4—立柱 5—活动横梁 6—限位套 7—操纵箱 8—高压液压泵 9—下横梁（工作台） 10—顶出器

2）滑块的惯性大。滑块和模具的高速往复运动，会产生很大的惯性力，造成机床的惯性振动。加上冲压过程中机身积存的弹性势能释放后所引起的振动，会直接影响压力机的性能和模具寿命。因此，必须对高速压力机采取减振措施。

3）设有紧急制动装置。高速压力机的传动系统具有良好的紧急制动特性，以便在事故监测装置发出警报时，能使压力机紧急停车，避免不必要的经济损失和出现安全事故。

4）送料精度高。送料精度可达±(0.01～0.03)mm，有利于提高工步定位精度，减小因送料不准引起设备或模具的损坏。

5）机床的刚性和滑块的导向精度高。

6）辅助装置齐全。有高精度的间隙送料装置、平衡装置、减振消声装置、事故监测装置等。

2. 高速压力机的结构

图7-14所示为高速自动压力机及附属机构。高速自动压力机除压力机的主体以外，还包括开卷、校平和送料等机构。高速压力机的主体机身大部分都采用闭式机构，只有小吨位的高速压力机采用开式机构，以保证机床的刚性。主传动一般采用无级调速。滑块与导轨采用滚动导轨导向，使滑块运动时侧向间隙被消除。为了提高滑块的导向精度和抗偏载能力，部分压力机常将机身导轨的导滑部分延长到模具的工作面以下。为了安装调节模具方便，高速压力机的滑块内一般装有装模高度调节机构。为了充分发挥高速自动压力机的作用，需要高质量的卷料、送料精度高的自动送料机构，以及高精度、高寿命的连续模具。

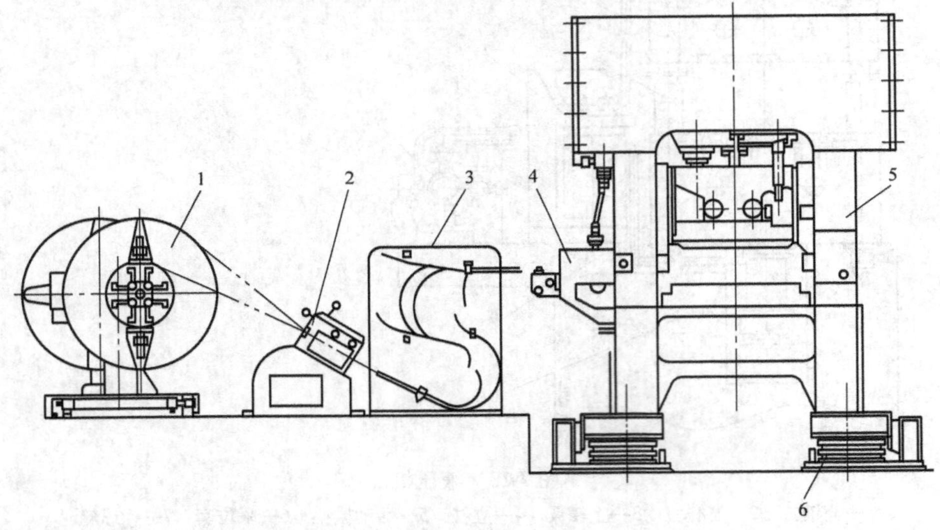

图7-14 高速自动压力机及附属机构

1—开卷机 2—校平机构 3—供料缓冲装置 4—送料机构 5—高速自动压力机 6—弹性支承

7.1.5 数控冲模回转头压力机

数控冲模回转头压力机是由计算机控制并带有模具库的数控冲切及步冲压力机。其优点是能自动、快速换模，通用性强，生产率高，突破了冲压加工离不开专用模具的概念。

数控冲模回转头压力机如图7-15所示。其工作原理如图7-16所示，待冲压板材被夹钳10夹持在工作台上。工作台由上、下两块滑块和传动系统组成，上、下滑块分别由电液脉冲电机用滚珠丝杆、滚珠螺母传动系统来驱动，使上滑块和下滑块分别沿 X、Y 方向运动，从而使板材沿 X、Y 方向送进。

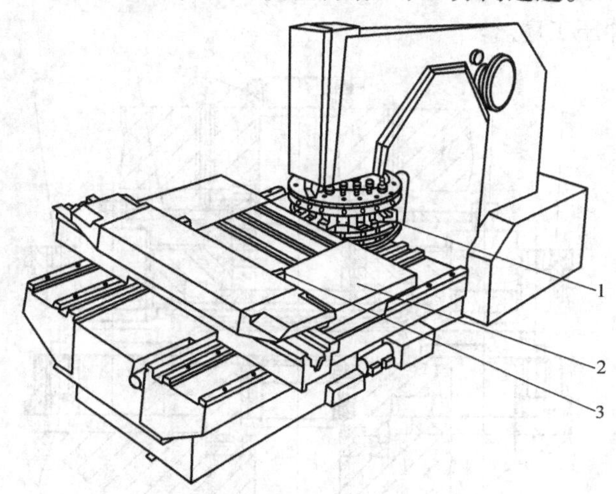

图7-15 数控冲模回转头压力机
1—转盘 2—工作台 3—夹钳

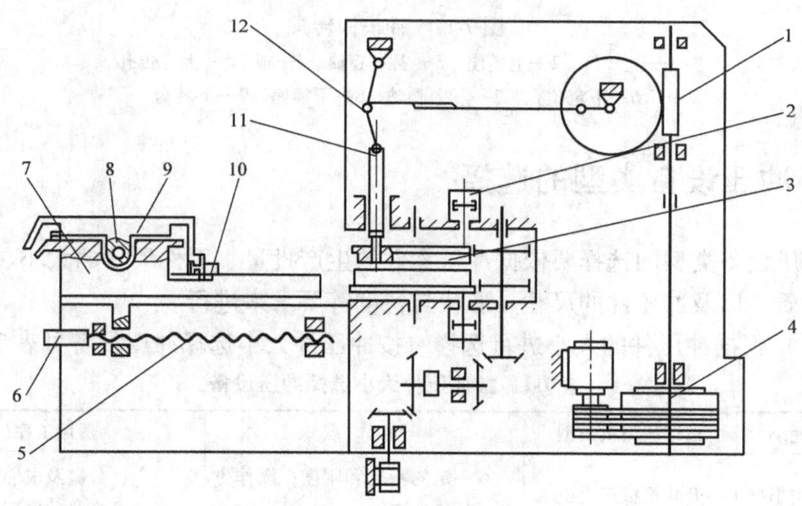

图7-16 数控冲模回转头压力机的工作原理
1—蜗杆副 2—定位销 3—回转头 4—离合器 5、8—滚珠丝杠 6—液压马达 7—工作台 9—上滑块 10—夹钳 11—滑块 12—肘杆机构

冲模回转头由上转盘1、下转盘9组成，其详细结构如图7-17所示。在上转

盘1中的上模座2中有若干个凸模，上模座2通过轴颈固定在板4上，下转盘9通过下模座8安装凹模。在转换模具时，回转头上、下盘同步旋转一个角度后停止，上模座2的颈部嵌入压力机滑块的T形槽内。滑块下行时，凸模也随同下行，完成一个冲压工序。

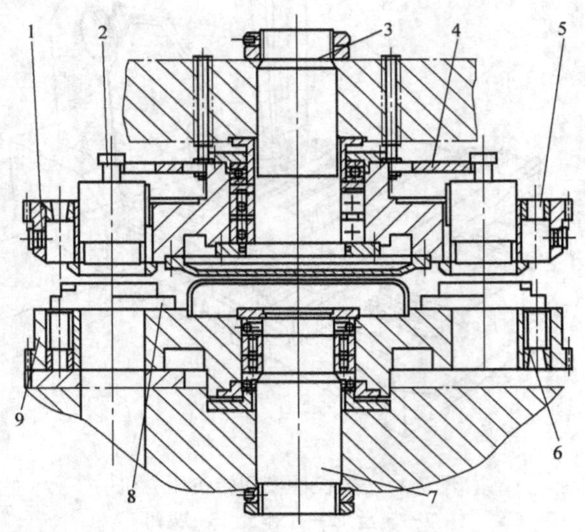

图7-17　冲模回转头

1—上转盘　2—上模座　3—上中心轴　4—板　5—上定位孔　6—下定位孔　7—下中心轴　8—下模座　9—下转盘

7.2　冲压设备类型的选择

冲压设备类型的选择要依据冲压零件的生产批量、零件尺寸的大小、工艺方法与性质，以及冲压件的尺寸、形状与精度等要求来进行。

（1）根据冲压件的大小进行选择　按冲压件大小选择冲压设备见表7-1。

表7-1　按冲压件大小选择冲压设备

零件大小	选用压力机类型	特　点	适用工序
小型或中小型	开式机械压力机	有一定的精度和刚度；操作方便，价格低廉	分离及成形（深度浅的成形件）
大中型	闭式机械压力机	精度与刚度更高；模具结构简单，调整还方便	分离、成形（深度大的成形件及复合工序）

（2）根据冲压件的生产批量选择　按生产批量选择设备见表7-2。

（3）考虑精度与刚度　在选用设备类型时，还应充分注意到设备的精度与刚度。压力机的刚度是由床身刚度、传动刚度和导向刚度三部分组成，如果刚度较差，负载终了和卸载时模具间隙会发生很大变化，影响冲压件的精度和模具寿命。设备的精度也有类似的问题。尤其是在进行校正弯曲、校形及整修一类工艺时，更应选择刚度与精度较高的压机。在这种情况下，板料的规格（如料厚波动）应该控制更严，否则，因设备过大的刚度和过高的精度反而容易造成模具或设备的超负荷损坏。

表7-2　按生产批量选择设备

零件批量		设备类型	特　点	适用工序
小批量	薄板	通用机械压力机	速度快、生产率高，质量较稳定	各种工序
	厚板	液压机	行程不固定，不会因超载而损坏设备	拉深、胀形、弯曲等
大中批量		高速压力机	高效率	冲裁
		多工位自动压力机	高效率，消除了半成品堆储等问题	各种工序

（4）考虑生产现场的实际可能　在进行设备选择时，还应考虑生产现场的实际可能。如果目前没有较理想的设备供选择，则应该设法利用现有设备来完成工艺过程。比如，没有高速压力机而又希望实现自动化冲裁，可以在普通压力机上设计一套自动送料装置来实现。再如，一般不采用摩擦压力机来完成冲压加工工序，但是，在一定的条件，有的工厂也用它来完成小批量的切断及某些成形工作。

7.3　冲压设备规格的选择

在选定冲压设备类型之后，应该进一步根据冲压件的大小、模具尺寸及工艺变形力来确定冲压设备规格。其规格的主要参数有以下几个。

（1）公称压力　压力机滑块下压时的冲击力就是压力机的压力。由曲柄连杆机构的工作原理可知，压力机滑块的压力在整个行程中不是一个常数，而是随曲轴转角的变化而不断变化的。图7-18所示为曲柄压力机的许用压力曲线。图中H为滑块行程，h_a为滑块离下死点的距离，F_{max}为压力机的最大许用压力，F为滑块在某位置时所允许的最大工作压力，α_a为曲柄离下死点的夹角。从曲线中可以看出，当曲轴转到离下死点转角等于20°~30°处一直到转至下死点位置的转角范围内，压力机的许用压力达到最大值F_{max}。标称压力是指压力机曲柄旋转到离下死点前某一特定角度（称为标称压力角，等于20°~30°）时，滑块上所容许的最大工作压力，图中还列出了压力角所对应的滑块位移点，它是表示压力机规格的主参数。我国的压力机公称压力已经系列化了，例如63kN、100kN、160kN、250kN、400kN、630kN、800kN、1000kN、1250kN、1600kN等。标称压力必须大于冲压工艺所需的冲压力。

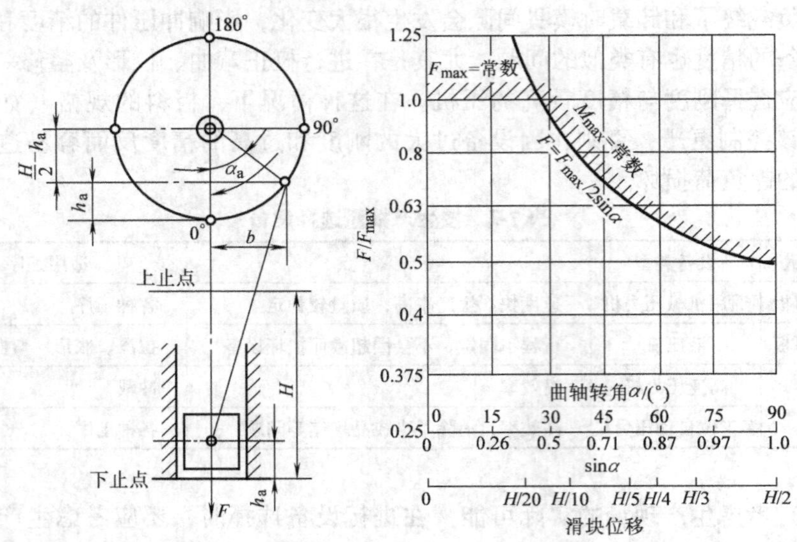

图 7-18　曲柄压力机的许用压力曲线

（2）滑块行程　滑块行程是指滑块从上死点到下死点所经过的距离。对于曲柄压力机，其值即为曲柄半径的两倍。

（3）滑块每分钟行程次数　它是指滑块每分钟往复的次数。滑块每分钟行程次数的多少，关系到生产率的高低。一般压力机行程次数都是固定的，高速压力机的滑块行程则是可调的。

（4）压力机的装模高度及闭合高度　压力机的装模高度是指滑块在下死点时，滑块底平面到工作台上的垫板上平面之间的高度。调节压力机连杆的长度，可以调节装模高度的大小。模具的闭合高度应在压力机的最大与最小装模高度之间。

压力机的装模高度指压力机的闭合高度减去垫板厚度的差值。没有垫板的压力机，其装模高度等于压力机的闭合高度。

模具的闭合高度是指冲模在最低工作位置时，上模座上平面至下模座下平面之间的距离。

模具闭合高度与压力机装模高度的关系，见图 7-19。

理论上为　$$H_{min}-H_1\leqslant H\leqslant H_{max}-H_1$$

亦可写成　$$H_{max}-M-H_1\leqslant H\leqslant H_{max}-H_1$$

式中　H——模具闭合高度；

H_{min}——压力机的最小闭合高度；

H_{max}——压力机的最大闭合高度；

H_1——垫板厚度；

M——连杆调节量；

$H_{min}-H_1$——压力机的最小装模高度；

$H_{max}-H_1$——压力机的最大装模高度。

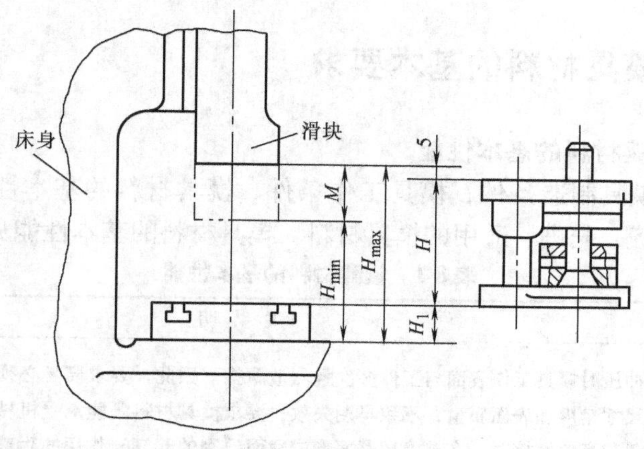

图 7-19 模具闭合高度与压力机装模高度的关系

由于缩短连杆对其刚度有利，同时在修模后，模具的闭合高度可能要减小，所以一般模具的闭合高度接近于压力机的最大装模高度，在实用上为

$$H_{min}-H_1+10\text{mm}\leqslant H\leqslant H_{max}-H_1-5\text{mm}$$

（5）压力机工作台面尺寸　压力机工作台面尺寸应大于冲模的最大平面尺寸。一般工作台面尺寸每边应大于模具下模座尺寸 50～70mm，以便安装固定模具用的螺钉和压板。

（6）漏料孔尺寸　当工件或废料需要下落，或模具底部需要安装弹顶装置时，下落件或弹顶装置的尺寸必须小于工作台中间的漏料孔尺寸。

（7）模柄孔尺寸　滑块内安装模柄用的孔直径和模柄直径的基本尺寸应一致，模柄的高度应小于模柄孔的深度。

（8）压力机电动机功率　必须保证压力机的电动机功率大于冲压时所需的功率。

第 8 章　冲压模具材料

8.1　冲压模具材料的基本要求

1. 冲压模具材料的基本性能

应该根据模具制造条件、模具工作条件、模具材料的基本性能等相关的因素，来选择经济、先进、适用的模具材料。模具材料的基本性能见表 8-1。

表 8-1　模具材料的基本性能

序号	要求	说　明
1	耐磨性	冲压时模具工作表面与工件多次强烈地摩擦。因此，要求模具必须能较长时间的保持其尺寸精度和表面质量，不致早期失效；要求模具材料既能承受机械磨损，又能在承受重载和高速摩擦时，在被摩擦表面形成薄而致密的起润滑作用的附着氧化膜，防止在模具和工件表面之间产生黏附、焊接等损伤及模具表面的氧化损伤。合理的热处理工艺、良好的润滑状态和模具材料的表面处理对改善模具的耐磨性能有良好的作用。
2	韧性	对于受强烈冲击载荷的模具零件，模具材料的韧性是十分重要的考虑因素。对于在高温下工作的模具，还必须考虑其高温韧性。模具材料的化学成分，晶粒度，碳化物、夹杂物的组成及其数量、形态、尺寸和分布情况，金相组织，微观偏析等都会对材料的韧性产生影响；钢的纯净度、毛坯锻轧变形的方向会对横向性能产生很大的影响。模具材料的韧性往往和耐磨性、硬度互相矛盾。因此，根据模具的工作情况，选择合理的模具材料，并采用合理的精炼、加工、热处理和表面处理工艺才能使模具材料具有最佳的耐磨性和韧性
3	硬度	模具在工作时必须具有高的硬度和强度，才能保持其原来的形状和尺寸。一般冲压模具钢，要求其淬火硬度为 60HRC 左右
4	其他	根据不同模具的实际工作条件，分别考虑其实际要求的其他性能。例如，对在腐蚀介质下工作的模具，应注意其耐蚀性；对在高载荷下工作的模具，应考虑其抗压强度、抗拉强度、抗弯强度、疲劳强度及断裂韧度等

2. 冲压模具材料的工艺性能

在模具总的制造成本中，特别是对于小型精密复杂模具，模具材料费往往只占总成本的 10% ~20%，有时甚至低于 10%，而机械加工、热处理、表面处理、装配和管理等费用要占成本的 80% 以上。因此，模具材料的工艺性能是影响模具成本的一个重要因素，工艺性能好的模具不仅可使模具生产工艺简单，易于制造，而且可以有效地降低模具制造费用。模具材料的工艺性能见表 8-2。

表 8-2 模具材料的工艺性能

序号	要求	说明
1	可加工性	模具材料的可加工性包括冷加工性能和热加工性能。冷加工性能包括切削、磨削、抛光、冷挤压和冷拉工艺性，热加工性能包括热塑性和热加工温度范围等。模具钢主要属于过共析钢和莱氏体钢，冷加工和热加工性能一般都不太好，必须严格地控制热加工和冷加工的工艺参数，以避免产生缺陷和废品，还必须通过提高钢的纯净度，减少有害杂质来改善钢的工艺性能，降低模具的制造费用。有些模具材料（如高钒高速钢、高钒高合金模具钢），不便于磨削加工，近年来改用粉末冶金生产，钢中的碳化物细小、均匀，不但使这类钢的磨削性大为改善，而且改善了钢的塑性、韧性等性能。对表面质量要求很高的模具，应采用抛光性能很好的高纯净度模具材料，这类钢种往往要采用电渣重熔或真空电弧重熔等工艺进行精炼。有些制品要求在成形模具的表面加工出清晰的花纹、图案，而这些花纹、图案一般采用化学蚀刻工艺加工，因此要求模具材料能适应化学蚀刻工艺，模具材料还应有良好的铸造、焊接等工艺性能
2	热处理性	希望模具材料的淬火温度范围要宽一些，特别是有些模具材料要求采用火焰淬火时，难以精确地测量和控制温度，更要求模具能适应较宽的淬火温度范围。要求热处理时变形小的模具应该选用微变形模具钢制造，尽可能采用冷却能力弱的淬火冷却介质（如油冷、空冷、加压淬火或盐浴淬火）以减少其热处理变形。冲压模具对淬硬性要求较高（淬硬性主要取决于钢的碳含量），对于一些大截面深型腔模具，为了使模具的心部也能得到良好的组织和均匀的硬度，就要求选用淬透性好的模具钢（淬透性主要取决于钢的化学成分、合金元素含量和淬火前的组织状态）。加热过程中材料氧化、脱碳会影响模具的硬度、耐磨性、使用寿命，改变模具的形状和性能。对容易氧化、脱碳的材料，例如某些钼含量高的模具钢，可采用特种热处理工艺（如真空热处理、可控气氛热处理、盐浴热处理等）
3	坯料精化	为了缩短模具的制造周期，在选购模具材料时，应尽可能选用经过粗加工，甚至精加工淬火回火的模块（进行少量加工即可与标准模架装配使用），既可以有效地缩短模具制造周期，又因为前期加工是在冶金厂高效率大批量生产的，可以降低生产费用，提高材料利用率
4	通用性	模具材料一般用量不大，品种、规格很多，为了便于采购和备料，应该考虑材料的通用性。除了特殊要求以外，尽可能采用大量生产的通用型模具材料。通用型模具材料技术比较成熟，积累的生产工艺和使用经验较多，性能数据也比较完整，便于在设计和制造过程中参考，也便于采购、备料的和材料管理

8.2 冲压模具材料的选用

8.2.1 冲压模具凸、凹模材料的选用

1. 冲裁模凸、凹模材料的选用

冲裁模凸、凹模材料的选用见表8-3。冲裁模的凹模承受较大的拉应力，凸模承受较大的压应力。凸、凹模正常失效一般是由于刃口部位的磨损。因此，这类模具，特别是生产工件批量大、加工板料强度高的模具，要求模具材料必须具有较高的强度和耐磨性，其中凸模还必须有良好的韧性，以防止由于承受较强的弯曲和冲击载荷造成折断、崩刃而早期失效。大截面的凸、凹模应重视模具材料的淬透性，形状复杂的模具应重视其热处理变形性、淬透性和可加工性。

表8-3 冲裁模凸、凹模材料的选用

被加工材料	生产批量/件				
	10^3	10^4	10^5	10^6	10^7
铝、镁、铜合金	T8，T10，CrWMn，9CrWMn	CrWMn，Cr5Mo1V	CrWMn，Cr5Mo1V，Cr12MoV	Cr5Mo1V，Cr12MoV，Cr12Mo1V1，高速工具钢	高速工具钢，硬质合金
碳素钢钢板、合金结构钢钢板	CrWMn，7CrSiMnMoV	CrWMn，Cr5Mo1V，7CrSiMnMoV	Cr5Mo1V，Cr12MoV	Cr12MoV，Cr12Mo1V1，7Cr7Mo2V2Si	硬质合金，钢结硬质合金
淬火弹簧钢、回火弹簧钢（≤52HRC）	Cr5Mo1V	Cr5Mo1V，Cr12MoV，Cr12Mo1V1	Cr12，Cr12Mo1V1，高速工具钢	Cr12Mo1V1，高速工具钢，7Cr7Mo2V2Si	硬质合金，钢结硬质合金
铁素体不锈钢	CrWMn，Cr5Mo1V	Cr5Mo1V	Cr5Mo1V，Cr12，Cr12MoV	Cr12Mo1V1，高速工具钢，7Cr7Mo2V2Si	硬质合金，钢结硬质合金
奥氏体不锈钢	CrWMn，Cr5Mo1V	Cr5Mo1V，Cr12，Cr12MoV	Cr12，Cr12MoV，Cr12Mo1V1	Cr12Mo1V1，高速工具钢，7Cr7Mo2V2Si	硬质合金，钢结硬质合金
变压器硅钢	Cr5Mo1V	Cr5Mo1V，Cr12，Cr12MoV	Cr12，Cr12MoV，Cr12Mo1V1，高速工具钢	Cr12Mo1V1，高速工具钢，超硬高速工具钢	硬质合金，钢结硬质合金
纸张等软材料	T8，T10，9CrWMn	T8，T10，9CrWMn，Cr2	T8，T10，Cr5Mo1V，CrWMn	Cr5M1V，Cr12，Cr12Mo1V1，Cr12MoV	Cr12，Cr12Mo1V1，高速工具钢

（续）

被加工材料	生产批量/件				
	10^3	10^4	10^5	10^6	10^7
一般塑料板	T10，T8，CrWMn	CrWMn，9CrWMn	Cr5Mo1V，9CrWMn	Cr12，Cr12MoV，高速工具钢	高速工具钢，硬质合金
增强塑料板	CrWMn，9CrWMn，Cr5Mo1V	Cr5Mo1V，CrWMn，Cr5Mo1V（渗氮）	Cr5Mo1V，Cr12，Cr12Mo1V1（渗氮）	Cr12，Cr12Mo1V1，高速工具钢，7Cr7Mo2V2Si	高速工具钢，硬质合金

2. 拉深模凸、凹模材料的选用

拉深模凸、凹模材料的选用见表 8-4。拉深模的凸、凹模与工件接触的表面受到比较强烈的磨损，特别是当生产大批量的工件时，必须选用耐磨性良好的模具材料。当模具的截面尺寸较大时，还必须选用淬透性好的模具钢。当生产形状复杂的大型模具时，要选用热处理变形小的钢种。随着坯料厚度、拉深变形率的增大，被加工工件圆角的减小，应选用更耐磨损的、强度更高的模具材料，当拉深奥氏体不锈钢、耐热钢时，为了防止发生擦伤（黏附），有时采用铝青铜或硬质合金或钢结硬质合金制造凹模镶块。

表 8-4　拉深模凸、凹模材料的选用

工件拉深减薄率（%）		生产批量/件			
		10^3	10^4	10^5	10^6
拉深模凸模	<25	T8，T10	CrWMn	Cr5Mo1V	Cr5Mo1V，Cr12MoV，7Cr7Mo2V2Si
	25～35	T8，T10	Cr5Mo1V	Cr5Mo1V	Cr12，Cr12Mo1V1
	35～50	CrWMn，Cr5Mo1V	Cr5Mo1V	Cr12，Cr12MoV，7Cr7Mo2V2Si	Cr12Mo1V1，7Cr7Mo2V2Si
	>50	Cr12MoV	Cr12，Cr12MoV，7Cr7Mo2V2Si	Cr12，Cr12Mo1V1，7Cr7Mo2V2Si	Cr12Mo1V1，高速工具钢
拉深模凹模	<25	T8，T10	CrWMn，9CrWMn	CrWMn，9CrWMn	Cr5Mo1V，Cr12MoV
	25～35	T8，T10	CrWMn，Cr5Mo1V	Cr5Mo1V，Cr12MoV 7Cr7Mo2V2Si	Cr12，Cr12Mo1V1，7Cr7Mo2V2Si
	35～50	CrWMn，9CrWMn	Cr5Mo1V，Cr12MoV	Cr12MoV，Cr12Mo1V1，7Cr7Mo2V2Si	Cr12MoV，Cr12Mo1V1，高速工具钢
	>50	Cr5Mo1V，Cr12，Cr12MoV	Cr12，Cr12MoV，Cr12Mo1V1	Cr12Mo1V1，7Cr7Mo2V2Si	Cr12Mo1V1，7Cr7Mo2V2Si，高速工具钢

注：为了防止黏附，凸模可进行渗氮或镀铬处理。

3. 成形模凸、凹模材料的选用

成形模凸、凹模材料的选用见表8-5。冲压成形模具的正常失效主要是由于磨损。加工铝、铜等非铁金属薄板或低碳钢等软质材料薄板工件，生产批量不大时，可采用增强塑料（如环氧树脂-金属、聚酯-金属）和锌合金作为凸、凹模材料。当生产批量较大时，或生产不锈钢、耐热钢薄板工件时，采用合金铸铁或锌合金作为凸、凹模主体材料。在模具磨损较严重的部位采用淬硬的（58～62HRC）合金模具钢镶块，在磨损最严重的部位则采用经过化学热处理的合金模具钢镶块。

表8-5　成形模凸、凹模材料的选用

被加工材料	质量要求		生产批量/件				
	表面粗糙度	尺寸偏差/mm	10^2	10^3	10^4	10^5	10^6
铝、铜、黄铜	无	无	增强塑料，锌合金	增强塑料，锌合金	增强塑料，锌合金	合金铸铁，7CrSiMnMoV，镶块	合金铸铁，7CrSiMnMoV，镶块
铝、铜、黄铜	无	±0.1	增强塑料，锌合金	增强塑料，锌合金	合金铸铁	合金铸铁，7CrSiMnMoV，镶块	合金铸铁，Cr5Mo1V，镶块
铝、铜、黄铜	低	±0.1	增强塑料，锌合金	增强塑料，锌合金	合金铸铁	合金铸铁，7CrSiMnMoV，镶块	合金铸铁，Cr5Mo1V，镶块
低碳钢	无	无	增强塑料，锌合金	增强塑料，锌合金	合金铸铁	合金铸铁，7CrSiMnMoV，镶块	合金铸铁，Cr5Mo1V，镶块
低碳钢	低	±0.1	锌合金	锌合金	合金铸铁	合金铸铁，Cr5Mo1V，Cr12MoV，镶块	合金铸铁，Cr12MoV，Cr12Mo1V1，镶块
镍铬不锈钢	无	无	增强塑料，锌合金	锌合金	合金铸铁	合金铸铁，Cr12MoV，镶块	合金铸铁，Cr12Mo1V1，镶块
镍铬不锈钢、耐热钢	低	±0.1	锌合金	锌合金	合金铸铁	合金铸铁，Cr12MoV Cr12Mo1V1，渗氮镶块	合金铸铁，Cr12MoV Cr12Mo1V1，渗氮镶块
低碳钢（无润滑）	低	±0.1	锌合金	锌合金	合金铸铁	合金铸铁，Cr12Mo1V1 渗氟镶块	合金铸铁，Cr12Mo1V1 渗氟镶块

注：加工形状较复杂、要求精度较高的工件，或冲压过程中润滑条件较差时，应选用高一档的材料；当工件容易产生擦伤（黏附）的缺陷时，应对模具表面进行渗氮或镀硬铬处理。

4. 常用凸、凹模材料及热处理硬度（表 8-6、表 8-7）

表 8-6 常用凸、凹模材料及热处理硬度（一）

模具种类	冲压情况		材料牌号	热处理硬度 HRC	
				凸模	凹模
冲裁	简单形状冲裁	低速冲压	T10A、9Mn2V	58～62	60～64
		高速冲压	Cr12、Cr6WV	58～62	60～64
	复杂形状冲裁	低速冲压	9Mn2V、CrWMn	58～62	60～64
		高速冲压	Cr12MoV、Cr6WV	58～62	60～64
	高耐磨冲裁	低速冲压	Cr12、Cr12MoV、9CrSi	58～62	58～62
		高速冲压	Cr12MoV、CrMn2SiWMoV、Cr4W2MoV	58～62	58～62
弯曲	普通材料弯曲	低速冲压	T10A、9Mn2V	56～60	56～60
		高速冲压	Cr12MoV、Cr6WV、Cr4W2MoV	60～64	60～64
	高耐磨材料弯曲	低速冲压	Cr12、Cr6WV	58～62	58～62
		高速冲压	W18Cr4V、Cr4W2MoV	60～64	60～64
拉深	普通材料拉深	低速冲压	T10A、CrWMn	58～62	60～64
		高速冲压	Cr12MoV、GCr15	58～62	60～64
	高耐磨材料拉深	低速冲压	Cr12MoV、GCr15	60～62	60～64
		高速冲压	Cr12MoV、W18Cr4V	62～64	62～64
成形	一般成形	低速冲压	T10A、9Mn2V、9SiCr	58～62	60～64
		高速冲压	Cr12MoV、Cr6WV	58～62	60～64
	复杂成形		9SiCr、Cr6WV、W6Mo5Cr4V2	58～62	58～62

表 8-7 常用凸、凹模材料及热处理硬度（二）

模具类型	零件名称及工作要求	材料牌号	热处理硬度 HRC
冲裁	冲件形状简单、批量小的凸、凹模	T10A、9Mn2V	凸模 56～60 凹模 58～62
	冲件形状复杂、批量大的凸、凹模	Cr12、Cr12MoV、Cr6WV	58～62
		YG15	86
弯曲	一般弯曲的凸、凹模及其镶块	T8A、T10A	56～60
	形状复杂、要求耐磨的凸、凹模及其镶块	CrWMn、Cr12、Cr12MoV	58～62
	加热弯曲的凸、凹模	5CrNiMo、5CrMnMo	52～56

（续）

模具类型	零件名称及工作要求	材料牌号	热处理硬度 HRC
拉深	一般拉深的凸、凹模	T8A、T10A	58～62
	跳步拉深的凸、凹模	T10A、CrWMn	
	变薄拉深及要求高耐磨的凸、凹模	Cr12、Cr12MoV	
		YG15、YG8	
	双动拉深的凸、凹模	钼钒铸铁	火焰淬火 56～60

8.2.2 冲压模具结构件材料的选用

冲压模具结构件材料的选用见表 8-8。

表 8-8 冲压模具结构件材料的选用

类别	零件名称	材料牌号	热处理	硬度 HRC
模架	铸铁上、下模座	HT200，HT250		
	铸钢上、下模座	ZG270-500，ZG310-570		
	型钢下、上模座	Q235		
	滑动导柱导套	20	渗碳淬火	56～60
	滑动导柱导套	T8	淬火	58～62
	滑动导柱导套	GCr15	淬火	60～64
板类	普通卸料板	Q235		
	高速冲压卸料板	45，GCr15	GCr15 淬火	58～62
	普通固定板	Q235		
	高速冲压固定板	45，T8	淬火	40～45，50～54
	模框	45		
	导料板、侧压板	45，T8	T8 淬火	52～56
	承料板	Q235，45		
	垫板	45，T8	淬火	40～45，50～55
辅助零件	拉深模压边圈	T10A，GCr15	淬火	58～62
	顶件器	45，T10A	淬火	40～45，56～62
	各种模芯	同凸、凹模		
	导正钉	T10A，GCr15，Cr12	淬火	58～62
	浮顶器	45，T10A，GCr15	淬火	40～45，56～60
	侧刃挡块	T8A	淬火	54～58
	废料顶钉	45	淬火	40～45

（续）

类别	零件名称	材料牌号	热处理	硬度 HRC
辅助零件	条料弹顶器	45	淬火	40 ~ 45
	支承板（块）	45，T10A	淬火	40 ~ 45，58 ~ 62
	模柄	Q235，45		
	限位柱（块）	45	淬火	40 ~ 45
	顶杆、打杆	45	淬火	40 ~ 45
	护板、挡板	Q235，20		
紧固件	紧固螺钉、螺栓、螺钉	45	头部淬火	40 ~ 45
	销钉	45	淬火	43 ~ 48
	卸料钉	45	头部淬火	40 ~ 45
	螺钉垫块	45	淬火	43 ~ 48
	螺塞	Q235，45		
	螺母、垫圈	Q235，45		
	键	45		
	弹簧	65Mn	淬火	43 ~ 48
	弹簧片	65Mn	淬火	43 ~ 48
	碟形弹簧	65Mn	淬火，回火	48 ~ 52

8.3　冲压模具的热处理

各种模具只有通过正确的热处理才能具有所需的力学性能。模具热处理一般可分为模具预备热处理和模具最终处理两大类。此外，模具经过机械加工后，有的应进行中间去应力处理，有的模具使用一段时间后应进行恢复性处理。

模具毛坯预备热处理包括：退火、正火、调质（淬火 + 高温回火）等。

模具最终热处理包括：整体强化和表面强化，见表 8-9。

表 8-9　模具最终热处理

整体强化							表面强化		
淬火			回火		冷处理		相变强化	扩散强化	涂覆强化
常规淬火	等温淬火	分级淬火	高温回火	低温回火	−50 ~ −80℃ 冷处理	−150 ~ −195℃ 深冷处理	火焰淬火、感应淬火	单元或多元渗入	电镀、CVD、PVD

1. 模具钢的等温球化退火工艺规范（表8-10）

表8-10　模具钢的等温球化退火工艺规范

牌　　号	Ac_1/℃	Ar_1/℃	加热温度/℃	保温时间/h	等温温度/℃	等温时间/h	退火硬度HBW
T7、T8	730	700	750～770	1～2	680～700	2～3	163～187
T10、T12	730	700	750～770	1～2	680～700	2～3	179～207
8MnSi	760	780	750～770	1～2	680～700	2～3	≤229
9Mn2V	740	680	750～770	1～2	680～700	2～3	≤229
9Mn2	730	690	750～770	1～2	680～700	2～3	≤229
Cr2	745	700	790～810	2～3	700～720	3～4	≤229
9Cr2	745	700	790～810	2～3	700～720	3～4	≤217
CrWMn	750	710	770～790	2～3	680～700	3～4	255～207
9CrWMn	750	710	790～810	2～3	700～720	3～4	≤229
GCr15	745	—	790～810	2～3	680～700	3～4	229～179
Cr4W2MoV	795	760	840～860	3～4	740～760	6～8	240～260
Cr6WV	800	—	820～840	3～4	730～750	4～5	212～235
7CrSiMnMoV	776	—	820～840	2～3	680～700	4～5	241～217
Cr12	800	760	850～870	3～4	740～760	4～5	≤255
Cr12MoV	810	760	850～870	3～4	740～760	4～5	≤241
W18Cr4V	820	760	860～880	2～3	740～760	2～4	≤255
W6Mo5Cr4V2	850	—	840～860	2～3	740～760	2～4	≤255

2. 常用冲压模具钢的热处理工艺规范（表8-11）

表8-11　常用冲压模具钢的热处理工艺规范

<table>
<tr><th>钢材及其特点</th><th colspan="8">热处理工艺规范</th></tr>
<tr><td rowspan="9">碳素工具钢淬透性差，耐磨性低，热处理操作难度大，淬火变形、开裂难以控制</td><td colspan="8">1）双液淬火工艺</td></tr>
<tr><td rowspan="2">牌号</td><td rowspan="2">淬火温度/℃</td><td rowspan="2">预冷时间</td><td rowspan="2">水淬规程</td><td rowspan="2">油冷规程</td><td colspan="3">下列硬度的回火温度/℃</td></tr>
<tr><td>60～62HRC</td><td>58～61HRC</td><td>54～58HRC</td></tr>
<tr><td>T7A</td><td>780～820</td><td rowspan="3">1～2 s/mm</td><td rowspan="3">5%～10% NaCl水溶液 1s/mm</td><td rowspan="3">100～120℃热油</td><td>140～160</td><td>160～180</td><td>210～240</td></tr>
<tr><td>T8A</td><td>760～800</td><td>150～170</td><td>180～200</td><td>220～260</td></tr>
<tr><td>T10A</td><td>770～810</td><td>160～180</td><td>200～220</td><td>240～270</td></tr>
<tr><td colspan="8">2）碱浴淬火工艺
T10A：830℃加热，预冷，170℃碱浴冷却1min后油冷，63～64HRC</td></tr>
<tr><td colspan="8">3）碱水-硝盐复合淬火工艺
T8A：780～800℃加热，10% NaOH水溶液中冷却8s，170℃硝盐中保温7min，59～62HRC（刃口部分）</td></tr>
</table>

（续）

钢材及特点	热处理工艺规范
低变形冲压模具钢 9Mn2V、CrWMn、9CrWMn、MnCrWV 等淬火工艺易操作，淬裂和变形敏感性小，淬透性高，淬火型腔易涨大，尖角处易开裂	1）低温淬火工艺 CrWMn、MnCrWV 淬火温度取 790～810℃，9Mn2V 淬火温度取 750～770℃ 2）恒温预冷工艺 CrWMn820℃加热保温后转入 700～720℃炉中保温 30min 后油冷，59～63HRC，160～180℃回火 3）快速加热分级淬火工艺 CrWMn980℃快速加热后立即投入 100℃热油中冷却 30min 后空冷，400℃回火，55～58HRC 4）热油等温淬火 9Mn2V 790～800℃加热，130～140℃热油等温 30min，160～170℃回火 2h 5）冷油-硝盐复合淬火 CrWMn 650℃预热、800℃加热，预冷后入油冷 13s、180℃硝盐等温 30min，200℃回火 6）硝盐淬火 ①马氏体分级淬火（140～180℃硝盐） ②马氏体等温淬火（140～160℃硝盐） ③贝氏体等温淬火（200～260℃硝盐）
Cr12、Cr12MoV 淬透性高，变形可以调节，淬火变形、开裂倾向小	采用贝氏体等温淬火、热浴分级淬火等方法可以减少开裂和变形

3. 低变形冲压模具钢的热处理工艺规范（表 8-12）

表 8-12　低变形冲压模具钢的热处理工艺规范

牌号	淬火工艺				回火工艺	
	预热温度/℃	加热温度/℃	淬火冷却介质	硬度 HRC	回火温度/℃	硬度 HRC
9Mn2V	400～650	780～820	油	≥62	150～200	60～62
CrWMn	400～650	820～850	油	62～65	140～160	62～65
9CrWMn	600～650	820～840	油	64～66	180～230	60～61
9Mn2	400～650	760～780	水	≥62	130～170	60～62
MnCrWV	400～650	780～920	油	≥60	240～260	57～59
SiMnMo	400～650	780～820	油	62～65	150～300	58～62

4. 高耐磨微变形冲压模具钢的热处理工艺规范（表 8-13）

表 8-13 高耐磨微变形冲压模具钢的热处理工艺规范

牌号	淬火工艺				回火工艺	
	预热温度/℃	加热温度/℃	淬火冷却介质	硬度 HRC	回火温度/℃	硬度 HRC
Cr12	800～850	950～980	油	61～64	150～200	50～62
		1000～1100	油	60～40	480～500	60～63
Cr12MoV	800～850	1000～1020	油	62～64	150～170	61～63
		1040～1140	油	60～40	500～550	60～61
Cr6WV	800～850	950～970	油	62～64	150～170 190～210	62～63 58～60
		990～1010	硝盐或碱	62～64	500	57～58
Cr4W2MoV	800～850	960～980	油、空	≥62	280～300	60～62
		1020～1040	油、空	≥62	500～540	60～62

5. 高强度、高耐磨冲压模具钢的热处理工艺规范（表 8-14）

表 8-14 高强度、高耐磨冲压模具钢的热处理工艺规范

牌号	淬火工艺									回火工艺				
	第 1 次预热		第 2 次预热		淬火加热			淬火冷却介质	硬度 HRC	温度/℃	时间/h	次数	冷却	硬度 HRC
	温度/℃	时间/h	温度/℃	时间/(s/mm)	介质	温度/℃	时间/(s/mm)							
W18Cr4V	400	1	850	24	盐浴炉	1260～1280	15～20	油	67	560	1	3	空	≥60
W6Mo5Cr4V2	400	1	850	24	盐浴炉	1150～1200	20	油	65～66	550	1	3	空	60～64

6. 高强韧冲压模具钢的热处理工艺规范（见表 8-15）

表 8-15 高强韧冲压模具钢的热处理工艺规范

牌　号	淬 火 工 艺			回火工艺	
	加热温度/℃	淬火冷却介质	硬度 HRC	回火温度/℃	硬度 HRC
6W6Mo5Cr4V	1180～1200	油	>60	500～580	60～63
6Cr4W3Mo2VNb	1080～1180	油	≥60	520～580	59～62
7Cr7Mo2V2Si	1100～1150	油	60～61	530～570	57～63
7CrSiMnMoV	900～920	油	≥60	220～260	56～60
6CrNiMnSiMoV	870～930	油	>60	180～200	58～62
8Cr2MnWMoVS	850～900	空气	>60	170～270	57～62
				250～500	45～58

7. 抗冲击冲压模具钢的热处理工艺规范（表 8-16）

表 8-16 抗冲击冲压模具钢的热处理工艺规范

牌号	淬火工艺			回火工艺	
	加热温度/℃	淬火冷却介质	硬度 HRC	回火温度/℃	硬度 HRC
4CrW2Si	860~900	油	≥53	200~250	53~58
				430~470	45~50
5CrW2Si	860~900	油	≥55	200~250	53~58
				430~470	45~50
6CrW2Si	860~900	油	≥57	200~250	53~58
				430~470	45~50
9SiCr	840~860	油	62~64	200~250	58~61
				280~320	56~58
				350~400	54~56
60Si2Mn	800~820	油	60~62	200~280	57~60
				380~400	49~52

8. 强韧化冲压模具钢的热处理工艺规范

冲压模具钢的强韧化热处理，是指采取一些热处理工艺的措施，以进一步提高冲压模具的寿命。这类的工艺方案主要有：低温淬火+低温回火、高温淬火+高温回火、微细化处理、等温淬火和分级淬火等热处理工艺，见表 8-17。

表 8-17 强韧化冲压模具钢的热处理工艺

序号	种类	工艺说明
1	低温淬火处理	在低于钢的常规淬火温度进行淬火操作，可以在满足模具对工作硬度要求的前提下，提高模具的韧性。适当降低淬火温度，无论是碳素工具钢、合金工具钢，还是高速工具钢，都可以不同程度地提高韧性，并有利于提高冲击疲劳抗力 几种常用冲压模具钢的低温淬火、低温回火韧化热处理工艺规范见表 8-18
2	高温淬火工艺	一些低淬透性的冲压模具钢，为了提高淬硬层的厚度，常常采用提高淬火温度的方法。例如，T7A~T10A 可将淬火温度提高到 830~860℃，Cr2 钢可将淬火温度提高到 880~920℃，GCr15 钢可将淬火温度提高到 900~920℃ 一些抗冲击冲压模具钢为了提高强韧性、耐磨性及抗压强度也可以采用高温淬火的方法。例如，60Si2Mn 可采用 900~920℃ 淬火，4CrW2Si、5CrW2Si、6CrW2Si 等可把淬火温度提高到 950~980℃
3	分级淬火和等温淬火	分级淬火和等温淬火可以提高模具钢的强韧性和模具的使用寿命，并减少模具的变形和开裂 常用冲压模具钢的分级淬火和等温淬火工艺规范见表 8-19

表 8-18　冲压模具钢的低温淬火、低温回火韧化热处理工艺规范

牌号	常规淬火温度/℃	低温淬火低温回火工艺规范	硬度 HRC
CrWMn	820～850	800～810℃加热保温后150℃热油中冷却10min，210℃回火1.5h	58～60
Cr12	970～990	850℃预热，930～950℃加热保温后油冷，320～360℃×1.5h回火二次	52～56
Cr12MoV	1020～1050	980～1000℃加热保温后油冷，400℃回火	56～59
W6Mo5Cr4V2	1150～1200	1160℃加热保温后油冷，300℃回火	59～61

表 8-19　常用冲压模具钢的分级淬火和等温淬火工艺规范

牌号	分级淬火或等温淬火工艺规范	热处理后硬度 HRC	使用范围
CrWMn	820～840℃加热保温后240℃等温1h空冷	57～58	冷挤凸模、钟表元件小冲头等
	830～840℃加热保温后240℃等温1h空冷，250℃回火1h	57～58	
	810～820℃加热保温后240℃等温1h空冷，250℃回火1h	54～56	
Cr12	980℃加热保温后200～240℃分级10min后油冷20min，180～200℃回火	61～64	硅钢片冲模
	980℃加热保温后260℃等温4h，220～240℃回火		
Cr12MoV	1000℃加热保温后280℃分级，400℃回火	57～59	下料冲模等
	1000℃加热保温后280℃分级，550℃回火	54～56	
	1000℃加热保温后280℃等温4h，400℃回火	54～56	
	980℃加热保温后260℃等温2h，200℃回火	55～57	
W18Cr4V	1250～1270℃加热保温后240～260℃等温3h，560℃×1h回火三次	62～64	凸模
Cr4W2MoV	1000℃加热保温后260℃等温1h，220℃回火三次	50～58	弹簧孔冲模
	1020℃加热保温后260℃等温1h，520℃回火2h，220℃回火2h	58～59	

9. 拉深模的热处理工艺规范（表 8-20）

表 8-20　拉深模的热处理工艺规范

牌号	工 艺 规 范
Cr12MoV	1）1030℃淬火，200℃硝盐分级5～8min，160～180℃回火3h，硬度为62～64HRC 2）1050～1080℃油淬，500℃×2h回火3次，450～480℃离子渗氮
球墨铸铁（QT500-7）	600～650℃预热，（890±10）℃淬入盐水中冷至550℃入油，冷至250℃入热油180～220℃进行分级淬火，160～180℃回火5～7h

10. 冲压模具的回火温度（表 8-21）

表 8-21　冲压模具的回火温度

牌号	达到下列硬度范围的回火温度/℃				
	45~50HRC	52~56HRC	54~58HRC	58~61HRC	60~63HRC
T8A	350	270	130	190	160
T10A	370	290	250	210	170
60Si2Mn	420	350	250	180	150
9Mn2V	380	300	250	220	160
Cr2Mn2SiWMoV	—	—	—	220	180
5CrW2Si	420	280	250	—	—
Cr6WV	—	380	290	240	170
Cr12	—	—	400	250	190
Cr12MoV	—	540	400	230	170
Cr4W2MoV	—	—	—	400	520
W18Cr4V	—	—	—	620	560

11. 冲裁凸、凹模的热处理硬度（表 8-22）

表 8-22　冲裁凸、凹模的热处理硬度

冲裁模类型		热处理硬度 HRC	
		凸模	凹模
形状简单、冲裁厚度小于 3mm 的模具		58~62	60~64
形状复杂、冲裁厚度大于 3mm 的模具		58~62	62~64
生产批量大的模具		≥58	≥62
冲裁特薄料、厚度小于 0.3mm 的模具	低碳钢或非铁金属带	56~60	37~40
	冷轧工具钢或弹簧钢带	48~52	62~64
精密冲裁模	形状简单的模具	60~62	61~63
	形状复杂的模具	58~60	60~62

第 9 章　冲模标准模架和零件

9.1　冲模标准模架

冲模标准模架由上、下模座及导向装置（导柱和导套）组成。根据上、下模座的材料将模架分为铸铁模架和钢板模架两大类：依照模架中导向方式的不同，又将模架分为冲模滑动导向模架（GB/T 2851—2008）和冲模滚动导向模架（GB/T 2852—2008）。

每类模架中又可由导柱的安装位置及导柱数量的不同分为中间导柱模架、后侧导柱模架、对角导柱模架和四导柱模架等。

9.1.1　滑动导向模架

1. 对角导柱模架

对角导柱模架的导柱安放在凹模面的对角中心线上，受力平衡，上模座在导柱上运动平稳，适用于纵向或横向送料，常用于级进模或复合模。其凹模周界范围为（63mm×50mm）~（500mm×500mm），其结构和规格尺寸见表 9-1。

表 9-1　对角导柱模架的结构和规格尺寸（GB/T 2851—2008）　（单位：mm）

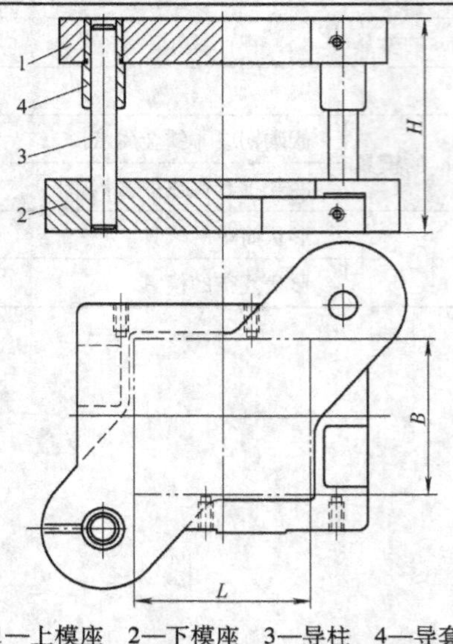

1—上模座　2—下模座　3—导柱　4—导套

（续）

凹模周界		闭合高度（参考）H		零件号、名称及标准编号									
				1	2	3				4			
				上模座 GB/T 2855.1—2008	下模座 GB/T 2855.2—2008	导柱 GB/T 2861.1—2008				导套 GB/T 2861.3—2008			
				数　量									
L	B	最小	最大	1	1	1		1		1		1	
				规　格									
63	50	100	115	63×50×20	63×50×25	16×	90	18×	90	16×	60×18	18×	60×18
		110	125				100		100				
		110	130	63×50×25	63×50×30		100		100		65×23		65×23
		120	140				110		110				
63	63	100	115	63×63×20	63×63×25		90		90		60×18		60×18
		110	125				100		100				
		110	130	63×63×25	63×63×30		100		100		65×23		65×23
		120	140				110		110				
80	63	110	130	80×63×25	80×63×30	18×	100	20×	100	18×	65×23	20×	65×23
		130	150				120		120				
		120	145	80×63×30	80×63×40		110		110		70×28		70×28
		140	165				130		130				
100	63	110	130	100×63×25	100×63×30		100		100		65×23		65×23
		130	150				120		120				
		120	145	100×63×30	100×63×40		110		110		70×28		70×28
		140	165				130		130				
80	80	110	130	80×80×25	80×80×30	20×	100	22×	100	20×	65×23	22×	65×23
		130	150				120		120				
		120	145	80×80×30	80×80×40		110		110		70×28		70×28
		140	165				130		130				
100	80	110	130	100×80×25	100×80×30		100		100		65×23		65×23
		130	150				120		120				
		120	145	100×80×30	100×80×40		110		110		70×28		70×28
		140	165				130		130				
125	80	110	130	125×80×25	125×80×30		100		100		65×23		65×23
		130	150				120		120				
		120	145	125×80×30	125×80×40		110		110		70×28		70×28
		140	165				130		130				

（续）

凹模周界		闭合高度（参考）H		零件号、名称及标准编号									
				1	2	3				4			
				上模座 GB/T 2855.1—2008	下模座 GB/T 2855.2—2008	导柱 GB/T 2861.1—2008				导套 GB/T 2861.3—2008			
				数　量									
				1	1	1		1		1		1	
L	B	最小	最大	规　格									
100	100	110	130	100×100×25	100×100×30	20×	100	22×	100	20×	65×23	22×	65×23
		130	150				120		120				
		120	145	100×100×30	100×100×40		110		110		70×28		70×28
		140	165				130		130				
125		120	150	125×100×30	125×100×35	22×	110	25×	110	22×	80×28	25×	80×28
		140	165				130		130				
		140	170	125×100×35	125×100×45		130		130		80×33		80×33
		150	190				150		150				
160		140	170	160×100×35	160×100×40	25×	130	28×	130	25×	85×33	28×	85×33
		160	190				150		150				
		160	195	160×100×40	160×100×50		150		150		90×38		90×38
		190	225				180		180				
200		140	170	200×100×35	200×100×40		130		130		85×33		85×33
		160	190				150		150				
		160	195	200×100×40	200×100×50		150		150		90×38		90×38
		190	225				180		180				
125	125	120	150	125×125×30	125×125×35	22×	110	25×	110	22×	80×28	25×	80×28
		140	165				130		130				
		140	170	125×125×35	125×125×45		130		130		65×23		65×23
		160	190				150		150				
160		140	170	160×135×33	160×125×40	25×	130	28×	130	25×	85×28	28×	85×28
		160	190				150		150				
		170	205	160×100×40	160×100×50		160		160		95×23		95×23
		190	225				180		180				
200		140	170	200×125×35	200×125×40		130		130		85×33		85×33
		160	190				150		150				
		170	205	200×125×40	200×125×50		160		160		95×38		95×38
		190	225				180		180				

（续）

凹模周界		闭合高度（参考）H		1 上模座 GB/T 2855.1—2008	2 下模座 GB/T 2855.2—2008	3 导柱 GB/T 2861.1—2008				4 导套 GB/T 2861.3—2008			
				数量									
				1	1	1		1		1		1	
L	B	最小	最大	规格									
250	125	160	200	250×125×40	250×125×45	28×	150	32×	150	28×	100×38	32×	100×38
		180	220				170		170				
		190	235	250×100×40	250×100×50		180		180		110×43		110×43
		210	255				200		200				
160		160	200	160×160×40	160×160×45		150		150		100×38		100×38
		180	220				170		170				
		190	235	160×160×45	160×160×55		180		180		110×43		110×43
		210	255				200		200				
200	160	160	200	200×160×40	200×160×45	28×150		32×150		28×100×38		32×100×38	
		180	220			28×170		32×170					
		190	235	200×150×45	200×150×55	28×	180	32×	180	28×110×43		32×110×43	
		210	255				200		200				
250		170	210	250×150×45	250×150×50	32×	150	35×	150	32×	105×43	35×	105×43
		200	240				190		190				
		200	245	250×150×50	250×150×60		190		190		115×48		115×48
		220	265				210		210				
200		170	210	200×200×45	200×200×50		150		150		105×43		105×43
		200	240				190		190				
		200	245	200×200×50	200×200×60		190		190		115×48		115×48
		220	265				210		210				
250	200	170	210	250×200×45	250×200×50		150		150		105×43		105×43
		200	240				190		190				
		200	245	250×200×50	250×200×60		190		190		115×48		115×48
		220	265				210		210				
315		190	230	315×250×45	315×250×55	35×	180	40×	180	35×	115×43	40×	115×43
		220	260				210		210				
		210	255	315×250×50	315×250×65		200		200		125×48		125×48
		240	285				230		230				

（续）

凹模周界		闭合高度（参考）*H*		零件号、名称及标准编号							
				1	2	3				4			
				上模座 GB/T 2855.1—2008	下模座 GB/T 2855.2—2008	导柱 GB/T 2861.1—2008				导套 GB/T 2861.3—2008			
				数　量									
L	*B*	最小	最大	1	1	1		1		1		1	
				规　格									
250	250	190	230	250×250×45	250×250×55	35×	180	40×	180	35×	115×43	40×	115×43
		220	260				210		210				
		210	255	250×250×50	250×250×65		200		200		125×48		125×48
		240	285				230		230				
315		215	250	315×250×45	315×250×60	40×	200	45×	200	40×	125×48	45×	125×48
		245	280				230		230				
		245	290	315×250×50	315×250×70		230		230		140×53		140×53
		275	320				260		260				
400		215	250	400×250×50	400×250×60		200		200		125×48		125×48
		245	280				230		230				
		245	280	400×250×55	400×250×70		230		230		140×53		140×53
		275	320				260		260				
315	315	215	250	315×315×50	315×315×60	45×	200	50×	200	45×	125×48	50×	125×48
		245	280				230		230				
		245	290	315×315×55	315×315×70		230		230		140×53		140×53
		275	320				260		260				
400		145	290	400×315×55	400×315×65		230		230		140×53		140×53
		275	315				260		260				
		275	320	400×315×60	400×315×75		260		260		150×58		150×58
		305	350				290		290				
500		245	290	500×315×55	500×315×65		230		230		140×53		140×53
		275	315				260		260				
		275	320	500×315×60	500×315×75		260		260		150×58		150×58
		305	350				290		290				

2. 后侧导柱模架

后侧导柱模架的两导柱、导套分别装在上、下模座后侧，可用于冲压较宽的条料，且可冲压边角料。送料及操作方便，可纵、横向送料。后侧导柱模架主要适用于一般进度要求的冲模，不宜用于大型模具。其凹模周界范围为（63mm × 50mm）~（400mm × 250mm），其结构和规格尺寸见表 9-2。

表 9-2　后侧导柱模架的结构和规格尺寸（GB/T 2851—2008）

（单位：mm）

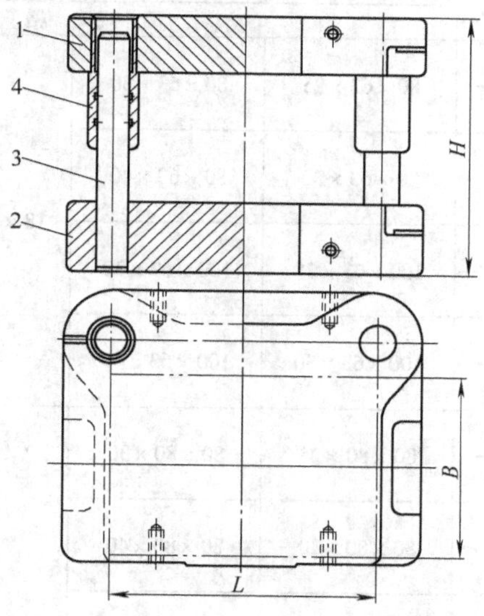

1—上模座　2—下模座　3—导柱　4—导套

凹模周界		闭合高度（参考）H		零件号、名称和标准编号					
				1	2	3		4	
				上模座 GB/T 2855.1—2008	下模座 GB/T 2855.2—2008	导柱 GB/T 2861.1—2008		导套 GB/T 2861.3—2008	
				数　量					
L	B	最小	最大	1	1	2		2	
				规　格					
63	50	100	115	63 × 50 × 20	63 × 50 × 25	16 ×	90	16 ×	16 × 18
		110	125				100		
		110	130	63 × 50 × 25	63 × 50 × 30		100		65 × 23
		120	140				110		
63	63	100	115	63 × 63 × 20	63 × 63 × 25		90		60 × 18
		110	125				100		
		110	130	63 × 63 × 25	63 × 63 × 30		100		65 × 23
		120	140				110		

（续）

凹模周界		闭合高度（参考）*H*		零件号、名称和标准编号					
				1	2	3		4	
				上模座 GB/T 2855.1—2008	下模座 GB/T 2855.2—2008	导柱 GB/T 2861.1—2008		导套 GB/T 2861.3—2008	
				数量					
				1	1	2		2	
L	*B*	最小	最大	规格					
80	63	110	130	80×63×25	80×63×30	18×	100	18×	65×23
		130	150				120		
		120	145	80×63×30	80×63×40		110		70×28
		140	165				130		
100		110	130	100×63×25	100×63×30		100		65×23
		130	150				120		
		120	145	100×63×30	100×63×40		110		70×28
		140	165				130		
80	80	110	130	80×80×25	80×80×30	20×	100	20×	65×23
		130	150				120		
		120	145	80×80×30	80×80×40		110		70×28
		140	165				130		
100		110	130	100×80×25	100×80×30		100		65×23
		130	150				120		
		120	145	100×80×30	100×80×40		110		70×28
		140	165				130		
125		110	130	125×85×25	125×80×30		100		65×23
		130	150				120		
		120	145	125×80×30	125×80×40		110		70×28
		140	165				130		
100	100	110	130	100×100×25	100×100×30	20×	100	20×	65×23
		130	150				120		
		120	145	100×100×30	100×100×40		110		70×28
		140	165				130		
125		120	150	125×100×30	125×100×35	22×	110	22×	80×28
		140	165				130		
		140	170	125×100×35	125×100×45		130		80×33
		160	190				150		

（续）

凹模周界		闭合高度（参考）*H*		零件号、名称和标准编号					
				1	2	3		4	
				上模座 GB/T 2855.1—2008	下模座 GB/T 2855.2—2008	导柱 GB/T 2861.1—2008		导套 GB/T 2861.3—2008	
				数　量					
L	*B*	最小	最大	1	1	2		2	
				规　格					
160	100	140	170	160×100×35	160×100×40	25×	130	25×	85×33
		160	190				150		
		160	195	160×100×40	160×100×50		150		90×38
		190	225				180		
200		140	170	200×100×35	200×100×40		130		85×33
		160	190				150		
		160	195	200×100×40	200×100×50		150		90×38
		190	225				180		
125	125	120	150	125×125×30	125×125×35	22×	110	22×	80×28
		140	165				130		
		140	170	125×125×35	125×125×45		130		85×33
		150	190				150		
160		140	170	160×125×35	160×125×40	25×	130	25×	85×33
		160	190				150		
		170	205	160×125×40	160×125×50		160		95×38
		190	225				180		
200		140	170	200×125×35	200×125×40		130		85×33
		160	190				150		
		170	205	200×125×40	200×125×50		160		95×38
		190	225				180		
250		160	200	250×125×40	250×125×45	28×	150	28×	100×38
		180	220				170		
		190	235	250×125×45	250×125×55		180		110×43
		210	255				200		
160	160	160	200	160×160×40	160×160×45		150		100×38
		180	220				170		
		190	235	160×160×45	160×160×55		180		110×43
		210	255				200		

（续）

凹模周界		闭合高度（参考）*H*		零件号、名称和标准编号					
				1	2	3		4	
				上模座 GB/T 2855.1—2008	下模座 GB/T 2855.2—2008	导柱 GB/T 2861.1—2008		导套 GB/T 2861.3—2008	
				数量					
				1	1	2		2	
L	*B*	最小	最大	规格					
200	160	160	200	200×160×40	200×160×45	32×	150	28×	100×38
		180	220				170		
		190	220	200×160×45	200×160×55		180		100×43
		210	235				200		
250		170	210	250×160×45	250×160×50		160	32×	105×43
		200	240				190		
		200	245	250×160×50	250×160×60		190		115×48
		220	265				210		
200	200	170	210	200×200×45	200×200×50		160		105×43
		200	240				190		
		200	245	200×200×50	200×200×60		190		115×48
		220	265				210		
250		170	210	250×200×45	250×200×50		160		105×43
		200	240				190		
		200	245	250×200×50	250×200×60		190		115×48
		220	265				210		
315		190	230	315×200×45	315×200×55	35×	180	35×	115×43
		220	260				210		
		210	255	315×200×50	315×200×65		200		125×48
		240	285				230		
250	250	190	230	250×250×45	250×250×55		180		115×43
		220	260				210		
		210	255	250×250×50	250×250×65		200		125×48
		240	285				230		
315		215	250	315×250×50	315×250×60	40×	200	40×	125×48
		245	280				230		
		245	290	315×250×55	315×250×70		230		140×53
		275	320				260		

（续）

<table>
<tr><th colspan="2" rowspan="3">凹模周界</th><th colspan="2" rowspan="3">闭合高度
（参考）
H</th><th colspan="6">零件号、名称和标准编号</th></tr>
<tr><th>1</th><th>2</th><th colspan="2">3</th><th colspan="2">4</th></tr>
<tr><th>上模座
GB/T 2855. 1—2008</th><th>下模座
GB/T 2855. 2—2008</th><th colspan="2">导柱
GB/T 2861. 1—2008</th><th colspan="2">导套
GB/T 2861. 3—2008</th></tr>
<tr><th rowspan="3">L</th><th rowspan="3">B</th><th rowspan="3">最小</th><th rowspan="3">最大</th><th colspan="6">数　量</th></tr>
<tr><th>1</th><th>1</th><th colspan="2">2</th><th colspan="2">2</th></tr>
<tr><th colspan="6">规　格</th></tr>
<tr><td rowspan="4">400</td><td rowspan="4">250</td><td>215</td><td>250</td><td rowspan="2">400 × 250 × 50</td><td rowspan="2">400 × 250 × 60</td><td rowspan="4">40 ×</td><td>200</td><td rowspan="4">40 ×</td><td rowspan="2">125 × 48</td></tr>
<tr><td>245</td><td>280</td><td>230</td></tr>
<tr><td>245</td><td>280</td><td rowspan="2">400 × 250 × 55</td><td rowspan="2">400 × 250 × 70</td><td>230</td><td rowspan="2">140 × 53</td></tr>
<tr><td>275</td><td>320</td><td>260</td></tr>
</table>

3. 中间导柱模架

中间导柱模架仅适用于纵向送料，常用于弯曲模或复合模，具有导向精度高、上模座在导柱上运动平稳的特点。其凹模周界范围为（63mm × 50mm）~（500mm × 500mm），其结构和规格尺寸见表 9-3。

表 9-3　中间导柱模架的结构和规格尺寸（GB/T 2851—2008）

（单位：mm）

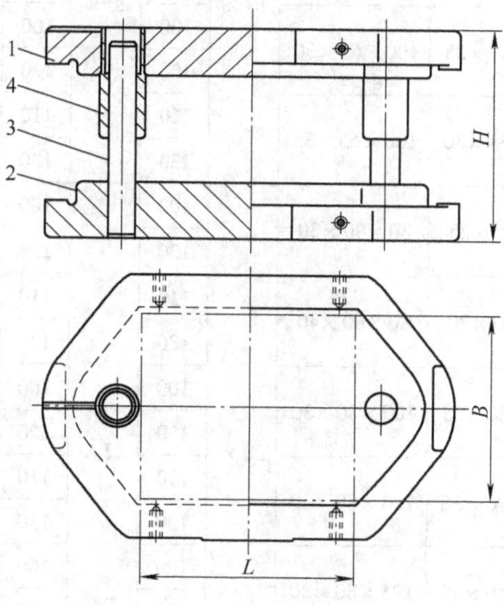

1—上模座　2—下模座　3—导柱　4—导套

（续）

凹模周界		闭合高度（参考）H		零件号、名称及标准编号									
				1	2	3				4			
				上模座 GB/T 2855.1—2008	下模座 GB/T 2855.2—2008	导柱 GB/T 2861.1—2008				导套 GB/T 2861.3—2008			
				数　量									
				1	1	1		1		1		1	
L	B	最小	最大	规　格									
63	50	100	115	63×50×20	63×50×25	16×	90	18×	90	16×	60×18	18×	60×18
		110	125				100		100				
		110	130	63×50×25	63×50×30		100		100		65×23		65×23
		120	140				110		110				
63	63	100	115	63×63×20	63×63×25		90		90		60×18		60×18
		110	125				100		120				
		110	130	63×63×25	63×63×30		100		110		65×23		65×23
		120	140				110		130				
80		110	130	80×63×25	80×63×30	18×	100	20×	100	18×	65×23	20×	65×23
		130	150				120		120				
		120	145	80×63×30	80×63×40		110		110		70×28		70×28
		140	165				130		130				
100		110	130	100×63×25	100×63×30		100		100		65×23		65×23
		130	150				120		120				
		120	145	100×63×30	100×63×35		110		110		70×28		70×28
		140	155				130		130				
80	80	110	130	80×80×25	80×80×30	20×	100	22×	100	20×	65×23	22×	65×23
		130	150				120		120				
		120	145	80×80×30	80×80×40		110		110		70×28		70×28
		140	165				130		130				
100		110	130	100×80×25	100×80×30		100		100		65×23		65×23
		130	150				120		120				
		120	145	100×80×30	100×80×40		110		110		70×28		70×28
		140	165				130		130				
125		110	130	125×80×25	125×80×30		100		100		65×23		65×23
		130	150				120		120				
		120	145	125×80×30	125×80×40		110		110		70×28		70×28
		140	165				130		130				

（续）

凹模周界		闭合高度（参考）H		零件号、名称及标准编号									
				1	2	3				4			
				上模座 GB/T 2855.1—2008	下模座 GB/T 2855.2—2008	导柱 GB/T 2861.1—2008				导套 GB/T 2861.3—2008			
				数量									
L	B	最小	最大	1	1	1		1		1		1	
				规格									
140	80	120	150	140×180×30	140×180×35	22×	110	25×	110	22×	80×28	25×	80×28
		140	165				130		130				
		140	170	140×180×35	140×180×45		130		130		80×33		80×33
		160	190				150		150				
100	100	110	130	100×100×25	100×100×30	20×	100	22×	100	20×	65×23	22×	65×23
		130	150				120		120				
		120	145	100×100×30	100×100×40		110		110		70×28		70×28
		140	165				130		130				
125		120	150	125×100×30	125×100×35	22×	110	25×	110	22×	80×28	25×	80×28
		140	165				130		130				
		140	170	125×100×35	125×100×45		130		130		80×33		80×33
		150	190				150		150				
140		120	150	140×100×30	140×100×35		110		110		80×28		80×28
		140	165				130		130				
		140	170	140×100×35	140×100×45		130		130		80×33		80×33
		160	190				150		150				
160		140	170	160×100×35	160×100×40	25×	130	28×	130	25×	85×33	28×	85×33
		160	190				150		150				
		160	195	160×100×40	160×100×50		150		150		90×38		90×38
		190	225				180		180				
200		140	170	200×100×35	200×100×40		130		130		85×33		85×33
		160	190				150		150				
		160	195	200×100×40	200×100×50		150		150		90×38		90×38
		190	225				180		180				
125	125	120	150	125×125×30	125×125×35	22×	110	25×	110	22×	80×28	25×	80×28
		140	165				130		130				
		140	170	125×125×35	125×125×40		130		130		85×33		85×33
		150	190				150		150				

（续）

凹模周界		闭合高度（参考）H		零件号、名称及标准编号									
				1	2	3				4			
				上模座 GB/T 2855.1—2008	下模座 GB/T 2855.2—2008	导柱 GB/T 2861.1—2008				导套 GB/T 2861.3—2008			
				数量									
L	B	最小	最大	1	1	1		1		1		1	
				规格									
140	125	140	170	140×125×35	140×125×40	25×	130	28×	130	25×	85×33	28×	85×33
		160	190				150		150				
		160	195	140×125×40	140×125×50		150		150		90×38		90×38
		190	225				180		180				
160		140	170	160×125×35	160×125×40	25×	130	28×	130	25×	85×33	28×	85×33
		160	190				150		150				
		170	205	160×125×40	160×125×45		160		160		95×38		95×38
		190	225				180		180				
200		140	170	200×125×35	200×125×40		130		130		85×33		85×33
		150	190				150		150				
		170	205	200×125×40	200×125×45		160		160		95×38		95×38
		190	225				180		180				
250		160	200	250×125×40	250×125×45	28×	150	32×	150	28×	100×38	32×	100×38
		180	220				170		170				
		190	235	250×125×45	250×125×50		180		180		110×43		110×43
		210	255				200		200				
250	200	170	210	315×200×45	315×200×50	32×	160	35×	150	32×	105×43	35×	105×43
		200	240				190		190				
		200	245	315×200×50	315×200×60		190		190		115×48		115×48
		220	265				210		210				
280		190	230	280×200×45	280×200×55	35×	180	40×	180	35×	115×43	40×	115×43
		220	260				210		210				
		220	255	280×200×50	280×200×65		200		200		115×48		115×48
		240	285				230		230				
315		190	230	250×250×50	250×250×55		180		180		115×43		115×43
		220	260				210		210				
		210	255	250×250×55	250×250×50		200		200		125×48		125×48
		240	285				230		230				

（续）

凹模周界		闭合高度（参考）H		零件号、名称及标准编号							
				1	2	3				4	
				上模座 GB/T 2855.1—2008	下模座 GB/T 2855.2—2008	导柱 GB/T 2861.1—2008				导套 GB/T 2861.3—2008	
				数　量							
L	B	最小	最大	1	1	1		1		1	1
				规　格							
280	250	190	230	280×250×50	280×250×55	35×	180	40×	180	35×	115×43	40×	115×43
		220	260				210		210				
		210	255	280×250×55	280×250×65		200		200		125×48		125×48
		240	285				230		230				
315		215	250	315×250×50	315×250×60	40×	200	45×	200	40×	125×48	45×	125×48
		245	580				230		230				
		245	290	315×250×55	315×250×70		230		230		140×53		140×53
		275	320				260		260				
400		215	250	400×250×50	400×250×60		200		200		125×48		125×48
		245	280				230		230				
		245	290	400×250×55	400×250×70		230		230		140×53		140×53
		275	320				260		260				

4. 中间导柱圆形模架

中间导柱圆形模架常用于电机行业冲模，或用于冲压圆形制件的单工序模具和复合模具。其凹模直径为 $\phi63 \sim \phi630$mm，其结构和规格尺寸见表 9-4。

表 9-4　中间导柱圆形模架的结构和规格尺寸（GB/T 2851—2008）

（单位：mm）

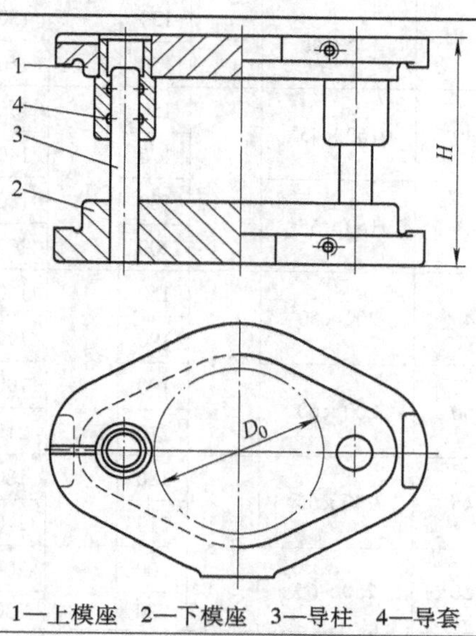

1—上模座　2—下模座　3—导柱　4—导套

（续）

凹模直径 D_0	闭合高度（参考）H		零件号、名称及标准编号									
			1	2	3				4			
			上模座 GB/T 2855.1—2008	下模座 GB/T 2855.2—2008	导柱 GB/T 2861.1—2008				导套 GB/T 2861.3—2008			
			数量									
	最小	最大	1	1	1		1		1		1	
			规格									
63	100	115	63×20	63×25	16×	90	18×	90	15×	60×18	18×	60×18
	110	125				100		100				
	110	130	63×25	63×30		100		100		65×23		65×23
	120	140				110		110				
80	110	130	80×25	80×30	20×	100	22×	100	20×	65×23	22×	65×23
	130	150				120		120				
	120	145	80×30	80×40		110		110		70×28		70×28
	140	165				130		130				
100	110	130	100×25	100×30		100		100		65×23		65×23
	130	150				120		120				
	120	145	100×30	100×40		110		110		70×28		70×28
	140	165				130		130				
125	120	150	125×30	125×35	22×	110	25×	110	22×	80×28	25×	80×28
	140	155				130		130				
	140	170	125×35	125×45		130		130		85×33		85×33
	150	190				150		150				
160	150	200	160×40	160×45	28×	150	32×	150	28×	100×38	32×	100×38
	180	220				170		170				
	190	235	160×45	160×55		180		180		110×43		110×43
	210	255				200		200				
200	170	210	200×45	200×50	32×	150	35×	150	32×	105×43	35×	105×43
	200	240				190		190				
	200	245	200×50	200×60		190		190		115×48		115×48
	220	365				210		210				
250	190	230	250×45	250×55	35×	180	40×	180	35×	115×43	40×	115×43
	220	260				210		210				
	210	255	250×50	250×65		200		200		125×48		125×48
	240	280				230		230				

（续）

凹模直径 D_0	闭合高度（参考）H		零件号、名称及标准编号									
			1	2	3				4			
			上模座 GB/T 2855.1—2008	下模座 GB/T 2855.2—2008	导柱 GB/T 2861.1—2008				导套 GB/T 2861.3—2008			
			数量									
	最小	最大	1	1	1		1		1		1	
			规格									
315	215	250	315×50	315×60	45×	200	50×	200	45×	125×48	50×	125×48
	245	280				230		230				
	245	290	315×55	315×70		230		230		140×53		140×48
	275	320				260		260				
400	245	290	400×55	400×65		230		230		140×53		140×53
	275	315				260		260				
	275	320	400×60	400×75		260		260		150×58		150×58
	305	350				290		290				

5. 四导柱模架

四导柱模架受力平稳，导向精度高，适用于大型制件、精度要求高的冲模，以及大量生产的自动冲压生产线上的冲模。其凹模周界范围为：（160mm×125mm）~（630mm×400mm），其结构和规格尺寸见表9-5。

表 9-5 四导柱模架的结构和规格尺寸（GB/T 2851—2008）（单位：mm）

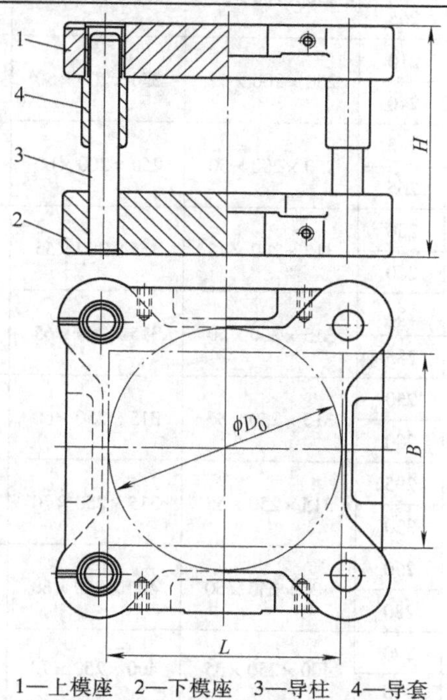

1—上模座 2—下模座 3—导柱 4—导套

（续）

凹模周界		凹模直径	闭合高度（参考）*H*		零件号、名称和标准编号					
					1	2	3		4	
					上模座 GB/T 2855.1—2008	下模座 GB/T 2855.2—2008	导柱 GB/T 2861.1—2008		导套 GB/T 2861.3—2008	
					数量					
					1	1	4		4	
L	*B*	D_0	最小	最大	规格					
160	125	160	140	170	160×125×35	160×125×40	25×	130	25×	85×33
			160	190				150		
			170	205	160×125×40	160×125×50		150		95×38
			190	225				180		
200	160	200	160	200	200×160×40	200×160×45	28×	150	28×	100×38
			180	220				170		
			190	235	200×160×45	200×160×55		180		100×43
			210	255				200		
250		250	170	210	250×160×45	250×160×50	32×	160	32×	105×43
			200	240				190		
			200	245	250×160×50	250×160×60		190		115×48
			220	265				210		
250	200		170	210	250×200×45	250×200×50	32×	160	32×	105×43
			200	240				190		
			200	245	250×200×50	250×200×60		190		115×48
			220	265				210		
315			190	230	315×200×45	315×200×55	35×	150	35×	115×43
			220	260				190		
			210	255	315×200×50	315×200×65		190		125×48
			240	285				210		
315	250		215	250	315×250×55	315×250×60	40×	180	40×	125×48
			245	280				210		
			245	295	315×250×55	315×250×70		200		140×53
			275	320				230		
400			215	250	400×250×50	400×250×60	40×	200	40×	125×48
			245	280				230		
			245	290	400×250×55	400×250×70		230		140×53
			275	320				260		

（续）

凹模周界		凹模直径	闭合高度（参考）H		零件号、名称和标准编号					
					1	2	3		4	
					上模座 GB/T 2855.1—2008	下模座 GB/T 2855.2—2008	导柱 GB/T 2861.1—2008		导套 GB/T 2861.3—2008	
					数量					
L	B	D_0	最小	最大	1	1	4		4	
					规格					
400	315	250	245	290	400×315×55	400×315×65	45×	230	45×	140×53
			275	315				260		
			275	320	400×315×60	400×315×75		260		150×58
			305	350				290		
500			245	290	500×315×55	500×315×65		230		140×53
			275	315				260		
			275	320	500×315×60	500×315×75		260		150×58
			305	350				290		
630			260	300	630×315×55	630×315×65	50×	240	50×	150×53
			290	325				270		
			290	330	630×315×65	630×315×80		270		160×63
			320	360				300		
500	400		260	300	500×400×55	500×400×65	50×	240	50×	150×53
			290	325				270		
			290	330	500×400×65	500×400×80		270		160×63
			320	360				300		
630			260	300	630×400×55	630×400×65		240		150×53
			290	325				270		
			290	330	630×400×65	630×400×80		270		160×63
			320	360				300		

9.1.2　滚动导向模架

滚动导向模架的特点是导向精度高，运动刚性好，使用寿命长。其主要用于高精度、高寿命的硬质合金冲模、高速精密级进模等。滚动导向模架又根据模座材料的不同，分为滚动导向铸铁模架和滚动导向钢板模架。

1. 滚动导向对角导柱模架

滚动导向对角导柱模架凹模周界为（80mm×63mm）~（250mm×200mm），其结构和规格尺寸见表 9-6。

表 9-6 滚动导向对角导柱模架的结构和规格尺寸（GB/T 2852—2008）

（单位：mm）

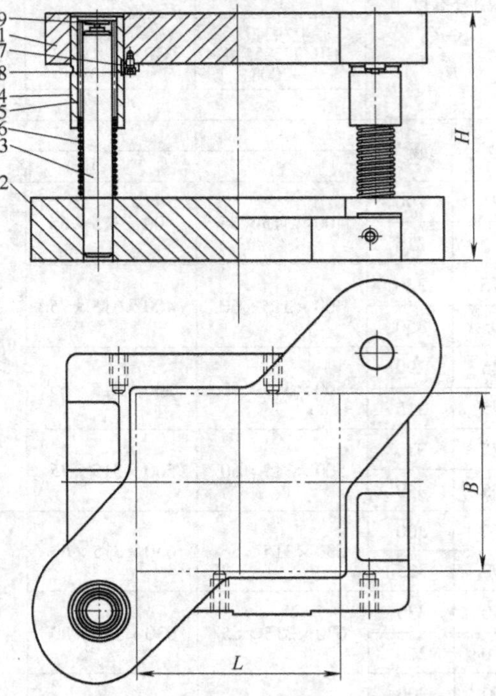

1—上模座 2—下模座 3—导柱 4—导套 5—钢球保持圈 6—弹簧 7—压板 8—螺钉
9—限程器（限程器结构和尺寸由制造者确定）

<table>
<tr><th colspan="2" rowspan="2">凹模周界</th><th rowspan="2">最大行程</th><th rowspan="2">设计最小闭合高度</th><th colspan="6">零件件号、名称和标准编号</th></tr>
<tr><th>1
上模座
GB/T 2856.1—2008</th><th>2
下模座
GB/T 2856.2—2008</th><th colspan="2">3
导柱
GB/T 2861.2—2008</th><th colspan="2">4
导套
GB/T 2861.4—2008</th></tr>
<tr><th rowspan="3">L</th><th rowspan="3">B</th><th rowspan="3">S</th><th rowspan="3">H</th><th colspan="6">数　量</th></tr>
<tr><td>1</td><td>1</td><td>1</td><td>1</td><td>1</td><td>1</td></tr>
<tr><th colspan="6">规　格</th></tr>
<tr><td>80</td><td>63</td><td rowspan="3">80</td><td rowspan="3">165</td><td>80×63×35</td><td>80×63×40</td><td>18×155</td><td>20×155</td><td>18×100×33</td><td>20×100×33</td></tr>
<tr><td>100</td><td>80</td><td>100×80×35</td><td>100×80×40</td><td>20×155</td><td>22×155</td><td>20×100×33</td><td>22×100×33</td></tr>
<tr><td>125</td><td>100</td><td>125×100×35</td><td>125×100×45</td><td>22×155</td><td>25×155</td><td>22×100×33</td><td>25×100×33</td></tr>
<tr><td>160</td><td>125</td><td rowspan="2">100</td><td rowspan="2">200</td><td>160×125×40</td><td>160×125×45</td><td>25×190</td><td>28×190</td><td>25×120×38</td><td>28×120×38</td></tr>
<tr><td rowspan="2">200</td><td rowspan="2">160</td><td rowspan="2">200×160×45</td><td rowspan="2">200×160×55</td><td>28×190</td><td>32×190</td><td>28×125×43</td><td>32×125×43</td></tr>
<tr><td>120</td><td>220</td><td>28×210</td><td>32×210</td><td>28×145×43</td><td>32×145×43</td></tr>
<tr><td rowspan="2">250</td><td rowspan="2">200</td><td>100</td><td>200</td><td rowspan="2">250×200×50</td><td rowspan="2">250×200×60</td><td>32×190</td><td>35×190</td><td>32×120×48</td><td>35×120×48</td></tr>
<tr><td>120</td><td>230</td><td>32×210</td><td>35×210</td><td>32×150×48</td><td>35×150×48</td></tr>
</table>

（续）

<table>
<tr><th colspan="2" rowspan="3">凹模周界</th><th rowspan="3">最大行程</th><th rowspan="3">设计最小闭合高度</th><th colspan="6">零件件号、名称和标准编号</th></tr>
<tr><th>5</th><th>6</th><th colspan="2">7</th><th colspan="2">8</th></tr>
<tr><th>钢球保持圈
GB/T 2861.5—2008</th><th>弹簧
GB/T 2861.6—2008</th><th colspan="2">压板
GB/T 2861.11—2008</th><th colspan="2">螺钉
GB/T 70.1—2008</th></tr>
<tr><th rowspan="3">L</th><th rowspan="3">B</th><th rowspan="3">S</th><th rowspan="3">H</th><th colspan="6">数　量</th></tr>
<tr><th>1</th><th>1</th><th>1</th><th>1</th><th>4 或 6</th><th>4 或 6</th></tr>
<tr><th colspan="6">规　格</th></tr>
<tr><td>80</td><td>63</td><td rowspan="3">80</td><td rowspan="3">165</td><td>18×23.5×64</td><td>20×25.5×64</td><td>1.6×22×72</td><td>1.6×24×72</td><td rowspan="2">14×15</td><td rowspan="2">M5×14</td></tr>
<tr><td>100</td><td>80</td><td>20×25.5×64</td><td>22×27.5×64</td><td>1.6×24×72</td><td>1.6×26×72</td></tr>
<tr><td>125</td><td>100</td><td>22×27.5×64</td><td>25×30.5×64</td><td>1.6×26×72</td><td>1.6×30×79</td><td rowspan="6">16×20</td><td rowspan="6">M6×16</td></tr>
<tr><td>160</td><td>125</td><td rowspan="2">100</td><td rowspan="2">200</td><td>25×32.5×76</td><td>28×35.5×76</td><td>1.6×30×87</td><td>1.6×32×86</td></tr>
<tr><td rowspan="2">200</td><td rowspan="2">160</td><td>28×35.5×76</td><td>32×39.5×76</td><td rowspan="2">1.6×32×77</td><td rowspan="2">2×37×79</td></tr>
<tr><td>120</td><td>220</td><td>28×35.5×84</td><td>32×39.5×84</td></tr>
<tr><td rowspan="2">250</td><td rowspan="2">200</td><td>100</td><td>200</td><td>32×39.5×76</td><td>35×42.5×76</td><td>2×37×79</td><td>2×40×78</td></tr>
<tr><td>120</td><td>230</td><td>32×39.5×84</td><td>35×42.5×84</td><td>2×37×87</td><td>2×40×88</td></tr>
</table>

注：1. 最大行程系指该模架许可的最大冲压行程。

2. 件号 7、件号 8 的数量：$L \leqslant 160$mm 为 4 件；$L > 160$mm 为 6 件。

2. 滚动导向中间导柱模架

滚动导向中间导柱模架的凹模周界范围为（80mm × 63mm）~（250mm × 200mm），其结构和规格尺寸见表 9-7。

表 9-7　滚动导向中间导柱模架的结构和规格尺寸（GB/T 2852—2008）

（单位：mm）

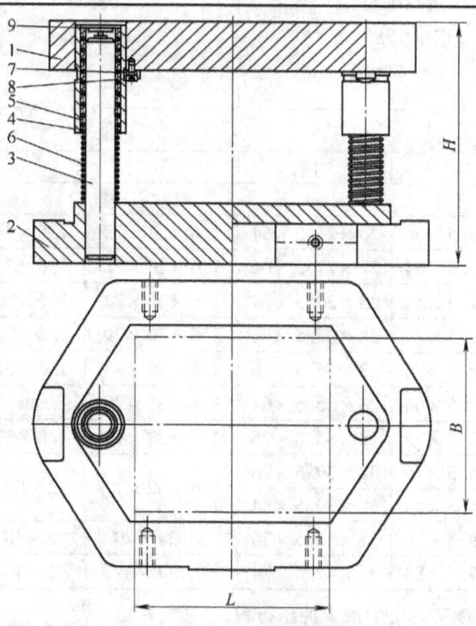

1—上模座　2—下模座　3—导柱　4—导套　5—钢球保持圈　6—弹簧　7—压板　8—螺钉　9—限程器（限程器结构和尺寸由制造者确定）

（续）

凹模周界		最大行程	设计最小闭合高度	零件件号、名称及标准编号					
				1	2	3		4	
				上模座 GB/T 2856.1 —2008	下模座 GB/T 2856.2 —2008	导柱 GB/T 2861.2 —2008		导套 GB/T 2861.4 —2008	
				数　量					
L	*B*	*S*	*H*	1	1	1	1	1	1
				规　格					
80	63	80	165	80×63×35	80×63×40	18×155	20×155	18×100×33	20×100×33
100	80			100×80×35	100×80×40	20×155	22×155	20×100×33	22×100×33
125	100			125×100×35	125×100×45	22×155	25×155	22×100×33	25×100×33
140	125			140×125×40	140×125×45	25×155	28×155	25×100×38	28×100×38
		100	200			25×190	28×190	25×120×38	28×120×38
160	140	80	165	160×140×45	160×140×40	25×155	28×155	25×105×38	28×105×38
		100	200		160×140×50	25×190	28×190	25×125×38	28×125×38
200	160			200×160×45	200×160×55	28×190	32×190	28×125×43	32×125×43
		120	220			28×210	32×210	28×145×43	32×145×43
250	200	100	200	250×200×50	250×200×60	32×190	35×190	32×120×43	35×120×48
		120	230			32×215	35×215	32×150×48	35×150×48

凹模周界		最大行程	设计最小闭合高度	零件件号、名称及标准编号					
				5		6		7	8
				钢球保持圈 GB/T 2861.5 —2008		弹簧 GB/T 2861.6 —2008		压板 GB/T 2861.11 —2008	螺钉 GB/T 70.1 —2008
				数　量					
L	*B*	*S*	*H*	1	1	1		4 或 6	4 或 6
				规　格					
80	63	80	165	18×23.5×64	20×25.5×64	1.6×22×72	1.6×24×72	14×15	M5×14
100	80			20×25.5×64	22×27.5×64	1.6×24×72	1.6×26×72		
125	100			22×27.5×64	25×30.5×64	1.6×26×72	1.6×30×79	16×20	M6×16
140	125			25×32.5×76	28×35.5×64	1.6×30×79	1.6×32×77		
		100	200	25×32.5×76	28×35.5×76	1.6×30×87	1.6×32×86		
160	140	80	165	25×32.5×64	28×35.5×64	1.6×30×79	1.6×32×77		
		100	200	25×32.5×76	28×35.5×76	1.6×30×79	1.6×32×77		
200	160			28×35.5×76	32×39.5×76	1.6×32×77	2×37×79		
		120	220	28×35.5×84	32×39.5×84				
250	200	100	200	32×39.5×76	35×42.5×76	2×37×79	2×40×78		
		120	230	32×39.5×84	35×42.5×84	2×37×87	2×40×88		

注：1. 最大行程系指该模架许可的最大冲压行程。

2. 件号 7、件号 8 的数量：$L \leqslant 160$mm 为 4 件；$L > 160$mm 为 6 件。

3. 滚动导向四导柱模架

滚动导向四导柱模架的凹模周界范围为（160mm × 125mm）~（400mm × 250mm），其结构和规格尺寸见表 9-8。

表 9-8 滚动导向四导柱模架的结构和规格尺寸（GB/T 2852—2008）

（单位：mm）

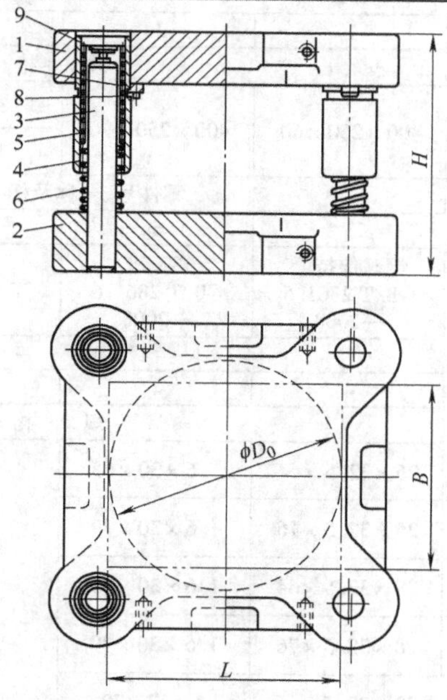

1—上模座 2—下模座 3—导柱 4—导套 5—钢球保持圈 6—弹簧 7—压板 8—螺钉 9—限程器(限程器结构和尺寸由制造者确定)

凹模周界			最大行程	设计最小闭合高度	零件号、名称和标准编号			
					1	2	3	4
					上模座 GB/T 2856.1—2008	下模座 GB/T 2856.2—2008	导柱 GB/T 2861.2—2008	导套 GB/T 2861.4—2008
					数量			
					1	1	4	4
L	*B*	D_0	*S*	*H*	规格			
160	125	160	80	165	160×125×40	160×125×45	25×155	25×100×38
			100	200		160×125×50	25×190	25×125×38
200	160	200	100	200	200×160×45	200×160×55	28×190	28×100×38
			120	220			28×210	28×125×38
250		—	100	200	250×160×50	250×160×60	32×190	32×120×48
			120	230			32×215	32×150×48
250	200	250	100	200	250×160×50	250×200×60	32×190	32×120×48
			120	230			32×215	32×150×48
315		—	100	200	315×200×50	315×200×65	32×190	32×120×48
			120	230			32×215	32×150×48

（续）

凹模周界			最大行程	设计最小闭合高度	零件号、名称和标准编号			
					1	2	3	4
					上模座 GB/T 2856.1—2008	下模座 GB/T 2856.2—2008	导柱 GB/T 2861.2—2008	导套 GB/T 2861.4—2008
					数量			
L	B	D_0	S	H	1	1	4	4
					规格			
400	250	—	100	220	400×250×60	400×250×70	35×210	35×120×58
			120	240			35×225	35×150×58

凹模周界			最大行程	设计最小闭合高度	零件号、名称及标准编号			
					5	6	7	8
					钢球保持圈 GB/T 2861.5—2008	弹簧 GB/T 2861.6—2008	压板 GB/T 2861.11—2008	螺钉 GB/T 70.1—2008
					数量			
L	B	D_0	S	H	4	4	12	12
					规格			
160	125	160	80	165	25×32.5×64	1.6×30×65	16×20	M16×16
			100	200	25×32.5×76	1.6×30×79		
200	160	200	100	200	28×32.5×64	1.6×30×65		
			120	220	28×32.5×76	1.6×30×79		
250		—	100	200	32×39.5×76	2×37×79		
			120	230	32×39.5×84	2×37×87		
250	200	250	100	200	32×39.5×76	2×37×79		
			120	230	32×39.5×84	2×37×87		
315		—	100	200	32×39.5×76	2×37×79		
			120	230	32×39.5×84	2×37×87		
400	250	—	100	220	35×42.5×76	2×40×79	20×20	M8×20
			120	240	35×42.5×84	2×40×87		

注：最大行程系指该模架许可的最大冲压行程。

4. 滚动导向后侧导柱模架

滚动导向后侧导柱模架的凹模周界范围为（80mm×63mm）~（200mm×160mm），其结构和规格尺寸见表 9-9。

表 9-9　滚动导向后侧导柱模架的结构和规格尺寸（GB/T 2852—2008）

（单位：mm）

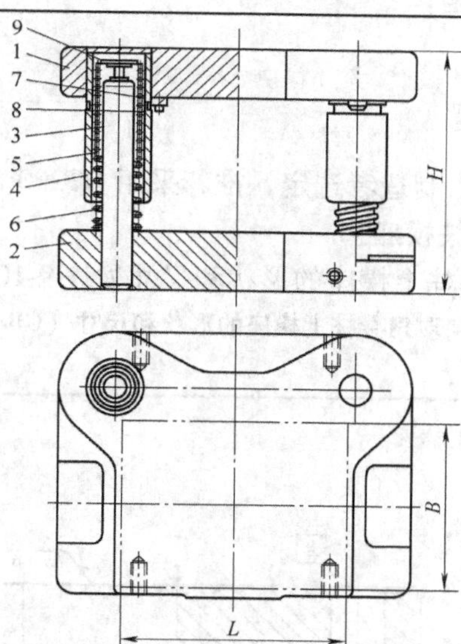

1—上模座　2—下模座　3—导柱　4—导套　5—钢球保持圈　6—弹簧　7—压板　8—螺钉　9—限程器（限程器结构和尺寸由制造者确定）

凹模周界		最大行程	设计最小闭合高度	零件号、名称和标准编号			
				1	2	3	4
				上模座 GB/T 2856.1—2008	下模座 GB/T 2856.2—2008	导柱 GB/T 2861.2—2008	导套 GB/T 2861.4—2008
				数量			
L	B	S	H	1	1	2	2
				规格			
80	63	80	165	80×63×35	80×63×40	18×155	18×100×33
100	80			100×80×35	100×80×40	20×155	20×100×33
125	100			125×100×35	125×100×45	22×155	22×100×33
160	125	100	200	160×125×40	160×125×45	25×190	25×120×38
200	160	120	220	200×160×45	200×150×55	28×210	28×145×43

凹模周界		最大行程	设计最小闭合高度	零件号、名称和标准编号			
				5	6	7	8
				钢球保持圈 GB/T 2861.5—2008	弹簧 GB/T 2861.6—2008	压板 GB/T 2861.11—2008	螺钉 GB/T 70.1—2008
				数量			
L	B	S	H	2	2	4 或 6	4 或 6
				规格			
80	63	80	165	18×23.5×64	1.6×22×72	14×15	M5×14
100	80			20×25.5×64	1.6×24×72		
125	100			22×27.5×64	1.6×26×72	16×20	M6×16
160	125	100	200	25×32.5×76	1.6×30×87		
200	160	120	220	28×35.5×84	1.6×32×77		

注：1. 最大行程系指该模架许可的最大冲压行程。

2. 件号 7、件号 8 的数量：$L\leqslant 160$mm 为 4 件，$L>160$mm 为 6 件。

9.2 冲模标准模座

9.2.1 滑动导向模座

滑动导向模座材料由制造者选定，推荐采用 HT200。

1. 滑动导向对角导柱模座

1）滑动导向对角导柱上模座的形状和尺寸见表 9-10。

表 9-10 滑动导向对角导柱上模座的形状和尺寸（GB/T 2855.1—2008）

（单位：mm）

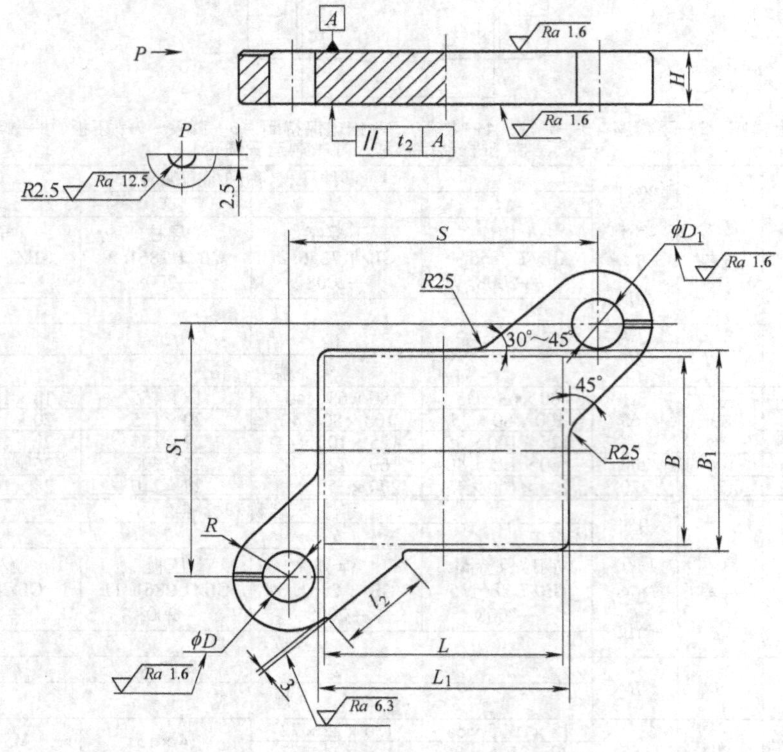

A型(L×B≤200×160)

（续）

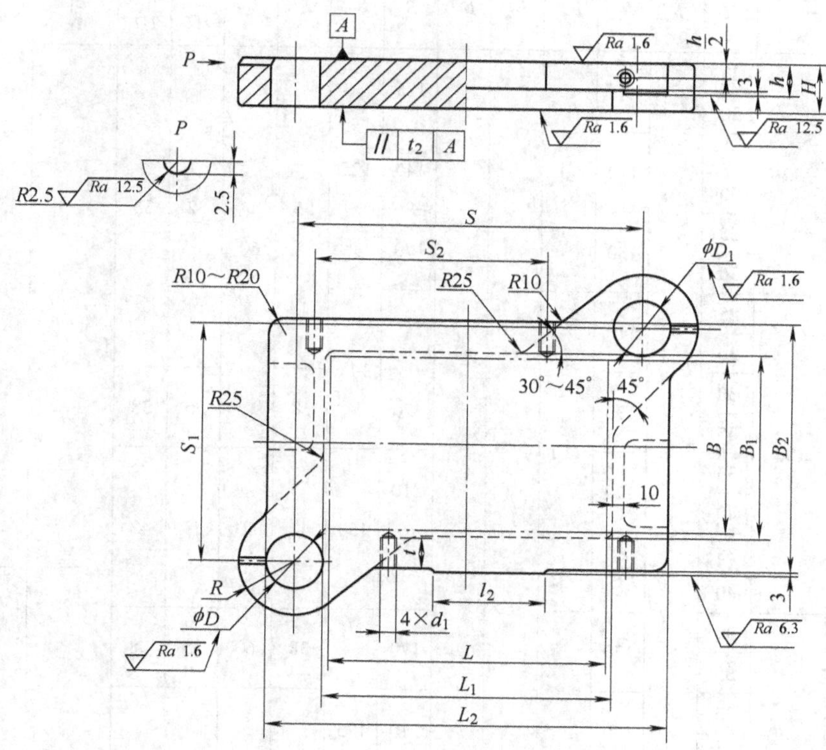

B型 (L×B>200×160)

未注表面粗糙度的表面为非加工表面

凹模周界		H	h	L_1	B_1	L_2	B_2	S	S_1	R	l_2	D H7	D_1 H7	d_1	t	S_2
L	B															
63	50	20	—	70	60	—	—	100	85	28	40	25	28	—	—	—
		25														
63	63	20		70	70				95							
		25														
80		25		90				120	105	32	60	28	32			
		30														
100		25		110				140								
		30														

（续）

凹模周界		H	h	L_1	B_1	L_2	B_2	S	S_1	R	l_2	D H7	D_1 H7	d_1	t	S_2
L	B															
80	80	25	—	90	90	—	—	125	125	35	60	32	35	—	—	—
		30														
100		25		110				145								
		30														
125		25		130				170								
		30														
100	100	25		110	110			145	145							
		30														
125		30		130				170		38		35	38			
		35														
160		35		170				210	150	42	80	38	42			
		40														
200		35		210				250								
		40														
125	125	30		130	130			170	175	38	60	35	38			
		35														
160		35		170				210		42	80	38	42			
		40														
200		35		210				250								
		40														
250		40		260				305	180	45	100	42	45			
		45														
160	160	40		170	170			215	215		80					
		45														
200		40		210				255								
		45														
250		45		260		360	230	310	220	50	10	45	50	M14-6H	28	210
		50														
200	200	45	30	210	210	320	270	260	260		80					180
		50														
250		45		260		370		310			100					220
		50														

（续）

<table>
<tr><th colspan="2">凹模周界</th><th rowspan="2">H</th><th rowspan="2">h</th><th rowspan="2">L_1</th><th rowspan="2">B_1</th><th rowspan="2">L_2</th><th rowspan="2">B_2</th><th rowspan="2">S</th><th rowspan="2">S_1</th><th rowspan="2">R</th><th rowspan="2">l_2</th><th rowspan="2">D H7</th><th rowspan="2">D_1 H7</th><th rowspan="2">d_1</th><th rowspan="2">t</th><th rowspan="2">S_2</th></tr>
<tr><th>L</th><th>B</th></tr>
<tr><td rowspan="2">315</td><td rowspan="2">200</td><td>45</td><td rowspan="4">30</td><td rowspan="2">325</td><td rowspan="2">210</td><td rowspan="2">435</td><td rowspan="2">270</td><td rowspan="2">380</td><td rowspan="2">265</td><td rowspan="4">55</td><td rowspan="20">100</td><td rowspan="4">50</td><td rowspan="4">55</td><td rowspan="2">M14-6H</td><td rowspan="2">28</td><td rowspan="2">280</td></tr>
<tr><td>50</td></tr>
<tr><td rowspan="2">250</td><td rowspan="6">250</td><td>45</td><td rowspan="2">260</td><td rowspan="6">260</td><td rowspan="2">380</td><td rowspan="6">330</td><td rowspan="2">315</td><td rowspan="2">315</td><td rowspan="6">M16-6H</td><td rowspan="6">32</td><td rowspan="2">210</td></tr>
<tr><td>50</td></tr>
<tr><td rowspan="2">315</td><td>50</td><td rowspan="6">35</td><td rowspan="2">325</td><td rowspan="2">445</td><td rowspan="2">385</td><td rowspan="4">320</td><td rowspan="4">60</td><td rowspan="4">55</td><td rowspan="4">60</td><td rowspan="2">290</td></tr>
<tr><td>55</td></tr>
<tr><td rowspan="2">400</td><td>50</td><td rowspan="2">410</td><td rowspan="2">540</td><td rowspan="2">470</td><td rowspan="2">350</td></tr>
<tr><td>55</td></tr>
<tr><td rowspan="2">315</td><td rowspan="6">315</td><td>50</td><td rowspan="2">325</td><td rowspan="6">325</td><td rowspan="2">460</td><td rowspan="6">400</td><td rowspan="2">390</td><td rowspan="6">390</td><td rowspan="8">65</td><td rowspan="8">60</td><td rowspan="8">65</td><td rowspan="12">M20-6H</td><td rowspan="12">40</td><td rowspan="2">280</td></tr>
<tr><td>55</td></tr>
<tr><td rowspan="2">400</td><td>55</td><td rowspan="10">40</td><td rowspan="2">410</td><td rowspan="2">550</td><td rowspan="2">475</td><td rowspan="2">340</td></tr>
<tr><td>60</td></tr>
<tr><td rowspan="2">500</td><td>55</td><td rowspan="2">510</td><td rowspan="2">655</td><td rowspan="2">575</td><td rowspan="2">460</td></tr>
<tr><td>60</td></tr>
<tr><td rowspan="2">400</td><td rowspan="4">40</td><td>55</td><td rowspan="2">410</td><td rowspan="4">410</td><td rowspan="2">560</td><td rowspan="4">490</td><td rowspan="2">475</td><td rowspan="2">475</td><td rowspan="2">370</td></tr>
<tr><td>60</td></tr>
<tr><td rowspan="2">630</td><td>55</td><td rowspan="2">640</td><td rowspan="2">780</td><td rowspan="2">710</td><td rowspan="2">480</td><td rowspan="4">70</td><td rowspan="4">65</td><td rowspan="4">70</td><td rowspan="2">580</td></tr>
<tr><td>65</td></tr>
<tr><td rowspan="2">500</td><td rowspan="2">500</td><td>55</td><td rowspan="2">510</td><td rowspan="2">510</td><td rowspan="2">650</td><td rowspan="2">590</td><td rowspan="2">580</td><td rowspan="2">580</td><td rowspan="2">460</td></tr>
<tr><td>65</td></tr>
</table>

注：1. 压板台的形状、位置尺寸和标记面的位置尺寸由制造者确定。

2. 表图（包括表 9-11 ~ 表 9-27 中的附图）中的平行度公差 t_2（见 JB/T 8070—2008）如下：

（单位：mm）

<table>
<tr><th rowspan="3">公 称 尺 寸</th><th colspan="2">模架精度等级</th></tr>
<tr><th>0Ⅰ、Ⅰ级</th><th>0Ⅰ、Ⅱ级</th></tr>
<tr><th colspan="2">平行度公差 t_2</th></tr>
<tr><td>>40 ~ 63</td><td>0.008</td><td>0.012</td></tr>
<tr><td>>63 ~ 100</td><td>0.010</td><td>0.015</td></tr>
<tr><td>>100 ~ 160</td><td>0.012</td><td>0.020</td></tr>
<tr><td>>160 ~ 250</td><td>0.015</td><td>0.025</td></tr>
<tr><td>>250 ~ 400</td><td>0.020</td><td>0.030</td></tr>
<tr><td>>400 ~ 630</td><td>0.025</td><td>0.040</td></tr>
<tr><td>>630 ~ 1000</td><td>0.030</td><td>0.050</td></tr>
<tr><td>>1000 ~ 1600</td><td>0.040</td><td>0.060</td></tr>
</table>

2）滑动导向对角导柱下模座的形状和尺寸见表9-11。

表9-11　滑动导向对角导柱下模座的形状和尺寸（GB/T 2855.2—2008）

（单位：mm）

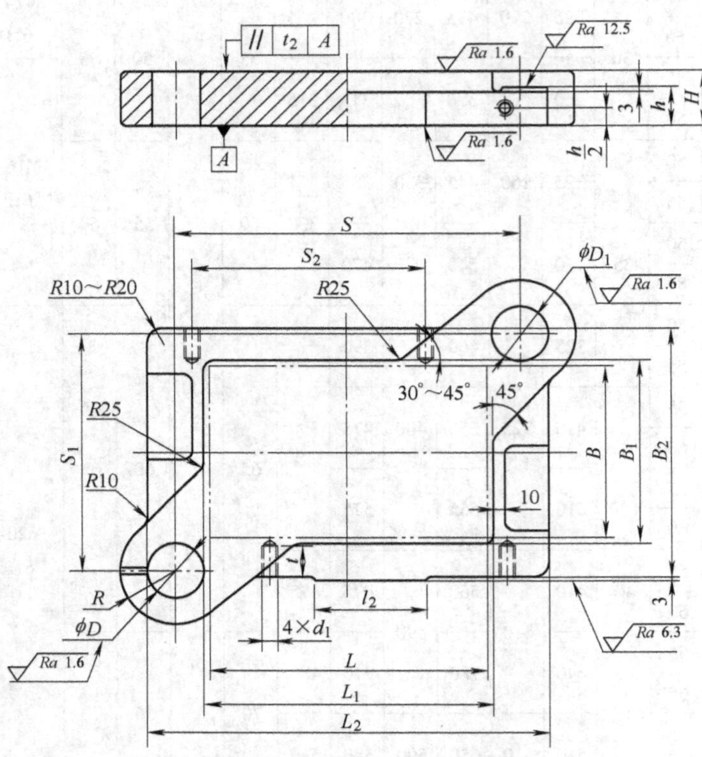

未注表面粗糙度的表面为非加工表面

凹模周界		H	h	L_1	B_1	L_2	B_2	S	S_1	R	l_2	D R7	D_1 R7	d_1	t	S_2
L	B															
63	50	25	20	70	60	125	100	100	85	28	40	16	18	—	—	—
		30														
63	63	25		70	70	130	110		95							
		30														
80		30		90		150	120	120	105	32	60	18	20			
		40														
100		30		110		170		140								
		40														

（续）

凹模周界 L	凹模周界 B	H	h	L_1	B_1	L_2	B_2	S	S_1	R	l_2	D R7	D_1 R7	d_1	t	S_2
80	80	30	20	90	90	150	140	125	125	35	60	20	22	—	—	—
		40														
100		30		110		170		145								
		40														
125		30	25	130		200		170								
		40														
100	100	30		110	110	180	160	145	145							
		40														
125		35		130		200		170		38		22	25			
		45														
160		40	30	170		240		210	150	42	80	25	28			
		50														
200		45		210		280		250								
		50														
125	125	35	25	130	130	200	190	170	175	38	60	22	25			
		45														
160		40	30	170		250		210		42	80	25	28			
		50														
200		40		210		290		250								
		50														
250		45	35	260		340		305	180	45	100	28	32			
		55														
160	160	45		170	170	270	230	215	215		80					
		55														
200		45		210		310		255								
		50														
250		50	40	260		360		310	220	50	100	32	35	M14-6H	28	210
		60														
200	200	50		210	210	320	270	260	260		80					180
		60														
250		50		260		370		310			100					220
		60														

（续）

凹模周界		H	h	L_1	B_1	L_2	B_2	S	S_1	R	l_2	D R7	D_1 R7	d_1	t	S_2
L	B															
315	200	55	40	325	210	435	270	380	265	55	100	35	40	M14-6H	28	280
		65														
250	250	55		260	260	380	330	315	315					M16-6H	32	210
		65														
315		60	45	325		445		385	320	60		40	45			290
		70														
400		60		410	325	540		470								350
		70														
315	315	60		325		460	400	390	390	65		45	50	M20-6H	40	280
		70														
400		65		410		550		475								340
		75														
500		65		510		655		575								460
		75														
400	400	65		410	410	560	490	475	475							370
		75														
630		65		640		780		710	480	70		50	55			580
		80														
500	500	65		510	510	650	590	580	580							460
		80														

注：1. 压板台的形状、位置尺寸和标记面的位置尺寸由制造者确定。

2. 安装 B 型导柱时，D R7，D_1 R7 改为 D H7，D_1 H7。

2. 滑动导向后侧导柱模座

1）滑动导向后侧导柱上模座的形状和尺寸见表 9-12。

表 9-12 滑动导向后侧导柱上模座的形状和尺寸（GB/T 2855.1—2008）

（单位：mm）

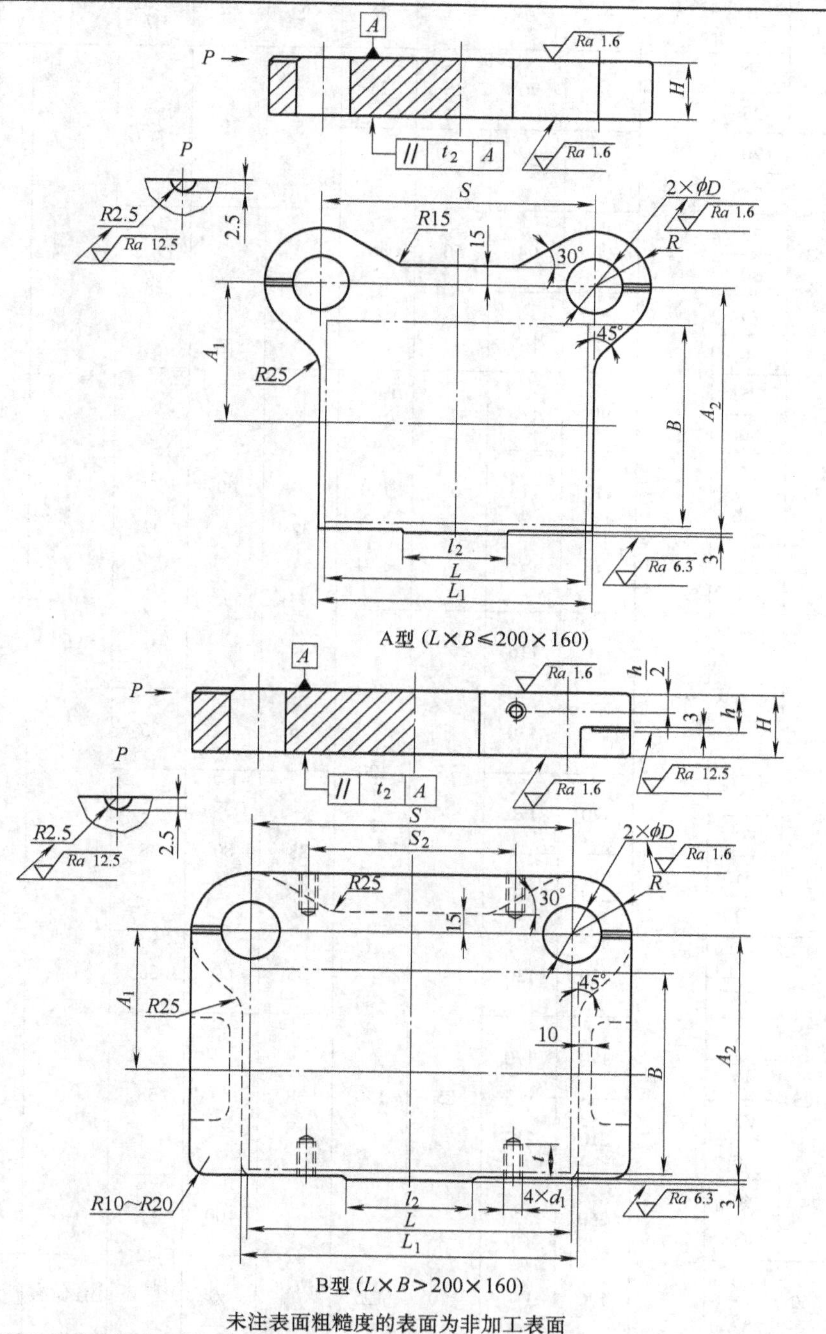

未注表面粗糙度的表面为非加工表面

（续）

凹模周界 L	凹模周界 B	H	h	L_1	S	A_1	A_2	R	l_2	D H7	d_1	t	S_2
63	50	20	—	70	70	45	75	25	40	25	—	—	—
		25											
63	63	20		70	70	50	85						
		25											
80		25		90	94			28	60	28			
		30											
100		25		110	116								
		30											
80	80	25		90	94	65	110	32		32			
		30											
100		25		110	116								
		30											
125		25		130	130								
		30											
100	100	25		110	116	75	130						
		30											
125		30		130	130			35		35			
		35											
160		35		170	170			38	80	38			
		40											
200		35		210	210								
		40											
125	125	30		130	130	85	150	35	60	35			
		35											
160		35		170	170			38	80	38			
		40											
200		35		210	210								
		40											
250		40		260	250			42	100	42			
		45											
160	160	40		170	170	110	195		80		M14-6H	28	
		45											

（续）

凹模周界		H	h	L_1	S	A_1	A_2	R	l_2	D H7	d_1	t	S_2
L	B												
200	160	40	—	210	210	110	195	42	80	42	M14-6H	28	—
		45											
250		45	30	260	250			45	100	45			150
		50											
200	200	45		210	210	130	235		80				120
		50											
250		45		260	250				100				150
		50											
315		45		325	305			50		50			200
		50											
250	250	45		260	250	160	290				M16-6H	32	140
		50											
315		50	35	325	305			55		55			200
		55											
400		50		410	390								280
		55											

注：压板台的形状尺寸由制造者确定。

2）滑动导向后侧导柱下模座的形状和尺寸见表 9-13。

表 9-13　滑动导向后侧导柱下模座的形状和尺寸（GB/T 2855.2—2008）

（单位：mm）

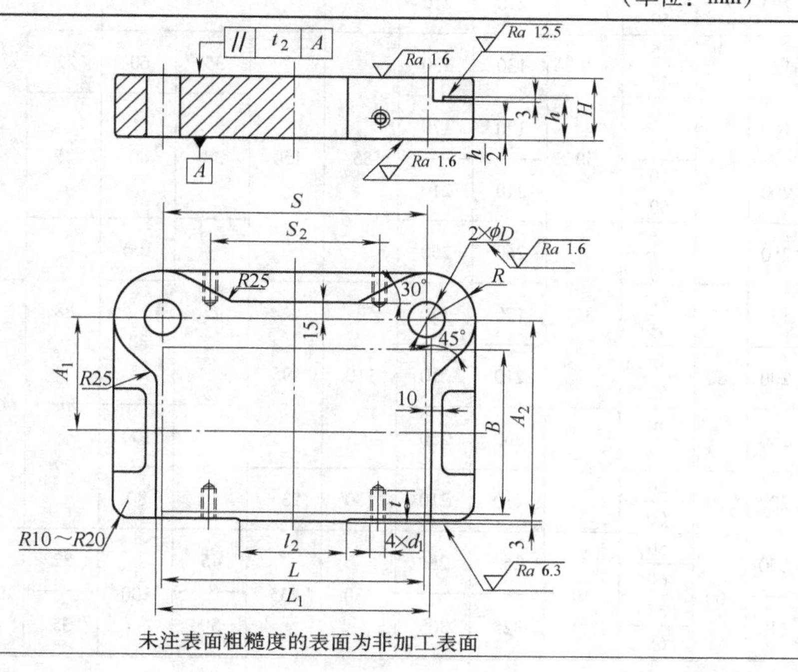

未注表面粗糙度的表面为非加工表面

（续）

<table>
<tr><th colspan="2">凹模周界</th><th rowspan="2">H</th><th rowspan="2">h</th><th rowspan="2">L_1</th><th rowspan="2">S</th><th rowspan="2">A_1</th><th rowspan="2">A_2</th><th rowspan="2">R</th><th rowspan="2">l_2</th><th rowspan="2">D
R7</th><th rowspan="2">d_1</th><th rowspan="2">t</th><th rowspan="2">S_2</th></tr>
<tr><th>L</th><th>B</th></tr>
<tr><td>63</td><td>50</td><td>25
30</td><td rowspan="6">20</td><td>70</td><td>70</td><td>45</td><td>75</td><td rowspan="2">25</td><td rowspan="2">40</td><td rowspan="2">16</td><td rowspan="15">—</td><td rowspan="15">—</td><td rowspan="17">—</td></tr>
<tr><td>63</td><td rowspan="3">63</td><td>25
30</td><td>70</td><td>70</td><td rowspan="3">50</td><td rowspan="3">85</td></tr>
<tr><td>80</td><td>30
40</td><td>90</td><td>94</td><td rowspan="2">28</td><td rowspan="7">60</td><td rowspan="2">18</td></tr>
<tr><td>100</td><td>30
40</td><td>110</td><td>116</td></tr>
<tr><td>80</td><td rowspan="3">80</td><td>30
40</td><td>90</td><td>94</td><td rowspan="3">65</td><td rowspan="3">110</td><td rowspan="4">32</td><td rowspan="4">20</td></tr>
<tr><td>100</td><td>30
40</td><td>110</td><td>116</td></tr>
<tr><td>125</td><td>30
40</td><td rowspan="3">25</td><td>130</td><td>130</td></tr>
<tr><td>100</td><td rowspan="4">100</td><td>30
40</td><td>110</td><td>116</td><td rowspan="4">75</td><td rowspan="4">130</td></tr>
<tr><td>125</td><td>35
40</td><td>130</td><td>130</td><td>35</td><td>22</td></tr>
<tr><td>160</td><td>40
50</td><td rowspan="2">30</td><td>170</td><td>170</td><td rowspan="2">38</td><td rowspan="2">80</td><td rowspan="2">25</td></tr>
<tr><td>200</td><td>40
50</td><td>210</td><td>210</td></tr>
<tr><td>125</td><td rowspan="4">125</td><td>35
45</td><td>25</td><td>130</td><td>130</td><td rowspan="4">85</td><td rowspan="4">150</td><td>35</td><td>60</td><td>22</td></tr>
<tr><td>160</td><td>40
50</td><td rowspan="2">30</td><td>170</td><td>170</td><td rowspan="2">38</td><td rowspan="2">80</td><td rowspan="2">25</td></tr>
<tr><td>200</td><td>40
50</td><td>210</td><td>210</td></tr>
<tr><td>250</td><td>45
55</td><td rowspan="3">35</td><td>260</td><td>250</td><td rowspan="3">42</td><td>100</td><td rowspan="3">28</td></tr>
<tr><td>160</td><td rowspan="3">160</td><td>45
55</td><td>170</td><td>170</td><td rowspan="3">110</td><td rowspan="3">195</td><td rowspan="2">80</td><td rowspan="4">M14-6H</td><td rowspan="4">28</td></tr>
<tr><td>200</td><td>45
55</td><td>210</td><td>210</td></tr>
<tr><td>250</td><td>50
60</td><td rowspan="2">40</td><td>260</td><td>250</td><td rowspan="2">45</td><td>100</td><td rowspan="2">32</td><td>150</td></tr>
<tr><td>200</td><td>200</td><td>50
60</td><td>210</td><td>210</td><td>130</td><td>235</td><td>80</td><td>120</td></tr>
<tr><td>250</td><td rowspan="2">200</td><td>50
60</td><td rowspan="2">40</td><td>260</td><td>250</td><td rowspan="2">130</td><td rowspan="2">235</td><td>45</td><td rowspan="2">100</td><td>32</td><td rowspan="2">M14-6H</td><td rowspan="2">28</td><td>150</td></tr>
<tr><td>315</td><td>55
65</td><td>325</td><td>305</td><td>50</td><td>35</td><td>200</td></tr>
</table>

（续）

凹模周界		H	h	L_1	S	A_1	A_2	R	l_2	D R7	d_1	t	S_2
L	B												
250	250	55	40	260	250	160	290	50	100	35	M16-6H	32	140
		65											
315		60		325	305								200
		70	45					55		40			
400		60		410	390								280
		70											

注：1. 压板台的形状尺寸由制造者确定。

2. 安装 B 型导柱时，D R7 改为 D H7。

3. 滑动导向中间导柱模座

1）滑动导向中间导柱上模座的形状和尺寸见表 9-14。

表 9-14 滑动导向中间导柱上模座的形状和尺寸（GB/T 2855.1—2008）

（单位：mm）

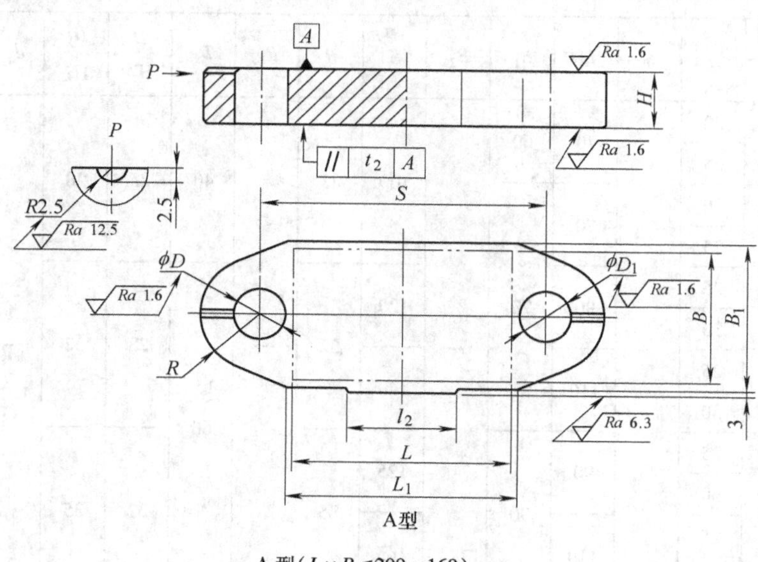

A型

A 型（$L\times B\leqslant 200\times 160$）

（续）

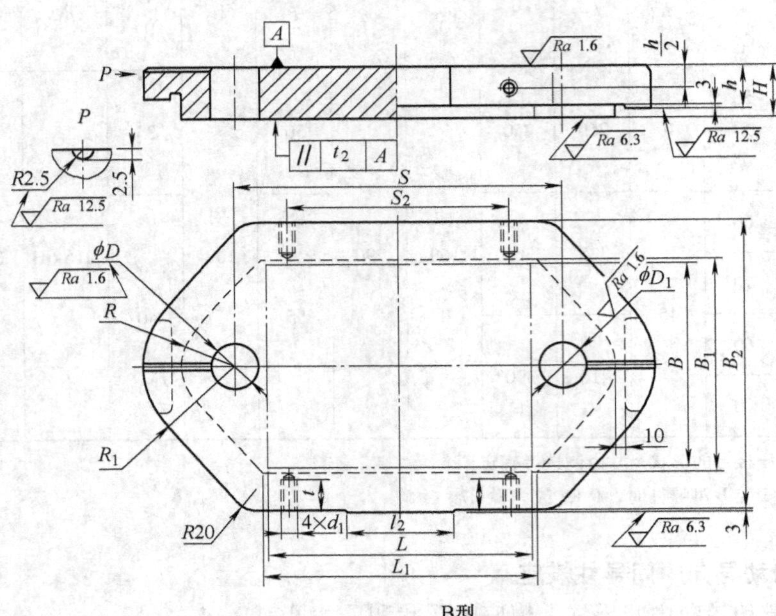

B型

B 型（$L \times B > 200 \times 160$）

未注表面粗糙度的表面为非加工表面

凹模周界		H	h	L_1	B_1	B_2	S	R	R_1	l_2	D H7	D_1 H7	d_1	t	S_2
L	B														
63	50	20	—	70	60	—	100	28	—	40	25	28	—	—	—
		25													
63	63	20		70	70										
		25													
80		25		90			120	32		60	28	32			
		30													
100		25		110			140								
		30													
80	80	25		90	90		125	35			32	35			
		30													
100		25		110			145								
		30													

（续）

凹模周界		H	h	L_1	B_1	B_2	S	R	R_1	l_2	D H7	D_1 H7	d_1	t	S_2
L	B														
125	80	25		130	90		170	35		60	32	35			
		30													
140		30		150			185	38		80	35	38			
		35													
100	100	25		110	110		145	35		60	32	35			
		30													
125		30		130			170	38			35	38			
		35													
140		30		150			185			80					
		35													
160		35		170			210	42			38	42			
		40													
200		35		210			250								
		40													
125	125	30		130	130		170	38		60	35	38			
		35	—			—			—				—	—	—
140		35		150			190	42		80	38	42			
		40													
160		35		170			210								
		40													
200		40		210			250								
		45													
250		40		260			305	45		100	42	45			
		45													
140	140	35		150	150		190	42		80	38	42			
		40													
160		35		170			210								
		40													
200		40		210			255	45			42	45			
		45													
250		40		260			305			100					
		45													

（续）

凹模周界 L	凹模周界 B	H	h	L_1	B_1	B_2	S	R	R_1	l_2	D H7	D_1 H7	d_1	t	S_2
160	160	40 45	—	170	170	—	215	45	—	80	42	45	—	—	—
200		40 45		210			255								
250		45 50	40	260		240	310	50	85	100	45	50	M14-6H	28	210
280		45 50		290			340								250
200	200	45 50		210	210	280	260			80					170
250		45 50		260			310			100					210
280		45 50		290		290	345	55	95		50	55			250
315		45 50		325			380								290
250	250	45 50		260	260	340	315						M16-6H	32	210
280		45 50		290			345								250
315		50 55	45	325		350	385	60	105		55	60			260
400		50 55		410			470			120					340
280	280	50 55		290	290	380	350			100			M20-6H	40	250
315		50 55		325			385								260
400		50 55		410			470			120					340
315	315	50 55		325	325	425	390	65	115	100	60	65			260

（续）

<table>
<tr><th colspan="2">凹模周界</th><th rowspan="2">H</th><th rowspan="2">h</th><th rowspan="2">L_1</th><th rowspan="2">B_1</th><th rowspan="2">B_2</th><th rowspan="2">S</th><th rowspan="2">R</th><th rowspan="2">R_1</th><th rowspan="2">l_2</th><th rowspan="2">D
H7</th><th rowspan="2">D_1
H7</th><th rowspan="2">d_1</th><th rowspan="2">t</th><th rowspan="2">S_2</th></tr>
<tr><th>L</th><th>B</th></tr>
<tr><td rowspan="2">400</td><td rowspan="4">315</td><td>55</td><td rowspan="10">45</td><td rowspan="2">410</td><td rowspan="4">325</td><td rowspan="4">425</td><td rowspan="2">475</td><td rowspan="6">65</td><td rowspan="6">115</td><td rowspan="2">120</td><td rowspan="6">60</td><td rowspan="6">65</td><td rowspan="10">M20-
6H</td><td rowspan="10">40</td><td rowspan="2">340</td></tr>
<tr><td>60</td></tr>
<tr><td rowspan="2">500</td><td>55</td><td rowspan="2">510</td><td rowspan="2">575</td><td rowspan="2">140</td><td rowspan="2">440</td></tr>
<tr><td>60</td></tr>
<tr><td rowspan="2">400</td><td rowspan="4">400</td><td>55</td><td rowspan="2">410</td><td rowspan="4">410</td><td rowspan="2">510</td><td rowspan="2">475</td><td rowspan="2">120</td><td rowspan="2">360</td></tr>
<tr><td>60</td></tr>
<tr><td rowspan="2">630</td><td>55</td><td rowspan="2">640</td><td rowspan="2">520</td><td rowspan="2">710</td><td rowspan="4">70</td><td rowspan="4">125</td><td rowspan="2">160</td><td rowspan="4">65</td><td rowspan="4">70</td><td rowspan="2">570</td></tr>
<tr><td>65</td></tr>
<tr><td rowspan="2">500</td><td rowspan="2">500</td><td>55</td><td rowspan="2">510</td><td rowspan="2">510</td><td rowspan="2">6200</td><td rowspan="2">580</td><td rowspan="2">140</td><td rowspan="2">440</td></tr>
<tr><td>65</td></tr>
</table>

注：压板台的形状尺寸由制造者确定。

2）滑动导向中间导柱下模座的形状和尺寸见表 9-15。

表 9-15　滑动导向中间导柱下模座的形状和尺寸（GB/T 2855.2—2008）

（单位：mm）

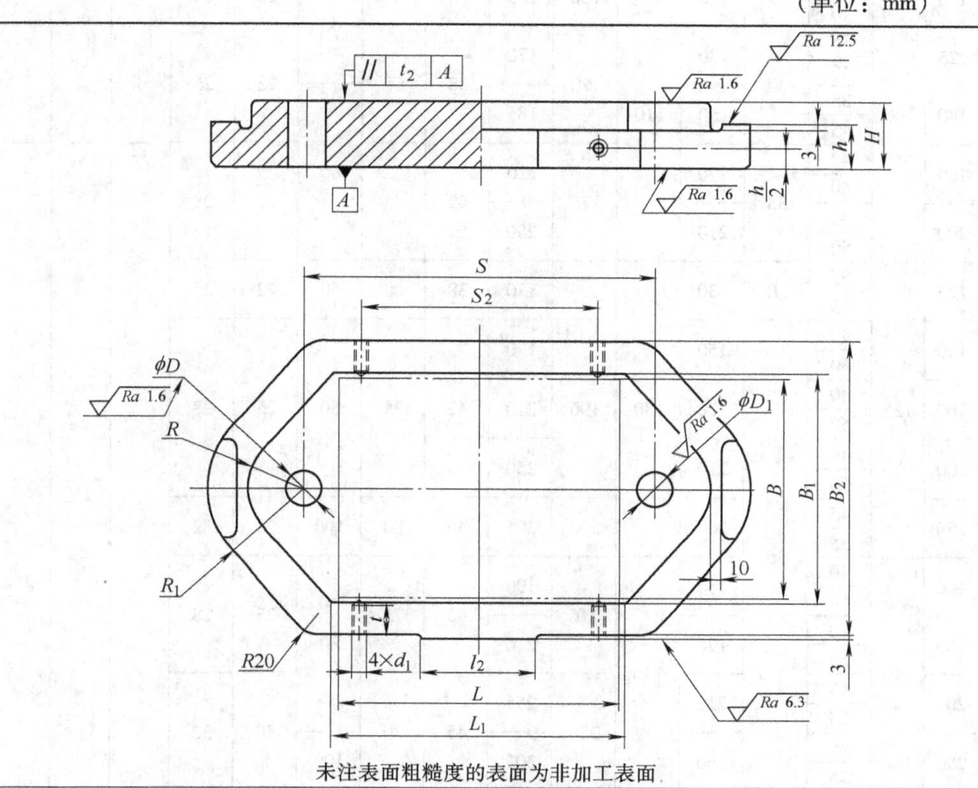

未注表面粗糙度的表面为非加工表面

（续）

凹模周界		H	h	L_1	B_1	B_2	S	R	R_1	l_2	D R7	D_1 R7	d_1	t	S_2
L	B														
63	50	25	20	70	60	92	100	28	44	40	16	18	—	—	—
		30													
63	63	25			70	102									
		30													
80		30		90		116	120	32	55	60	18	20			
		40													
100		30	25	110			140								
		40													
80	80	30		90	90	140	125	35	60		20	22			
		40													
100		30		110			145								
		40													
125		30		130			170								
		40													
140		35	30	150		150	185	38	68	80	22	25			
		45													
100	100	30	25	110	110	160	145	35	60	60	20	22			
		40													
125		35	30	130		170	170	38	68		22	25			
		45													
140		35		150			185								
		45													
160		40	35	170		176	210	42	75	80	25	28			
		50													
200		40		210			250								
		50													
125	125	35	30	130	130	190	170	38	68	60	22	25			
		45													
140		40	35	150		196	190	42	75	80	25	28			
		50													
160		40		170			210								
		50													
200		40		210			250								
		50													
250		45		260		200	305	45	80	100	28	32			
		55													
140	140	40		150	150	216	190	42	75	80	25	28			
		50													
160		40		170			210								
		50													
200		45		210		220	255	45	80		28	32			
		55													
250		45		260			305			100					
		55													

（续）

凹模周界		H	h	L_1	B_1	B_2	S	R	R_1	l_2	D	D_1	d_1	t	S_2
L	B										R7	R7			
160	160	45 55	35	170	170	240	215	45	80	80	28	32	—	—	—
200		45 55		210			255								
250		50 60	40	260			310	50	85	100	32	35	M14-6H	28	210
280		50 60		290			340								250
200	200	50 60		210	210	280	260			80					170
250		50 60		260			310			100					210
280		55 65		290		290	345	55	95		35	40			250
315		55 65		325			380								290
250	250	55 65		260	260	340	315						M16-6H	32	210
280		55 65		290			345								250
315		60 70	45	325		350	385	60	105		40	45			260
400		60 70		410			470			120					340
280	280	60 70		290	290	380	350			100			M20-6H	40	250
315		60 70		325			385								260
400		60 70		410			470			120					340
315	315	60 70		325	325	425	390	65	115	100	45	50			260
400		65 75		410			475			120					340
500		65 75		510			575			140					440
400	400	65 75		410	410	510	475			120					360
630		65 80		640		520	710	70	125	160	50	55			570
500	500	65 80		510	510	620	580			140					440

注：1. 压板台的形状尺寸由制造者确定。

2. 安装 B 型导柱时，D R7，D_1 R7 改为 D H7，D_1 H7。

4. 滑动导向中间导柱圆形模座

1）滑动导向中间导柱圆形上模座的形状和尺寸见表 9-16。

表 9-16　滑动导向中间导柱圆形上模座的形状和尺寸（GB/T 2855.1—2008）

（单位：mm）

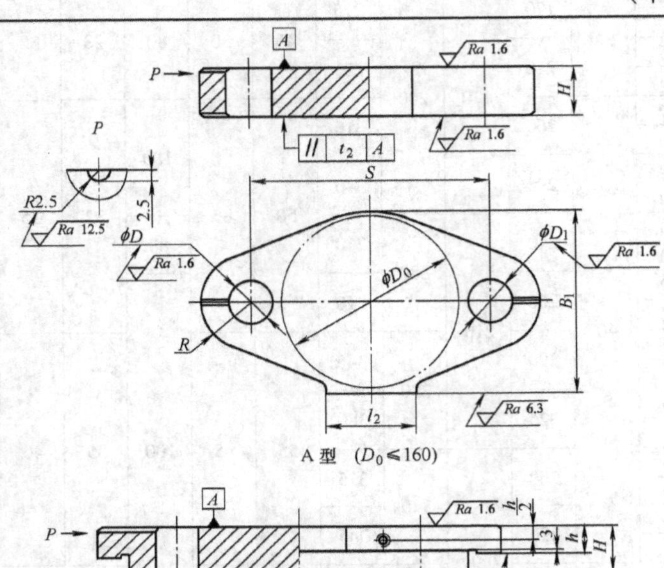

A 型　(D_0≤160)

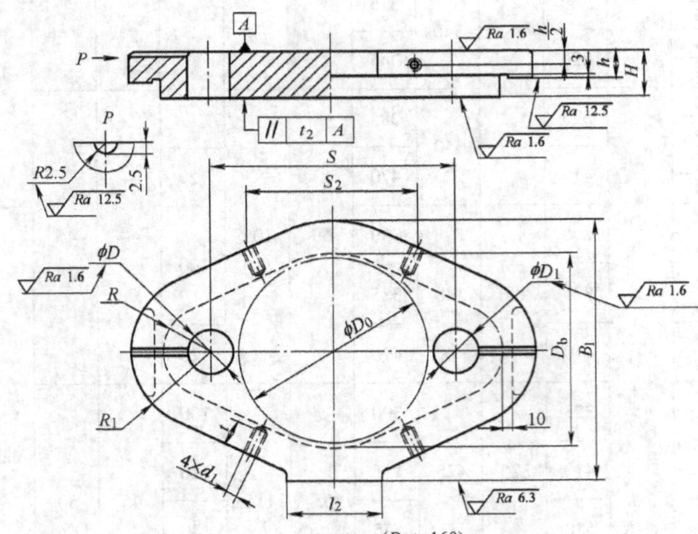

B 型　(D_0>160)

未注表面粗糙度的表面为非加工表面

凹模周界 D_0	H	h	D_b	B_1	S	R	R_1	l_2	D H7	D_1 H7	d_1	t	S_2
63	20	—	—	70	100	28	—	50	25	28	—	—	—
	25												
80	25			90	125	35		60	32	35			
	30												
100	25			110	145								
	30												

（续）

凹模周界 D_0	H	h	D_b	B_1	S	R	R_1	l_2	D H7	D_1 H7	d_1	t	S_2
125	30	—	—	130	170	38	—	80	35	38	—	—	—
	35												
160	40			170	215	45			42	45			
	45												
200	45	30	210	280	260	50	85	100	45	50	M14-6H	28	180
	50												
250	45		260	340	315	55	95		50	55	M16-6H	32	220
	50												
315	50	35	325	425	390	65	115		60	65	M20-6H	40	280
	55												
400	55		410	510	475								380
	60												
500	55	40	510	620	580	70	125		65	70			480
	65												
630	60		640	758	720	76	135		70	76			600
	75												

注：压板台的形状尺寸由制造者确定。

2）滑动导向中间导柱圆形下模座的形状和尺寸见表 9-17。

表 9-17　滑动导向中间导柱圆形下模座的形状和尺寸（GB/T 2855.2—2008）

（单位：mm）

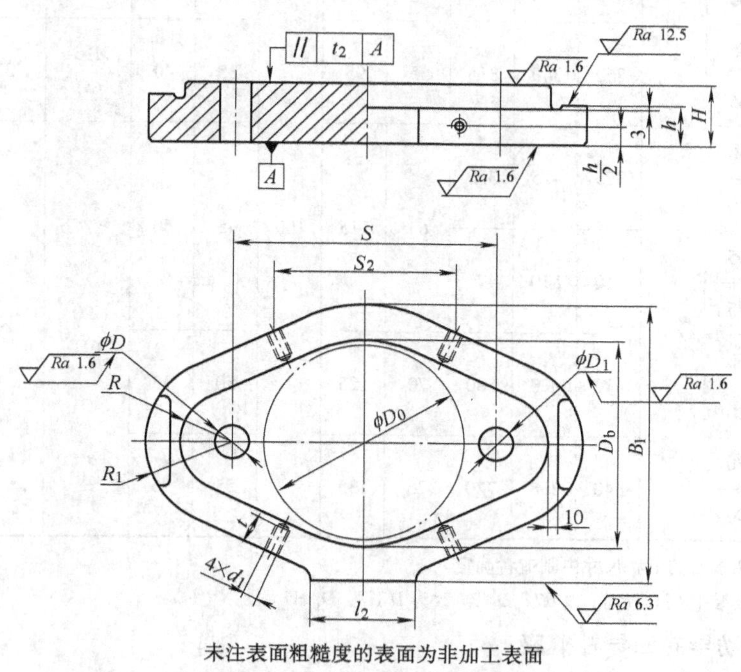

未注表面粗糙度的表面为非加工表面

（续）

凹模周界 D_0	H	h	D_b	B_1	S	R	R_1	l_2	D R7	D_1 R7	d_1	t	S_2
63	25	20	70	102	100	28	44	50	16	18	—	—	—
	30												
80	30		90	136	125	35	58	60	20	22			
	40												
100	30		110	160	145		60						
	40												
125	35	25	130	190	170	38	68	80	22	25			
	45												
160	45	35	170	240	215	45	80		28	32			
	55												
200	50	40	210	280	260	50	85		32	35	M14-6H	28	180
	60												
250	55		260	340	315	55	95		35	40	M16-6H	32	220
	65												
315	60	45	325	425	390	65	115	100	45	50	M20-6H	40	280
	70												
400	65		410	510	475								380
	75												
500	65		510	620	580	70	125		50	55			480
	80												
630	70		640	758	720	76	135		55	76			600
	90												

注：1. 压板台的形状尺寸由制造者确定。

2. 安装 B 型导柱时，D R7，D_1 R7 改为 D H7，D_1 H7。

5. 滑动导向四导柱模座

1）滑动导向四导柱上模座的形状和尺寸见表 9-18。

表 9-18　滑动导向四导柱上模座的形状和尺寸（GB/T 2855.1—2008）

（单位：mm）

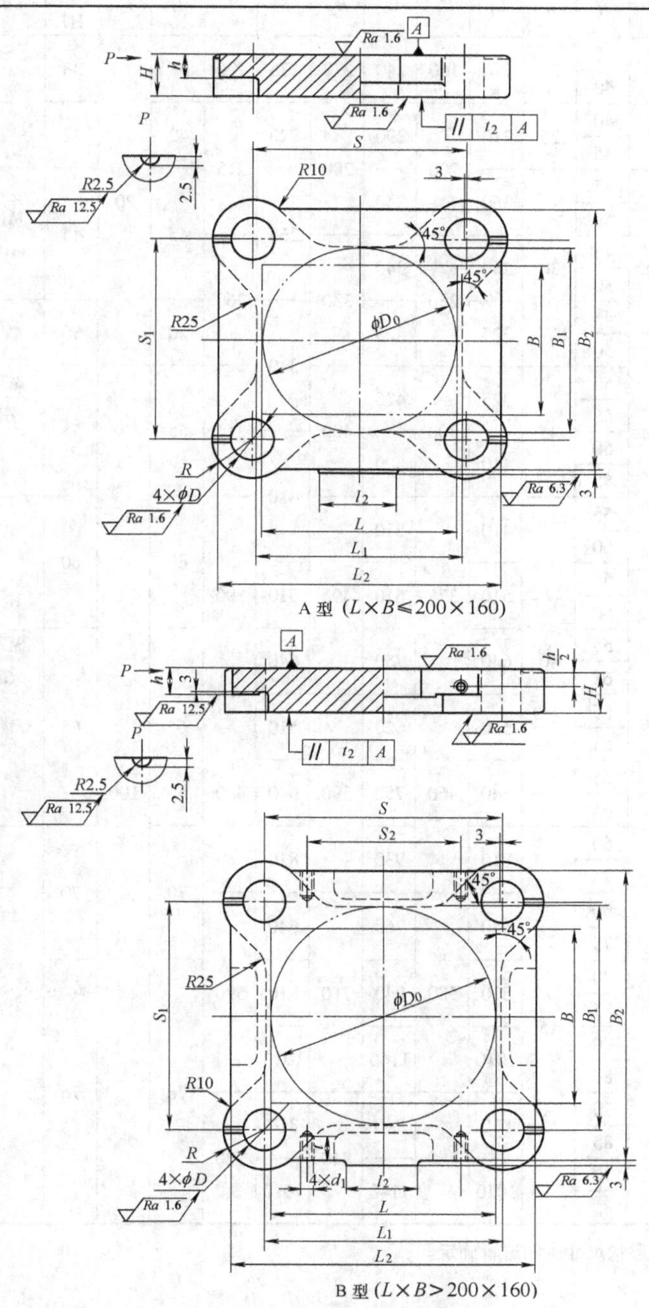

未注表面粗糙度的表面为非加工表面

（续）

凹模周界			H	h	L_1	B_1	L_2	B_2	S	S_1	R	l_2	D H7	d_1	t	S_2
L	B	D_0														
160	125	160	35 40	20	170	160	240	230	175	190	38	80	38	—	—	—
200	160	200	40 45	25	210	200	290	280	220	215	42		42			
250		—	45 50	30	260		340		265		45		45	M14-6H	28	170
250	200	250	45 50		260	250	340	330		260						
315		—	45 50		325		425		340		50		50	M16-6H	32	200
315	250		50 55	35	325	300	425	400		315	55	100	55			230
400			50 55		410		500		410							290
400	315		55 60	40	410	375	510	495		390	60		60	M20-6H	40	300
500			55 60		510		610		510							380
630			55 65		640		750		640		65		65			500
500	400		55 65		510	460	620	590	510	480						380
630			55 65		640		750		640							500
800			60 75	45	810		930		810		70		70	M24-6H	46	650
630	500		60 75		640	580	760	710	640	590						500
800			70 85		810		940		810		76		76			650
1000			70 85		1010		1140		1010							800
800	630		70 85		810	700	940	840	810	720						650
1000			70 85		1010		1140		1010							800

注：压板台的形状尺寸由制造者确定。

2）滑动导向四导柱下模座的形状和尺寸见表 9-19。

表 9-19　滑动导向四导柱下模座的形状和尺寸（GB/T 2855.2—2008）

（单位：mm）

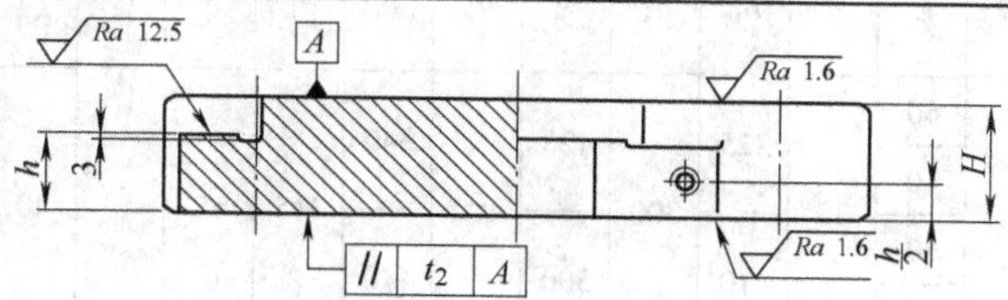

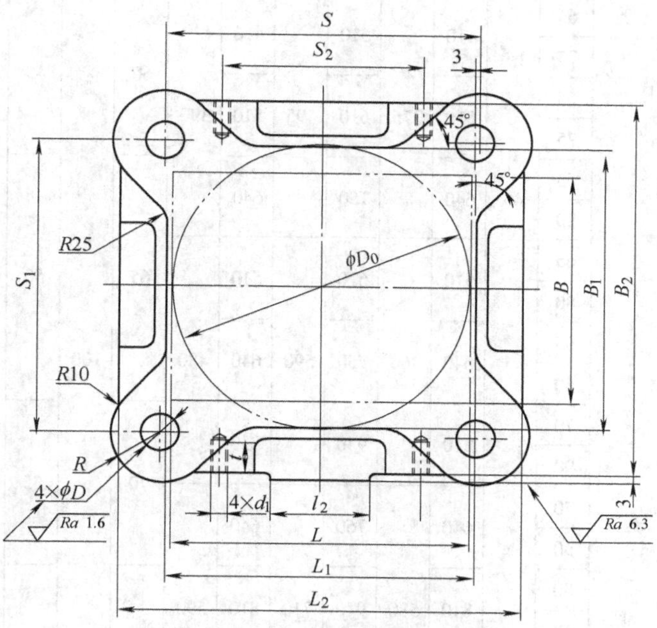

未注表面粗糙度的表面为非加工表面

凹模周界			H	h	L_1	B_1	L_2	B_2	S	S_1	R	l_2	D R7	d_1	t	S_2
L	B	D_0														
160	125	160	40	30	170	160	240	230	175	190	38	80	25	—	—	—
			50													
200	160	200	45	35	210	200	290	280	220	215	42		28			
			55													
250		—	50	40	260		340		265		45		32	M14-6H	28	170
			60													
250	200	250	50		260	250	340	330	265	260						
			60													
315		—	55		325		425		340		50		35	M16-6H	32	200
			65													

（续）

凹模周界			H	h	L_1	B_1	L_2	B_2	S	S_1	R	l_2	D R7	d_1	t	S_2
L	B	D_0														
315	250	—	60 70	35	325	300	425	400	340	315	55	100	40	M16-6H	32	230
400			60 70		410		500		410							290
400	315		65 75	45	410	375	510	495	410	390	60		45	M20-6H	40	300
500			65 75		510		610		510							380
630			65 80		640		750		640		65		50			500
500	400		65 80		510	460	620	590	510	480						380
630			65 80		640		750		640							500
800			70 90	50	810		930		810		70		55	M24-6H	46	650
630	500		70 90		640	580	760	710	640	590						500
800			80 100		810		940		810		76		60			650
1000			80 100		1010		1140		1010							800
800	630		80 100		810	700	940	840	810	720						650
1000			80 100		1010		1140		1010							800

注：1. 压板台的形状尺寸由制造者确定。

2. 安装 B 型导柱时，D R7 改为 D H7。

9.2.2 滚动导向模座

滚动导向模座材料由制造者选定，推荐采用 HT200。

1. 滚动导向对角导柱模座

1）滚动导向对角导柱上模座的形状和尺寸见表 9-20。

表 9-20　滚动导向对角导柱上模座的形状和尺寸（GB/T 2856.1—2008）

（单位：mm）

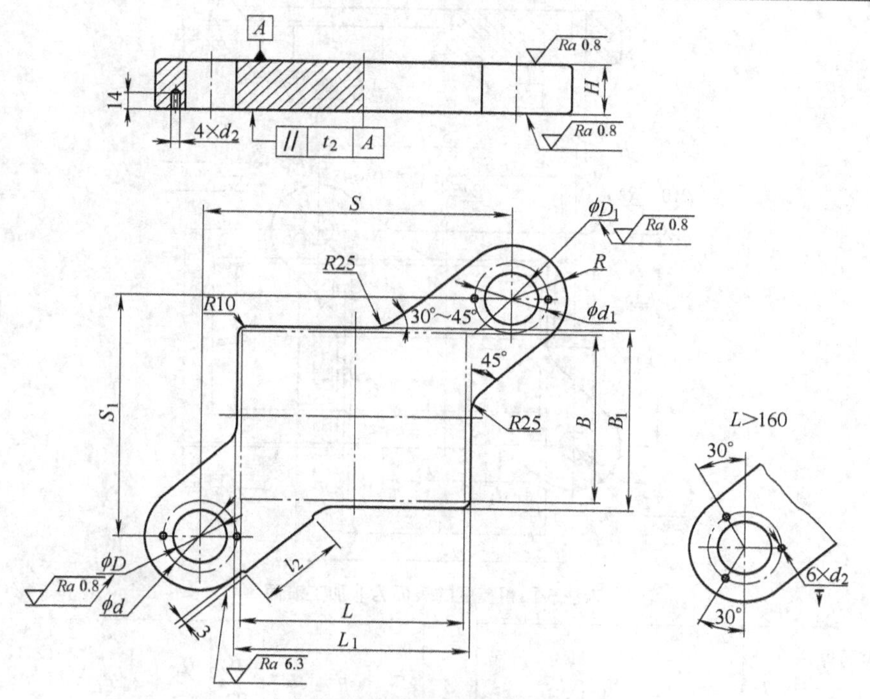

未注表面粗糙度的表面为非加工表面

凹模周界		H	L_1	B_1	S	S_1	R	l_2	D H6	D_1 H6	d	d_1	d_2
L	B												
80	63	35	90	70	125	110	36	40	38	40	51	53	M5-6H
100	80		110	90	155	135	38	60	40	42	53	55	
125	100		130	110	180	160	40		42	45	55	59	M6-6H
160	125	40	170	130	225	180	45	80	48	50	62	64	
200	180	45	210	170	270	230	50		50	55	64	69	
250	200	50	260	210	320	270	55	100	55	58	69	72	

2）滚动导向对角导柱下模座的形状和尺寸见表9-21。

表9-21 滚动导向对角导柱下模座的形状和尺寸（GB/T 2856.2—2008）

（单位：mm）

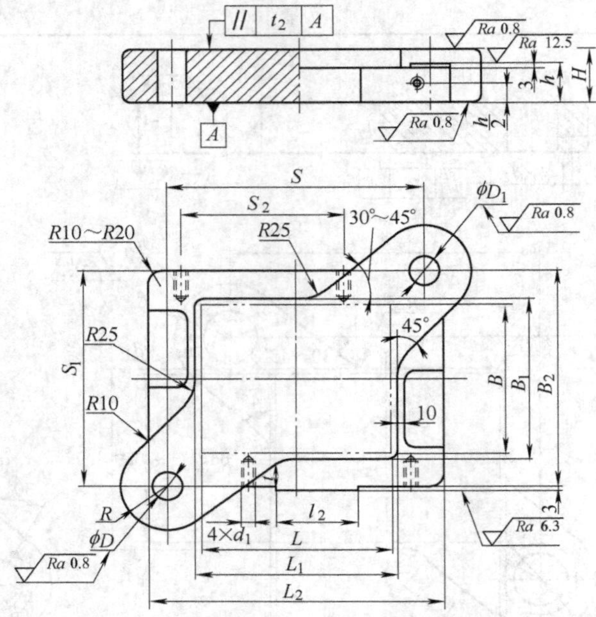

未注表面粗糙度的表面为非加工表面

凹模周界		H	h	L_1	B_1	L_2	B_2	S	S_1	R	l_2	D R7	D_1 R7	d_1	t	S_2
L	B															
80	63	40	30	90	70	150	120	125	110	36	40	18	20	—	—	—
100	80			110	90	170	140	155	135	38	60	20	22			
125	100	45	55	130	110	200	160	180	160	40		22	25			
160	125			170	130	250	190	225	180	45	80	25	28			
200	180	55	40	210	170	310	230	270	230	50		28	32	M14-6H	28	170
250	200	60		260	210	360	270	320	270	55	100	32	35	M16-6H	32	190

注：压板台的形状、位置尺寸和标记面的位置尺寸由制造者确定。

2. 滚动导向中间导柱模座

1）滚动导向中间导柱上模座的形状和尺寸见表9-22。

表 9-22　滚动导向中间导柱上模座的形状和尺寸（GB/T 2856.1—2008）

（单位：mm）

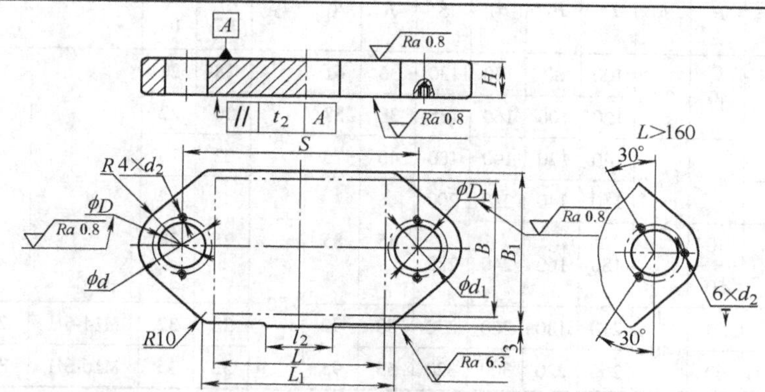

未注表面粗糙度的表面为非加工表面

凹模周界 L	凹模周界 B	H	L_1	B_1	S	R	l_2	D H6	D_1 H6	d	d_1	d_2
80	63	35	100	80	130	36	60	38	40	51	53	M5-6H
100	80		120	100	155	38		40	42	53	55	
125	100		140	120	180	40		42	45	55	59	M6-6H
140	125	40	160	140	200	45		48	50	62	64	
160	140		180	160	225		80					
200	160	45	220	180	270	50		50	55	64	69	
250	200	50	270	220	320	55		55	58	69	72	

2）滚动导向中间导柱下模座的形状和尺寸见表 9-23。

表 9-23　滚动导向中间导柱下模座的形状和尺寸（GB/T 2856.2—2008）

（单位：mm）

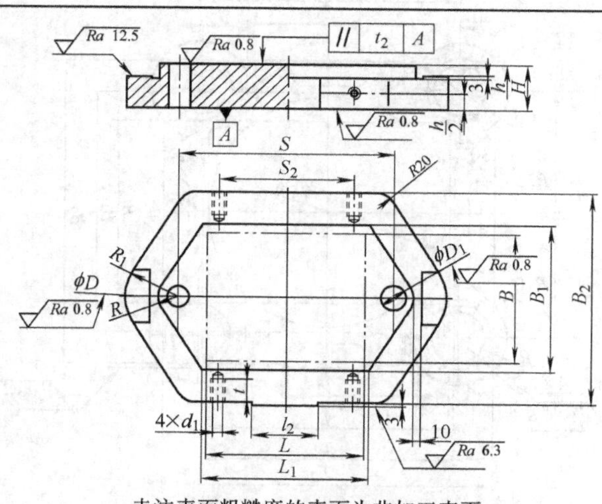

未注表面粗糙度的表面为非加工表面

（续）

<table>
<tr><th colspan="2">凹模周界</th><th rowspan="2">H</th><th rowspan="2">h</th><th rowspan="2">L_1</th><th rowspan="2">B_1</th><th rowspan="2">B_2</th><th rowspan="2">S</th><th rowspan="2">R</th><th rowspan="2">R_1</th><th rowspan="2">l_2</th><th rowspan="2">D
R7</th><th rowspan="2">D_1
R7</th><th rowspan="2">d_1</th><th rowspan="2">t</th><th rowspan="2">S_2</th></tr>
<tr><th>L</th><th>B</th></tr>
<tr><td>80</td><td>63</td><td rowspan="2">40</td><td rowspan="2">30</td><td>100</td><td>80</td><td>130</td><td>130</td><td>36</td><td>61</td><td rowspan="4">60</td><td>18</td><td>20</td><td rowspan="5">—</td><td rowspan="5">—</td><td rowspan="5">—</td></tr>
<tr><td>100</td><td>80</td><td>120</td><td>100</td><td>160</td><td>155</td><td>38</td><td>68</td><td>20</td><td>22</td></tr>
<tr><td>125</td><td>100</td><td rowspan="2">45</td><td rowspan="3">35</td><td>140</td><td>120</td><td>190</td><td>180</td><td>40</td><td>75</td><td>22</td><td>25</td></tr>
<tr><td>140</td><td>125</td><td>160</td><td>140</td><td>220</td><td>200</td><td rowspan="2">45</td><td rowspan="2">85</td><td rowspan="2">25</td><td rowspan="2">28</td></tr>
<tr><td>160</td><td>140</td><td>40
50</td><td>180</td><td>160</td><td>240</td><td>225</td><td rowspan="3">80</td></tr>
<tr><td>200</td><td>160</td><td>55</td><td rowspan="2">40</td><td>210</td><td>180</td><td>260</td><td>270</td><td>50</td><td>90</td><td>28</td><td>32</td><td>M14-6H</td><td>28</td><td>170</td></tr>
<tr><td>250</td><td>200</td><td>60</td><td>260</td><td>220</td><td>300</td><td>320</td><td>55</td><td>95</td><td>32</td><td>35</td><td>M16-6H</td><td>32</td><td>210</td></tr>
</table>

注：压板台的形状尺寸由制造者确定。

3. 滚动导向四导柱模座

1）滚动导向四导柱上模座的形状和尺寸见表9-24。

表9-24　滚动导向四导柱上模座的形状和尺寸（GB/T 2856.1—2008）

（单位：mm）

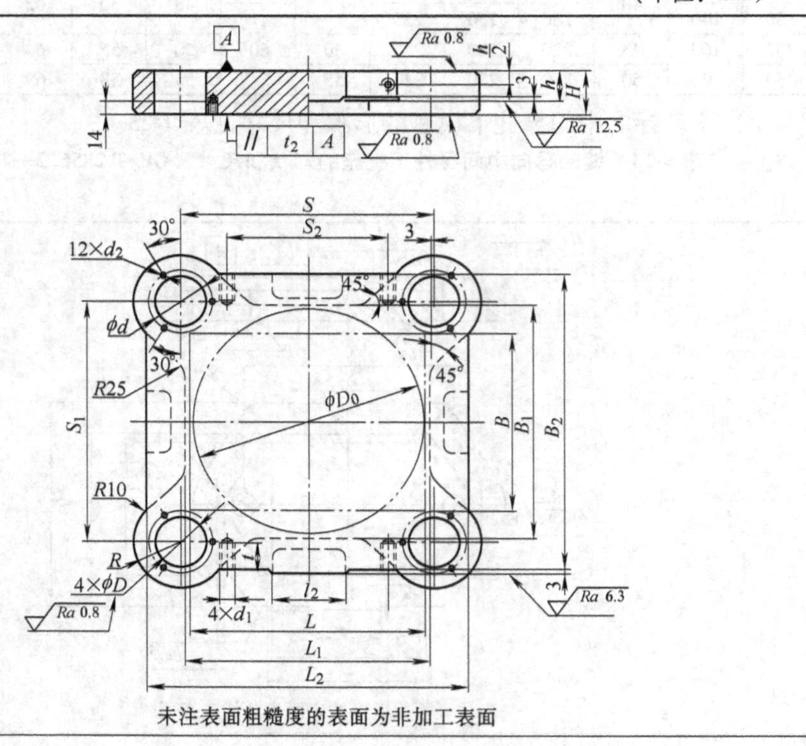

未注表面粗糙度的表面为非加工表面

（续）

凹模周界			H	h	L_1	B_1	L_2	B_2	S	S_1	R	l_2	D H6	d_1	t	S_2	d	d_2
L	B	D_0																
160	125	160	40	30	170	170	240	230	180	175	40	80	48	—	—	—	62	M6-6H
200	160	200	45	35	210	210	290	280	220	220	45		50	M14-6H	28	130	64	
250		—	50		260		340		270									
250	200	250				260		330		270	50		55			170	69	
315		—			325		425		330			100						
400	250	—	60		410	320	515	390	425	320	60		58	M16-6H	32	300	82	M8-6H

注：压板台的形状尺寸由制造者确定。

2）滚动导向四导柱下模座的形状和尺寸见表 9-25。

表 9-25　滚动导向四导柱下模座的形状和尺寸（GB/T 2856.2—2008）

（单位：mm）

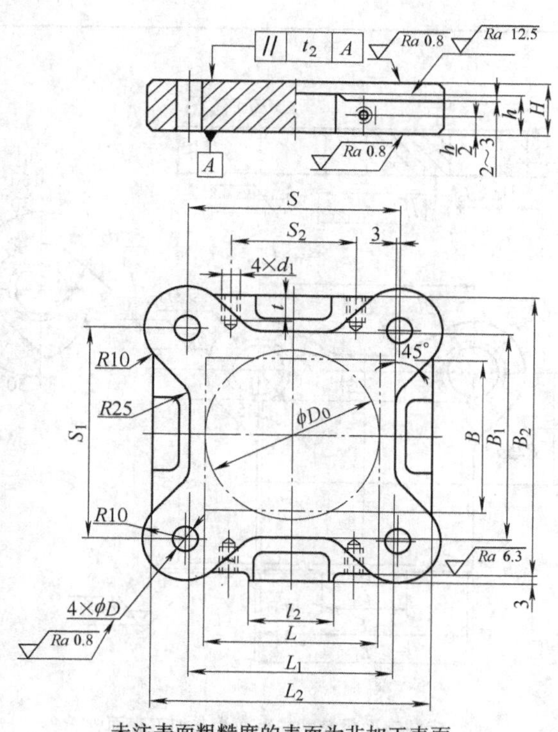

未注表面粗糙度的表面为非加工表面

（续）

凹模周界			H	h	L_1	B_1	L_2	B_2	S	S_1	R	l_2	D R7	d_1	t	S_2
L	B	D_0														
160	125	160	40	35	170	170	250	240	180	175	40	80	25	—	—	—
			50													
200	160	200	55	40	210	210	300	290	220	220	45		28	M14-6H	28	130
250		—	60		260		350		270				32	M16-6H	32	170
250	200	250	60		260	260	350	340	270	270	50		32			170
315		—	65		325		435		330			100	32			250
400	250	—	70	45	410	320	515	390	425	320	60		35			300

注：压板台的形状尺寸由制造者确定。

4. 滚动导向后侧导柱模座

1）滚动导向后侧导柱上模座的形状和尺寸见表9-26。

表9-26　滚动导向后侧导柱上模座的形状和尺寸（GB/T 2856.1—2008）

（单位：mm）

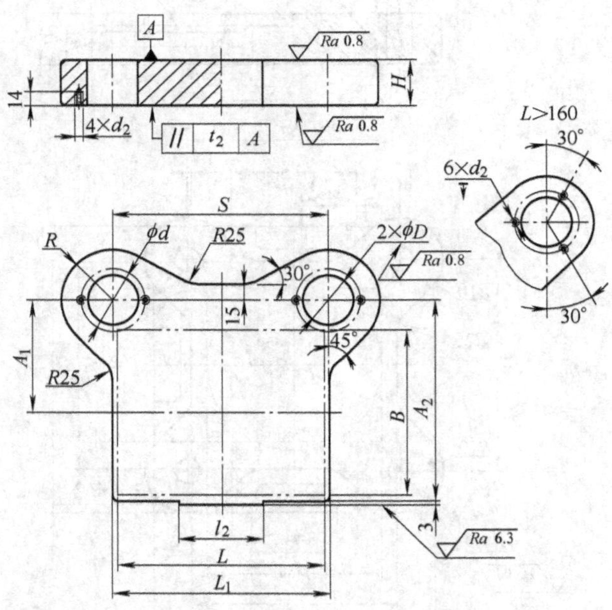

未注表面粗糙度的表面为非加工表面

（续）

凹模周界		H	L_1	S	A_1	A_2	R	l_2	D H6	d	d_2
L	B										
80	63	35	90	94	55	90	36	40	38	51	M5-6H
100	80		110	116	65	110	38	60	40	53	
125	100		130	130	75	130	40		42	55	M6-6H
160	125	40	170	170	90	155	45	80	48	62	
200	160	45	210	210	110	195	50		50	64	

2）滚动导向后侧导柱下模座的形状和尺寸见表 9-27。

表 9-27　滚动导向后侧导柱下模座的形状和尺寸（GB/T 2856.2—2008）

（单位：mm）

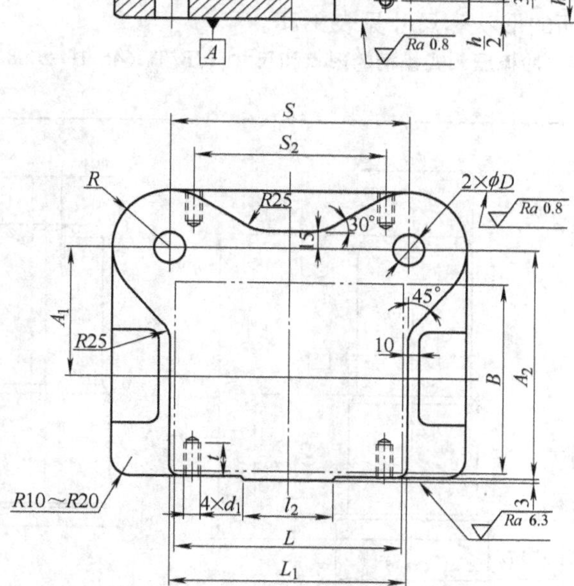

未注表面粗糙度的表面为非加工表面

凹模周界		H	h	L_1	S	A_1	A_2	R	l_2	D R7	d_1	t	S_2
L	B												
80	63	40	20	90	94	55	90	36	40	18	—	—	—
100	80			110	116	65	110	38	60	20			
125	100	45	25	130	130	75	130	40		22			
160	125			170	170	90	155	45	80	25			
200	160	55	35	210	210	110	195	50		28	M14-6H	28	170

注：压板台的形状尺寸由制造者确定。

9.3 冲模标准模柄

中、小型模具一般是通过模柄将上模固定在压力机滑块上。模柄是作为上模与压力机滑块连接的零件。对它的基本要求是：①要与压力机滑块上的模柄孔正确配合，安装可靠；②要与上模正确而可靠连接。

JB/T 7646.1～6—2008《冲模模柄》规定的冲模模柄有压入式模柄、旋入式模柄、凸缘模柄、槽型模柄、浮动模柄和推入式活动模柄，分别介绍如下。

9.3.1 压入式模柄

压入式模柄与模座孔采用过渡配合 H7/m6，并加销钉以防转动。这种模柄可较好地保证轴线与上模座的垂直度，适用于各种中、小型冲模，生产中最常见。

冲模压入式模柄的形状和尺寸见表 9-28。

表 9-28 冲模压入式模柄的形状和尺寸（JB/T 7646.1—2008）

（单位：mm）

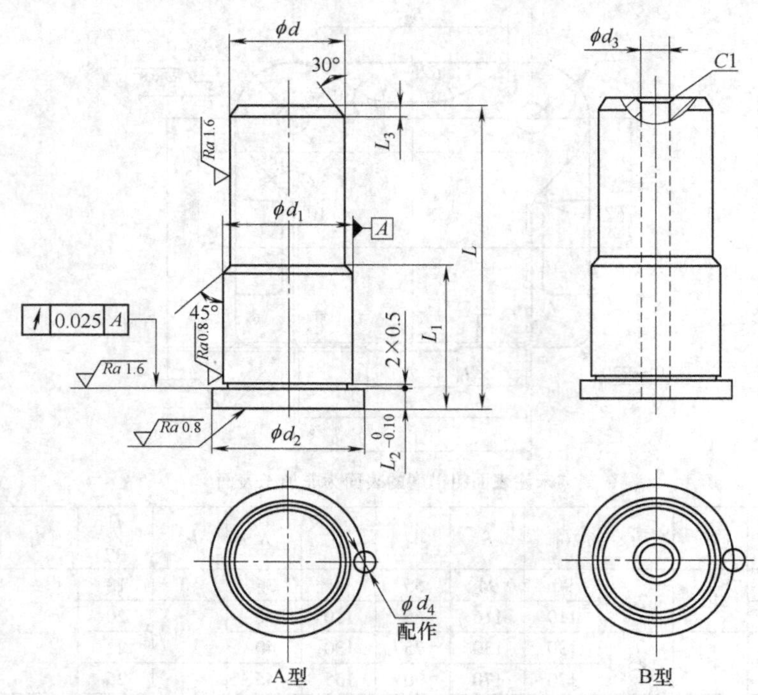

未注表面粗糙度Ra6.3μm

（续）

<table>
<tr><th>d
Js10</th><th>d_1
m6</th><th>d_2</th><th>L</th><th>L_1</th><th>L_2</th><th>L_3</th><th>d_3</th><th>d_4
H7</th></tr>
<tr><td rowspan="3">20</td><td rowspan="3">22</td><td rowspan="3">9</td><td>60</td><td>20</td><td rowspan="7">4</td><td rowspan="3">2</td><td rowspan="7">7</td><td rowspan="11">6</td></tr>
<tr><td>65</td><td>25</td></tr>
<tr><td>70</td><td>30</td></tr>
<tr><td rowspan="4">25</td><td rowspan="4">26</td><td rowspan="4">33</td><td>65</td><td>20</td><td rowspan="4">2.5</td></tr>
<tr><td>70</td><td>25</td></tr>
<tr><td>75</td><td>30</td></tr>
<tr><td>80</td><td>35</td></tr>
<tr><td rowspan="4">32</td><td rowspan="4">34</td><td rowspan="4">42</td><td>80</td><td>25</td><td rowspan="4">5</td><td rowspan="4">3</td><td rowspan="4">11</td></tr>
<tr><td>85</td><td>30</td></tr>
<tr><td>90</td><td>35</td></tr>
<tr><td>95</td><td>40</td></tr>
<tr><td rowspan="5">40</td><td rowspan="5">42</td><td rowspan="5">50</td><td>100</td><td>30</td><td rowspan="5">6</td><td rowspan="5">4</td><td rowspan="5">11</td><td rowspan="5">6</td></tr>
<tr><td>105</td><td>35</td></tr>
<tr><td>110</td><td>40</td></tr>
<tr><td>115</td><td>45</td></tr>
<tr><td>120</td><td>50</td></tr>
<tr><td rowspan="6">50</td><td rowspan="6">52</td><td rowspan="6">61</td><td>105</td><td>35</td><td rowspan="6">8</td><td rowspan="6">5</td><td rowspan="6">15</td><td rowspan="6">8</td></tr>
<tr><td>110</td><td>40</td></tr>
<tr><td>115</td><td>45</td></tr>
<tr><td>120</td><td>50</td></tr>
<tr><td>125</td><td>55</td></tr>
<tr><td>130</td><td>60</td></tr>
<tr><td rowspan="7">60</td><td rowspan="7">62</td><td rowspan="7">71</td><td>115</td><td>40</td><td rowspan="7">8</td><td rowspan="7">5</td><td rowspan="7">15</td><td rowspan="7">8</td></tr>
<tr><td>120</td><td>45</td></tr>
<tr><td>125</td><td>50</td></tr>
<tr><td>130</td><td>55</td></tr>
<tr><td>135</td><td>60</td></tr>
<tr><td>140</td><td>65</td></tr>
<tr><td>145</td><td>70</td></tr>
</table>

注：1. 材料由制造者选定，推荐采用 Q235、45 钢。

2. 应符合 JB/T 7653—2008 的规定。

9.3.2 旋入式模柄

旋入式模柄通过螺纹与上模座连接，并加螺钉防止松动。这种模具拆装方便，但模柄轴线与上模座的垂直度较差，多用于有导柱的中、小型冲模。

冲模旋入式模柄的形状和尺寸见表9-29。

表9-29 冲模旋入式模柄的形状和尺寸（JB/T 7646.2—2008）

（单位：mm）

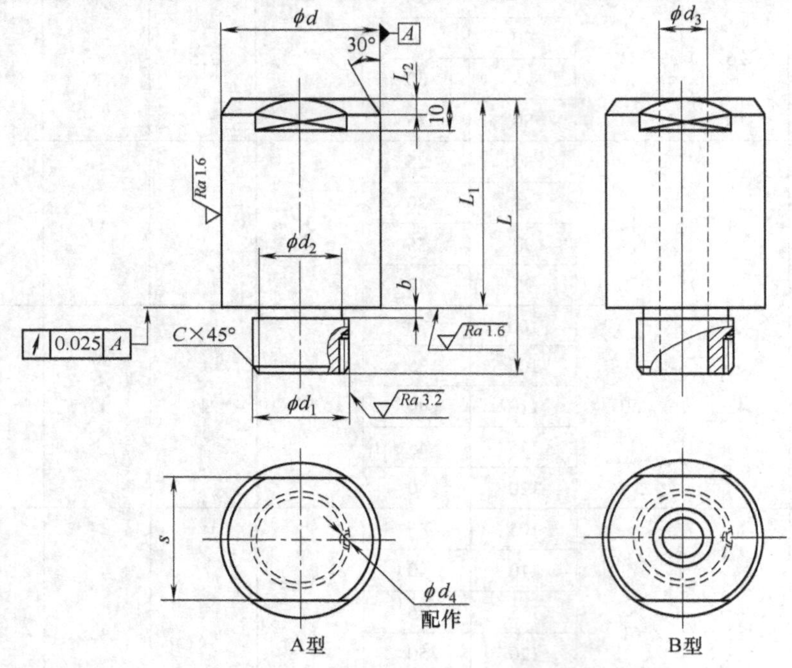

未注表面粗糙度Ra6.3μm

<table>
<tr><th>d
Js10</th><th>d_1</th><th>L</th><th>L_1</th><th>L_2</th><th>s</th><th>d_2</th><th>d_3</th><th>d_4</th><th>b</th><th>C</th></tr>
<tr><td>20</td><td>M16×1.5</td><td>58</td><td>40</td><td>2</td><td>17</td><td>14.5</td><td rowspan="4">11</td><td rowspan="4">M6</td><td rowspan="2">2.5</td><td rowspan="2">1</td></tr>
<tr><td>25</td><td>M16×1.5</td><td>68</td><td>45</td><td>2.5</td><td>21</td><td>14.5</td></tr>
<tr><td>32</td><td>M20×1.5</td><td>79</td><td>56</td><td>3</td><td>27</td><td>18.0</td><td rowspan="2">3.5</td><td rowspan="2">1.5</td></tr>
<tr><td>40</td><td>M24×1.5</td><td rowspan="2">91</td><td rowspan="2">68</td><td>4</td><td>36</td><td>21.5</td></tr>
<tr><td>50</td><td>M30×1.5</td><td rowspan="2">5</td><td>41</td><td>27.5</td><td rowspan="2">15</td><td rowspan="2">M8</td><td rowspan="2">4.5</td><td rowspan="2">2</td></tr>
<tr><td>60</td><td>M36×1.5</td><td>100</td><td>73</td><td>50</td><td>33.5</td></tr>
</table>

注：1. 材料由制造者选定，推荐采用Q235、45钢。

2. 应符合JB/T 7653—2008的规定。

9.3.3　凸缘模柄

凸缘模柄用 3 ~ 4 个螺钉紧固于上模座，模柄的凸缘与上模座的窝孔采用 H7/js6 过渡配合，多用于较大型的模具。

冲模凸缘模柄的形状和尺寸见表 9-30。

表 9-30　冲模凸缘模柄的形状和尺寸（JB/T 7646.3—2008）

（单位：mm）

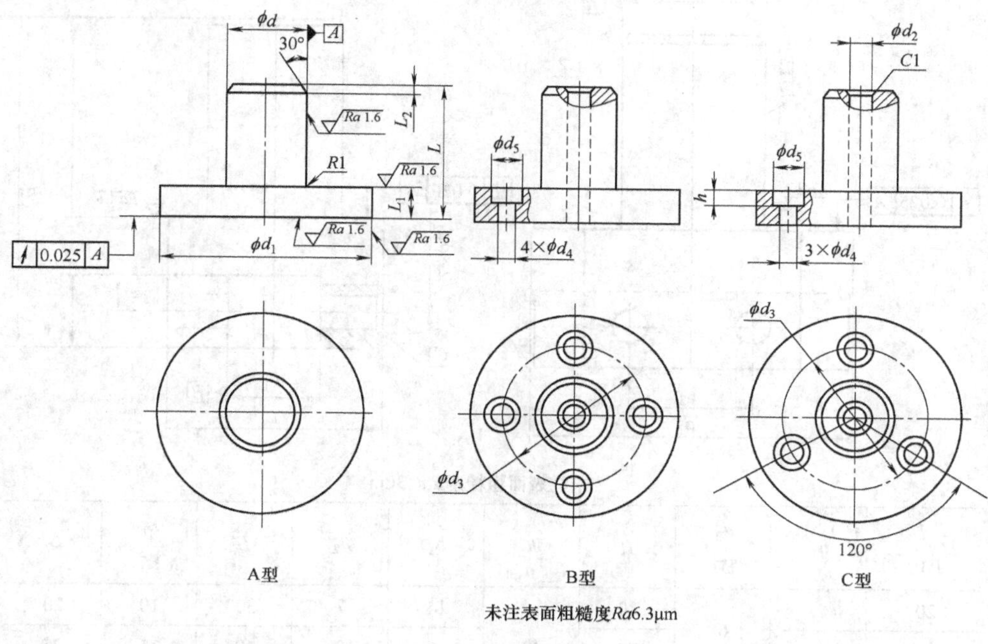

A型　　B型　　C型

未注表面粗糙度 $Ra6.3\mu m$

d Js10	d_1	L	L_1	L_2	d_2	d_3	d_4	d_5	h
20	67	58	18	2	11	44	9	14	9
25	82	63		2.5		54			
32	97	79	23	3		65			
40	122	91		4		81			
50	132			5	15	91	11	17	11
60	142	96				101	13	20	13
70	152	100				110			

注：1. 材料由制造者选定，推荐采用 Q235、45 钢。

2. 应符合 JB/T 7653—2008 的规定。

9.3.4 槽形模柄

槽形模柄用于直接固定凸模，也可称为带模座的模柄，主要用于简单模中，更换凸模方便。

冲模槽形模柄的形状和尺寸见表9-31。

表9-31 冲模槽形模柄的形状和尺寸（JB/T 7646.4—2008）

（单位：mm）

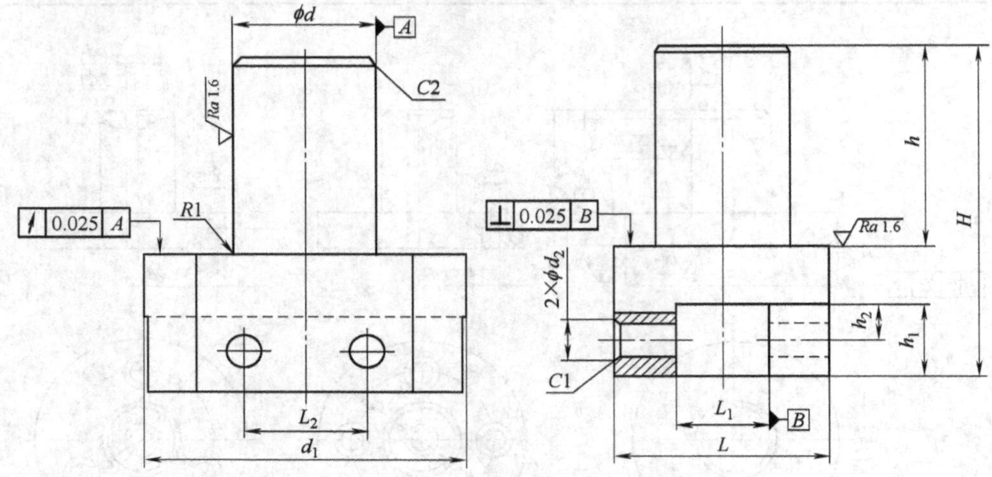

未注表面粗糙度Ra6.3μm

<table>
<tr><th>d
Js10</th><th>d₁</th><th>d₂
H7</th><th>H</th><th>h</th><th>h₁</th><th>h₂</th><th>L</th><th>L₁
H7</th><th>L₂</th></tr>
<tr><td>20</td><td>45</td><td rowspan="2">6</td><td>70</td><td rowspan="3">48</td><td>14</td><td>7</td><td>30</td><td>10</td><td>20</td></tr>
<tr><td>25</td><td>55</td><td>75</td><td>16</td><td>8</td><td>40</td><td>15</td><td>25</td></tr>
<tr><td>32</td><td>70</td><td>8</td><td>85</td><td>20</td><td>10</td><td>50</td><td>20</td><td>30</td></tr>
<tr><td>40</td><td>90</td><td rowspan="3">10</td><td>100</td><td rowspan="2">60</td><td>22</td><td>11</td><td>60</td><td>25</td><td>35</td></tr>
<tr><td>50</td><td>110</td><td>115</td><td>25</td><td>12</td><td>70</td><td>30</td><td>45</td></tr>
<tr><td>60</td><td>120</td><td>130</td><td>70</td><td>30</td><td>15</td><td>80</td><td>35</td><td>50</td></tr>
</table>

注：1. 材料由制造者选定，推荐采用Q235、45钢。

2. 应符合JB/T 7653—2008的规定。

9.3.5 浮动模柄

浮动模柄的主要特点是压力机的压力通过凹球面模柄和凸球面垫块传递到上模，以消除压力机导向误差对模具导向精度的影响，主要用于硬质合金模等精密导柱模。

1）冲模浮动模柄的形状和尺寸见表 9-32。

表 9-32　冲模浮动模柄的形状和尺寸（JB/T 7646.5—2008）

（单位：mm）

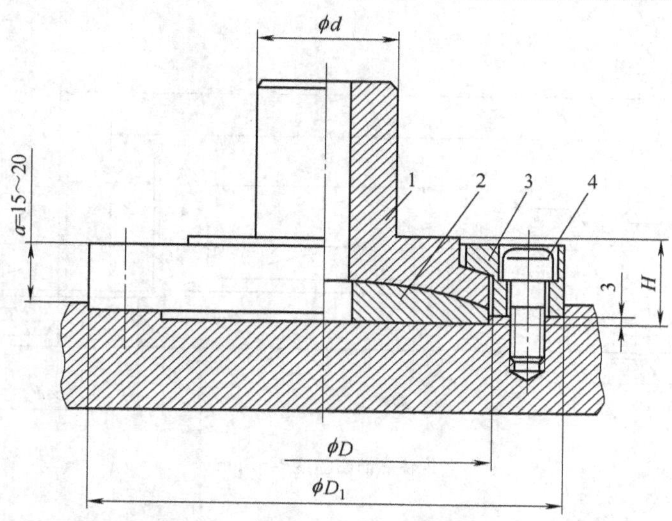

1—凹球面模柄　2—凸球面垫块　3—锥面压圈　4—螺钉

未注表面粗糙度 $Ra6.3\mu m$

基本尺寸				锥面压圈	凹球面模柄	凸球面垫块	螺钉
d	D	D_1	H				
25	46	74	21.5	74	25×24	46	M6×20
	50	80		80	25×48	50	
32	55	90	25	90	30×53	55	M8×25
	65	100		100	30×63	65	
	75	110	25.5	110	30×73	75	
	85	120	27	120	30×83	85	
40	65	100	25	100	40×63	65	
	75	110	25.5	110	40×73	75	
	85	120	27	120	40×83	85	
		130		130			M10×30
	95	140		140	40×93	95	
	105	150	29	150	40×103	105	
50	85	130	27	130	50×83	85	
	95	140		140	50×93	95	
	105	150	29	150	50×103	105	
	115	160		160	50×113	115	
	120	170	31.5	170	50×118	120	M12×30
	130	180		180	50×128	130	

注：螺钉数量：当 $D_1 \leqslant 100$，为 4 件；当 $D_1 > 100$mm，为 6 件。

2）冲模浮动模柄锥面压圈的形状和尺寸见表9-33。

表9-33　冲模浮动模柄锥面压圈的形状和尺寸（JB/T 7646.5—2008）

（单位：mm）

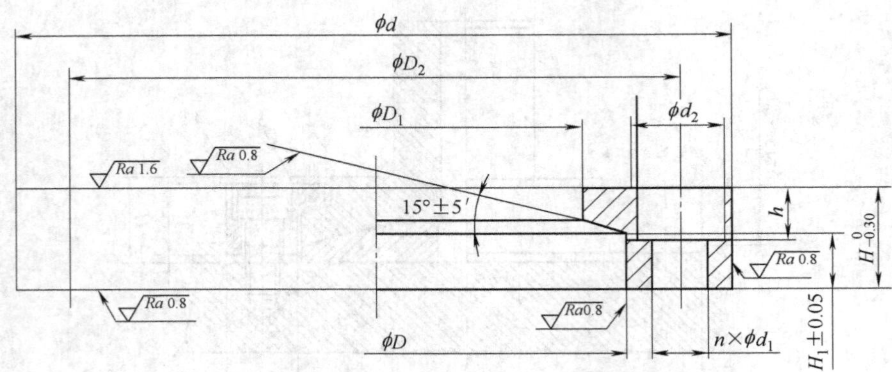

未注表面粗糙度Ra6.3μm

d Js10	H	D H7	H_1	D_1	D_2	d_1	d_2	h	n
74	16	46	8.5	36	60	7	11	7	4
80		50	8.6	38	65				
90	20	55	10.9	43	72	9	14	9	
100		65	10.7	53	82				
110		75	10.6	63	92				6
120	22	85	12.8	69	102				
130					107	11	17	11	
140		95		79	117				
150	24	105		89	127				
160		115	12.7	99	137				
170	26	120	15.2	100	145	13.5	20	13	
180		130		110	155				

注：1. 材料由制造者选定，推荐采用45钢。硬度43～48HRC。

2. 技术条件应符合JB/T 7653—2008的规定。

3）冲模浮动模柄凹球面模柄的形状和尺寸见表9-34。

表 9-34　冲模浮动模柄凹球面模柄的形状和尺寸（JB/T 7646.5—2008）

（单位：mm）

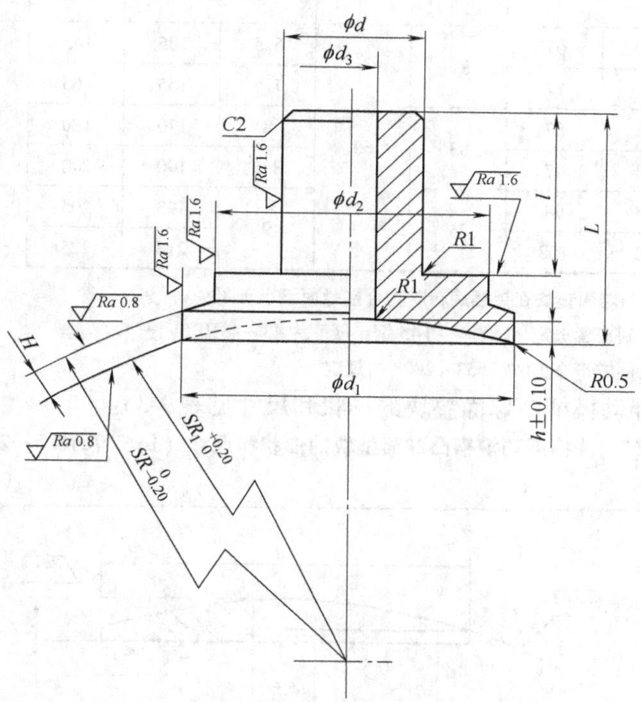

未注表面粗糙度Ra6.3μm

d js10	d_1	d_2	L	l	h	SR_1	SR	H	d_3
25	44	34	64	48	3.5	69	75	6	7
	48	36			4	74	80		
32	53	41	67		4.5	82	90	8	11
	63	51			5.5	102	110		
	73	61	68		6	122	130	8	11
	83	67	69		4.5	135	145	10	
40	63	51	79	60	5.5	102	110	8	13
	73	61	80		6	122	130		
	83	67	81		6.5	135	145	10	
	93	77			7.5	155	165		
	103	87	83		6	170	180		

（续）

d js10	d_1	d_2	L	l	h	SR_1	SR	H	d_3
50	83	67	81	60	6.5	135	145	10	17
	93	77			7.5	155	165		
	103	87	83		8	170	180		
	113	97			8.5	190	200		
	118	98	85		9	193	205	12	
	128	108				213	225		

注：1. SR_1 与凸球面垫块在摇摆旋转时吻合接触面不小于80%。

2. 材料由制造者选定，推荐采用45钢，硬度为43～48HRC。

3. 技术条件应符合 JB/T 7653—2008 的规定。

4）冲模浮动模柄凸球面垫块的形状和尺寸见表9-35。

表9-35　冲模浮动模柄凸球面垫块的形状和尺寸（JB/T 7646.5—2008）

（单位：mm）

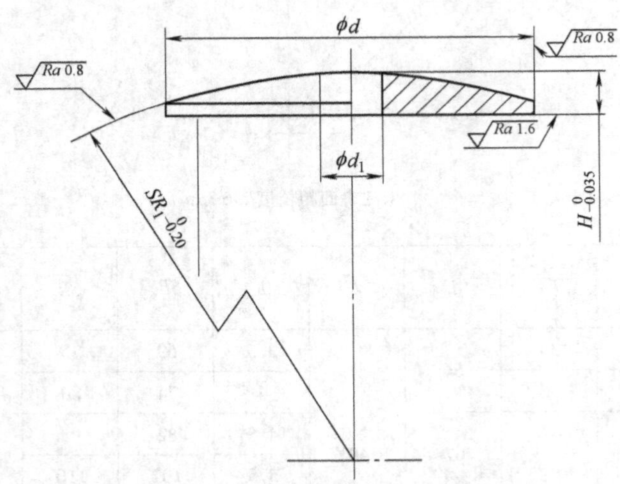

未注表面粗糙度Ra6.3μm

D g6	H	SR_1	d_1
46	9	69	10
50	9.5	74	
55	10	82	14
65	10.5	102	
75	11	122	
85	12	135	

（续）

D g6	H	SR_1	d_1
95	12.5	155	16
105	13.5	170	
115	14	190	20
120	15	193	
130	15.5	213	

注：1. SR_1 与凹球面模柄在摇摆旋转时吻合接触面不小于 80%。

2. 材料由制造者选定，推荐采用 45 钢，硬度为 43 ~ 48HRC。

3. 技术条件应符合 JB/T 7653—2008 的规定。

9.3.6 推入式活动模柄

对于推入式活动模柄，压力机压力通过模柄接头、凹球面垫块和活动模柄传递到上模，它也是一种浮动模柄。因模柄单面开通（呈 U 形），所以使用时，导柱导套不宜脱离。它主要用于精密模具。

1）冲模推入式活动模柄的形状和尺寸见表 9-36。

表 9-36 冲模推入式活动模柄的形状尺寸（JB/T 7646.6—2008）

（单位：mm）

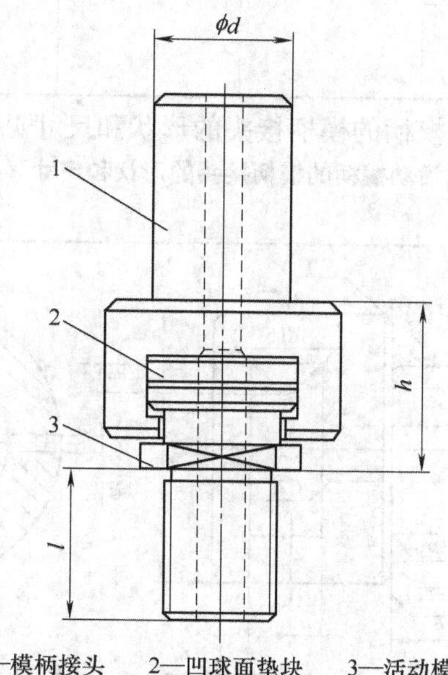

1—模柄接头 2—凹球面垫块 3—活动模柄

（续）

基本尺寸			模柄接头	凹球面垫块	活动模柄
d	l	h			
20	20	28.5	20	30×6	20×37
	25				20×42
	30				20×47
25	20	33.5	25	30×8	20×38
	25				20×43
	30				20×48
32	20	36.5	32	35×8	25×41
	25				25×46
	30				25×51
	35				25×56
	40				25×61
40	25	48.5	40	42×8.5	32×52
	30				32×57
	35				32×62
	40				32×67
	45				32×72
	50				32×77

2）冲模推入式活动模柄的模柄接头的形状和尺寸见表9-37。

表9-37　冲模推入式活动模柄的模柄接头的形状和尺寸（JB/T 7646.6—2008）

（单位：mm）

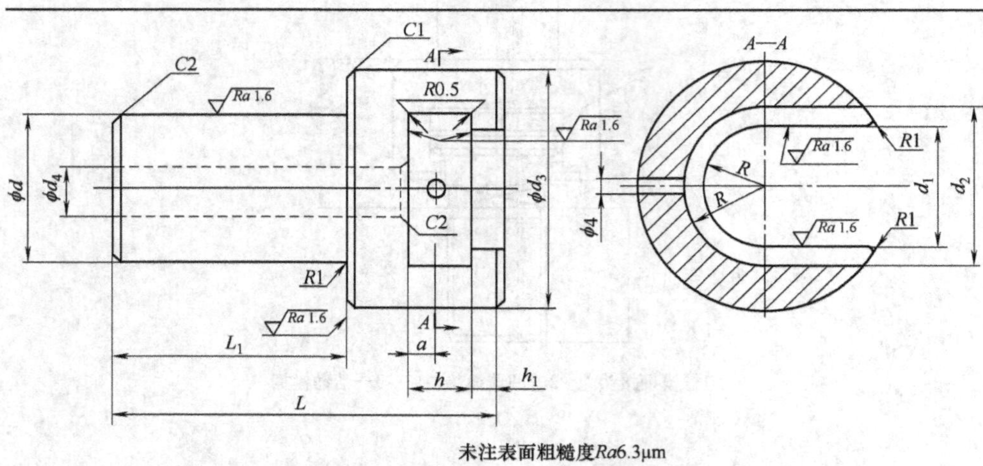

未注表面粗糙度Ra6.3μm

（续）

d js10	L	L_1	d_1 H12	d_2 js10	d_3	h_1	h H13	a	d_4
20	68				45	5	10.5		6.5
25	73				50	6	12.5		8.5
32	78	48	25	35	55	6	14.5	5.5	10.5
40	100	60	32	42	65	8	16.5	7.5	12.5

注：1. 材料由制造者选定，推荐采用 Q235。

2. 技术条件应符合 JB/T 7653—2008 的规定。

3）冲模推入式活动模柄的凹球面垫块的形状和尺寸见表 9-38。

表 9-38　冲模推入式活动模柄凹球面垫块的形状和尺寸（JB/T 7646.6—2008）

（单位：mm）

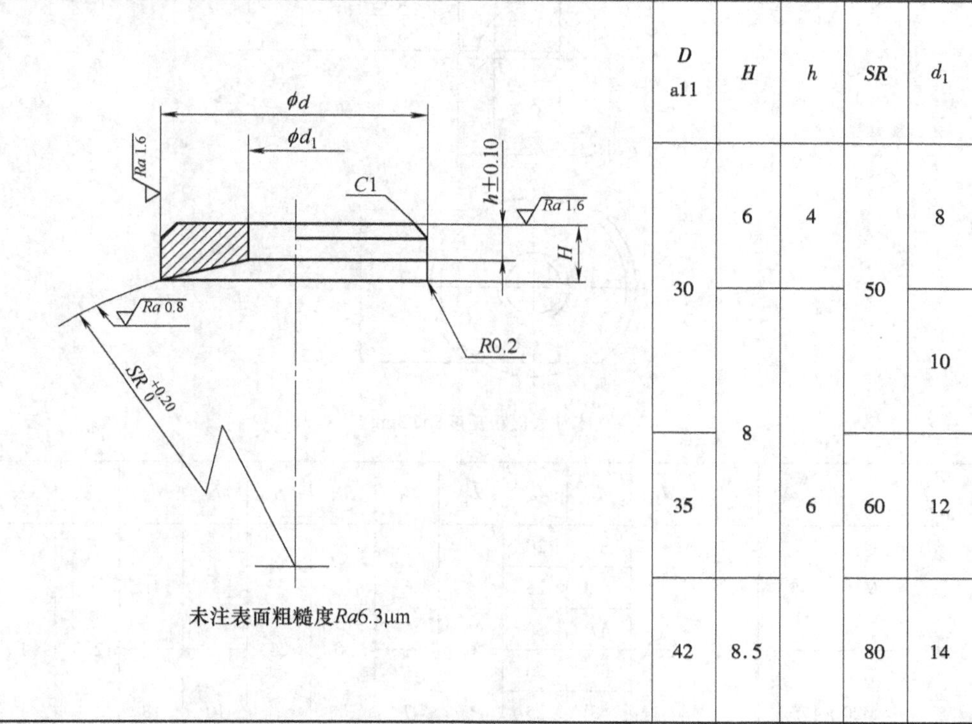

D a11	H	h	SR	d_1
30	6	4	50	8
30	8	6	50	10
35	8	6	60	12
42	8.5	6	80	14

注：1. SR 与活动模柄在摇摆旋转时吻合接触面不小于 80%。

2. 材料由制造者选定，推荐采用 45 钢，硬度为 43～48HRC。

3. 技术条件应符合 JB/T 7653—2008 的规定。

4）冲模推入式活动模柄的活动模柄的形状和尺寸见表 9-39。

表 9-39　冲模推入式活动模柄的活动模柄的形状和尺寸（JB/T 7646.6—2008）

（单位：mm）

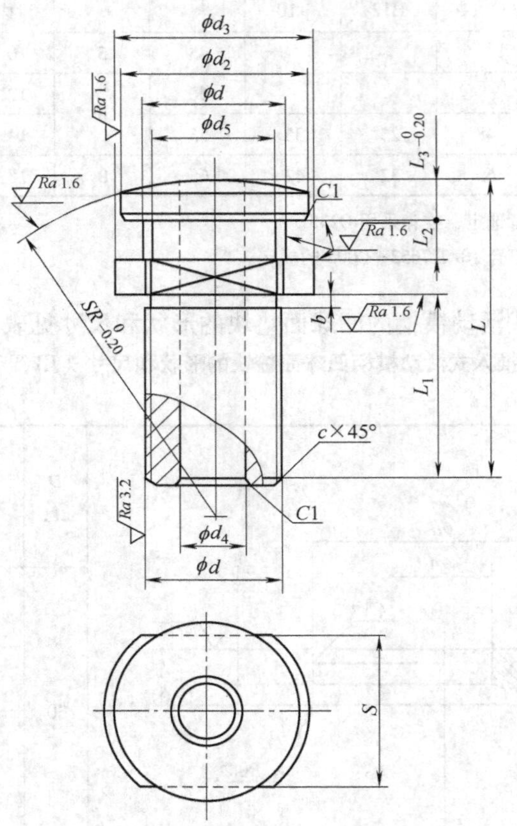

未注表面粗糙度 Ra6.3μm

d a11	d_1	d_2 a11	d_3	L	L_1	L_2	L_3	SR	S	d_4	d_5	b	c
20	M16×1.5	30	35	37	20	6	6	50	26	8	14.5	2.5	1
				42	25								
				47	30								
	M20×1.5			38	20		7			10	18		
				43	25								
				48	30								
25	M24×1.5	35	40	41	20	8	7	60	32	12	21.5	3.5	1.5
				46	25								
				51	30								

（续）

d a11	d_1	d_2 a11	d_3	L	L_1	L_2	L_3	SR	S	d_4	d_5	b	c
25	M24 × 1.5	35	40	56	35	8	7	60	32	12	21.5	3.5	1.5
				61	40								
32	M30 × 2	42	45	52	25	10	9	80	36	14	27.5		
				57	30								
				62	35								
				67	40								
				72	45								
				77	50								

注：1. SR 与凹球面垫块在摇摆旋转时吻合接触面不小于 80%。

2. 材料由制造者选定，推荐采用 45 钢，硬度为 43 ~ 48HRC。

3. 技术条件应符合 JB/T 7653—2008 的规定。

9.4　冲模标准导向装置

9.4.1　导柱、导套

1. 滑动导向导柱

导向导柱材料由制造者选定，推荐采用 20Cr、GCr15。20Cr 渗碳深度为 0.8 ~ 1.2mm，硬度为 58 ~ 62HRC；GCr15 硬度为 58 ~ 62HRC。

1）A 型滑动导向导柱的形状和尺寸见表 9-40。

表 9-40　A 型滑动导向导柱的形状和尺寸（GB/T 2861.1—2008）

（单位：mm）

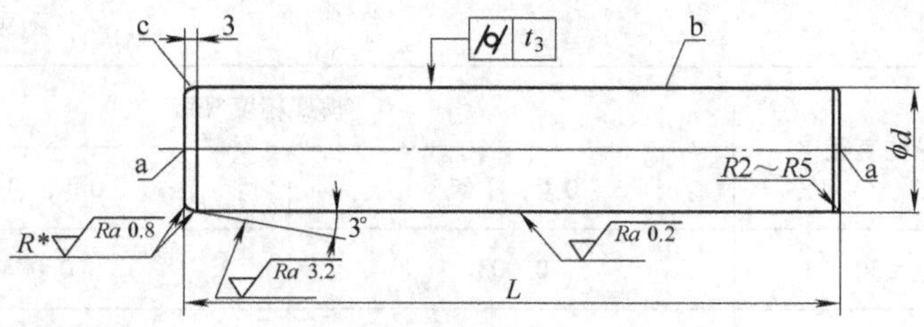

未注表面粗糙度 $Ra6.3\mu m$

a. 允许保留中心孔

b. 允许开油槽

c. 压入端允许采用台阶式导入结构

注：R^* 由制造者确定

（续）

d h5 或 h6	*L*	*d* h5 或 h6	*L*	*d* h5 或 h6	*L*	*d* h5 或 h6	*L*
16	90	22	150	32	210	50	230
	100		160	35	160		240
	110		180		180		250
18	90	25	110		190		260
	100		130		200		270
	110		150		210		280
	120		160		230		290
	130		180	40	180		300
	150	28	130		190	55	220
	160		150		200		240
20	100		160		210		250
	110		170		230		270
	120		180		260		280
	130		190	45	190		290
	150		200		200		300
	160	32	150		230		320
22	100		160		260	60	250
	110		170		290		270
	120		180	50	200		280
	130		190		220		290
							300
							320

注：表图（包括表9-29、表9-32、表9-38和表9-39中的附图）中导柱滑动部分的圆柱度（t_3）（见JB/T 8071—2008）如下：

（单位：mm）

导柱直径	模架精度等级	
	0Ⅰ，Ⅰ级	0Ⅱ，Ⅱ级
≤30	0.003	0.004
>30～45	0.004	0.005
>45	0.005	0.006

2）B型滑动导向导柱的形状和尺寸见表9-41。

表 9-41 B 型滑动导向导柱的形状和尺寸（GB/T 2861.1—2008）

（单位：mm）

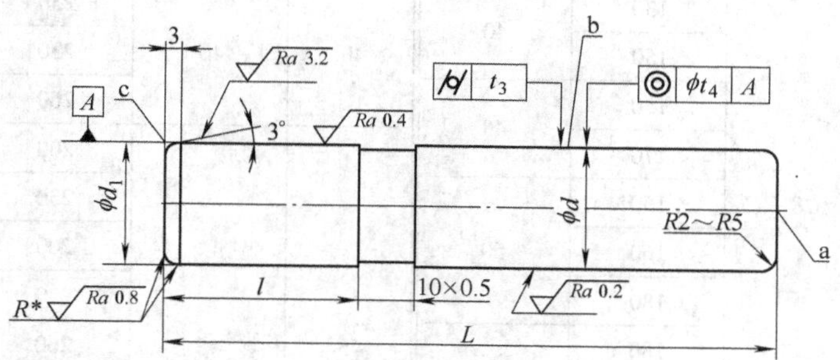

未注表面粗糙度 Ra6.3μm

a. 允许保留中心孔

b. 允许开油槽

c. 压入端允许采用台阶式导入结构

注：1. R^* 由制造者确定

2. Ⅰ级精度模架采用 d h5，Ⅱ级精度模架采用 d h6

d h5 或 h6	d_1 r6	L	l	d h5 或 h6	d_1 r6	L	l
16	16	90	25	22	22	120	30
		100				110	35
		100	30			120	
		110				130	
18	18	90	25			110	40
		100				130	
		100	30			130	45
		110				150	
		120		25	25	110	35
		110	40			130	
		130				130	40
20	20	100	30			150	
		120				130	45
		120	35			150	
		110	40			150	50
		130				160	
22	22	100	30			180	

（续）

d h5 或 h6	d_1 r 6	L	l
28	28	130	40
		150	
		150	45
		170	
		150	50
		160	
		180	
		180	55
		200	
32	32	150	45
		170	
		160	50
		190	
		180	55
		210	
		190	60
		210	
35	35	160	50
		190	
		180	55
		190	
		210	
		190	60
		210	
		200	65
		230	
40	40	180	55
		210	
		190	60
		200	
		210	
		230	
		200	65
		230	65
		230	70
		260	
45	45	200	60
		230	
		200	65
		230	
		260	
		230	70
		260	
		260	75
		290	
50	50	200	60
		230	
		220	65
		230	
		240	
		250	
		260	
		270	
		230	70
		260	
		260	75
		290	
		250	80
		270	
		280	
		300	
55	55	220	65
		240	
		250	
		270	
		250	70

（续）

d h5 或 h6	d_1 r 6	L	l
55	55	280	70
		250	75
		280	
		250	80
		270	
		280	
		300	

d h5 或 h6	d_1 r 6	L	l
55	55	290	90
		320	
60	60	250	70
		280	
		290	90
		320	

注：表图中导柱滑动部分轴心线对固定部分轴线的同轴度（ϕt_4）（见 JB/T 8071—2008）如下：

（单位：mm）

滑动部分的极限偏差	同　轴　度
h5	ϕ0. 006
h6	ϕ0. 008

2. 滑动导向导套

滑动导向导套材料由制造者选定，推荐采用20Cr、GCr15。20Cr 渗碳深度为 0. 8 ~1. 2mm，硬度为 58 ~62HRC；GCr15 硬度为 58 ~62HRC。

1）A 型滑动导向导套的形状和尺寸见表 9-42。

表 9-42　A 型滑动导向导套的形状和尺寸（GB/T 2861. 3—2008）

（单位：mm）

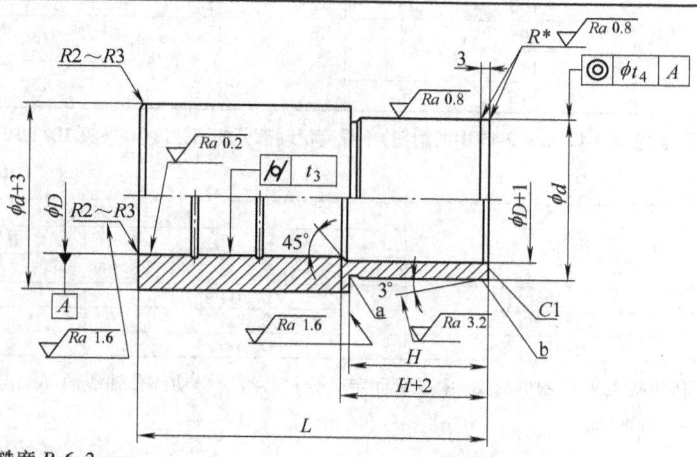

未注表面粗糙度 Ra6. 3μm

a. 砂轮越程槽由制造者确定

b. 压入端允许采用台阶式导入结构

注：1. 油槽数量及尺寸由制造者确定

2. R* 由制造者确定

3. Ⅰ级精度模架采用 $DH6$，Ⅱ级精度模架采用 $DH7$

4. 导套压入式采用 dr6，粘接式采用 dd6

（续）

D H6 或 H7	d r6 或 d6	L	H
16	25	60	18
		65	23
18	28	60	18
		65	23
		70	28
20	32	65	23
		70	28
22	35	65	23
		70	28
		80	
		80	33
		85	
25	38	80	28
		80	33
		85	
		90	38
		95	
28	42	85	33
		90	38
		95	
		100	
		110	43
32	45	100	38
		105	43
		110	
		115	48

D H6 或 H7	d r6 或 d6	L	H
32	45	100	38
		105	43
		110	
		115	48
35	50	105	43
		115	
		115	48
		125	
40	55	115	43
		125	48
		140	53
45	60	125	48
		140	53
		150	58
50	65	125	48
		140	53
		150	
		150	58
		160	63
55	70	150	53
		160	58
		160	63
		170	73
60	76	160	58
		170	73

注：1. 表图（包括表9-43和表9-45中的附图）中导套滑动部分的圆柱度（t_3）（见JB/T 8071—2008）如下：

（单位：mm）

导套内径	模架精度等级	
	0Ⅰ，Ⅰ级	0Ⅱ，Ⅱ级
	圆柱度	
≤30	0.004	0.006
>30～45	0.005	0.007
>45	0.006	0.008

2. 表图（包括表9-43中的附图）中导套固定部分轴心线对滑动部分轴线的同轴度（ϕt_4）（见JB/T 8071—2008）如下：

（单位：mm）

滑动部分的极限偏差	同 轴 度
H6	ϕ0.006
H7	ϕ0.008

2）B型滑动导向导套的形状和尺寸见表9-43。

表 9-43　B 型滑动导向导套的形状和尺寸（GB/T 2861. 3—2008）

（单位：mm）

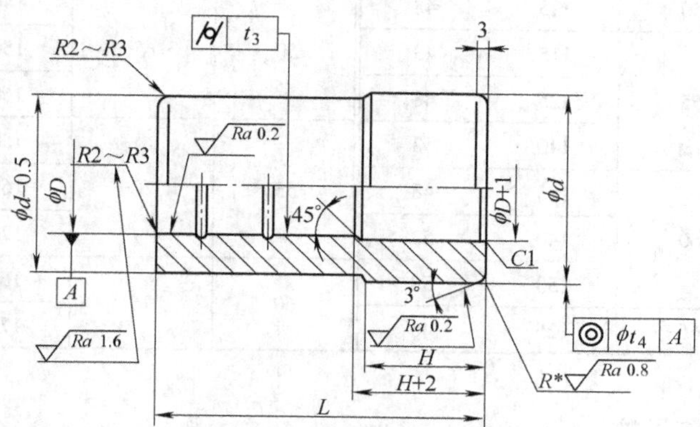

注：0 Ⅰ级精度模架导套采用 DH6，0 Ⅱ级精度采用 DH7

D H6 或 H7	d r6	L	H
16	25	40	18
		60	18
		65	23
18	28	40	18
		45	23
		60	18
		65	23
		70	28
20	32	45	23
		50	25
		65	23
		70	28
22	35	50	25
		55	27
		65	23
		70	28
		80	33
		85	38
25	38	55	27
		60	30

D H6 或 H7	d r6	L	H
25	38	80	33
		85	
		90	38
		95	
28	42	60	30
		65	
		85	33
		90	38
28	42	95	38
		100	
		110	43
32	45	65	30
		70	33
		100	38
		105	43
		110	
		115	48
35	50	70	33
		105	43
		115	48

（续）

D H6或H7	d r6	L	H	D H6或H7	d r6	L	H
35	50	125	48	50	65	140	53
40	55	115	43			150	58
		125	48			160	63
		140	53	55	70	150	53
45	60	125	48			160	63
		140	52			170	73
		150	58	60	76	160	58
50	65	125	48			170	

3. 滚动导向导柱

滚向导向导柱材料由制造者选定，推荐采用20Cr、GCr15。20Cr渗碳深度为0.8～1.2mm，硬度为60～64HRC；GCr15硬度为60～64HRC。滚动导向导柱的形状和尺寸见表9-44。

表9-44　滚动导向导柱的形状和尺寸（GB/T 2861.2—2008）

（单位：mm）

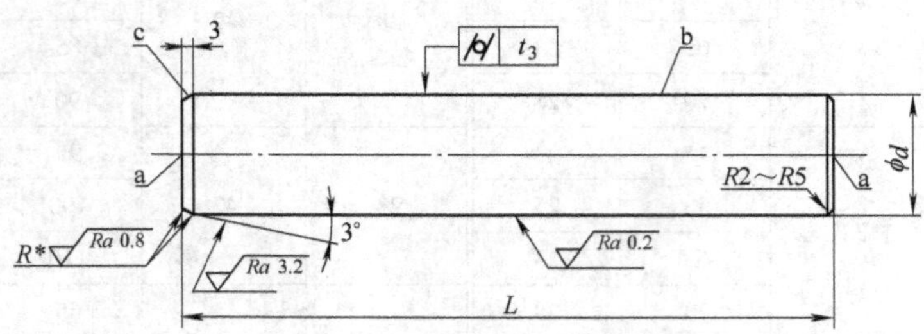

未注表面粗糙度 Ra6.3μm

a. 允许保留中心孔

b. 允许开油槽

c. 压入端允许采用台阶式导入结构

注：R^* 由制造者确定

（续）

d h5	L	d h5	L	d h5	L	d h5	L
18	130	25	170	35	190	45	290
	140		190		210		320
	155	28	155		215	50	230
20	130		160		225		260
	140		170		230		290
	145		190	40	225		320
	155		210		230	55	260
22	145	32	170		260		290
	155		190		290		320
	160		210		320	60	260
25	155		215	45	230		290
	160		225		260		320

4. 滚动导向导套

滚动导向导套材料由制造者选定，推荐采用20Cr、GCr15。20Cr 渗碳深度为0.8～1.2mm，硬度为60～64HRC；GCr15 硬度为60～64HRC。滚动导向导套的形状和尺寸见表9-45。

表 9-45　滚动导向导套的形状和尺寸（GB/T 2861.4—2008）

（单位：mm）

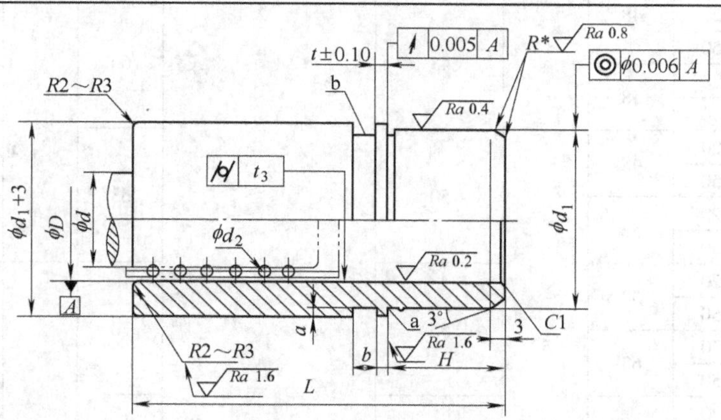

公称尺寸 d	公称尺寸 L	H	钢球 d_2	D 基本尺寸	D 配合要求	d_1 m5	t	b	a
18	80	23	3	24	与滚动导向导柱配合的径向过盈量为0.01～0.02	38	3	5	3
	100	30							
	100	33							

（续）

公称尺寸		H	钢球 d_2	D		d_1 m5	t	b	a
d	L			基本尺寸	配合要求				
20	80	23	3	26	与滚动导向导柱配合的径向过盈量为0.01~0.02	40	3	5	3
	100	30							
	100	33							
22	100	30		28		42			
	100	33							
25	100	30		31		45	4	6	3.5
	100	33							
	120	38							
	100	38	4	33		48			
	105	38							
	125	38							
28	100	38		36		50			
	105	38							
	120	38							
	125	38							
	125	43							
	145	43							
32	120	38		40		55			
	120	48							
	125	43							
	145								
	150								
35	120	48		43		60			
	150								
	120	58							
	150								
40	120	48		50		65			
	150								
	120	58							
	150								
45	120	58	5	55		70	5	7	4
	150								
	120	63							
	150								
50	120	58		60		76			
	150								
	120	63							
	150								
60	180	78		70		88			

注：导套压入式采用 d r6，粘接式采用 d d3。

9.4.2 钢球保持圈

钢球保持圈的形状和尺寸见表9-46。

表9-46 钢球保持圈的形状和尺寸（GB/T 2861.5—2008）

（单位：mm）

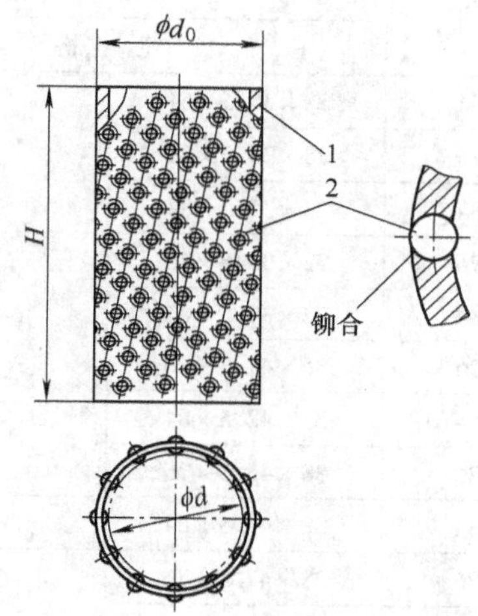

<table>
<tr><th colspan="3">公称尺寸</th><th colspan="2">零件号、名称及标准编号</th><th colspan="2" rowspan="3">钢球数</th></tr>
<tr><th rowspan="6">导柱直径 d</th><th rowspan="6">钢球保持圈直径 d_0</th><th rowspan="6">钢球保持圈长度 H</th><th>1</th><th>2</th></tr>
<tr><th>保持圈</th><th>钢球 GB/T 308—2002（G10级）</th></tr>
<tr><th colspan="2">数量</th><th rowspan="4">普通型</th><th rowspan="4">加密型</th></tr>
<tr><th>1</th><th>—</th></tr>
<tr><th colspan="2">规格</th></tr>
<tr></tr>
<tr><td>18</td><td>23.5</td><td rowspan="5">64</td><td>18×23.5×64</td><td rowspan="4">3</td><td>124</td><td>146</td></tr>
<tr><td>20</td><td>25.5</td><td>20×25.5×64</td><td>146</td><td>170</td></tr>
<tr><td>22</td><td>27.5</td><td>22×27.5×64</td><td>146</td><td>170</td></tr>
<tr><td rowspan="3">25</td><td>30.5</td><td>25×30.5×64</td><td>170</td><td>190</td></tr>
<tr><td rowspan="2">32.5</td><td>25×32.5×64</td><td rowspan="2">4</td><td>114</td><td>132</td></tr>
<tr><td>76</td><td>25×32.5×76</td><td>140</td><td>162</td></tr>
<tr><td rowspan="3">28</td><td rowspan="3">35.5</td><td>64</td><td>28×33.5×64</td><td rowspan="3">3</td><td>100</td><td>114</td></tr>
<tr><td>76</td><td>28×33.5×76</td><td>232</td><td>260</td></tr>
<tr><td>84</td><td>28×33.5×84</td><td>260</td><td>290</td></tr>
</table>

（续）

公称尺寸			零件号、名称及标准编号		钢球数	
			1	2		
导柱直径 d	钢球保持圈直径 d_0	钢球保持圈长度 H	保持圈	钢球 GB/T 308—2002（G10 级）		
			数量			
			1	—	普通型	加密型
			规格			
28	35.5	64	28×35.5×64	4	132	150
		76	28×35.5×76		162	184
		84	28×35.5×84		182	206
32	39.5	76	32×39.5×76	4	184	206
		84	32×39.5×84		206	230
35	42.5	76	35×42.5×76		206	228
		84	35×42.5×84		230	256
38	45.5	76	38×45.5×76		206	228
		84	38×45.5×84		230	256
	47.5	76	38×47.5×76	5	134	170
		84	38×47.5×84		152	192
40	47.5	76	40×47.5×76	4	206	228
		84	40×47.5×84		230	256
	49.5	76	40×49.5×76	5	134	170
		84	40×49.5×84		152	192
45	52.5	70	45×52.5×70	4	206	226
		80	45×52.5×80		240	264
		90	45×52.5×90		276	302
	54.5	70	45×54.5×70	5	134	170
		80	45×54.5×80		162	200
		90	45×54.5×90		186	230
50	57.5	70	50×57.5×70	4	226	246
		80	50×57.5×80		264	288
		90	50×57.5×90		302	330
	59.5	70	50×59.5×70	5	154	186
		80	50×59.5×80		180	220
		90	45×59.5×90		208	252

（续）

公称尺寸			零件号、名称及标准编号		钢球数	
导柱直径 d	钢球保持圈直径 d_0	钢球保持圈长度 H	1	2		
			保持圈	钢球 GB/T 308—2002（G10 级）		
			数量		普通型	加密型
			1	—		
			规格			
55	64.5	80	55×64.5×80	5	220	238
		90	55×64.5×90		230	274
		100	55×64.5×100		260	310
	66.5	80	55×66.5×80	5	146	180
		90	55×66.5×90		168	208
		100	55×66.5×100		190	234
60	69.5	90	60×69.5×90	5	252	296
		100	60×69.5×100		284	334
		110	60×69.5×110		318	372
	71.5	90	60×71.5×90	6	188	226
		100	60×71.5×100		212	256
		110	60×71.5×110		236	284

9.4.3 可卸导向装置组件

1. 滑动导向可卸导柱组件的形状和尺寸（表 9-47）

表 9-47 滑动导向可卸导柱组件的形状和尺寸 （单位：mm）

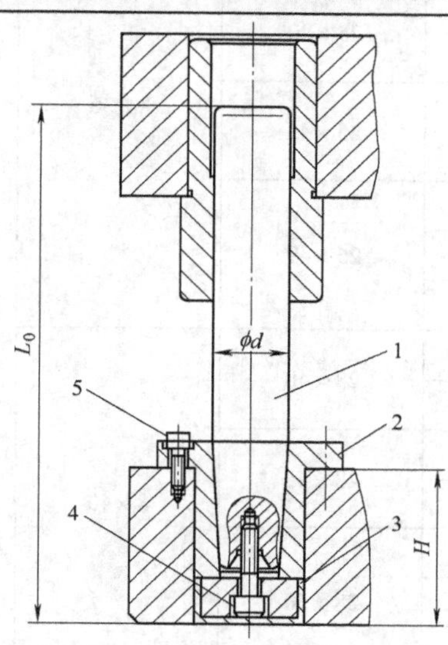

注：衬套与下模座可采用粘接工艺固定

（续）

<table>
<tr><td colspan="3" rowspan="2">公称尺寸</td><td colspan="5">零件号、名称及标准编号</td></tr>
<tr><td>1</td><td>2</td><td>3</td><td>4</td><td>5</td></tr>
<tr><td rowspan="3">导柱
直径
d</td><td rowspan="3">装配
高度
L_0</td><td rowspan="3">模座
高度
H</td><td>导柱 GB/T
2861.7—2008</td><td>衬套 GB/T
2861.9—2008</td><td>垫圈 GB/T
2861.10—2008</td><td>螺钉 GB/T
70.1—2008</td><td>螺钉 GB/T
70.1—2008</td></tr>
<tr><td colspan="5">数　量</td></tr>
<tr><td>1</td><td>1</td><td>1</td><td>1</td><td>1</td></tr>
<tr><td rowspan="4">20</td><td>100</td><td rowspan="2">30</td><td>20×89×29</td><td rowspan="2">20×30</td><td rowspan="4">6×30</td><td rowspan="4">M6×20</td><td rowspan="4">M5×14</td></tr>
<tr><td>120</td><td>20×109×29</td></tr>
<tr><td>110</td><td rowspan="2">40</td><td>20×99×39</td><td rowspan="2">20×40</td></tr>
<tr><td>130</td><td>20×119×39</td></tr>
<tr><td rowspan="8">22</td><td>100</td><td rowspan="2">30</td><td>22×87×29</td><td rowspan="2">22×30</td><td rowspan="8">8×33</td><td rowspan="24">M8×28</td><td rowspan="24">M6×16</td></tr>
<tr><td>120</td><td>22×107×29</td></tr>
<tr><td>110</td><td rowspan="2">35</td><td>22×97×34</td><td rowspan="2">22×35</td></tr>
<tr><td>130</td><td>22×117×34</td></tr>
<tr><td>110</td><td rowspan="2">40</td><td>22×97×39</td><td rowspan="2">22×40</td></tr>
<tr><td>130</td><td>22×117×39</td></tr>
<tr><td>130</td><td rowspan="2">45</td><td>22×117×44</td><td rowspan="2">22×45</td></tr>
<tr><td>150</td><td>22×137×44</td></tr>
<tr><td rowspan="9">25</td><td>110</td><td rowspan="2">35</td><td>25×97×34</td><td rowspan="2">25×35</td><td rowspan="9">8×36</td></tr>
<tr><td>130</td><td>25×117×34</td></tr>
<tr><td>130</td><td rowspan="2">40</td><td>25×117×39</td><td rowspan="2">25×40</td></tr>
<tr><td>150</td><td>25×137×39</td></tr>
<tr><td>130</td><td rowspan="2">45</td><td>25×117×44</td><td rowspan="2">25×45</td></tr>
<tr><td>150</td><td>25×137×44</td></tr>
<tr><td>150</td><td rowspan="3">50</td><td>25×137×44</td><td rowspan="3">25×49</td></tr>
<tr><td>160</td><td>25×147×49</td></tr>
<tr><td>180</td><td>25×167×49</td></tr>
<tr><td rowspan="7">28</td><td>130</td><td rowspan="2">40</td><td>28×117×39</td><td rowspan="2">28×40</td><td rowspan="7">8×40</td></tr>
<tr><td>150</td><td>28×137×39</td></tr>
<tr><td>150</td><td rowspan="2">45</td><td>28×137×44</td><td rowspan="2">28×45</td></tr>
<tr><td>170</td><td>28×157×44</td></tr>
<tr><td>150</td><td rowspan="3">50</td><td>28×137×49</td><td rowspan="3">28×50</td></tr>
<tr><td>160</td><td>28×147×49</td></tr>
<tr><td>180</td><td>28×167×49</td></tr>
</table>

（续）

公称尺寸			零件号、名称及标准编号				
			1	2	3	4	5
导柱直径 d	装配高度 L_0	模座高度 H	导柱 GB/T 2861.7—2008	衬套 GB/T 2861.9—2008	垫圈 GB/T 2861.10—2008	螺钉 GB/T 70.1—2008	螺钉 GB/T 70.1—2008
			数量				
			1	1	1	1	1
28	180	55	28×167×54	28×55	8×40	M8×28	M6×16
	200		28×187×54				
32	150	45	32×137×44	32×45	8×43		
	170		32×157×44				
	160	50	32×147×49	32×50			
	190		32×177×49				
	180	55	32×167×54	32×55			
	200		32×187×54				
	190	60	32×177×59	32×60			
	210		32×197×59				
35	160	50	35×147×49	35×50			
	190		35×177×49				
	180	55	35×167×54	35×55			
	190		35×177×54				
	210		35×197×54				
	190	60	35×177×59	35×60			
	210		35×197×59				
	200	65	35×187×64	35×65			
	230		35×217×64				
40	180	55	40×161×54	40×55	12×53		
	210		40×191×54				
	190	60	40×171×59	40×60			
	200		40×181×59				
	210		40×191×59				
	230		40×211×59				
	200	65	40×181×64	40×65			
	230		40×211×64				
	230	70	40×211×69	40×70			

（续）

公称尺寸			零件号、名称及标准编号				
			1	2	3	4	5
导柱直径 d	装配高度 L_0	模座高度 H	导柱 GB/T 2861.7—2008	衬套 GB/T 2861.9—2008	垫圈 GB/T 2861.10—2008	螺钉 GB/T 70.1—2008	螺钉 GB/T 70.1—2008
			数量				
			1	1	1	1	1
40	260	70	40×241×69	40×70	12×53	M12×35	M8×20
45	200	60	45×181×59	45×60	12×58		
	230		45×211×59				
	200	65	45×181×64	45×65			
	230		45×211×64				
	260		45×241×64				
	230	70	45×211×69	45×70			
	260		45×241×69				
	260	75	45×241×74	45×75			
	290		45×271×74				
50	200	60	50×181×59	50×60	12×63		
	230		50×211×59				
	220	65	50×201×64	50×65			
	230		50×211×64				
	240		50×221×64				
	250		50×231×64				
	260		50×241×64				
	270		50×251×64				
	230	70	50×211×69	50×70			
	260		50×241×69				
	260	75	50×241×74	50×75			
	290		50×271×74				
	250	80	50×231×79	50×80			
	270		50×251×79				
	280		50×261×79				
	300		50×281×79				

2. 滚动导向可卸导柱组件（表9-48）

表 9-48　滚动导向可卸导柱组件的形状和尺寸　（单位：mm）

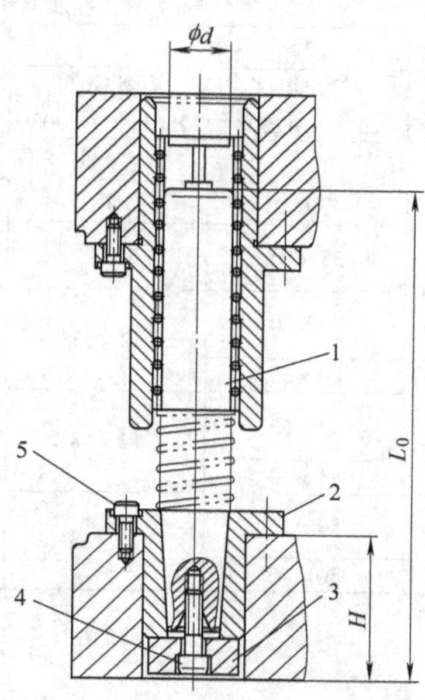

公称尺寸			零件号、名称及标准编号				
			1	2	3	4	5
导柱直径 d	装配高度 L_0	模座高度 H	导柱 GB/T 2861.8—2008	衬套 GB/T 2861.9—2008	垫圈 GB/T 2861.10—2008	螺钉 GB/T 70.1—2008	螺钉 GB/T 70.1—2008
			数量				
			1	1	1	1	1
20	160	40	20×149×39	20×40	6×30	M6×20	M5×14
22	160		22×147×39	22×40	8×33	M18×28	M6×16
	160	45	22×147×44	22×45			
25	155	40	25×142×39	25×40	8×36		
	160	45	25×147×44	25×50			
	195		25×182×44				
	190	50	25×177×49	28×45			
28	155	40	28×142×39	28×50	8×40		
	160	45	28×147×44	28×55			
	195		28×182×44				
	190	50	28×177×49	28×50			
	195	55	28×182×54	28×55			
	215		28×202×54				
32	195		32×182×54	32×55	8×43		
	215		32×202×54				
	195	60	32×182×59	32×60			
	215		32×202×59				

（续）

公称尺寸			零件号、名称及标准编号				
			1	2	3	4	5
导柱直径 d	装配高度 L_0	模座高度 H	导柱 GB/T 2861.8—2008	衬套 GB/T 2861.9—2008	垫圈 GB/T 2861.10—2008	螺钉 GB/T 70.1—2008	螺钉 GB/T 70.1—2008
			数量				
			1	1	1	1	1
35	195	60	35×182×59	35×60	8×48	M8×28	M6×16
	215		35×202×59				
40	195		40×176×59	40×60	12×53	M12×35	M8×20
	215		40×196×59				
	230	65	40×211×59	40×65			
45	230	65	45×211×64	45×65	12×58		
	250		45×231×64				
	290	70	45×271×69	45×70			
50	230	65	50×211×64	50×65	12×63		
	250		50×231×64				
	290	70	50×271×69	50×70			

9.4.4 可卸导柱

1. 滑动导向可卸导柱

滑动导向可卸导柱的材料由制造者选定，推荐采用20Cr，表面渗碳深度为0.8～1.2mm，硬度为58～62HRC。滑动导向可卸导柱的形状和尺寸见表9-49。

表9-49 滑动导向可卸导柱的形状和尺寸（GB/T 2861.7—2008）

（单位：mm）

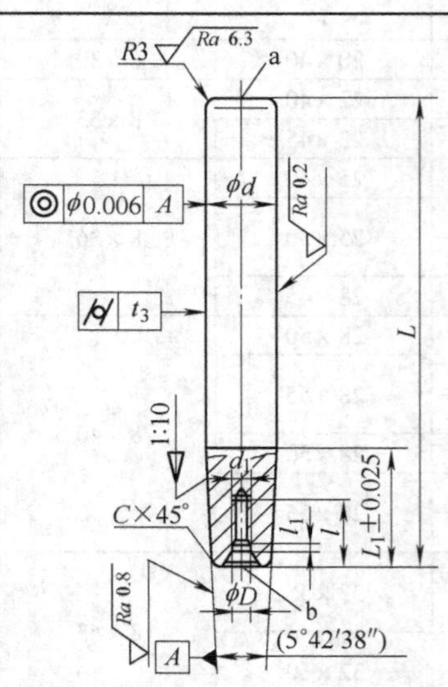

未注表面粗糙度 Ra6.3μm

a. 允许保留中心孔

b. C型中心孔

（续）

d h5 或 h6	L	L_1	装配高度 L_0	模座厚度 H	D	d_1	l_1	l	C
20	89	29	100	30	6.4	M6-6H	1.5	20	1.5
	109		120						
	99	39	110	40					
	119		130						
22	87	29	100	30	—	M8-6H	2	28	
	107		120						
	97	34	110	35					
	117		130						
	97	39	110	40					
	117		130						
	117	44	130	45					
	137		150						
25	97	34	110	35					
	115		130						
	117	39	130	40					
	137		150						
	117	44	130	45					
	137		150						
	137	49	150	50					
	147		160						
	167		180						
28	117	39	130	40					
	135		150						
	137	44	150	45					
	157		170						
	137	49	150	50					
	147		160						
	167		180						
	167	54	180	55					
	187		200						
32	137	44	150	45					2
	157		170						

（续）

d h5 或 h6	*L*	L_1	装配高度 L_0	模座厚度 *H*	*D*	d_1	l_1	*l*	*C*
32	147	49	160	50	—	M8-6H	2	28	2
	177		190						
	167	54	180	55	8.4				
	187		200						
	177	59	190	60					
	197		210						
35	147	49	160	50					
	177		190						
	167	54	180	55					
	177		190						
	197		210						
	177	59	190	60					
	197		210						
	187	64	200	65					
	217		230						
40	161	54	180	55	13	M12-6H	3	35	
	191		210						
	171	59	190	60					
	181		200						
	191		210						
	211		230						
	181	64	200	65					
	211		230						
	211	70	230	70					
	241		260						
45	181	60	200	60					
	211		230						
	181	64	200	65					
	211		230						
	241		260						
	211	69	230	70					
	241		260						

（续）

d h5 或 h6	L	L_1	装配高度 L_0	模座厚度 H	D	d_1	l_1	l	C
45	241	74	260	75	13	M12-6H	3	35	2
	271		290						
50	181	59	200	60					
	211		230						

2. 滚动导向可卸导柱

滚动导向可卸导柱的材料由制造者选定，推荐采用 20Cr，表面渗碳深度为 0.8～1.2mm，硬度为 60～64HRC。滚动导向可卸导柱的形状和尺寸见表 9-50。

表 9-50　滚动导向可卸导柱的形状和尺寸（GB/T 2861.2—2008）

（单位：mm）

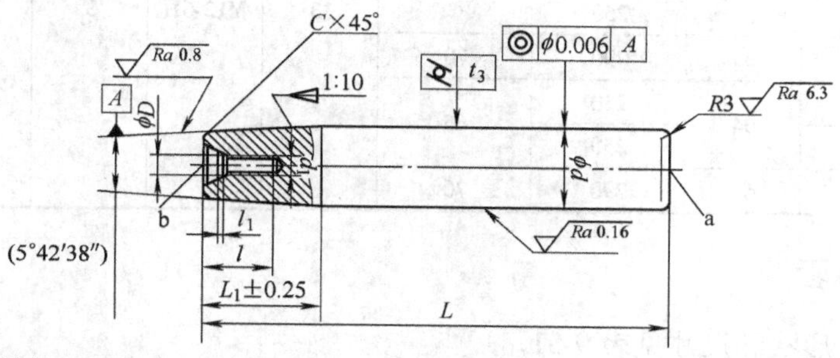

未注表面粗糙度 Ra6.3μm

a. 允许保留中心孔，与限程器相关的结构和尺寸由制造者确定

b. C 型中心孔

d h5	L	L_1	装配高度 L_0	模座厚度 H	D	d_1	l_1	l	C
20	149	39	160	40	6.4	M8-6H	1.5	20	1.5
22	147				8.4	M8-6H	2	28	
	147	44		45					
25	142	39	155	40					
	147	44	160	45					
	182		195						
	177	49	190	50					
28	142	39	155	40					
	147	44	160	45					
	182		195						
	177	49	190	50					
	182	54	195	55					

（续）

d h5	L	L_1	装配高度 L_0	模座厚度 H	D	d_1	l_1	l	C
28	202		215						1.5
	182	54	195	55					
32	202		215						
	182		195		8.4	M8-6H	2	28	
	202	59	215	60					
35	182		195						
	202		215						
	176	59	195	60					
40	196		215						2
	211		230						
	211	64	230	65					
45	231		250		13	M12-6H	3	35	
	271	69	290	70					
	211	64	230	65					
50	231		250						
	271	69	290	70					

9.4.5 衬套

衬套的形状和尺寸见表 9-51。

表 9-51 衬套的形状和尺寸（GB/T 2861.9—2008） （单位：mm）

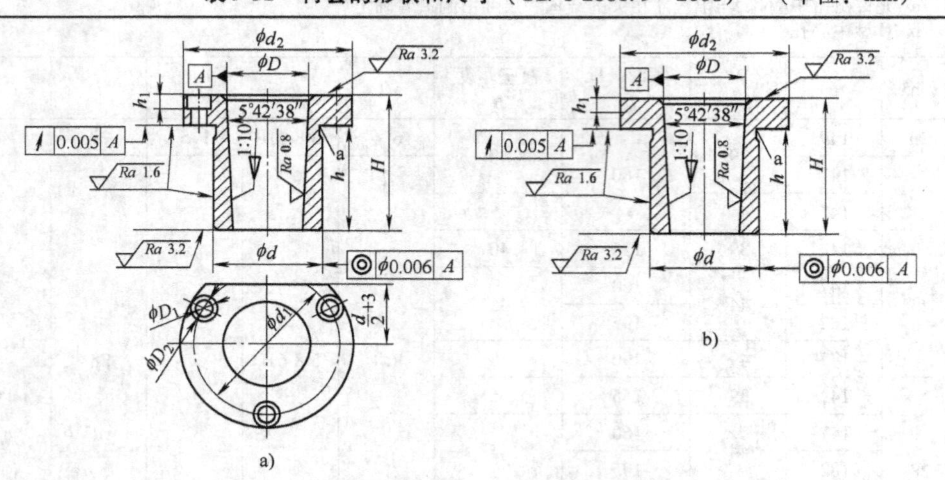

a）螺钉固定式 b）粘接固定式

未注表面粗糙度 Ra6.3μm

a. 砂轮越程槽由制造者确定

（续）

D	H	d		d_1	d_2		D_1	D_2	h	h_1
		螺钉固定 m5	粘接固定 d3		螺钉固定	粘接固定				
20	30	32		42	52	38	5.5	10	20	6
	40								30	
22	30	35		45	55	42	6.6	12	18	7
	35								23	
	40								28	
	45								33	
25	35	38		48	58	45			23	
	40								28	
	45								33	
	50								38	
28	40	42		52	62	50			28	
	45								33	
	50								38	
	55								43	
32	45	45		55	65	55			33	
	50								38	
	55								43	
	60								48	
35	50	50		60	70	60			38	
	55								43	
	60								48	
	65								53	
40	55	55		73	91	65	9	15	37	9
	60								42	
	65								47	
	70								52	
45	60	60		78	96	70			42	9
	65								47	
	70								52	
	75								57	
50	60	65		82	100	75			42	9

（续）

D	H	d 螺钉固定 m5	d 粘接固定 d3	d_1	d_2 螺钉固定	d_2 粘接固定	D_1	D_2	h	h_1
	65								47	
50	70	65		82	100	75	9	15	52	9
	75								57	
	80								62	
	65								47	
	70								52	
55	75	70		94	114	82		18	57	11
	80						11		62	
	90								72	
60	70	76		100	120	90		18	52	11
	90								72	

9.4.6 垫圈

垫圈材料由制造者选定，推荐采用45钢，硬度为28～32HRC，表面发蓝处理。垫圈的形状和尺寸见表9-52。

表9-52 垫圈的形状和尺寸（GB/T 2861.10—2008）

（单位：mm）

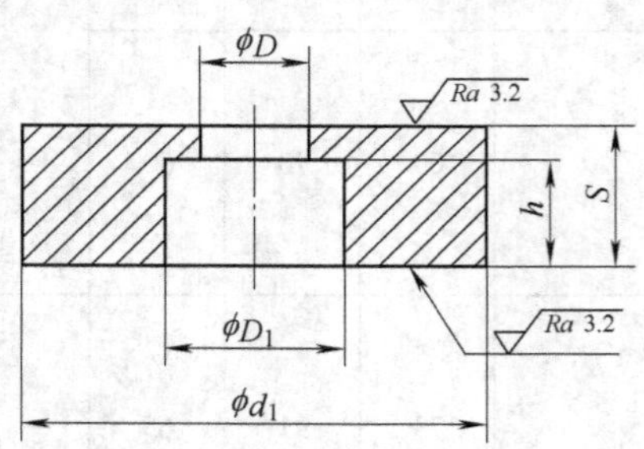

未注表面粗糙度 $Ra6.3\mu m$
未注倒角 $C1$

螺钉直径 d	D	D_1	d_1	S	h
6	6.4	12	30	9	6
			33		
8	8.4	15	36	11	8
			40		

（续）

螺钉直径 d	D	D_1	d_1	S	h
8	8.4	15	43	11	8
			48		
12	13	22	53	16	12
			58		
			63		
			68		
			74		

9.4.7 压板

压板材料由制造者选定，推荐采用45钢，硬度为28～32HRC，表面发蓝处理。压板的形状和尺寸见表9-53。

表9-53 压板的形状和尺寸（GB/T 2861.11—2008） （单位：mm）

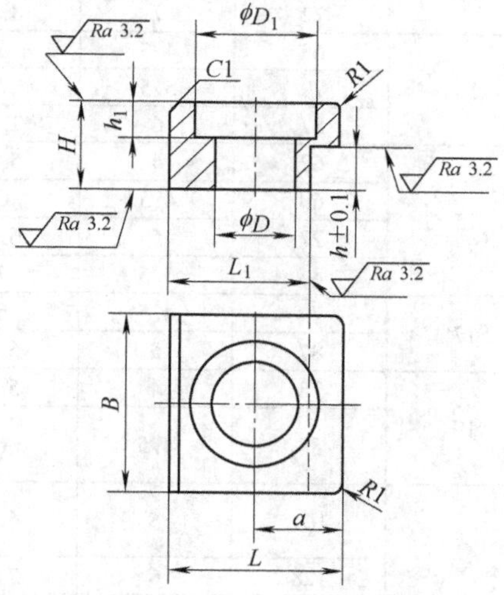

未注表面粗糙度 $Ra6.3\mu m$

螺钉直径	D	L	B	H	a	L_1	h	D_1	h_1
4	4.5	12	12	6	6.5	9	2.7	8	2
5	5.5	14	15	8	7.5	11		10	3
6	6.6	16	20		8.5	12.5	3.7	11	
8	8.5	20	20	10	11.5	16	4.7	14	4
10	10.5	24	24	12	12.5	19.5	5.7	17	5

9.4.8 圆柱螺旋压缩弹簧

圆柱螺旋压缩弹簧材料为65Mn，硬度为44～55HRC。圆柱螺旋压缩弹簧的形状和尺寸见表9-54。

表9-54 圆柱螺旋压缩弹簧的形状和尺寸（GB/T 2861.6—2008）

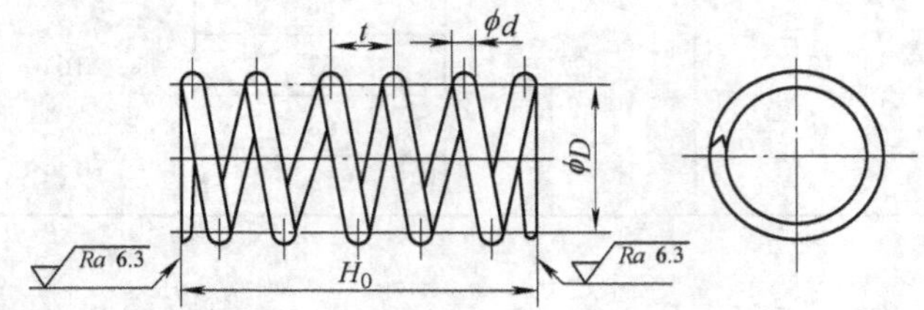

注：两端面压紧1圈并磨平

d/mm	D/mm	t/mm	H_0/mm	有效圈 n	总圈 n_1	弹簧刚度 P/(N/mm)
1.6	22	10	72	7	8.5	1.08
	24					0.81
	26		62	6	6.5	0.74
			72	7	8.5	0.63
1.6	30	14	65	4.5	6	0.63
			79	5.5	7	0.51
			87	6	7.5	0.47
	32	15	62	4	5.5	0.57
			69	4.5	6	0.50
			77	5	6.5	0.46
			86	5.5	7	0.41
2	37	17	79	4.5	6	0.69
			87	5	6.5	0.62
	40	19	78	4	5.5	0.72
			88	4.5	6	0.55
	45					0.72
		21	107	5	6.5	
	50					
			128	6	7.5	
			149	7	8.5	
	55		107	5	6.5	0.74
			128	6	7.5	
			149	7	8.5	

第10章 冲压模具的装配与调试

10.1 概述

模具装配是模具制造过程中的关键工作，装配质量的好坏直接影响到所加工工件的质量、模具本身的工作状态及使用寿命。模具装配工作主要包括两个方面：一是将加工好的模具零件按图样要求进行组装、部装乃至总体的装配；二是在装配过程中进行一部分补充加工，如配做、配修等。

模具属于单件生产类型，所以模具装配大都采用集中装配的组织形式。所谓集中装配，是指从模具零件组装成部件或模具的全过程，由一个工人或一组工人在固定地点来完成。有时因交货期短，也可将模具装配的全部工作适当分散为各种部件的装配和总装配，由一组工人在固定地点合作完成模具的装配工作，此种装配组织形式称为分散装配。

对于需要大批量生产的模具部件（如标准模架），则一般采用移动式装配，即每一道装配工序按一定的时间完成，装配后的组件再传送至下一个工序，由下道工序的工人继续进行装配，直至完成整个部件的装配。

1. 模具装配的工艺过程

模具装配的工艺过程一般由四个阶段组成，即准备阶段、组件装配阶段、总装配阶段、检验和调试阶段，见表10-1。

表10-1 模具装配工艺过程

工艺过程		工艺说明
准备阶段	研究装配图	装配图是进行装配工作的主要依据，通过对装配图的分析研究，了解要装配模具的结构特点和主要技术要求，各零件的安装部位、功能要求和加工工艺过程，与有关零件的连接方式和配合性质，从而确定合理的装配基准、装配方法和装配顺序
	清理检查零件	根据总装配图零件明细表，清点和清洗零件，检查主要零件的尺寸和几何公差，查明各配合面的间隙、加工余量，以及有无变形和裂纹等缺陷
	布置工作场地	准备好装配时所需的工、夹、量具及材料和辅助设备，清理好工作台
组件装配阶段		1）按照各零件所具有的功能进行部件组装，如模架的组装，凸模和凹模（或型芯和型腔）与固定板的组装，卸料和推件机构的组装等 2）组装后的部件必须符合装配技术要求

（续）

工艺过程	工 艺 说 明
总装配阶段	1）选择好装配的基准件，安排好上、下模（定模、动模）的装配顺序 2）将零件及组装后的组件按装配顺序组装结合在一起，成为一副完整的模具 3）模具装配完成后，必须保证装配精度，满足规定的各项技术要求
检验和调试阶段	1）按照模具验收技术条件，检验模具各部分功能 2）在实际生产条件下进行试模，调整、修整模具，直到生产出合格的工件

2. 模具的装配方法

模具的装配方法见表10-2。

表10-2 模具的装配方法

装 配 方 法	特点及工艺操作
配做法	1）零件加工时，需对配做及与装配有关的必要部位进行高精度加工，而孔位精度需由钳工装配来保证 2）在装配时，由配做法使各零件装配后的相对位置保持正确关系
直接装配法	1）零件的型孔、型面及安装孔按图样要求加工。装配时，按图样要求把各零件连接在一起 2）装配后发现精度较差时，通过修整零件来进行调整

10.2 冲模装配与试冲

冲模装配主要要求是：①保证冲裁间隙的均匀性，这是冲模装配合格的关键；②保证导向零件导向良好，卸料装置和顶出装置工作灵活有效；③保证排料孔畅通无阻，冲压件或废料不卡留在模具内；④保证其他零件的相对位置精度等。

10.2.1 冲模装配技术要求

1. 总体装配技术要求

1）模具各零件的材料、几何形状、尺寸精度、表面粗糙度和热处理等均需符合图样要求。零件的工作表面不允许有裂纹和机械伤痕等缺陷。

2）模具装配后，必须保证模具各零件间的相对位置精度。尤其是冲压件的有些尺寸与几个冲模零件有关时，需予以特别注意。

3）装配后的所有模具活动部位应保证位置准确、配合间隙适当，动作可靠、运行平稳。固定的零件应牢固可靠，在使用中不得出现松动和脱落。

4）选用或新制模架的精度等级应满足冲压件所需的精度要求。

5）上模座沿导柱上、下移动应平稳和无阻滞现象，导柱与导套的配合精度应符合标准规定，且间隙均匀。

6）模柄圆柱部分应与上模座上平面垂直，其垂直度误差在全长范围内不大于0.05mm。

7）所有凸模应垂直于固定板的装配基面。

8）凸模与凹模的间隙应符合图样要求，且沿整个轮廓上间隙要均匀一致。

9）被冲毛坯定位应准确、可靠、安全，排料和出件应畅通无阻。

10）应符合装配图上除上述以外的其他技术要求。

2. 部件装配后的技术要求

（1）模具外观　模具外观的技术要求见表10-3。

表10-3　模具外观的技术要求

项号	项　目	技术要求
1	铸造表面	1）铸造表面应清理干净，使其光滑、美观、无杂质 2）铸造表面应涂上绿色、蓝色或灰色漆
2	加工表面	模具加工表面应平整，无锈斑、锤痕及碰伤、焊补等
3	加工表面倒角	1）加工表面除刃口、型孔外，锐边、尖角均应倒钝 2）小型冲模倒角应≥$C2$；中型冲模≥$C3$；大型冲模≥$C5$
4	起重杆	模具质量大于25kg时，模具本身应装有起重杆或吊环、吊钩
5	打刻编号	在模具正面（模板上）应按规定打刻编号：冲模图号、工件号、使用压力机型号、工序号、推杆尺寸及根数、制造日期

（2）工作零件　模具工作零件（凸、凹模）装配后的技术要求见表10-4。

表10-4　模具工作零件装配后的技术要求

序号	安装部位	技术要求
1	凸模、凹模、凸凹模、侧刃与固定板的安装基面装配	凸模、凹模、凸凹模、侧刃与固定板的安装基面装配后在100mm长度上的垂直度误差：刃口间隙≤0.06mm时，小于0.04mm；刃口间隙>0.06～0.15mm时，为0.08mm；刃口间隙≥0.15时，为0.12mm
2	凸模（凹模）与固定板的装配	1）凸模（凹模）与固定板的装配，其安装尾部与固定板必须在平面磨床上磨平至Ra=0.08～1.60μm 2）对于多个凸模工作部分高度（包括冲裁凸模、弯曲凸模、拉深凸模以及导正钉等）必须按图样要求，其相对误差不大于0.1mm 3）在保证使用可靠的情况下，凸、凹模在固定板上的固定允许用低熔点合金浇注

（续）

序号	安装部位	技术要求
3	凸模（凹模）与固定板的装配	1）装配后的冲裁凸模或凹模，凡是由多件拼块拼合而成的，其刃口两侧的平面应完全一致、无接缝感觉以及刃口转角处非工作的接缝面不允许有接缝及缝隙存在 2）对于由多件拼块拼合而成的弯曲、拉深、翻边、成形等的凸、凹模，其工作表面允许在接缝处稍有不平现象，但平直度误差不大于0.02mm 3）装配后的冷挤压凸模工作表面与凹模型腔表面不允许留有任何细微的磨削痕迹及其他缺陷 4）凡冷挤压的预应力组合凹模或组合凸模，在其组合时的轴向压入量或径向过盈量应保证达到图样要求，同时其相配的接触面锥度完全一致，涂色检查后应在整个接触长度和接触面上着色均匀 5）凡冷挤压的分层凹模，必须保证型腔分层接口处一致，应无缝隙及凹入型腔现象

（3）紧固件　在模具装配中，紧固件（螺钉、销钉）装配后的技术要求见表10-5。

表10-5　紧固件装配后的技术要求

紧固件名称	技术要求
螺钉	1）装配后的螺钉必须拧紧，不许有任何松动现象 2）螺钉拧紧部分的长度，对于钢件及铸铁件连接长度不小于螺钉直径，对于铸铁件连接长度不小于螺纹长度的1.5倍
圆柱销	1）圆柱销连接两个零件时，每一个零件都应有圆柱销1.5倍的直径长度占有量（销深入零件深度大于1.5倍圆柱销直径） 2）圆柱销与销的配合松紧应适度

（4）导向零件　导向零件装配后的技术要求见表10-6。

表10-6　导向零件装配后的技术要求

序号	装配部位	技术要求
1	导柱压入下模座后的垂直度	导柱压入下模座后的垂直度在100mm长度范围内误差为：滚珠导柱类模架，不大于0.005mm；滑动导柱Ⅰ类模架，不大于0.01mm；滑动导柱Ⅱ类模架，不大于0.015mm；滑动导柱Ⅲ类模架，不大于0.02mm
2	导料板的装模	1）装配后模具上的导料板的导向面应与凹模进料中心线平行。在100mm长度范围内，对于一般冲裁模，其误差不得大于0.05mm；对于连续模，其误差不得大于0.02mm 2）左右导板的导向面之间的平行度误差在100mm长度范围内不得大于0.02mm

（续）

序号	装配部位	技术要求
3	斜楔及滑块导向装置	1）模具利用斜楔、滑块等零件做多方向运动的结构，其相对斜面必须吻合。吻合程度在吻合面纵、横方向上均不得大于 3/4 长度 2）预定方向的误差在 100mm 长度范围内不得大于 0.03mm 3）导滑部分必须活动正常，不能有阻滞现象发生

（5）凸、凹模间隙　装配后凸、凹模间隙的技术要求见表 10-7。

表 10-7　装配后凸、凹模间隙的技术要求

序号	模具类型		间隙技术要求
1	冲裁凸、凹模		间隙必须均匀，其偏差不大于规定间隙的 20%；局部尖角或转角处不大于规定间隙的 30%
2	弯曲、成形类凸、凹模		装配后的凸、凹模四周间隙必须均匀，其装配后的偏差值最大不应超过“料厚 + 料厚的上偏差”，而最小值不应超过“料厚 + 料厚的下偏差”
3	拉深模	几何形状规则（原形、矩形）	各向间隙应均匀，按图样要求进行检查
		形状复杂、空间曲线	按压弯、成形冲模处理

（6）模具的闭合高度　装配好的冲模，其模具闭合高度应符合图样所规定的要求。其闭合高度的偏差值见表 10-8。

表 10-8　闭合高度的偏差值

（单位：mm）

模具闭合高度尺寸	偏　差
≤200	+1 −3
>200 ~ 400	+2 −5
>400	+3 −7

在同一压力机上，联合安装冲模的闭合高度应保持一致。冲裁类冲模与拉深类冲模联合安装时，闭合高度应以拉深模为准。冲裁模凸模进入凹模刃口的进入量应不小于 3mm。

（7）顶出、卸料件　顶出、卸料件在装配后的技术要求见表 10-9。

模具装配后，卸料机构动作要灵活，无卡滞现象。其弹簧、卸料橡胶应有足够的弹力及卸料力。

表 10-9　顶出、卸料件装配后的技术要求

序号	装配部位	技术要求
1	卸料板、推件板、顶板的安装	装配后的冲压模具，其卸料板、推件板、顶板、顶圈均应相应露出凹模面、凸模顶端、凸凹模顶端0.5～1mm，图样另有要求时，按图样要求进行检查
2	弯曲模顶板装配	装配后的弯曲模顶件板处于最低位置（即工件最后位置）时，应与相应弯曲拼块对齐；但允许顶件板低于相应拼块，在料厚为1mm以下时允许低0.01～0.02mm，料厚大于1mm时允许低0.02～0.04mm
3	顶杆、推杆装配	顶杆、推杆装配时，长度应保持一致。在一副冲模内，同一长度的顶杆，其长度误差不大于0.1mm
4	卸料螺钉	在同一副模具内，卸料螺钉应选择一致，以保持卸料板的压料面与模具安装基面平行度误差在100mm长度内不大于0.05mm

（8）模板间平行度要求　模具装配后，模板上、下平面（上模板上平面对下模板下平面）平行度公差见表10-10。

表 10-10　模板上、下平面平行度公差　　（单位：mm）

模具类别	刃口间隙	凹模尺寸（长+宽或直径的2倍）	300mm长度内平行度公差
冲裁模	≤0.06	—	0.06
	>0.06	≤350	0.08
		>350	0.10
其他模具	—	≤350	0.10
		>350	0.14

注：1. 刃口间隙取平均值。

2. 包含有冲裁工序的其他类模具，按冲裁模检查。

（9）模柄　模柄装配技术要求见表10-11。

表 10-11　模柄装配技术要求

序号	安装部位	技术要求
1	直径与凸台高度	按图样要求加工
2	模柄对上模板垂直度	在100mm长度范围内不大于0.05mm
3	浮动模柄装配	浮动模柄结构中，传递压力的凹凸模球面必须在摇摆及旋转的情况下吻合，其吻合接触面积不少于应接触面的80%

（10）漏料孔　下模座漏料孔一般按凹模孔尺寸每边应放大0.5～1mm。漏料孔应通畅，无卡滞现象。

10.2.2　凸、凹模间隙的控制方法

冲模装配的关键是如何保证凸、凹模之间具有正确合理而又均匀的间隙，这既与模具有关零件的加工精度有关，也与装配工艺的合理与否有关。为保证凸、凹模间位置正确和间隙的均匀，装配时总是依据图样要求先选择某一主要件（如凸模、凹模或凸凹模）作为装配基准件。以该件位置为基准，用找正间隙的方法来确定其他零件的相对位置，以确保其相互位置的正确性和间隙的均匀性。

控制间隙均匀性常用的方法有如下几种。

1. 测量法

测量法是将凸模和凹模分别用螺钉固定在上、下模板的适当位置，将凸模插入凹模内（通过导向装置），用塞尺检查凸、凹模之间的间隙是否均匀，根据测量结果进行校正，直至间隙均匀后再拧紧螺钉、配做销孔及打入销钉。

2. 透光法

透光法是凭肉眼观察，根据透过光线的强弱来判断间隙的大小和均匀性。有经验的操作者凭透光法来调整间隙可达到较高的均匀程度。

3. 试切法

当凸、凹模之间的间隙小于 0.1mm 时，可将其装配后试切纸（或薄板）。根据切下工件四周毛刺的分布情况（毛刺是否均匀一致）来判断间隙的均匀程度，并作适当的调整。

4. 垫片法

如图 10-1 所示，在凹模刃口四周的适当地方安放垫片（纸片或金属片），垫片厚度等于单边间隙值；然后将上模座的导套慢慢套进导柱，观察凸模Ⅰ及凸模Ⅱ是否顺利进入凹模与垫片接触；由等高垫铁垫好，用敲击固定板的方法调整间隙直到其均匀为止，并将上模座事先松动的螺钉拧紧。放纸试冲，由切纸观察间隙是否均匀。不均匀时再调整，直至均匀后再将上模座与固定板同钻，铰定位销孔并打入销钉。

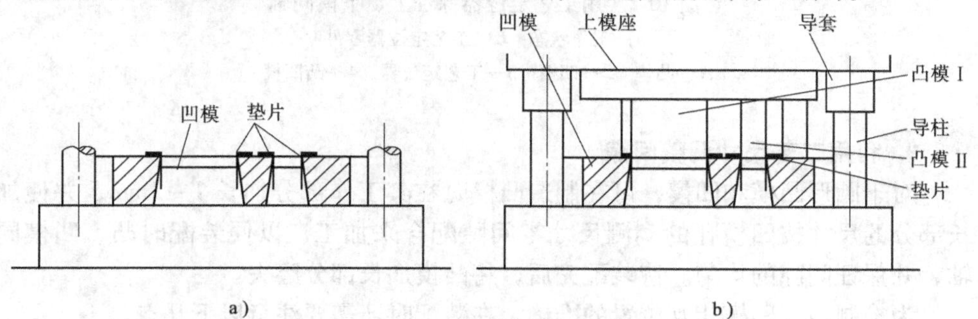

图 10-1　垫片法控制间隙

a）放垫片　b）合模观察调整

5. 镀铜（锌）法

在凸模的工作段镀上厚度为单边间隙值的铜（或锌）层来代替垫片。由于镀层均匀，可提高装配间隙的均匀性。镀层本身会在冲模使用中自行剥落而无须安排去除工序。

6. 涂层法

与镀铜法相似，仅在凸模工作段涂以厚度为单边间隙值的涂料（如磁漆或氨基醇酸绝缘漆等）来代替镀层。

7. 酸蚀法

将凸模的尺寸做成与凹模型孔尺寸相同，待装配好后，再将凸模工作部分用酸腐蚀以达到间隙要求。

8. 利用工艺定位器调整间隙

图 10-2 所示为用工艺定位器来保证上、下模同轴。工艺定位器的尺寸 d_1、d_2、d_3 分别按凸模、凹模以及凸凹模之实测尺寸，按配合间隙为零来配制（应保证 d_1、d_2、d_3 同轴）。

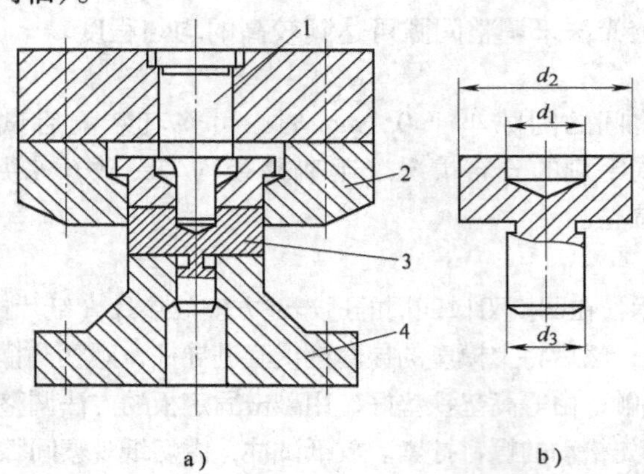

图 10-2　用工艺定位器保证上、下模同轴

a）工作状态　b）工艺定位器零件

1—凸模　2—凹模　3—工艺定位器　4—凸凹模

9. 利用工艺尺寸调整间隙

对于圆形凸模和凹模，可在制造凸模时在其工作部分加长 1～2mm，并使加长部分的尺寸按凹模孔的实测尺寸零间隙配合来加工，以便装配时凸、凹模同轴，并保证间隙的均匀。待装配完后，将凸模加长部分磨去。

为控制凸、凹模相互位置的准确，在装配时还需要注意以下几点。

1）级进模常选凹模作为基准件，先将拼块凹模装入下模座，再以凹模定位，将凸模装入固定板，然后再装入上模座。当然这时要对凸模固定板进行一定的钳修。

2）有多个凸模的导板模常选导板作为基准件。装配时应将凸模穿过导板后装入凸模固定板，再装入上模座，然后再装凹模及下模座。

3）复合模常选凸凹模作为基准件，一般先装凸凹模部分，再装凹模、顶块及凸模等零件，通过调整凸模和凹模来保证其相对位置的准确性。

10.2.3　模具零件的固定方法

模具结构不同，其零件的连接方法也各不相同，下面介绍几种常用的凸凹模固定方法，模具其他零件的固定也可以参照应用。

1. 紧固件法

紧固件法如图 10-3 ~ 图 10-5 所示。这种方法工艺简单，紧固方便。

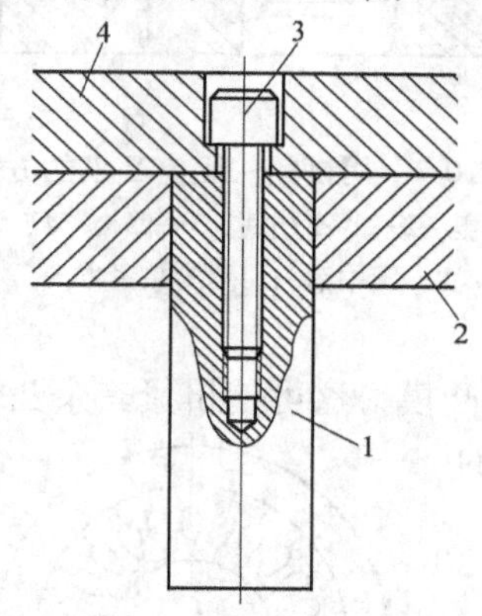

图 10-3　螺钉紧固

1—凸模　2—凸模固定板　3—螺钉　4—垫板

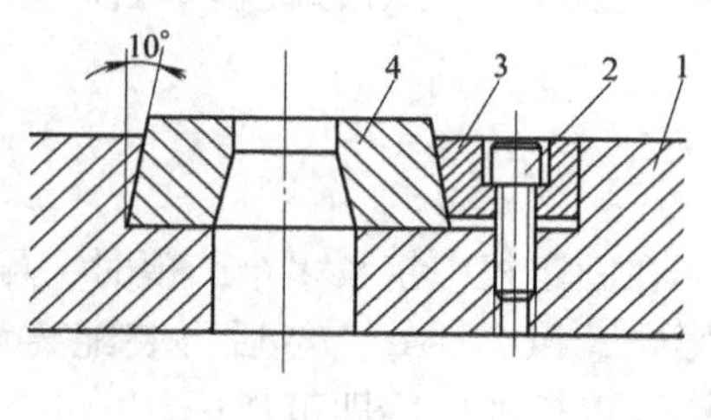

图 10-4　斜压块紧固

1—模座　2—螺钉　3—斜压块　4—凹模

2. 压入法

压入法是利用配合零件的过盈量将零件压入配合孔中使其固定的方法，如图 10-6 所示。其优点是固定可靠；缺点是对被压入的型孔尺寸精度和位置精度要求较高，固定部分应具有一定的厚度。

压入时应注意：结合面的过盈量、表面粗糙度应符合要求；其压入部分应设有引导部分（引导部分可采用小圆角或小锥度），以便顺利压入；要将压入件置于压力机中心；压入少许时即应进行垂直度检查，压入至 3/4 时再作垂直度检查，即应边压边检查垂直度。

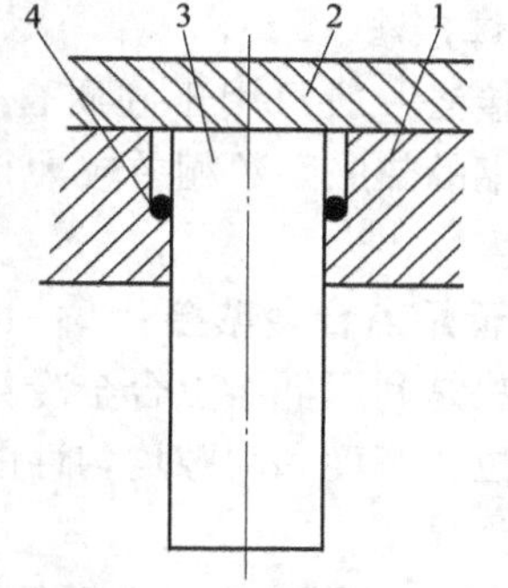

图 10-5　钢丝固定

1—固定板　2—垫板　3—凸模　4—钢丝

3. 挤紧法

挤紧法是将凸模压入固定板后用錾子环绕凸模外圈对固定板型孔进行局部敲击，使固定板的局部材料挤向凸模而将其固定的立法，如图 10-7 所示。挤紧法操作简便，但要求固定板型孔的加工较准确。一般步骤是：将凸模通过凸模压入固定板型孔（凸、凹模间隙要控制均匀）→挤紧→检查凸、凹模间隙，如不符合要求，还需修挤。

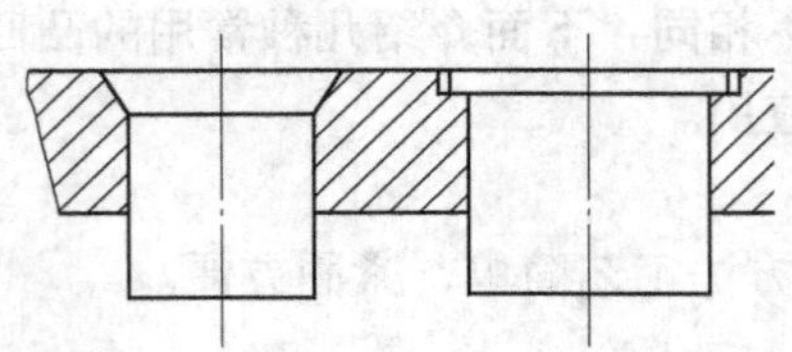

图 10-6　压入法固定模具零件

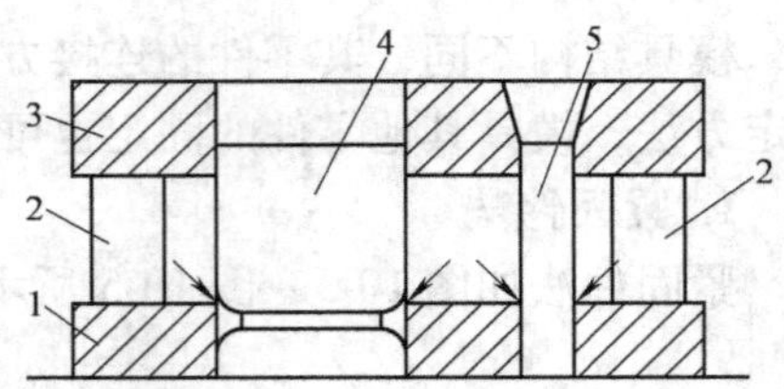

图 10-7　用挤紧法固定凸模的方式

1—固定板　2—等高垫铁　3—凹模　4、5—凸模

注：图中箭头所示为挤紧方向。

在固定板中挤紧多个凸模时，可先装最大的凸模，这可使挤紧其余凸模时少受影响，稳定性好。然后再装配离该凸模较远的凸模，以后的次序即可任选。

4. 热套法

热套法常用于固定凸、凹模拼块以及硬质合金镶块，如图 10-8 所示。仅单纯起固定作用时，其过盈量一般较小；当要求有预应力时，其过盈量要稍大一些。

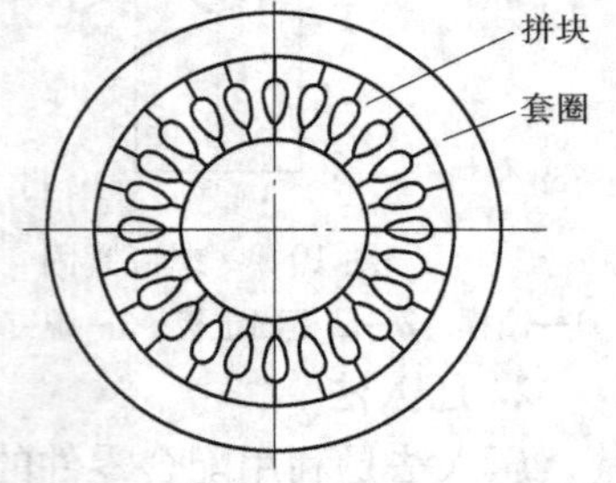

图 10-8　热套法

5. 焊接法

焊接法一般只用于硬质合金模具。由于硬质合金与钢的热胀系数相差较大，焊接后容易产生内应力而引起开裂，故应尽量避免采用。

6. 低熔点合金粘接

该法是利用低熔点合金冷凝时体积膨胀的特性来紧固零件。此法可减少凸、凹模的位置精度和间隙均匀性的调整工作量，尤其对于大而复杂的冲模装配，其效果尤为显著。

图 10-9 所示为六种凸模低熔点合金粘接结构。

常用低熔点合金的配方、性能和适用范围详见相关技术资料。

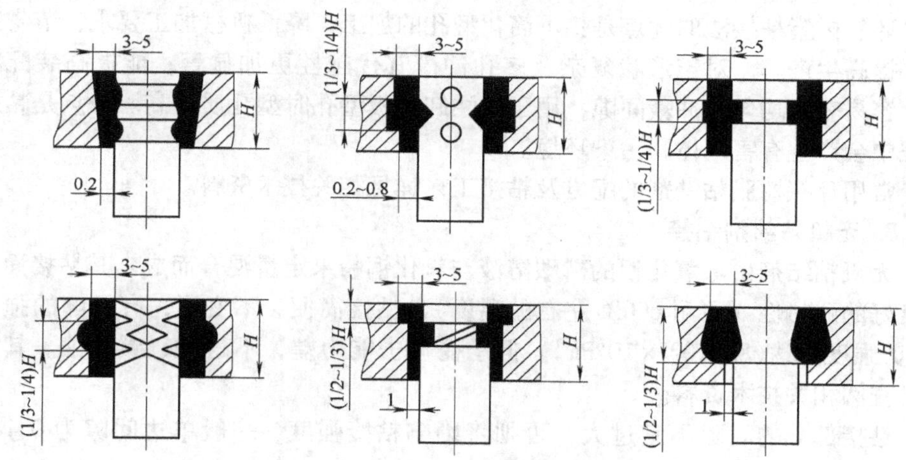

图 10-9　凸模低熔点合金粘接结构

7. 环氧树脂粘接

环氧树脂在硬化状态对各种金属表面的附着力都非常强，力学强度高，收缩率小，化学稳定性和工艺性能好，因此在冲模的装配中得到了广泛使用，例如，用环氧树脂固定凸模，浇注卸料板，粘接导柱、导套等。

用环氧树脂固定凸模时将凸模固定板上的孔做得大一些（单边间隙一般为 0.3～0.5mm），粘接面表面粗糙度值大一些（Ra = 12.5～50μm），并浇以粘结剂，如图 10-10 所示。图 10-10a 和图 10-10c 所示结构用于冲裁厚度小于 0.8mm 的材料。

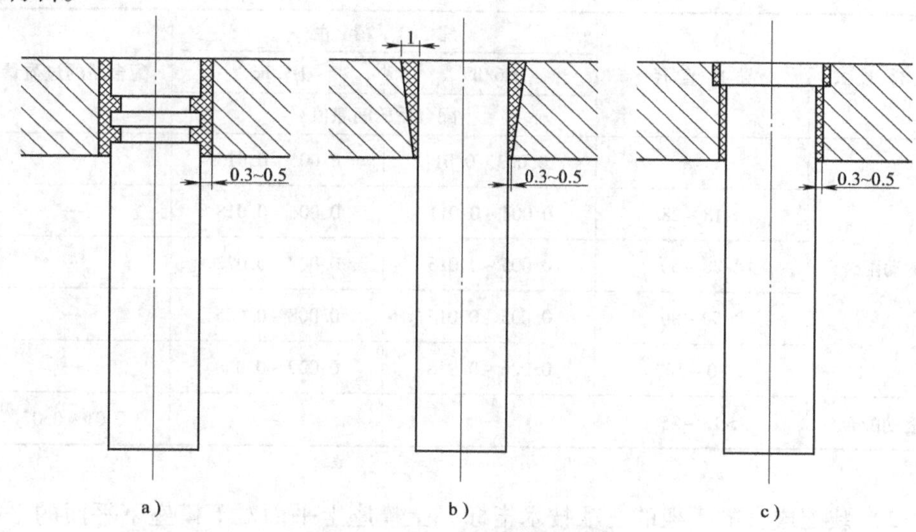

图 10-10　凸模环氧树脂粘接结构

a）双肩形　b）圆锥形　c）凸肩形

环氧树脂粘接法的优点是：可简化型孔的加工，降低机械加工要求，节省工时，提高生产率，对于形状复杂及多孔冲模其优越性更加显著；能提高装配精度，容易获得均匀的冲裁间隙；用于浇注卸料板型孔时型孔质量高。缺点是粘接过程中会产生有害气体，污染环境。

常用环氧树脂粘结剂的配方及粘接工艺详见相关技术资料。

8. 无机粘结剂粘接

无机粘结剂由氢氧化铝的磷酸溶液与氧化铜粉末定量混合而成。其粘接面具有良好的耐热性（可耐600℃左右的温度），粘接简便，不变形，有足够的强度[抗剪强度可达$(8\sim10)\times10^7$Pa]。但承受冲击能力差，不耐酸、碱腐蚀。其配方可查阅相关技术资料。

粘接部分的间隙不宜过大，否则将影响粘接强度，一般单边间隙为0.1～1.25mm（较低熔点合金取小值），表面以粗糙为宜。

该方法常用于凸模与固定板、导柱、导套、硬质合金镶块与钢料、电铸型腔与加固模套的粘接。

10.2.4 模架装配

1. 模架装配的技术要求

1）组成模架的各零件均应符合相应的技术标准和技术条件。其中特别重要的是，每对导柱、导套间的配合间隙应符合表10-12的要求。

表10-12 导柱和导套的配合要求 （单位：mm）

配合形式	导柱直径	配合精度		配合后的过盈量
		H6/h5	H7/h6	
		配合后的间隙值		
滑动配合	≤18	0.003～0.01	0.005～0.015	—
	>18～28	0.004～0.011	0.006～0.018	—
	>28～50	0.005～0.013	0.007～0.022	—
	>50～80	0.005～0.015	0.008～0.025	—
	>80～100	0.006～0.018	0.009～0.028	—
滚动配合	>18～35	—	—	0.01～0.02

2）装配成套的模架的三项技术指标（上模座上平面对下模座下平面的平行度、导柱轴心线对下模座下平面的垂直度和导套孔轴心线对上模座上平面的垂直度）应符合相应精度等级的要求，见表10-13。

表 10-13　模架分级技术指标

检　查　项　目	被测尺寸/mm		滚动导向模架		滑动导向模架		
			精　度　等　级				
			0 级	01 级	Ⅰ级	Ⅱ级	Ⅲ级
			公　差　等　级				
上模座上平面对下模座下平面的平行度	*A*	≤400	4	5	6	7	8
		>400	5	6	7	8	9
导柱轴心线对下模座下平面的垂直度	*B*	≤160	3	4	4	5	6
		>160	4	5	5	6	7
导套孔轴心线对上模座上平面的垂直度	*C*	≤160	3	4	4	5	6
		>160	4	5	5	6	7

注：被测尺寸是指：*A*—上模座的最大长度尺寸或最大宽度尺寸；*B*—下模座上平面的导柱高度；*C*—导套孔内导柱延长的高度。

3）装配后的模架，上模座沿导柱上、下移动应平稳，无阻滞现象。

4）压入上、下模座的导套、导柱，离其安装表面应有 1～2mm 的距离，压入后应牢固，不可松动。

5）装配成套的模架，各零件的工作表面不应有碰伤、裂纹以及其他机械损伤。

2. 模架的装配工艺

模架的装配主要是指导柱、导套的装配。目前大多数模架的导柱、导套与模座之间采用过盈配合，但也有少数采用粘接工艺的，即将上、下模座的孔扩大，降低其加工要求，同时，将导柱、导套的安装面制成有利于粘接的形状，并降低其加工要求。装配时，先将模架的各零件安放在适当的位置上，然后，在模座孔与导柱、导套之间注入粘结剂即可使导柱、导套固定。

滑动导向模架常用的装配工艺见表 10-14。

表 10-14　滑动导柱模架常用的装配工艺

序号	工序	简　图	说　明
1	压入导柱		利用压力机，将导柱压入下模座。压导柱时将压块顶在导柱中心孔上。在压入过程中，测量与校正导柱的垂直度。将两个导柱全部压入

（续）

序号	工序	简　图	说　明
2	装导套	导套 上模座 Δ_{max}	将上模座反置套在导柱上，然后套上导套，用千分表检查导套压配部分内外圆的同轴度，并将其最大偏差 Δ_{max} 放在两导套中心连线的垂直位置，这样可减少由于不同轴而引起的中心距变化
3	压入导套		用帽形垫块放在导套上，将导套压入上模座一部分 取走模座及导柱，仍用帽形垫块将导套全部压入上模座
4	检验		将上、下模座对合，中间垫以垫块，放在平板上测量模架平行度

10.2.5　模具总装

根据模具装配图的技术要求，完成模具的模架、凸模部分、凹模部分等分装之后，即可进行总装配。

总装时，应根据上、下模零件在装配和调整中所受限制情况来决定先装上模还是下模。一般是先安装受限制最大的部分，然后以它为基准调整另外部分的活动零件。

下面以图 10-11 所示冲孔模具为例简单介绍冲裁模的总装。

1. 确定装配顺序

该模具应先装配下模，以下模部分的凹模为基准调整装配上面部分的凸模及其他零件。

2. 装配下模部分

1）在已装配凹模的固定板 15 上面安装定位板。

2）将已装配好凹模 10、定位板 11 的固定板 15 置于下模座 9 上，找正中心位置。用平行夹头夹紧，依靠固定板的螺钉孔在钻床上对下模座预钻螺纹孔锥窝，然后拆出凹模固定板 7。按已预钻的锥窝钻螺纹底孔并攻螺纹，再将凹模固定板重新置于下模座上校正，用螺钉固定紧固。最后钻、铰定位销孔，并装入定位销。

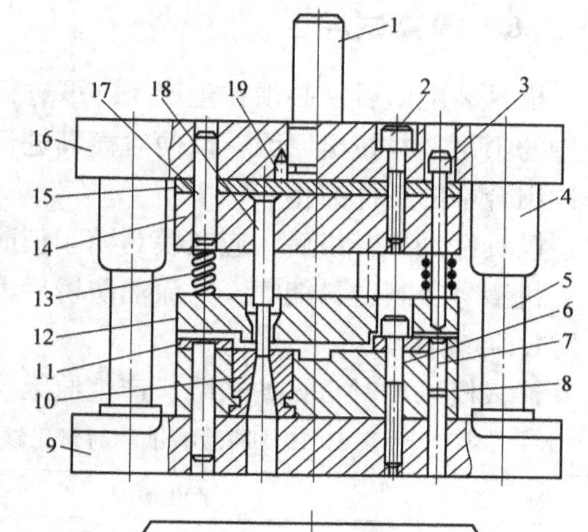

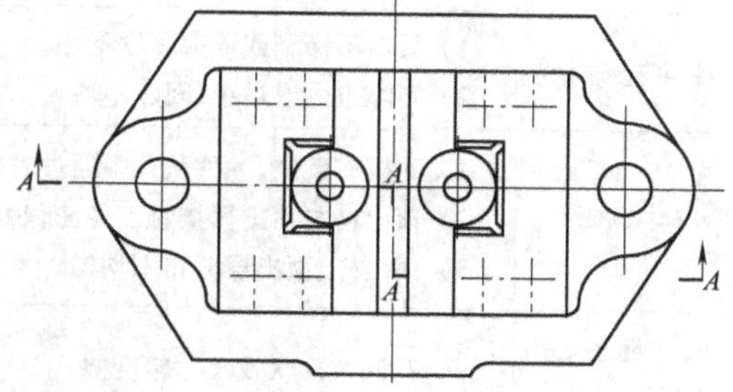

图 10-11　冲孔模具

1—模柄　2、6—螺钉　3—卸料螺钉　4—导套　5—导柱　7、15—固定板　8、17、19—销钉　9—下模座　10—凹模　11—定位板　12—弹压卸料板　13—弹簧　14—上模座　16—垫板　18—凸模

3. 装配上模部分

1）将卸料板套装在已装入固定板的凸模上，两者之间垫入适当高度的等高垫铁，用平行夹头夹紧。以卸料板上的螺孔定位，在凸模固定板上钻出锥窝。拆去卸料板，以锥窝定位钻固定板的螺钉通孔。

2）将已装入固定板的凸模插入凹模孔中，在凹模和固定板之间放等高垫铁，并将垫板置于固定板上，再装上上模座。用平行夹头夹紧上模座和固定板。以凸模固定板上的孔定位，在上模座上钻锥窝。然后拆开以锥窝定位钻孔后，用螺钉将上模座、垫板、凸模固定板连接并稍加紧固。

3）调整凸、凹模的间隙。将已装好的上模部分套装在导柱上，调整位置使凸模插入凹模孔中，根据配合间隙采用前述调整配合间隙的适当方法，对凸、凹模间隙调整均匀，并以纸片作材料进行试冲。如果纸样轮廓整齐、无毛刺或周边毛刺均匀，说明配合间隙均匀；如果只有局部毛刺，说明配合间隙不均匀，应重新调整均匀为止。

4）配合间隙调整好后，将凸模固定板螺钉紧固。钻铰定位销孔，并安装定位销定位。

5）将卸料板套装在凸模上，并装上弹簧和卸料螺钉。当在弹簧作用下卸料板处于最低位置时，凸模下端应比卸料板下端短 0.5mm，并上下灵活运动。

10.2.6 模具试冲

模具装配以后，必须在生产条件下进行试冲。通过试冲可以发现模具设计和制造的不足，并找出原因，以便对模具进行适当的调整和修理，直到模具正常工作冲出合格的工件为止。

模具经试冲合格后，应在模具模座正面打刻编号、冲模图号、工件号、使用压力机型号、制造日期等，并涂油防锈后经检验合格入库。

1. 冲裁模

冲裁模试冲时常见的缺陷、产生原因及调整方法见表 10-15。

表 10-15 冲裁模试冲时常见缺陷、产生原因及调整方法

缺 陷	产生原因	调整方法
冲件毛刺过大	1）刃口不锋利或淬火硬度不够 2）间隙过大或过小，间隙不均匀	1）修磨刃口使其锋利 2）重新调整凸、凹模间隙，使之均匀
冲件不平整	1）凹模有倒锥，冲件从孔中通过时被压弯 2）顶出杆与顶出器接触工件面积太小 3）顶出杆、顶出器分布不均匀	1）修磨凹模孔，去除倒锥现象 2）更换顶出杆，加大与工件的接触面积
尺寸超差、形状不准确	凸模、凹模形状及尺寸精度差	修整凸、凹模形状及尺寸，使之达到形状及尺寸精度要求
凸模折断	1）冲裁时产生侧向力 2）卸料板倾斜	1）在模具上设置挡块抵消侧向力 2）修整卸料板或使凸模增加导向装置
凹模被胀裂	1）凹模孔有倒锥度现象（上口大下口小） 2）凹模孔内卡住（废料）太多	1）修磨凹模孔，消除倒锥现象 2）修低凹模孔高度
凸、凹模刃口相咬	1）上、下模座，固定板、凹模、垫板等零件安装基面不平行 2）凸、凹模错位 3）凸模、导柱、导套与安装基面不垂直 4）导向精度差，导柱、导套配合间隙过大 5）卸料板孔位偏斜使冲孔凸模位移	1）调整有关零件重新安装 2）重新安装凸、凹模，使之对正 3）调整其垂直度重新安装 4）更换导柱、导套 5）修整及更换卸料板
冲裁件剪切断面光亮带宽，甚至出现毛刺	冲裁间隙过小	适当放大冲裁间隙，对于冲孔模间隙加大在凹模方向上，对落料模间隙加大在凸模方向上

（续）

缺陷	产生原因	调整方法
剪切断面光亮带宽窄不均匀，局部有毛刺	冲裁间隙不均匀	修磨或重装凸模或凹模，调整间隙保证均匀
外形与内孔偏移	1）在连续模中孔与外形偏心，并且所偏的方向一致，表明侧刃的长度与步距不一致 2）连续模多件冲裁时，其他孔形正确，只有一孔偏心，表明该孔凸、凹模位置有变化 3）复合模孔形不正确，表明凸、凹模相对位置偏移	1）加大（减小）侧刃长度或磨小（加大）挡料块尺寸 2）重新装配凸模并调整其位置使之正确 3）更换凸（凹）模，重新进行装配调整合适
送料不通畅，有时被卡死	易发生在连续模中 1）两导料板之间的尺寸过小或有斜度 2）凸模与卸料板之间的间隙太大，致使搭边翻转而堵塞 3）导料板的工作面与侧刃不平行，卡住条料，形成毛刺大	1）粗修或重新装配导料板 2）减小凸模与导料板之间的配合间隙，或重新浇注卸料板孔 3）重新装配导料板，使之平行 4）修整侧刃及挡块之间的间隙，使之达到严密
卸料及卸件困难	1）卸料装置不动作 2）卸料力不够 3）卸料孔不畅，卡住废料 4）凹模有倒锥 5）漏料孔太小 6）推杆长度不够	1）重新装配卸料装置，使之灵活 2）增加卸料力 3）修整卸料孔 4）修整凹模 5）加大漏料孔 6）加长打料杆

2. 弯曲模

弯曲模的作用是使坯料在塑性变形范围内进行弯曲，使坯料产生永久变形而获得所要求的形状和尺寸。

图10-12所示为简单弯曲模。由于模具弯曲工作部分的形状复杂，几何形状及尺寸精度要求较高，制造时凸、凹模工作表面的曲线和折线需用预先做好的样板及样件来控制。样板与样件的加工精度为±0.05mm。装配时可按冲裁模的装配方法，借助样板或样件调整间隙。

为了提高工件的表面质量和模具寿命，弯曲模凸、凹模对表面质量要求较高，一般表面粗糙度 $Ra<0.40\mu m$。弯曲模模架的导柱、导套配合精度可略低于冲裁模。

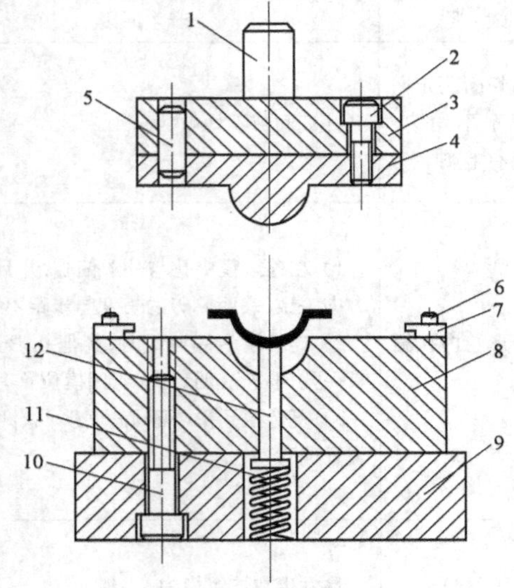

图 10-12　简单弯曲模

1—模柄　2—螺钉　3—凸模固定板　4—凸模　5—定位销钉　6—定位螺钉　7—定位板　8—凹模　9—下模座　10—螺钉　11—顶料弹簧　12—顶杆

工件在弯曲过程中，由于材料回弹的影响，使弯曲工件在模具中弯曲的形状与取出后的形状不一致，从而影响工件的形状和尺寸要求。又因回弹的影响因素较多，很难用设计计算的方法进行消除，所以在模具制造时，常用试模时的回弹值修正凸模（或凹模）。为了便于修整凸模和凹模，在试模合格后，才对凸、凹模进行热处理。另外，工件的毛坯尺寸也要经过试验后才能确定。因此，弯曲模试冲的目的是找出模具的缺陷加以修整和确定工件毛坯尺寸。

由于以上因素，弯曲模的调整工作比一般的冲裁模具复杂得多。弯曲模试冲时常见的缺陷、产生原因及调整方法如表 10-16。

表 10-16　弯曲模试冲时常见的缺陷、产生原因及调整方法

缺　陷	产生原因	调整方法
弯曲制件底面不平	1）卸料杆分布不均匀，卸料时顶弯 2）压料力不够	1）均匀分布卸料杆或增加卸料杆数量 2）增加压料力
弯曲制件尺寸和形状不合格	冲压件产生回弹造成制件的不合格	1）修改凸模的角度和形状 2）增加凹模的深度 3）减少凸、凹模之间的间隙 4）弯曲前坯料退火 5）增加矫正压力
弯曲制件产生裂纹	1）弯曲变形区域内应力超过材料抗拉强度 2）弯曲区外侧有毛刺，造成应力集中 3）弯曲变形过大 4）弯曲线与板料的纤维方向平行 5）凸模圆角小	1）更换塑性好的材料或将材料退火后再弯曲 2）减少弯曲变形量或将有毛刺边放在弯曲内侧 3）分次弯曲，首次弯曲用较大弯曲半径 4）改变落料排样，使弯曲线与板料纤维方向成一角度 5）加大凸模圆角

（续）

缺陷	产生原因	调整方法
弯曲制件表面擦伤或壁厚减薄	1）凹模圆角大小或表面粗糙 2）板料粘附在凹模内 3）间隙小，挤压变薄 4）压料装置压料力太大	1）加大凹模圆角，降低表面粗糙度值 2）凹模表面镀铬或化学处理 3）增加间隙 4）减小压料力
弯曲件出现挠度或扭转	中性层内外变化收缩，弯曲量不一样	1）对弯曲件进行再校正 2）材料弯曲前退火处理 3）改变设计，将弹性变形设计在与挠度方向相反的方向上

3. 拉深模

拉深模又称拉延模，它的作用是将平面的金属板料压制成开口空心的制件。它是成形罩、箱、杯等零件的重要方法，广泛应用于机器制造之中。

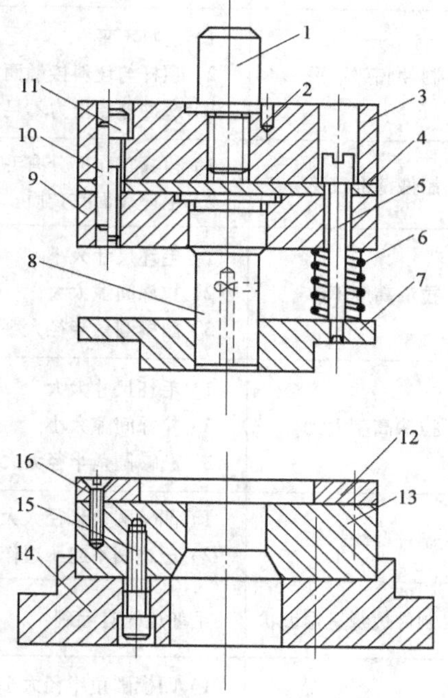

图 10-13　拉深模

1—模柄　2—止动销　3—上模座　4—垫板　5—螺钉　6—弹簧　7—压边圈　8—凸模　9—凸模固定板　11、15、16—螺钉　10—销钉　12—定位板　13—凹模　14—下模座

图 10-13 所示为具有压边装置的拉深模。工作时，上模的弹簧和压边圈首先将板料四周压住。然后，凸模下降，将已被压边圈压紧的中间部分板料冲压进入凹模。这样在凸、凹模间隙内成形为开口空心的工件。

拉深模的凸模工作部分是光滑圆角，表面粗糙度值很低，一般 Ra 为 0.04 ~ 0.32μm。拉深模同弯曲模一样，也受着材料弹性变形的影响，所以即使组成零件制造很精确，装配很好，拉深出的工件也不一定合格。因此，拉深模应在试冲过程中对工作部分进行修整加工，直至冲出合格工件后才进行淬火处理。由此可见，装配过程中对凸、凹模相对位置通过试冲后的修整是十分重要的。为了便于拉深工件的脱模，对大中型拉深凸模要设置通气孔。

拉深模试冲的目的一是发现模具本身

存在的缺陷，找出原因进行调整和修整；二是最后确定工件拉深前的毛坯尺寸。

拉深模试冲时常见缺陷、产生原因及调整方法见表10-17。

表10-17 拉深模试冲时常见缺陷、产生原因及调整方法

缺 陷	产生原因	调整方法
局部被拉裂	1）径向拉应力太大 2）凸、凹模圆角太小 3）润滑不良 4）材料塑性差	1）减小压边力 2）增大凸、凹模圆角半径 3）增加或更换润滑剂 4）改用塑性好的材料
凸缘起皱且制件侧壁拉裂	压边力太小，凸缘部分起皱，无法进入凹模而拉裂	加大压边力
制件底部被拉裂	凹模圆角半径太小	加大凹模圆角半径
盒形件角部破裂	1）角部圆角半径太小 2）间隙太小 3）变形程度太大	1）加大凹模圆角半径 2）加大凸、凹模间隙 3）增加拉深次数
制件底部不平	1）坯料不平 2）顶杆与坯料接触面太小 3）缓冲器顶出力不足	1）平整毛坯 2）改善顶料结构 3）增加弹顶力
制件壁部拉毛	1）模具工作部分有毛刺 2）毛坯表面有杂质	1）修光模具工作平面和圆角 2）清洁毛坯或使用干净润滑剂
拉深高度不够	1）毛坯尺寸太小 2）拉深间隙太大 3）凸模圆角半径太小	1）加大毛坯尺寸 2）调整间隙 3）加大凸模圆角半径
拉深高度太大	1）毛坯尺寸太大 2）拉深间隙太小 3）凸模圆角半径太大	1）减小毛坯尺寸 2）加大拉深间隙 3）减小凸模圆角半径
制件凸缘折皱	1）凹模圆角半径太大 2）压边圈不起压边作用	1）减少凹模圆角半径 2）调整压边结构加大压边力
制件边缘呈锯齿状	毛坯边缘有毛刺	修整前道工序落料凹模刃口，使之间隙均匀，减少毛刺
制件断面变薄	1）凹模圆角半径太小 2）间隙太小 3）压边力太大 4）润滑不合适	1）增大凹模圆角半径 2）加大凸、凹模间隙 3）减小压边力 4）换合适润滑剂
阶梯形件局部破裂	凹模及凸模圆角太小，加大了拉深力	加大凸模与凹模的圆角半径，减小拉深力

10.3　冲模装配示例

10.3.1　单工序冲裁模的装配

单工序冲裁模分无导向装置的冲裁模和有导向装置的冲裁模两种类型。对于无导向装置的冲裁模，在装配时，可以按图样要求将上、下模分别进行装配，其凸、凹模间隙是在冲裁模被安装在压力机上时进行调整的；而对于有导向装置的冲裁模，装配时首先要选择基准件，然后以基准件为基准，再配装其他零件并调好间隙值。冲裁模的装配方法见表 10-18。

表 10-18　冲裁模的装配方法

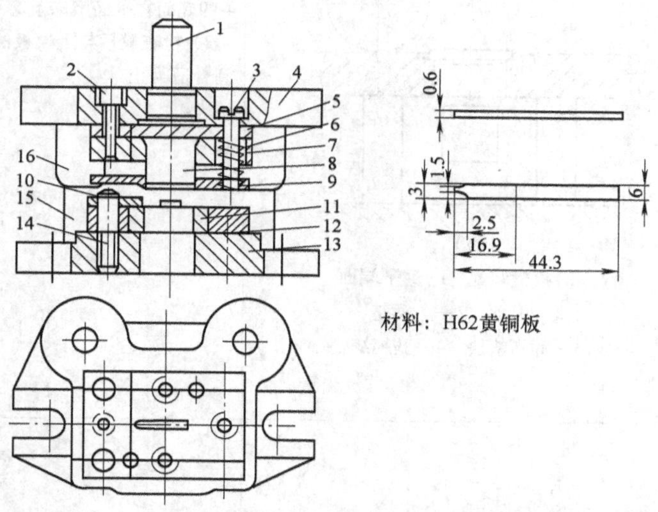

1—模柄　2—内六角螺钉　3—卸料螺钉　4—上模板　5—垫板　6—凸模固定板　7—弹簧　8—凸模　9—卸料板　10—定位板　11—凹模　12—凹模套　13—下模座　14—螺钉　15—导柱　16—导套

序号	工序	简　图	工 艺 说 明
1	装配前的准备		1）通读总装配图，了解所冲零件的形状、精度要求及模具结构特点、动作原理和技术要求 2）选择装配顺序及装配方法 3）检查零件尺寸、精度是否合格，并且备好螺钉、弹簧、销钉等标准件及装配用的辅助工具

（续）

序号	工序	简图	工艺说明
2	装配模柄	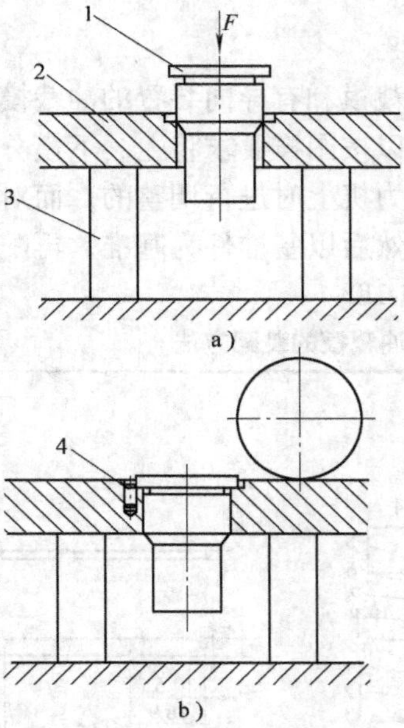 a） b） a）模柄装配　b）磨平端面 1—模柄　2—上模座 3—等高垫块　4—骑缝销	1）在手搬压力机上，将模柄1压入上模板4中，压实后，再把模柄1端面与上模板4的底面在平面磨床上磨平 2）检查模柄与上模板的垂直度，并调整到合适为止
3	导柱、导套的装配	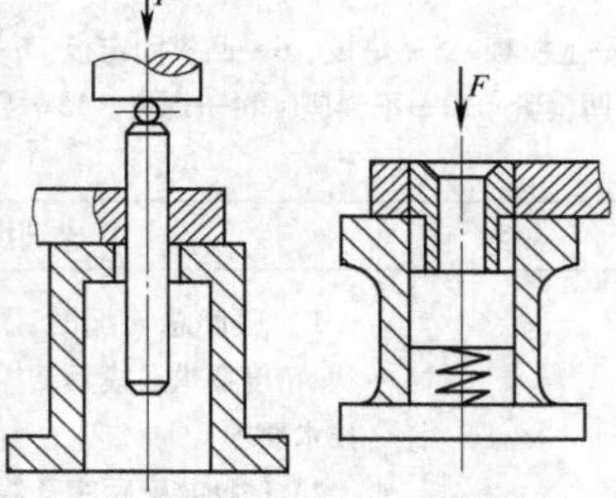 a）　b） a）导柱装配　b）导套装配	1）在压力机上分别将导柱15、导套16压入下模座13和上模板4内 2）检查其垂直度，如超过垂直度公差，应重新安装

（续）

序号	工序	简　图	工艺说明
4	凸模的装配	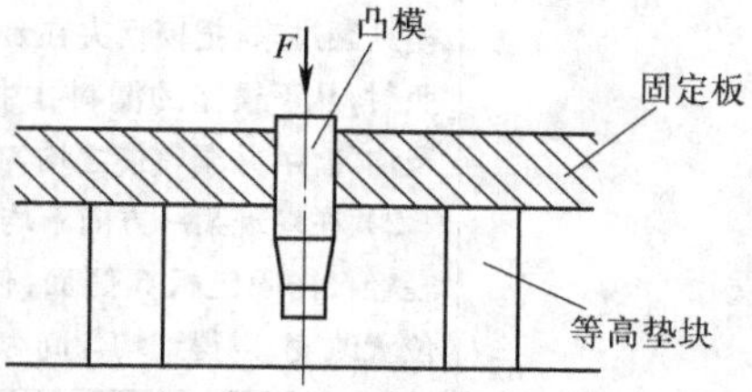	1）在压力机上将凸模 8 压入固定板 6 内,并检查凸模 8 与凸模固定板 6 的垂直度 2）装配后将固定板 6 的上平面与凸模 8 尾部一起磨平 3）将凸模 8 的工作部位端面磨平,以保持刃口锋利
5	弹压卸料板的装配		1）将弹压卸料板 9 套在已装入固定板内的凸模上 2）在凸模固定板 6 与卸料板 9 之间垫上平行垫块,并用平行夹板将其夹紧 3）按卸料板 9 上的螺孔在凸模固定板 6 上锪窝 4）拆下后,钻削固定板上的螺孔
6	装凹模		1）把凹模 11 装入凹模套 12 内 2）压入固紧后,将上、下平面在平面磨床上磨平
7	安装下模		1）在凹模 11 与凹模套 12 组合上安装定位板 10,并把该组合安装在下模座 13 上 2）调好各零件间相对位置后,在下模座按凹模套 12 螺纹孔配钻、加工螺孔、销钉孔 3）装入销钉,拧紧螺钉
8	配装上模		1）把已装入固定板 6 的凸模 8 插入凹模孔内 2）将固定板 6 与凹模套 12 间垫上适当高度的平行垫铁 3）将上模板 4 放在凸模固定板 6 上,对齐位置后夹紧 4）以凸模固定板 6 螺孔为准,配钻上模板螺孔 5）放入垫板 5,拧上紧固螺钉

（续）

序号	工序	简图	工艺说明
9	调整凸凹模间隙		1）先用透光法调整间隙，即将装配后的模具翻过来，把模柄夹在台虎钳上，用手灯照射，从下模座的漏料孔中观察间隙大小及均匀性，并调整使之均匀 2）在发现某一方向不均匀时，可用锤子轻轻敲击固定板 6 侧面，使上模的凸模 8 位置改变，以得到均匀间隙为准
10	固紧上模		间隙均匀后，将螺钉紧固，配钻上模板销钉孔，并装入销钉
11	装入卸料板		1）将卸料板 9 紧固在已装好的上模上 2）检查卸料板是否在凸模内，上、下移动是否灵活，凸模端面是否缩入卸料孔内约 0.5mm 左右 3）检查合适后，最后装入弹簧 7
12	试切和调整		1）用与冲裁件同样厚度的纸板作为工件材料，将其放在凸、凹模之间 2）用锤子轻轻敲击模柄进行试切 3）检查试件毛刺大小及均匀性。若毛刺小或均匀，表明装配正确，否则应重新装配调整
13	打刻编号		试切合格后，根据厂家要求打刻编号

10.3.2 级进模的装配

级进模又称连续模，是多工位冲模。其特点是在送料方向上具有两个或两个以上的工位，可以在不同工位上进行连续冲压并同时完成几道冲压工序。它不仅能完成多道冲裁工序，往往还有弯曲、拉深、成形等多种工序同时进行。这类模具加工、装配要求较高，难度也较大。模具的步距与定位稍有误差，就难保证工件的内、外形尺寸精度。因此，加工、装配这类模具时，应特别认真、仔细。

1. 加工与装配要求

级进模加工时除了必须保证工作零件及辅助相关零件的加工精度外，还应保证下述要求。

1）凹模各型孔的相对位置及步距，一定要按图样要求加工、装配准确。

2）凸模的各固定型孔、凹模型孔、卸料板导向孔三者的位置必须一致，即在加工装配后，各对应型孔的中心线应保持同轴度的要求。

3）各组凸、凹模在装配后，间隙应保证均匀一致。

2. 零部件的加工特点

级进模零部件加工时，可根据设备来确定加工顺序。在没有电火花及线切割机床的情况下，可采用如下加工工艺。

1）先加工凸模并经淬火处理。

2）将卸料板（又称刮料板）按图样画线，并利用机械及手工将其加工成形。其中，卸料孔应留有一定的配合要求。

3）将已加工的卸料板与凹模四周对齐，用夹钳夹紧，同钻螺孔及销孔。

4）用已加工及淬火后的凸模，采用压印整修法将卸料板粗加工后的型孔，加工成形，并达到一定的配合要求。

5）把已加工好的卸料板与凸模用销钉固定，用加工好的卸料板孔对凹模进行凹模型孔画线，卸下后粗加工凹模型孔，再用凸模压印、锉修并保证间隙大小及均匀性。

6）利用同样的方法加工固定板型孔及下模板漏料孔。

7）在工厂有电火花、线切割设备的情况下，级进模的加工应先加工凹模，再以凹模为基准，按上述方法配作卸料板、固定板型孔，以及利用凹模压印加工凸模。

3. 级进模的装配要点

（1）装配顺序的选择　级进模的凹模是装配基准件，故应先装配下模。再以下模为基准装配上模。级进模的凹模结构多数采用镶拼形式，由若干块拼块或镶块组成，为了便于调整准确步距和保证间隙均匀，装配时对拼块凹模先把步距调准确，并进行各组凸、凹模的预配，检查间隙均匀程度，修正合格后再把凹模压入固定板。然后把固定板装入下模板，再以凹模定位装配凸模，把凸模装入上模，待用切纸法试冲达到要求后，用销钉定位固定，再装入其他辅助零件。

（2）装配方法　假如级进模的凹模是整体凹模，则凹模型孔步距是靠加工凹模时保证的。若凹模是拼块凹模结构形式，则各组凸、凹模在装配时，采取预配合装配法。这是级进模装配的最关键工序，也是细致的装配过程，绝对不能忽视。因为各拼块虽在精加工时保证了尺寸要求和位置精度，但拼合后因累积误差也会影响步距精度，所以在装配时，必须由钳工研磨修正和调整。

凸、凹模预配的方法是：按图样拼合拼块，按基准面排齐、磨平。将凸模逐个插入相对应的凹模型孔内，检查凸模与凹模的配合情况，目测凸模与凹模的间隙均匀后再压入凹模固定板内。把凹模拼块装入凹模固定板后，最好用三坐标测量机、坐标磨床和坐标镗床对其位置精度和步距精度作最后检查，并用凸模复查以修正间隙后，磨上、下平面。

当各凹模镶件对精度有不同要求时，应先压入精度要求高的镶拼件，再压入容易保证精度的镶件。例如，在冲孔、切槽、弯曲、切断的级进模中，应先压入冲孔、切槽、切断的拼块，后压入弯曲模。这是因为前者型孔与定位面有尺寸及位置精度要求，而后者只要求位置精度。

4. 装配示例

下面以电能表磁极冲片为例，说明级进模的装配方法，见表10-19。

表10-19　级进模的装配方法

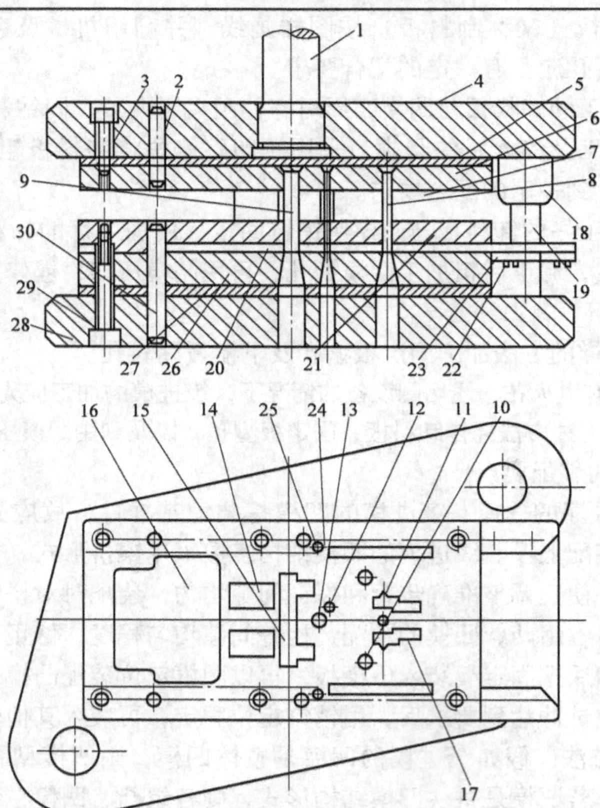

1—模柄　2、25、30—销钉　3、22、29—螺钉　4—上模板　5、27—垫板　6—凸模固定板　7—侧刃凸模　8～15、17—冲孔凸模　16—落料凸模　18—导套　19—导柱　20—卸料板　21—导料板　23—托料板　24—挡块　26—凹模　28—下模板

序号	工　序	工艺说明
1	凸、凹模预装	1）装配前仔细检查各凸模形状和尺寸，以及凹模形孔是否符合图样要求的尺寸精度、形状 2）将各凸模分别与相应的凹模孔相配，检查其间隙是否加工均匀。不合适者应重新修磨或更换
2	凸模装入固定板	以凹模孔定位，将各凸模分别压入凸模固定板型孔中，并挤紧牢固

（续）

序号	工　序	工艺说明
3	装配下模	1）在下模板 28 上画中心线，按中心预装凹模 26、垫板 27、导料板 21、卸料板 20 2）在下模板 28、垫板 27、导料板 21、卸料板 20 上，用已加工好的凹模分别复印螺孔位置，并分别钻孔，攻螺纹 3）将下模板、垫板、导料板、卸料板、凹模用螺钉紧固，装入销钉
4	装配上模	1）在已装好的下模上放等高垫铁，将凸模与固定板组合通过卸料孔导向，装入凹模 2）预装上模板 4，画出与凸模固定板相应螺孔位置并钻螺孔、过孔 3）用螺钉将固定板组合、垫板、上模板连接在一起，但不要拧紧 4）复查凸、凹模间隙并调整合适后，紧固螺钉 5）切纸检查，合适后打入销钉
5	装辅助零件	装配辅助零件后，试冲

10.3.3　复合模的装配

复合模是指在压力机一次行程中，可以在冲裁模的同一位置上完成冲孔和落料等多个工序。其结构特点主要是表现在它必须具有一个外缘可作落料凸模、内孔可作冲孔凹模用的复合式凸凹模，它既是落料凸模又是冲孔凹模。

在制造复合模时，与普通冲模不同的是上下模的配合稍有不准，就会导致整副模具的损坏，所以在加工和装配时不得有丝毫差错。

1. 制造与装配要求

1）所加工的工作零件（如凸模、凹模及凸凹模和相关零件）必须保证加工精度。

2）装配时，冲孔和落料的冲裁间隙应均匀一致。

3）装配后的上模中推件装置的推力的合力中心应与模柄中心重合。如果两者不重合，推件时会使推件块歪斜而与凸模卡紧，出现推件不正常或推不下来，有时甚至导致细小凸模的折断。

2. 零件加工特点

在加工制造复合模零件时，若采用一般机械加工方法，可按下列顺序进行加工。

1）首先加工冲孔凸模，并经淬火后，经修整后达到图样形状及尺寸精度要求。

2）对凸凹模进行粗加工后，按图样画线、加工型孔。型孔加工后，用加工好的冲孔凸模印锉修成形。

3）淬硬后凹模，用此外形压印锉修凹模孔。

4）加工卸件器。卸件器可按画线加工，也可以与凸凹模一体加工，加工后切下一段即可作为卸件器。

5）用冲孔凸模通过卸件器压印，加工凸模固定型孔。

3. 装配顺序的确定

对于导柱式复合模，一般先安装下模，找正下模中凸凹模的位置，按照冲孔凹模型孔加工出漏料孔；然后固定下模，装配上模上的凹模及凸模，调整间隙；最后安装其他零件。

4. 装配步骤

复合模的装配有配做装配法和直接装配法两种。在装配时，主要采取以下步骤。

1）组件装配。组件装配包括模架的组装、模柄的装入、凸模在固定板上的装入等。

2）总装配。总装配主要以先装下模为主，然后以下模为准再装配上模。

3）调整凸、凹模间隙。

4）安装其他辅助零件。

5）检查、试冲。

5. 装配示例

复合模的装配方法见表 10-20。

表 10-20　复合模的装配方法

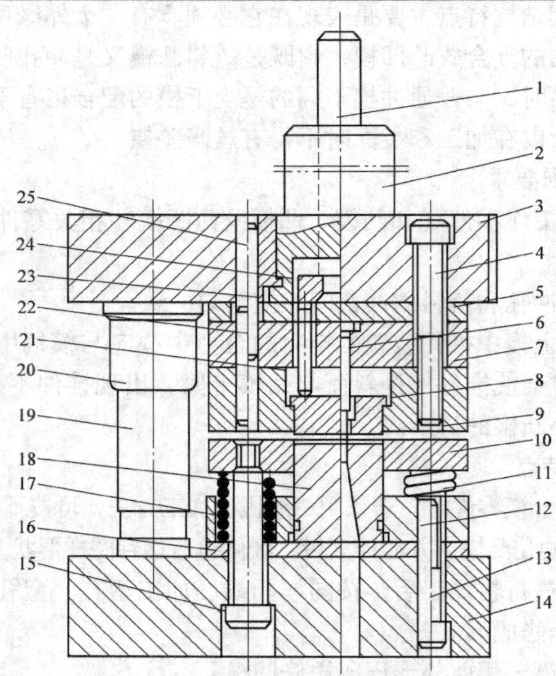

1—顶杆　2—模柄　3—上模板　4、13—螺钉　5、16—垫板　6—凸模　7、17—固定板　8—卸件器　9—凹模　10—卸料板　11—弹簧　12、22、23、25—销钉　14—下模板　15—卸料螺钉　18—凸凹模　19—导柱　20—导套　21—顶出杆　24—顶板

（续）

序号	工　序	工 艺 说 明
1	检查零件及组件	检查冲模各零件及组合是否符合图样要求，并检查凸、凹模间隙均匀程度，各种辅助零件是否配齐
2	装配下模	1）根据画线在下模板上放上垫板 16 和固定板 17，装入凸凹模 18 2）依凸、凹模正确位置加工出漏料孔、螺钉孔及销钉孔 3）紧固螺钉，装入销钉
3	装配上模	1）把垫板 5、固定板 7 放到上模板上，再放入顶出杆 21、卸件器 8 和凹模 9 2）用凸凹模 18 对冲孔凸模 6 和凹模 9 找正其位置。夹紧上模所有部件 3）按凹模 9 上的螺纹孔，配做上模各零件的螺孔过孔（配钻） 4）拆开后分别进行扩孔、锪孔，然后再用螺钉联接起来 5）试冲合格后，依凹模 9 上的销孔配钻销孔，最后装入销钉 22、25 6）安装其他零件
4	试冲与调整	1）切纸试冲 2）装机试冲

附　录

附录 A　冲压常用材料的性能和规格

表 A-1　钢铁材料的力学性能

材料名称	牌　号	材料状态	抗剪强度 τ_b /MPa	抗拉强度 R_m /MPa	伸长率 $A_{11.3}$ (%)	下屈服强度 R_{eL}/MPa
电工用钝铁 $w(C)<0.025$	DT1、DT2、DT3	已退火	180	230	26	—
电工硅钢	D11、D12、D21 D31、D32	已退火	190	230	26	—
	D41～48、D310～340	未退火	560	650	—	
普通碳素钢	Q195	未退火	260～320	320～400	28～33	—
	Q215		270～340	320～420	26～31	220
	Q235		310～380	380～470	21～25	240
	Q275		400～500	500～620	15～19	280
优质碳素结构钢	08F	已退火	220～310	280～390	32	180
	08		260～360	330～450	32	200
	10F		220～340	280～420	30	190
	10		260～340	300～440	29	210
	15F		250～370	320～460	28	—
	15		270～380	340～480	26	230
	20		280～400	360～510	25	250
	25		320～440	400～550	24	280
	30		360～480	450～600	22	300
	35		400～520	500～650	20	320
	40		420～540	520～670	18	340
	45		440～560	550～700	16	360
	50		440～580	550～730	14	380
	55	已正火	550	≥670	14	390
	60		550	≥700	13	410
	65		600	≥730	12	420
	70		600	≥760	11	430

（续）

材料名称	牌　号	材料状态	抗剪强度 τ_b /MPa	抗拉强度 R_m /MPa	伸长率 $A_{11.3}$（%）	下屈服强度 R_{eL}/MPa
优质碳素结构钢	65Mn	已退火	600	750	12	400
碳素工具钢	T7～T12 T7A～T12A	已退火	600	750	10	—
	T13　T13A		720	900	10	—
	T8A　T9A	冷作硬化	600～950	750～1200	—	—
锰　钢	10Mn2	已退火	320～460	400～580	22	230
合金结构钢	25CrMnSiA 25CrMnSi	已低温退火	400～560	500～700	18	—
	30CrMnSiA 30CrMnSi		440～600	550～750	16	—
弹簧钢	60Si2Mn 60Si2MnA 65Si2MnWA	已低温退火	720	900	10	—
		冷作硬化	640～960	800～1200	10	
不锈钢	12Cr13	已退火	320～380	400～470	21	—
	20Cr13		320～400	400～500	20	—
	30Cr13		400～480	500～600	18	480
	40Cr13		400～480	500～600	15	500
	12Cr18Ni9 17Cr18Ni9	经热处理	460～520	580～640	35	200
		冷辗压的冷作硬化	800～880	1000～1100	38	220

表 A-2　非铁金属材料的力学性能

材料名称	牌　号	材料状态	抗剪强度 τ_b /MPa	抗拉强度 R_m /MPa	伸长率 $A_{11.3}$（%）	下屈服强度 R_{eL}/MPa
铝	1070A(L2)、1050A(L3) 1200(L5)	已退火的	80	75～110	25	50～80
		冷作硬化	100	120～150	4	—
铝锰合金	3A21(LF21)	已退火的	70～100	110～145	19	50
		半冷作硬化的	100～140	155～200	13	130
铝镁合金 铝铜镁合金	5A02(LF2)	已退火的	130～160	180～230	—	100
		并冷作硬化的	160～200	230～280	—	210
高强度的铝镁铜合金	7A04(LC4)	已退火的	170	250	—	—
		淬硬并经人工时效	350	500	—	460

（续）

材料名称	牌　号	材料状态	抗剪强度 τ_b /MPa	抗拉强度 R_m /MPa	伸长率 $A_{11.3}$ （%）	下屈服强度 R_{eL}/MPa
镁锰合金	MB1	已退火的	120～240	170～190	3～5	98
	MB8	已退火的	170～190	220～230	12～14	140
		冷作硬化的	190～200	240～250	8～10	160
硬铝（杜拉铝）	2A12（LY12）	已退火的	105～150	150～215	12	—
		淬硬并经自然时效	280～310	400～440	15	368
		液硬后冷作硬化	280～320	400～460	10	340
纯　铜	T1、T2、T3	软的	160	200	30	7
		硬的	240	300	3	—
黄　铜	H62	软的	260	300	35	—
		半硬的	300	380	20	200
		硬的	420	420	10	—
	H68	软的	240	300	40	100
		半硬的	280	350	25	—
		硬的	400	400	15	250
铅黄铜	HPb59-1	软的	300	350	25	145
		硬的	400	450	5	420
锰黄铜	HMn58-2	软的	340	390	25	170
		半硬的	400	450	15	—
		硬的	520	600	5	—
锡磷青铜 锡锌青铜	QSn6. 5-0. 4 QSn4-3	软的	260	300	38	140
		硬的	480	550	3～5	—
		特硬的	500	650	1～2	546
铝青铜	QA17	退火的	520	600	10	186
		不退火的	560	650	5	250
铝锰青铜	QA19-2	软的	360	450	18	300
		硬的	480	600	5	500
硅锰青铜	QSi3-1	软的	280～300	350～380	40～45	239
		硬的	480～520	600～650	3～5	540
		特硬的	560～600	700～750	1～2	—
铍青铜	QBe2	软的	240～480	300～600	30	250～350
		硬的	520	660	2	—

（续）

材料名称	牌　号	材料状态	抗剪强度 τ_b /MPa	抗拉强度 R_m /MPa	伸长率 $A_{11.3}$ (%)	下屈服强度 R_{eL}/MPa
钛合金	TA2	退火的	360～480	450～600	25～30	—
	TA3		440～600	550～750	20～25	—
	TA6		640～680	800～850	15	—
镁合金	MB1	冷态	120～140	170～190	3～5	120
	MB8		150～180	230～240	14～15	220
	MB1	预热 300℃	30～50	30～50	50～52	—
	MB8		50～70	50～70	58～62	—

表 A-3　非金属材料的抗剪强度　　（单位：MPa）

材料名称	抗剪强度 τ_b 用尖刃凸模冲裁	抗剪强度 τ_b 用平刃凸模冲裁	材料名称	抗剪强度 τ_b 用尖刃凸模冲裁	抗剪强度 τ_b 用平刃凸模冲裁
低胶板	100～130	140～200	橡胶	1～6	20～80
布胶板	90～100	120～180	人造橡胶、硬橡胶	40～70	—
玻璃布胶板	120～140	160～190	柔软的皮革	6～8	30～50
金属箔的玻璃布胶板	130～150	160～220	硝过的及铬化的皮革	—	50～60
金属箔的纸胶板	110～130	140～200	未硝过的皮革	—	80～100
玻璃纤维丝胶板	100～110	140～160	云母	50～80	60～100
石棉纤维塑料	80～90	120～180	人造云母	120～150	140～180
有机玻璃	70～80	90～100	桦木胶合板	20	—
聚氯乙烯塑料、透明橡胶	60～80	100～130	硬马粪纸	70	60～100
赛璐珞	40～60	80～100	绝缘纸板	40～70	60～100
氯乙烯	30～40	50	红纸板	—	140～200
石棉橡胶	40		漆布、绝缘漆布	30～60	—
石棉板	40～50		绝缘板	150～160	180～240

表 A-4　轧制薄钢板的尺寸　　（单位：mm）

钢板厚度	钢板宽度 500	600	710	750	800	850	900	950	1000	1100	1250	1400	1500
	冷轧钢板的长度												
0.2,0.25 0.3,0.4	120	142	1500	1500									
	100	1800	1800	1800	1800	1800	1500	1500					
	150	200	2000	2000	2000	2000	1800	2000					
0.5,0.55 0.6		120	1420	1500	1500	1500							
	100	180	1800	1800	1800	1800	1500	1500					
	150	200	2000	2000	2000	2000	1800	2000					

（续）

钢板厚度	钢板宽度												
	500	600	710	750	800	850	900	950	1000	1100	1250	1400	1500
	冷轧钢板的长度												
0.7,0.75		120	1420	1500	1500	1500							
		100	1800	1800	1800	1800	1800	1500	1500				
	150	200	2000	2000	2000	2000	1800	2000					
0.8,0.9		120	1420	1500	1500	1500	1500						
	100	180	1800	1800	1800	1800	1800	1500	2000	2000			
	150	200	2000	2000	2000	2000	2000	2000	2200	2500			
1.0,1.1 1.2,1.4 1.5,1.6 1.8,2.0	100	120	1420	150	150	1500					2800	2800	
	150	180	1800	1800	1800	1800	1800			2000	2000	3000	3000
	200	200	2000	2000	2000	2000	2000	2000	2200	2500	3500	3500	
2.2,2.5 2.8,3.0 3.2,3.5 3.8,4.0	500	600											
	100	120	1420	1500	1500	1500							
	150	180	1800	1800	1800	1800	1800	2000					
	200	200	2000	2000	2000	2000							
钢板厚度	热轧钢板的长度												
0.35,0.4 0.45,0.5 0.55,0.6 0.7,0.75		120		1000									
	100	150	1000	1500	1500		1500	1500					
	150	180	1420	1800	1600	1700	1800	1900	1500				
	200	200	2000	2000	2000	2000	2000	2000	2000				
0.8,0.9				1500	1500	1500	1500	1500					
	100	120	1420	1800	1600	1700	1800	1900	1500				
	150	142	2000	2000	2000	2000	2000	2000	2000				
1.0,1.1 1.2,1.25 1.4,1.5 1.6,1.8				1000			1000						
	100	120	1000	1500	1500	1500	1500	1500					
	150	142	1420	1800	1600	1700	1800	1900	1500				
	200	200	2000	2000	2000	2000	2000	2000	2000				
2.0,2.2 2.5,2.8							1000						
	500	600	1000	1500	1500	1500	1500	1500	1500	2200	2500	2800	
2.8	100	120	1420	1800	1600	1700	1800	1900	2000	3000	3000	3000	3000
	150	150	2000	2000	2000	2000	2000	2000	3000	4000	4000	4000	4000
3.0,3.2 3.5,3.8 4.0				1000			1000						
				1500	1500	1500	1500	1500	2000	2200	2500	3000	3000
	500	600	1420	1800	1600	1700	1800	1900	3000	3000	3000	3500	3500
	100	120	1200	2000	2000	2000	2000	2000	4000	4000	4000	4000	4000

表 A-5 镀锌和酸洗钢板的规格 (单位：mm)

厚 度	厚度极限偏差	常用的宽度×长度
0.25,0.30,0.35 0.40,0.45	±0.05	510×710 850×1700 710×1420 900×1800 750×1500 900×2000
0.50,0.55	±0.05	710×1420 900×1800 750×1500 900×2000 750×1800 1000×2000 850×1700
0.60,0.65	±0.06	
0.70,0.75	±0.70	
0.80,0.90	±0.08	
1.00,1.10	±0.09	710×1420 750×1800 750×1500 850×1700 900×1800 1000×2000
1.20,1.30	±0.11	
1.40,1.50	±0.12	
1.60,1.80	±0.14	
2.00	±0.16	

表 A-6 热轧硅钢薄板的规格 (单位：mm)

分类	检验条件	钢号	厚度	宽度×长度
低硅钢板	强磁场	D11	1.0,0.5	600×1200 670×1340 750×1500 860×1720 900×1800 1000×2000 厚度为0.2、0.1,其宽度×长度由双方协议规定
		D12	0.5	
		D21	1.0,0.5,0.35	
		D22	0.5	
		D23	0.5	
		D24	0.5	
高硅钢板		D31	0.5,0.35	
		D32	0.5,0.35	
		D41	0.5,0.35	
		D42	0.5,0.35	
		D43	0.5,0.35	
		D44	0.5,0.35	
	中磁场	DH41	0.35,0.2,0.1	
	弱磁场	DR41	0.35,0.2,0.1	
	高频率	DG41	0.35,0.2,0.1	

表 A-7　冷轧黄铜板的规格　　（单位：mm）

<table>
<tr><th rowspan="3">厚　度</th><th colspan="3">宽度和长度</th><th rowspan="3">宽度和长度极限偏差</th></tr>
<tr><th>600×1200</th><th>700×1430</th><th>800×1500</th></tr>
<tr><th colspan="3">厚度下极限偏差（上极限偏差为0）</th></tr>
<tr><td>0.4</td><td rowspan="2">−0.07</td><td rowspan="2">−0.09</td><td rowspan="4"></td><td rowspan="32">宽度极限偏差为：$^{0}_{-10}$
长度极限偏差为：$^{0}_{-15}$</td></tr>
<tr><td>0.5</td></tr>
<tr><td>0.6</td><td rowspan="2">−0.08</td><td rowspan="3">−0.1</td></tr>
<tr><td>0.7</td></tr>
<tr><td>0.8</td><td>−0.09</td><td rowspan="2">−0.12</td></tr>
<tr><td>0.9</td><td>−0.1</td><td rowspan="3">−0.12</td></tr>
<tr><td>1</td><td>−0.11</td><td rowspan="2">−0.14</td></tr>
<tr><td>1.1</td><td rowspan="2">−0.12</td></tr>
<tr><td>1.2</td><td>−0.14</td><td rowspan="2">−0.16</td></tr>
<tr><td>1.35</td><td rowspan="2">−0.14</td><td rowspan="4">−0.16</td></tr>
<tr><td>1.5</td><td rowspan="3">−0.18</td></tr>
<tr><td>1.6</td><td rowspan="3">−0.15</td></tr>
<tr><td>1.8</td></tr>
<tr><td>2.0</td><td rowspan="2">−0.18</td><td rowspan="2">−0.2</td></tr>
<tr><td>2.25</td><td rowspan="4">−0.16</td></tr>
<tr><td>2.5</td><td rowspan="3">−0.21</td><td>−0.22</td></tr>
<tr><td>2.75</td><td rowspan="2">−0.24</td></tr>
<tr><td>3.0</td></tr>
<tr><td>3.5</td><td rowspan="2">−0.2</td><td rowspan="2">−0.24</td><td rowspan="2">−0.27</td></tr>
<tr><td>4.0</td></tr>
<tr><td>4.5</td><td rowspan="2">−0.22</td><td>−0.27</td><td>−0.3</td></tr>
<tr><td>5.0</td><td rowspan="3">−0.30</td><td rowspan="3">−0.35</td></tr>
<tr><td>5.5</td><td rowspan="3">−0.25</td></tr>
<tr><td>6.0</td></tr>
<tr><td>6.5</td><td>−0.35</td><td>−0.37</td></tr>
<tr><td>7.0</td><td rowspan="3">−0.27</td><td rowspan="3">−0.37</td><td rowspan="3">−0.4</td></tr>
<tr><td>7.5</td></tr>
<tr><td>8.0</td></tr>
<tr><td>9.0</td><td rowspan="2">−0.30</td><td rowspan="2">−0.40</td><td rowspan="2">−0.45</td></tr>
<tr><td>10.0</td></tr>
</table>

表 A-8 普通碳素结构钢冷轧钢带的规格 （单位：mm）

厚度	厚度下极限偏差（上极限偏差为0）		钢带宽度	宽度极限偏差				钢带长度
				切边钢带		不切边钢带		
	普通	较高		普通	较高	普通	较高	
0.05,0.06 0.08,0.10	−0.015	−0.01	5,10,…,100(间隔5)	宽度≤100时为$^{0}_{-0.4}$ 宽度>100时为$^{0}_{-0.5}$	宽度≤100时为$^{0}_{-0.2}$ 宽度>100时为$^{0}_{-0.3}$	宽度≤50时为±2.5 宽度>50时为±3.5	宽度≤50时为$^{0}_{-1.5}$ 宽度>50时为$^{0}_{-2.5}$	一般不短于10m 最短允许在5m以上
0.15	−0.02	−0.015	30,35,…,100(间隔5)					
0.20,0.25	−0.03	−0.02						
0.30	−0.04	−0.03						
0.35,0.40	−0.04	−0.03	30,35,…,200(间隔5)					
0.45,0.50	−0.05	−0.04						
0.55,0.60 0.65,0.70	−0.05	−0.04		宽度<100时为$^{0}_{-0.5}$ 宽度>100时为$^{0}_{-0.6}$	宽度<100时为$^{0}_{-0.3}$ 宽度>100时为$^{0}_{-0.4}$			
0.75,0.80 0.85,0.90 0.95,1.00	−0.07	−0.05						
1.05,1.10 1.15,1.20 1.25,1.30 1.35,1.40 1.45,1.50	−0.09	−0.06	50,55,…,200(间隔5)					
1.60,1.70 1.75,1.80 1.90,2.00 2.10,2.20 2.30,2.40 2.50	−0.13	−0.10						
2.60,2.70 2.80,2.90 3.00	−0.16	−0.12						

表 A-9　优质碳素结构钢冷轧钢带的规格　　　（单位：mm）

厚度				宽度				
公称尺寸	下偏差(上偏差为0)			切边钢带			不切边钢带	
	普通精度 P	较高精度 H	高精度 J	公称 尺寸	极限偏差 普通精度 P	极限偏差 较高精度 H	公称 尺寸	极限 偏差
0.10～0.15	−0.020	−0.010	−0.010	4～120	0 −0.3	0 −0.2	≤50	+2 −1
>0.15～0.25	−0.030	−0.020	−0.015					
>0.25～0.40	−0.040	−0.030	−0.020	6～200				
>0.40～0.50	−0.050	−0.040	−0.025					
>0.50～0.70	−0.050	−0.040	−0.025	10～200	0 −0.4	0 −0.3		
>0.70～0.95	−0.070	−0.050	−0.030					
>0.95～1.00	−0.090	−0.060	−0.040				>50	+3 −2
>1.00～1.35	−0.090	−0.060	−0.040	18～200	0 −0.6	0 −0.4		
>1.35～1.75	−0.110	−0.080	−0.050					
>1.75～2.30	−0.120	−0.100	−0.060					
>2.30～3.00	−0.160	−0.120	−0.080					
>3.00～4.00	−0.200	−0.160	−0.100					

表 A-10　电信用冷轧硅钢带的规格　　　（单位：mm）

牌号	厚度	厚度极限偏差		宽度	宽度极限偏差			
		宽度 <200	宽度 ≥200		宽5～10时	宽12.5～40时	宽50～80时	宽>80时
DG1、DG2 DG3、DG4	0.5	±0.005		5、6.5、8、10、12.5、15、16、20、25、32、40、50、64、80、100	0 −0.20	0 −0.25	0 −0.30	±1% (宽度)
	0.8 1.0	±0.010		5、6.5、8、10、12.5、15、16、20、25、32、40、50、64、80、100、110	0 −0.20	0 −0.25	0 −0.30	
	0.20	±0.015	±0.02	80～300			0 −0.30	
DQ1、DQ2 DQ3、DQ4 DQ5、DQ6	0.35	±0.020	±0.03	80～600			0 −0.30	

附录B 几种冲压设备的技术规格

表 B-1 剪板机技术规格

可剪板厚[①]/mm	可剪板宽[①]/mm	喉口深度/mm		剪切角度[②]	行程次数/(次/min) ≥	
		标准型	加大型		机械传动空载	液压传动满载
1	1000			1°	100	
2.5	1200			1°	70	
	2000				60	
4	2000				60	
	2500			1°30′	60	
	3200				50	
6	2000				50	
	2500				50	
	3200			1°30′	45	
	4000	300				15
	6300	300				14
10	2500			2°	45	
	4000	300				13
12	2000				40	
	2500				40	
	3200	300	600	2°		9
	4000	300				9
	6300	300				8
16	2500	300		2°30′		8
	4000	300				8
20	2500	300				6
	3200	300	600	2°30′		5
	4000	300				5
25	2500	300				5
	4000	300		3°		5
	6300	300				4

① 表中规格系指剪切 R_m = 490MPa 的板料；R_m 值不同时，应予以换算。

② 对于剪切角度可调的剪板机，表中所列为额定剪切角度。

表 B-2　单柱固定台压力机技术规格

型　号		J11-3	J11-5	J11-16	J11-50	J11-100
公称压力/kN		30	50	160	500	1000
滑块行程/mm		0 ~ 40	0 ~ 40	6 ~ 70	10 ~ 90	20 ~ 100
滑块行程次数/(次/min)		110	150	120	65	65
最大闭合高度/mm			170	226	270	320
闭合高度调节量/mm		30	30	45	75	85
滑块中心至床身距离/mm		95	100	160	235	325
工作台尺寸/mm	前后	165	180	320	440	600
	左右	300	320	450	650	800
垫板尺寸/mm		20	30	50	70	100
模柄孔尺寸/mm	直径	25	25	40	50	60
	深度	30	40	55	80	80

表 B-3　开式双柱固定台压力机技术规格

型　号		JA21-35	JA21-100	JA21-160	JA21-400A
公称压力/kN		350	1000	16100	4000
滑块行程/mm		130	可调 10 ~ 120	160	200
滑块行程次数/(次/min)		50	75	40	25
最大闭合高度/mm		280	400	450	550
闭合高度调节量/mm		60	85	130	150
滑块中心至床身距离/mm		205	325	380	480
立柱间距离/mm		428	480	530	869
工作台尺寸/mm	前后	380	600	710	900
	左右	610	1000	1120	1400
工作台孔尺寸/mm	前后	200	300		480
	左右	290	420		750
	直径	260		460	600
垫板尺寸/mm	厚度	60	100	130	170
	孔径	22.5	200		300
模柄孔尺寸/mm	直径	50	60	70	100
	深度	70	80	80	120
滑块底面尺寸/mm	前后	210	380	460	
	左右	270	500	650	

表 B-4 开式双柱可倾压力机技术规格

型号		J23-6.3	J23-10	J23-16	J23-25	J23-40	J23-63	J23-100
公称压力/kN		63	100	160	250	400	630	1000
滑块行程/mm		35	45	55	65	100	130	130
滑块行程次数/(次/min)		170	145	120	105	45	50	38
最大闭合高度/mm		150	180	220	270	330	360	480
最大装模高度/mm		120	145	180	220	265	280	380
连杆调节长度/mm		30	35	45	55	65	80	100
滑块中心至床身距离/mm		110	130	160	200	250	260	380
立柱间距离/mm		150	180	220	270	340	350	450
工作台尺寸/mm	前后	200	240	300	370	460	480	710
	左右	310	370	450	560	700	710	1080
垫板尺寸/mm	厚度	30	35	40	50	65	80	100
	孔径	140	170	210	200	220	250	250
模柄孔尺寸/mm	直径	30	30	40	40	50	50	60
	深度	50	55	60	60	70	80	75
最大倾斜角度/(°)		45	35	35	30	30	30	30
电动机功率/kW		0.75	1.10	1.50	2.20	5.5	5.5	10
压力机外形尺寸/mm	前后	776	895	1130	1335	1685	1700	2472
	左右	550	651	921	1112	1325	1373	1736
	高度	1488	1673	1890	2120	2470	2750	3312
压力机总质量/kg		400	576	1055	1780	3540	4800	10000

表 B-5 闭式单点压力机技术规格

型号		J31-100	J31-160A	J31-250	J31-315	J31-400A	J31-630
公称压力/kN		1000	1600	2500	3150	4000	6300
滑块行程/mm		165	160	315	315	400	400
滑块行程次数/(次/min)		35	32	20	25	20	12
最大闭合高度/mm		280	480	630	630	710	850
最大装模高度/mm		155	375	490	490	550	650
连杆调节长度/mm		100	120	200	200	250	200
立柱间距离/mm		660	750	1020	1130	1270	1230
工作台尺寸/mm	前后	635	790	950	1100	1200	1500
	左右	635	710	1000	1100	1250	1200
垫板尺寸/mm	厚度	125	105	140	140	160	200
	孔径	250	430	—	—	—	—
气垫工作压力/kN		—	—	400	250	630	1000
气垫行程/mm		—	—	150	160	200	200
气垫单位压力/10^5 Pa		—	—	4	5.5	5.5	5.5
离合器工作气压/10^5 Pa		—	4	4	4.5	4.5	4.5
主电动机功率/kW		7.5	10	30	30	40	55
压力机外形尺寸/mm	前后	1670	583	1750	2100	2250	2950
	左右	1780	2130	2400	2805	3000	3350
	高度	2780	4375	4985	5610	6030	6355
压力机总质量/kg		4830	13750	30500	35800	47500	61800

表 B-6 闭式双点压力机技术规格

公称压力/kN	公称压力行程/mm	滑块行程/mm	滑块行程次数/(次/min)	最大装模高度/mm	装模高度调节量/mm	导轨间距①/mm	滑块底面前后尺寸/mm	工作台面尺寸/mm	
								左右①	前后
1600	13	400	18	600	250	1980	1020	1900	1120
2000	13	400	18	600	250	2430	1150	2350	1250
2500	13	400	18	700	315	2430	1150	2350	1250
3150	13	500	14	700	315	2880	1400	2800	1500
4000	13	500	14	800	400	2880	1400	2800	1500
5000	13	500	12	800	400	3230	1500	3150	1600
6300	13	500	12	950	500	3230	1500	3150	1600
8000	13	630	10	1250	600	3230 (4080)	1700	3150 (4000)	1800
10000	13	630	10	1250	600	3230 (4080)	1700	3150 (4000)	1800
12500	13	500	10	950	400	3230 (4080)	1700	3150 (4000)	1800
16000	13	500	10	950	400	5080 (6080)	1700	5000 (6000)	1800
20000	13	500	8	950	400	5080 (7580)	1700	5000 (7500)	1800
25000	13	500	8	950	400	7580	1700	7500	1800
31500	13	500	8	950	400	7580 (10080)	1900	7500 (10000)	2000
40000	13	500	8	950	400	10080	1900	10000	2000

① 括号内尺寸为大规格尺寸。

表 B-7 底传动双动拉深压力机主要技术规格

型　号	J44-55	J44-80
拉深滑块公称压力/kN	550	800
压边滑块公称压力/kN	550	800
滑块行程次数/(次/min)	9	8
拉深滑块行程/mm	580	640
最大坯料直径/mm	780	900
最大拉深直径/mm	550	700
最大拉深深度/mm	280	400
导轨间距离/mm	800	1120

（续）

型号		J44-55	J44-80
工作台尺寸/mm	前后	720	1100
	左右	680	1000
	孔径	120	160
装模螺杆螺纹/mm		M72×6	M80×8
螺纹长度/mm		90	130
外形尺寸/mm	前后	4105	4250
	左右	2595	2900
	地面上高	3845	5079
质量/kg		21000	45700

表 B-8 摩擦压力机技术规格

型号		J53-63	J53-100A	J53-160A
公称压力/kN		630	1000	1600
最大能量/J		2500	5000	10000
滑块行程/mm		270	310	360
滑块行程次数/(次/min)		22	19	17
最小闭合高度/mm		190	220	260
导轨距离/mm		350	400	460
滑块尺寸/mm	前后	315	380	400
	左右	348	350	458
模柄孔尺寸/mm	直径	60	70	70
	深度	80	90	90
工作台尺寸/mm	前后	450	500	560
	左右	400	450	510
	孔径	80	100	100
横轴转速/(r/min)		240	230	220
主螺杆直径/mm		130	145	180

表 B-9 四柱万能液压机技术规格

型号	公称压力/kN	滑块行程/mm	顶出力/kN	工作台尺寸(前后×左右×距地面高)/mm	工作行程速度/(mm/s)	活动横梁至工作台最大距离/mm	液体压力/MPa
Y32-50	500	400	75	490×520×800	16	600	20
YB32-63	630	400	95	490×520×800	6	600	25
Y32-100A	1000	600	165	600×600×700	20	850	21
Y32-200	2000	700	300	760×710×900	6	1100	20
Y32-300	3000	800	300	1140×1210×700	4.3	1240	20
YA32-315	3150	800	630	1160×1260	8	1250	25
Y32-500	5000	900	1000	1400×1400	10	1500	25
Y32-2000	20000	1200	1000	2400×2000	5	800～2000	26

表 B-10 SP 系列小型高速压力机技术规格

压力机型号	SP-10CS	SP-15CS	SP-30CS	SP-50CS
公称压力/kN	100	150	300	500
行程长度/mm	40～10	50～10	50～20	50～20
行程次数/(次/min)	75～850	80～850	100～800	150～450
滑块调节量/mm	25	30	50	50
垫板尺寸(长×宽)/mm	400×300	450×330	620×390	1080×470
垫板厚度/mm	70	80	100	100
滑块尺寸(长×宽)/mm	200×180	220×190	320×250	820×360
工作台孔尺寸(长×宽)/mm	240×100	250×120	300×200	600×180
封闭高度/mm	185～200	200～220	250～265	290～315
主电动机功率/kW	0.75	2.2	5.5	7.5
机床质量/kg	900	1400	4000	6000
机床外形尺寸(长×宽)/mm	935×780	910×1200	1200×1275	1625×1495
机床高度/mm	1680	1900	2170	2500

注：SP 系列小型高速压力机为小型 C 形机架（即国际上称为 OBI 型机架）的开式压力机，为日本山田公司生产，适用于工业的接插件、电位器、电容器等小型电子元件的制件生产。

表 B-11 BSTA 与 FP 系列部分高速压力机技术规格

压力机型号	BSTA-18	BSTA-30	BSTA-60HL	FP-60SWⅡ
公称压力/kN	180	300	600	600
滑块行程/mm	36～16	40～16	76～20	30
行程次数/(次/min)	100～600	100～600	100～650	200～900
装模高度/mm	140～200	200～260	265～293	300
滑块调节量/mm	40	40	80	50
滑块尺寸(直径或长×宽)/mm	ϕ196	ϕ250	700×458	940×420
垫板尺寸(长×宽)/mm	350×310	540×412	770×620	940×650
垫板厚度/mm	45	60	120	120

注：BSTA 系列高速压力机为日本三井（MITSUI-SEIKI）公司生产，FP 系列为日本山田（YAMADA DOBBY）公司生产。

表 B-12 A2 型高速压力机的部分技术规格

压力机型号	A2-100	A2-160	A2-250	A2-400
公称压力/kN	1000	1600	2500	4000
标准滑块行程/mm	25	30	30	35
最大滑块行程/mm	50	50	50	50
最大行程次数/(次/min)	450	375	300	250
工作台尺寸(长×宽)/mm	1050×800	1300×1000	1650×1100	2600×1200
最大装模高度/mm	350	375	400	475
装模高度调节量/mm	60	60	80	80

注：A2 系列高速压力机是德国舒勒公司（Schuler）生产的。

表 B-13 冲模回转头压力机技术规格

公称压力/kN		160	300	600	1000	1500
滑块行程/mm			25	30	40	50
滑块行程次数/(次/min)		120	100	100	50	60
模具数量/个		18	20	32	30	32
滑块中心到床身距离/mm		750	620	950	1300	1520
冲压板料尺寸	冲孔最大直径/mm	80	84	105	115	130
	最大厚度/mm	4	3	4	6.4	8
被加工板料尺寸(前后×左右)/mm			600×1200	900×1500	1300×2000	1500×2500
孔距间定位精度/mm		+0.1	+0.1	+0.1	+0.1	+0.1
主电动机功率/kW			4	4	10	10
机器总质量/kg			8000	20000	30000	40000

附录 C 金属冲压件未注公差尺寸的极限偏差

表 C-1 冲裁和拉深件未注公差尺寸的极限偏差 (单位：mm)

公称尺寸		尺寸的类型			
大于	到	≤ϕ50 的圆孔	包容表面(≤ϕ50 的孔除外)	被包容表面	暴露面及孔中心距
0	3	+0.12	+0.25	-0.25	±0.15
3	6	+0.16	+0.3	-0.3	
6	10	+0.20	+0.36	-0.36	±0.25
10	18	+0.24	+0.43	-0.43	
18	30	+0.28	+0.52	-0.52	±0.3
30	50	+0.34	+0.62	-0.62	
50	80		+0.74	-0.74	±0.4
80	120		+0.87	-0.87	
120	180		+1.0	-1.0	±0.6
180	260		+1.15	-1.15	
260	360		+1.35	-1.35	±0.8
360	500		+1.55	-1.55	
500	630		+1.8	-1.8	±1.0
630	800		+2.0	-2.0	
800	1000		+2.2	-2.2	±1.2
1000	1250		+2.4	-2.4	
1250	1600		+2.6	-2.6	±1.4
1600	2000		+3.0	-3.0	

（续）

公称尺寸		尺寸的类型			
大于	到	≤ϕ50 的圆孔	包容表面（≤ϕ50 的孔除外）	被包容表面	暴露面及孔中心距
2000	2500		+3.5	−3.5	±1.9
2500	3150		+4.0	−4.0	
3150	4000		+4.5	−4.5	±2.5
4000	5000		+5.0	−5.0	
备注	包容表面尺寸是指测量时包容量具的表面尺寸，如孔径或槽宽等。被包容表面尺寸是指测量时被量具包容的表面尺寸，如圆形外径、板料厚度等。以上两种情况以外的称之暴露表面尺寸，如凸台高度、不通孔的深度等				

表 C-2　翻边高度未注公差的极限偏差　（单位：mm）

图示	基本尺寸 H 大于	到	极限偏差
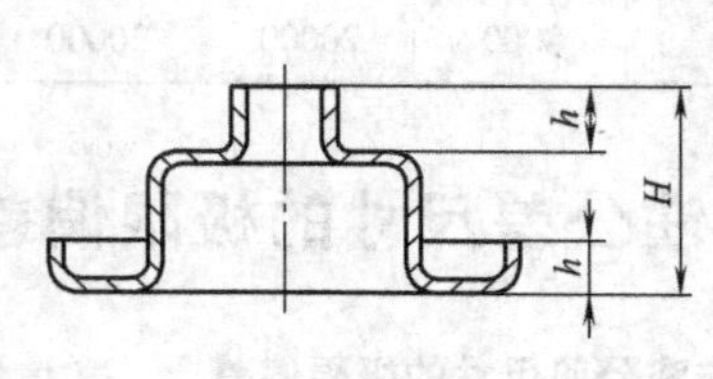	0	3	±0.3
	3	6	±0.5
	6	18	±0.8
	18		±1.2

表 C-3　带料、扁条料和型材的冲孔与边缘距离未注公差的极限偏差

（单位：mm）

图示	基本尺寸	零件的最大长度 ≤300	>300~600	>600
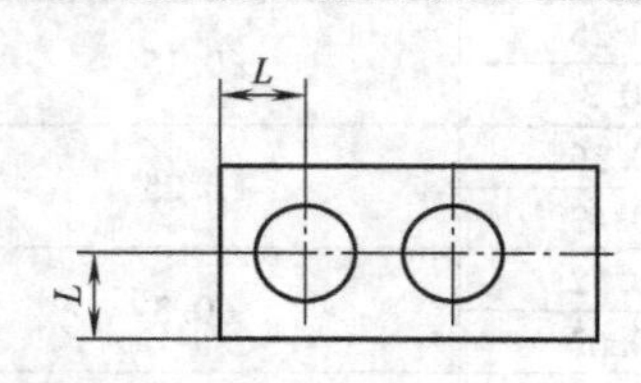		极限偏差		
	≤50	±0.5	±0.8	±1.2
	>50	±0.8	±1.2	±2.0

附录 D　冲模零件的精度、公差配合及表面粗糙度

表 D-1　模具精度与冲裁件精度对应关系

冲模制造精度	材料厚度 t/mm 0.5	0.8	1.0	1.5	2	3	4	5	6	8	10	12
IT6~IT7	IT8	IT8	IT9	IT10	IT10	—	—	—	—	—	—	—
IT7~IT8	—	IT9	IT10	IT10	IT12	IT12	IT12	—	—	—	—	—
IT9	—	—	—	IT12	IT12	IT12	IT12	IT12	IT14	IT14	IT14	IT14

表 D-2　冲模零件的加工精度及其相互配合

配合零件名称	精度及配合	配合零件名称	精度及配合
导套（导柱）与上、下模座	$\frac{H7}{r6}$	固定挡料销与凹模	$\frac{H7}{n6}$或$\frac{H7}{m6}$
导柱与导套	$\frac{H6}{h5}$或$\frac{H7}{h6}$、$\frac{H7}{f6}$	活动挡料销与卸料板	$\frac{H9}{h8}$或$\frac{H9}{h9}$
模柄（带法兰盘）与上模座	$\frac{H8}{h8}$或$\frac{H9}{h9}$	圆柱销与凸模固定板、上、下模座等	$\frac{H7}{n6}$
凸模与凸模固定板	$\frac{H7}{m6}$或$\frac{H7}{k6}$	凸模（凹模）与上、下模座（镶入式）	$\frac{H7}{h6}$
螺钉与螺杆孔	0.5 或 1mm（单边）	顶件板与凹模	0.1 ~ 0.5mm（单边）
卸料板与凸模或凸凹模	0.1 ~ 0.5mm（单边）	推销（连接推杆）与凸模固定板	0.2 ~ 0.5mm（单边）
推杆（打杆）与模柄	0.5 ~ 1mm（单边）		

表 D-3　冲模零件的表面粗糙度

表面粗糙度 $Ra/\mu m$	使用范围	表面粗糙度 $Ra/\mu m$	使用范围
0.2	抛光的成形面及平面	1.6	1）内孔表面——在非热处理零件上配合使用 2）底板平面
0.4	1）压弯、拉深、成形的凸模和凹模的工作表面 2）圆柱表面和平面的刃口 3）滑动和精确导向的表面	3.2	1）不磨加工的支撑、定位和紧固表面——用于非热处理的零件 2）底板平面
0.8	1）凸模和凹模刃口 2）凸模和凹模镶块的结合面 3）过盈配合和过渡配合的表面——用于热处理零件 4）支撑定位和紧固表面——用于热处理零件 5）磨加工的基准面 6）要求准确的工艺基准面	6.3 ~ 12.5	不与冲压件及冲模零件接触的表面
		25	粗糙的不重要的表面

附录 E　冲压件的常见缺陷及解决方法

表 E-1　冲裁件常见缺陷及解决方法

序号	缺陷名称	图　示	缺陷成因	解决方法
1	塌角过大		凸、凹模之间的间隙过大	加粗凸模，并与凹模重新匹配间隙
			被冲材料的塑性指标过高	换用较硬的被冲材料
			刃口变钝	及时磨刃

（续）

序号	缺陷名称	图　示	缺陷成因	解决方法
2	毛刺过大	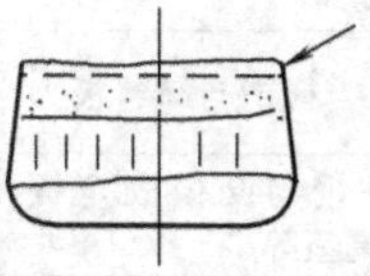	凸、凹模之间间隙过大或不均匀	加粗凸模，重调间隙至均匀
			被冲材料过薄或过软，使正常毛刺被拉长	换用较厚或较硬的被冲材料
			刃口变钝	及时磨刃
3	拱弯	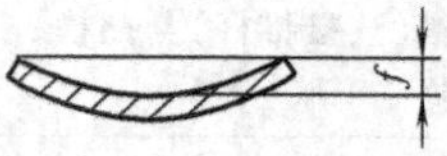	模具结构欠合理，无相应防止功能	在模具结构上增设压料板或顶料板
			凸、凹模之间的间隙不适宜	修正或更换凸模，重新调整间隙
			被冲材料过薄或过软	换用较厚或较硬的材料
4	断裂面不直	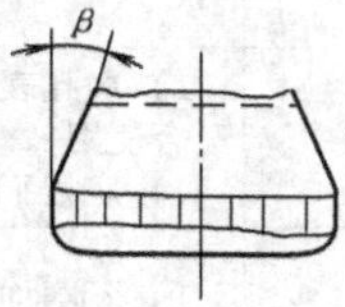	凸、凹模之间的间隙过大	更换凸模，重调间隙
			被冲材料的塑性差，使断裂面相对较大且呈倾角	换用塑性较好的被冲材料

表 E-2　精冲件常见缺陷及解决方法

序号	缺陷名称	图　示	缺陷成因	解决方法
1	鱼鳞裂纹		被冲材料塑性差	换上塑性好的材料或将原材料作球化退火处理
			冲孔凸模或落料凹模的圆角太小或不均匀，因而三向压应力未能建立	加大和匀化相应圆角
			凹模刃口表面太粗糙	保持合理间隙条件下抛光刃口；制作模具时，最好采用高精度慢走丝线切割机切割关键零件
			模具润滑不充分	冲压时注意板料上、下面的充分润滑

（续）

序号	缺陷名称	图　示	缺陷成因	解决方法
2	断面撕裂		V 形齿圈压力不够	改变齿圈齿形结构，以利三向压应力区的形成
			凹模圆角太小或不均匀	加大凹模圆角并沿刃口周边均匀一致
			原材料塑性太差	按精冲要求，复验和更换原材料
			制件几何形状有尖角	在保证制件使用性能基础上，增大圆角
3	脆性断裂		凸、凹模之间的间隙过大	更换凸、凹模，保证精冲所需间隙
4	断面倾斜		凹模圆角太大，较多的变形材料被拉入凹模	重新刃磨凹模
			精冲过程中，凹模的相对位置发生变化	合理选用模具固定方法
5	单边大毛刺		凸、凹模之间的间隙不均匀	重调间隙
			凸模刃口已钝	重磨凸模
			凸模进入凹模太深	增加封闭高度
6	波纹断面		凹模圆角较大，且凸、凹模之间的间隙又较小，使材料与凹模剧烈摩擦所致	设计模具时，应合理考虑间隙与料厚的取值关系
7	塌角过大		凹模圆角过大	重磨凹模，减小圆角半径
			凸模下压时的反压力太小	增加反压力
			工件轮廓上的拐角过小	采用双面齿的齿盘；在保证工件使用性能前提下，增大拐点处的圆角
8	表面不平		原材料的平直度较差	冲前对材料作校平处理
			凸模下压时的反压力过小	强化反压板的反压力
			凸模工作表面存油过多	在 V 形环上开溢油槽

（续）

序号	缺陷名称	图　示	缺陷成因	解决方法
9	板面扭曲		原材料内部存在应力	作消除应力处理
			原材料的轧制纤维方向不合适	更换原材料
			反压板顶件时着力不均	检查修正反压板的平行度和各顶杆的长度

表 E-3　弯曲件常见缺陷及解决方法

序号	缺陷名称	图　示	缺陷成因	解决方法
1	裂口	裂口	凸模弯曲半径过小	适当增大凸模圆角半径
			坯料带毛刺的一面处在弯曲外侧	将毛刺一面处在弯曲内侧
			板料的塑性较低	用已退火或塑性较好的板料
			下料所引起的坯料硬化层过大	弯曲线与板料纤维方向垂直或呈 45°
2	翘曲	h	变形区的应变状态所致，因为沿弯曲线方向的横向应变在中性层外侧是压应变，而在内侧是拉应变	采用校正弯曲，增加压强；根据翘曲量，反向修正凸模与凹模
3	弯曲线歪斜	最小弯曲高度 扩张	过度弯曲，使实际弯曲高度小于最小允许弯曲高度，从而在最小弯曲高度以下的部分出现弯曲线一端外扩的歪斜现象	在模具设计中，对最小弯曲高度的限制应切实加以保证；回复过度弯曲部分后再重新弯曲
4	孔变形	变形	孔边距离弯曲线太近，由于在弯曲区的中性层内侧为压缩变形，而外侧为拉伸变形，从而使孔径向外侧扩张	设计弯曲件时，应使孔边至弯曲中心的距离大于一定值；在弯曲部位设置辅助孔，以缓解弯曲应力
5	弯曲角回弹		板料塑性变形时伴有弹性变形所致，所以当工件从模中脱出，立即出现弹性恢复，使弯曲角变大	以校正弯曲替代自由弯曲；用预定的弹复角度，反向修正凸、凹的角度；弯曲时加轴向拉力

（续）

序号	缺陷名称	图　示	缺陷成因	解决方法
6	弯曲端部鼓起	鼓起	弯曲部位应变状态所致，因弯曲时中性层内侧纵向被压缩而缩短，宽度方向则伸长，形成边缘突起，以厚板小角度弯曲为明显	在弯曲部位两端，预先做出圆弧切口，且弯曲时将板料有毛刺一边安排在弯曲内侧
7	尺寸偏差	滑移 滑移	以不对称形状件的压弯为显著，因坯料在滑入凹模时，两边受到的摩擦阻力不相等，因而两边的滑移量也不会相同，阻力小的滑移量大，从而导致尺寸偏差	采用有压料顶板的模具；坯料准确定位；在可能条件下，采用拼合对称性弯曲
8	底部不平	不平	压弯时板料与凸模底部没有靠紧	采用带有压料顶板的模具，并在压弯开始时就对坯料施加足够的压力
9	孔不同心	a）　b）	弯曲时坯料产生了滑动，致使两孔不对心（图 a）；弯曲后的弹复使孔中心线倾斜（图 b）	坯料准确定位，保证左右弯曲高度一致；在模具结构上设置防止坯料窜动的定位销或压料顶板；减小工件的弹复
10	表面擦伤	擦伤	有金属微粒附着在坯料或模具工作表面上	清除坯料或模具工作表面脏物；降低凸、凹模表面粗糙度值
			凹模的圆角半径过小	适当增大凹模圆角半径
			凸、凹模之间的间隙过小	采用适宜的凸、凹模间的间隙值

表 E-4　筒形拉深件常见缺陷及解决方法

序号	缺陷名称	图　示	缺陷成因	解决方法
1	破裂		拉深系数小	加大拉深系数
			凸、凹模圆角半径小或不均匀	均匀加大凸、凹模圆角半径
			凸、凹模工作表面粗糙	重磨并抛光
			压边力太大或不均匀	调整压边力
			凸、凹模之间的间隙太小或不均匀	调整间隙
			上道工序的拉深高度小	调整上道工序的拉深高度
2	凸缘过渡圆角不平滑		原材料太厚	重选原材料厚度
			凸、凹模之间的间隙偏小，使材料挤回口部	加大凸、凹模之间的间隙
3	凸缘起皱		原材料太薄	重选原材料厚度
			凸、凹模之间的间隙大	相对厚度 <0.3 时，减小间隙
			凹模圆角半径大	减小凹模圆角半径
			压边力小	加大压边力
4	单边起皱		压力机滑块下平面与工作台面不平行，使压边力不均	检查和修正模具工作零件的结构参数和相关平面的平行度
			滑块下平面与安装后的凹模面不平行，使压边力不均	检验和修正压力机滑块下平面与工作台面的平行度
			坯料有局部毛刺	去除毛刺
			坯料表面有微粒杂物	清除坯料表面杂物

（续）

序号	缺陷名称	图示	缺陷成因	解决方法
5	筒身内皱	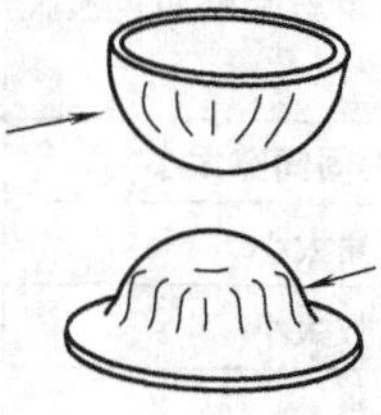	压边力太小，拉深开始时大部分材料处于悬空状态	加大压边力，采用压边肋或改用液压拉深
			凸、凹模圆角半径偏大	适当加大凸、凹模圆角半径
			模具工作表面过分光滑	采用 n 值大，方向性小，表面不甚光滑的原材料
			润滑剂使用不当	只在凹模口部涂润滑剂
6	侧壁纵向划痕		凹模工作表面不光洁	修光工作表面
			坯料表面不清洁	清洁坯料
			模具硬度低，有金属粘附现象	提高模具硬度或变化模具材料
			润滑剂中有杂物混入	换用干净的润滑剂
7	内圆角鼓起	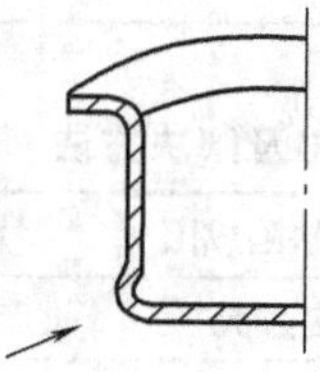	原材料弹性极限高	改选原材料
			拉深后的弹性回复	加大压边力，设置拉深肋
			凹模圆角半径过大	减小凹模圆角半径
			凸、凹模之间的间隙大	减小间隙，使之变薄拉
8	底部内凹	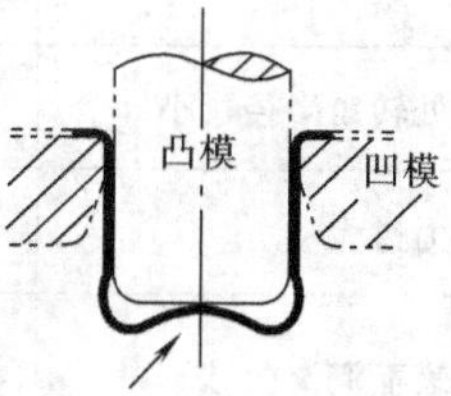 凸模 凹模	凸模拉深完毕上行时，制件内侧形成真空	在凸模上开出气孔，并与大气相通
			原材料偏薄	在可能情况下换用原材料
			凸、凹模间的间隙太小	增大模具间隙，降低凸、凹模的密合性
9	凸耳	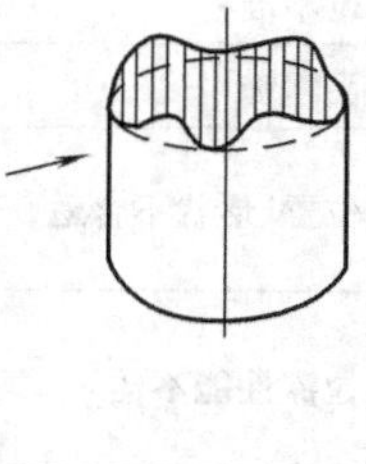	凹模与压边圈间的间隙不均匀	调匀凹模与压边圈之间的间隙
			压边圈刚度不够	增加压边圈的厚度
			缓冲器的顶杆长度不一致	检查和修正缓冲器顶杆长度
			原材料方向性太强	重新选材
			坯料有局部大毛刺	清除坯料毛刺
			坯料边缘有压伤和裂口	禁用边缘有压伤和裂口的坯料

（续）

序号	缺陷名称	图　示	缺陷成因	解决方法
10	壁厚不均	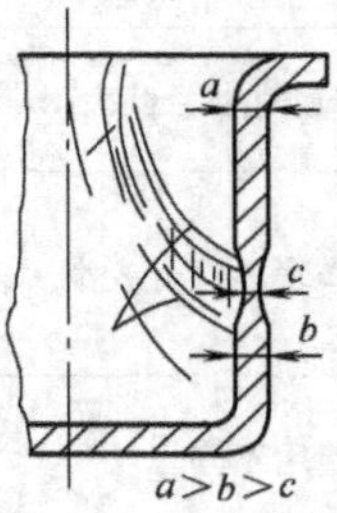 a>b>c	原材料太厚	更换料厚
			凸模圆角与其侧面过渡欠佳	修磨凸模圆角与侧面过渡区
			凸、凹模间间隙太小	增大模具间隙
			凹模圆角太小	放大凹模圆角
			拉深系数太小	调整拉深系数
			润滑不当	均匀充分润滑
			坯料板面上有划伤，在拉深中被宽展	避免坯料板面上的伤痕
11	余料侧偏	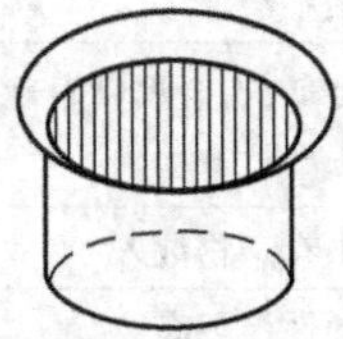	模具安装时不当，凸、凹模中心线相互错开	重装模具，调匀间隙

表 E-5　盒形拉深件常见缺陷及解决方法

序号	缺陷名称	图　示	缺陷成因	解决方法
1	拉深破裂	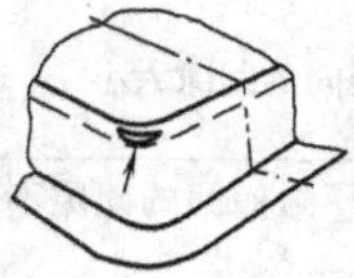	拉深深度过大	进行分道次拉深
			破裂处圆角半径过小	加大破裂处圆角半径，并整形
			破裂处转角半径过小	适当增大转角半径
			压边力过大	减小压边力
			模具表面润滑欠佳	使用高黏性油润滑模具
			坯料尺寸过大	坯料剪角
			坯料定位不准	检查定位销位置
			冲模表面粗糙	研磨模具表面
			拉深肋位置、形状不合适	减弱拉深肋的作用
			原材料拉深性能不佳	换用 CCV 值小、r 值大的材料

（续）

序号	缺陷名称	图　示	缺陷成因	解决方法
2	侧壁裂纹	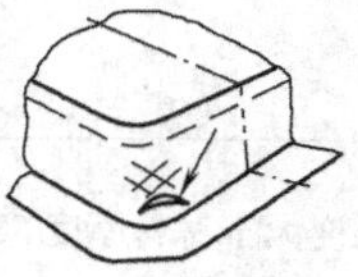	拉深深度过大	分道次拉深
			凸缘根部圆角半径过小	增大凸缘根部圆角半径并整形
			转角半径过小	可能条件下增大转角半径
			压边力分布不佳	增大直边压边力，减小圆角部位压边力
			冲模表面润滑不佳	改善润滑效果
			坯料形状不合适	无拉深肋时宜减小转角处的坯料
			冲模转角表面粗糙	研磨冲模转角表面
			拉深肋位置和形状不合适	减弱转角处拉深肋的作用
			材料变形极限小	采用极限变形程度大的原材料
3	直边侧壁裂纹	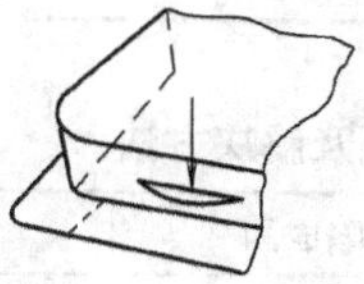	拉深深度过大	分道次拉深
			凹模圆角半径过小	增大凹模圆角半径，并整形
			压边力过大	减小压边力
			冲模表面润滑不佳	采用高黏性油润滑
			冲模表面粗糙	研磨冲模表面
			冲模表面局部接触	增加冲模刚性，并对局部接触处进行精加工
			拉深肋位置和形状不合适	减弱拉深肋的作用
			原材料 R_m 和 r 值小	换用CCV值小的原材料
4	底面翘曲	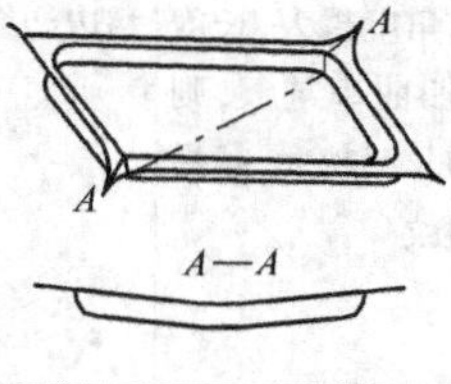 A A A—A	圆角变形大，直边变形小，造成转角的底面也产生变形，使对角线方向发生翘曲	四圆角处进行润滑；减小圆角部分的压边力；减小直边部分的凹模圆角半径；用胀形法加工；采用低屈服点材料

（续）

序号	缺陷名称	图示	缺陷成因	解决方法
5	侧壁松弛	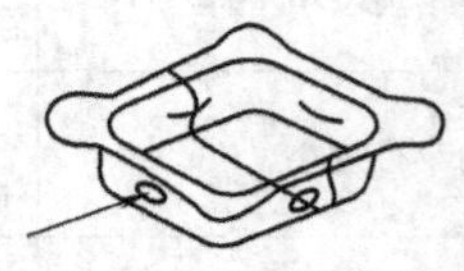	直边的材料流入比转角部位的材料流入大，多流入的材料导致侧壁松弛	压紧直边部，对强度大的材料尤应如此；减弱转角部位的压边力，充分润滑，加大转角处凹模圆角半径，以加大转角部位的材料流入量；外移转角处的托板；直边部位采用拉深肋
6	侧壁凹陷	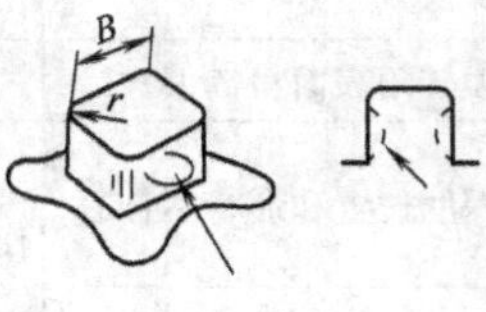 B r	冲件长度大于材料厚度50倍，已近极限拉深件	在直边部位的压料面上加拉深肋（但在侧壁上会出现拉深肋划痕）
			圆角部位切向压缩变形大，角部材料有向直边侧壁移动的倾向，硬化严重的材料更易产生侧壁凹陷	增加整形工序，即首道拉深出接近图样尺寸，第二道拉深量只有2%～5%，并注意紧压四周，材料基本不流动
7	口部开裂		四转角的间隙太小，转角部位的材料难于流入直边，从而导致直边部分材料不足	加大四转角部位的凸、凹模间隙；拉深时充分润滑四角；适当加大凹模圆角半径

表 E-6　翻边件常见缺陷及解决方法

序号	缺陷名称	图示	缺陷成因	解决方法
1	裂纹	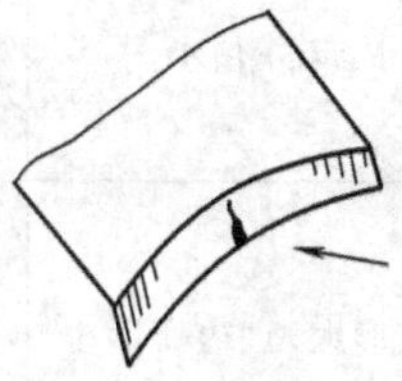 a)	多见于伸长翻边（图a），因其弯曲线呈凹形，凸缘部分因拉深变形而成为伸展凸缘，其弯曲角度越大，长度越长，凹曲率越大，则凸缘伸长率越大，越易产生裂纹	建议产品设计时应尽量减小翻边凸缘的高度

（续）

序号	缺陷名称	图　示	缺陷成因	解决方法
1	裂纹	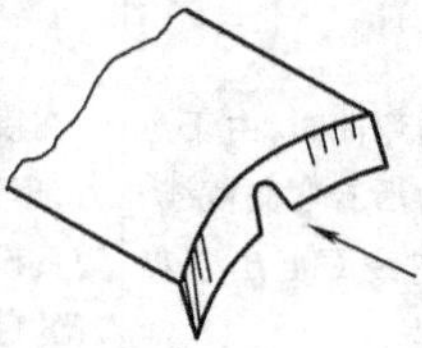 b) 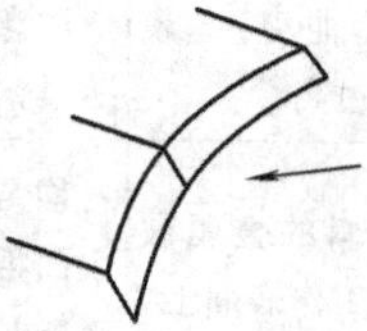 c) 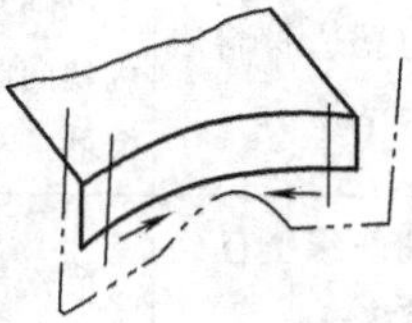 d)	坯料边缘上残留的毛刺，也是在翻边时发生裂纹的根源之一	1）在容易发生裂纹的部位，先开出切口，切口顶端宜以圆角过渡（图 b） 2）在前道拉深工艺中，有意在翻边易裂处，多留出余料，以补翻边时的不足（图 c） 3）将翻边凸模弯曲刃做成如图 d 所示形状，向下行程中，保证两端先接触，逐渐移向中央，以达到将材料驱向中央不足部位的目的
2	皱纹	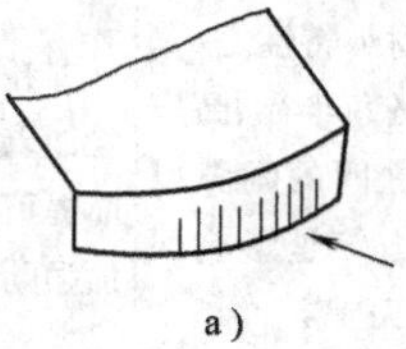 a) 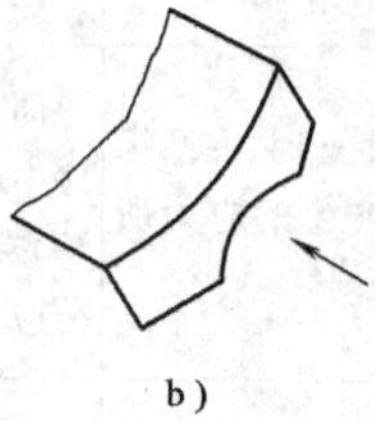 b)	弯曲线呈凸形时，凸缘部分因受压缩变形而发生皱纹（图 a），凸缘越高，弯曲度越大，曲率越大，则皱纹越多	设计产品时尽量降低凸缘高度；采用切口法，预先去除多余材料（图 b）
		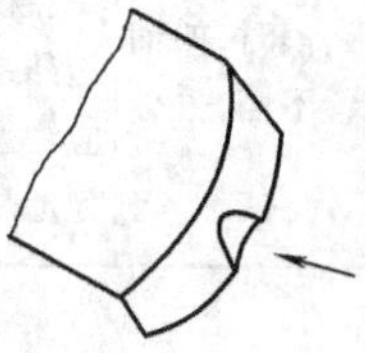 c)	凸、凹模之间的间隙不均匀时，也会产生局部皱纹	在不影响产品质量前提下，在凸缘面上设置加强肋，以吸收多余材料（图 c）

（续）

序号	缺陷名称	图　示	缺陷成因	解决方法
3	隆起		翻边弯曲时，由于弯曲应力沿着弯曲棱线，从而在棱面上出现材料隆起	在模具结构上，尽量加大压边力，理论上应使之大于弯曲力；模具设计时计算好弯曲棱线附近的压板间隙
4	划伤		凸模（弯曲刃）的表面粗糙度过高	注意凸模材料的选取，以淬火工具钢表面镀硬铬为好
			翻边材料的金属被粘在凸模工作表面上	均匀凸、凹模之间的间隙及其表面粗糙度，避免工作时的局部接触
			凸模与翻边材料之间有夹杂异物	正确掌握冲压方向，使坯料毛刺朝向凸模一边尽可能不用润滑剂
			在压缩凸缘上已经产生的皱纹	严格检验前道工序件
5	回弹		回弹材料特性之一。模具的圆角半径、凸模与凹模之间的间隙以及压边力等是影响回弹的主要因素	据经验预估回弹量，再通过试验加以修正；在不影响产品功能前提下，在翻边弯曲棱线上压出加强肋（见图）可以减少回弹量
6	翘曲		伸长翻边时，在凸缘面上所产生的应力所致	同防裂纹措施，在前道拉深工序中适当留出余料，或在凸缘部预先冲出缺口，以平缓和释放部分应力
			翻边件出模时，如辅助顶杆配置不当，也会导致翘曲	在模具结构上对被咬住的翻边凸缘，采取辅助顶出措施时，应注意顶出点的均衡配置，以平稳地从模中脱出

参 考 文 献

[1] 周雄辉，鼓颖红，洪慎章，等．现代模具制造理论与技术［M］．上海：上海交通大学出版社，2000.
[2] 周大隽．冲模结构设计要领与范例［M］．北京：机械工业出版社，2006.
[3] 洪慎章．实用冲压工艺及模具设计［M］．北京：机械工业出版社，2008.
[4] 张正修．冲压技术实用数据速查手册［M］．北京：机械工业出版社，2009.
[5] 郝滨海．冲压模具简明设计手册［M］．北京：化学工业出版社，2009.
[6] 宋满仓．冲压模具设计［M］．北京：电子工业出版社，2010.
[7] 洪慎章．实用冲模设计与制造［M］．北京：机械工业出版社，2010.
[8] 洪慎章，金龙建．多工位级进模设计实用技术［M］．北京：机械工业出版社，2010.
[9] 杨占尧．最新模具标准应用手册［M］．北京：机械工业出版社，2011.
[10] 王晓燕．冷冲压工艺与模具设计［M］．北京：化学工业出版社，2011.
[11] 潘祖聪，王桂英．冷冲压工艺与模具设计［M］．上海：上海科学技术出版社，2011.
[12] 朱江峰，闫志波，邓逍荣．冲压成形工艺及模具设计［M］．武汉：华中科技大学出版社，2012.
[13] 康俊远．冷冲压工艺与模具设计［M］．北京：北京理工大学出版社，2012.
[14] 洪慎章．冲模设计速查手册［M］．北京：机械工业出版社，2012.
[15] 洪慎章．现代模具工业的发展趋势及企业特征［J］．航空制造技术，2003（6）：28-30.
[16] Shen-Zhang Hong，Zhen-Peng Zeng．Technological study of the hydraulic extrusion-bulge forming of a three-way tube［J］．Journal of Materials Processing Technology，2003，139：469-471.
[17] 洪慎章．冲压工艺国内外现状及其发展方向［J］．上海模具工业，2007（4）：4-6.
[18] 洪慎章．21 世纪模具工业发展中的模具技术［J］．东方模具，2008（6）：25-28.
[19] 洪慎章．21 世纪模具动态［J］．现代模具，2008（8）：41-42.
[20] 洪慎章，金龙建．滤波盒级进模设计与制造［J］．模具制造，2009（11）：65-68.
[21] 洪慎章．侧弯支座多工位级进模设计与制造［J］．模具制造，2013（9）：24-26.
[22] 洪慎章．铜合金钥匙级进模设计［J］．模具制造，2014（6）：33-36.